21世纪软件工程专业教材

软件测试与质量保证

高 静　张 丽　陈俊杰　朝鲁蒙　编著

清华大学出版社

北 京

内 容 简 介

本书通过基础理论知识的讲解,带领读者快速掌握软件测试与质量保证的概念、方法、技术和常用工具。通过案例和综合项目实践深入讲解软件业界在软件全生命周期中进行软件测试与质量保证工作的方法。本书全面讲解常用黑盒测试用例设计方法、白盒测试方法和覆盖准则,以及测试管理过程和软件问题追踪方法、技术和工具,并通过案例帮助读者理解方法、技术和工具的应用之道;阐述性能测试的概念、技术和工具,并通过案例帮助读者获得性能测试基本技能;同时,介绍软件质量的概念,从软件质量标准、质量度量、质量控制和改进方法和技术等多方面深入介绍软件质量保证技术,并通过典型案例帮助读者熟练掌握配置管理和软件评审等方法和技术;最后,通过综合项目实践,将本书的软件质量保证方法、技术和工具等应用于软件全生命周期的质量保证中,以便使读者理论联系实际,全面掌握软件测试及质量保证技术。

本书可以作为软件从业人员、软件质量保证和测试人员的参考书,亦可作为软件工程、计算机科学与技术等相关专业本科生、研究生的教学参考书。

图书在版编目(CIP)数据

软件测试与质量保证/高静等编著. —北京:清华大学出版社,2022.4(2023.9重印)
21世纪软件工程专业教材
ISBN 978-7-302-60250-7

I. ①软… Ⅱ. ①高… Ⅲ. ①软件-测试-教材 ②软件质量-质量管理-教材 Ⅳ. ①TP311.5

中国版本图书馆 CIP 数据核字(2022)第 035960 号

责任编辑:张 玥 常建丽
封面设计:常雪影
责任校对:胡伟民
责任印制:宋 林

出版发行:清华大学出版社
网　　址:http://www.tup.com.cn,http://www.wqbook.com
地　　址:北京清华大学学研大厦 A 座　　　　邮　　编:100084
社 总 机:010-83470000　　　　邮　　购:010-62786544
投稿与读者服务:010-62776969,c-service@tup.tsinghua.edu.cn
质量反馈:010-62772015,zhiliang@tup.tsinghua.edu.cn
课件下载:http://www.tup.com.cn,010-83470236
印 装 者:三河市龙大印装有限公司
经　　销:全国新华书店
开　　本:185mm×260mm　　　印　　张:23　　　字　　数:575 千字
版　　次:2022 年 6 月第 1 版　　　印　　次:2023 年 9 月第 2 次印刷
定　　价:69.80 元

产品编号:090219-01

PREFACE

前　言

　　本书旨在让学生或软件从业人员根据书中理论与案例边学边练,既能掌握软件测试与质量保证的基本概念、常用方法和基本技术,又可以通过动手实践,掌握各类工具的使用方法,更能通过递进的实践案例和项目培养贯穿整个软件生命周期的测试和质量保证的思想,掌握整个软件生命周期的软件测试与质量保证方法,从而始终与行业实践保持高度一致。本书结构组织如下。

　　第1章结合软件、软件工程的特征,介绍软件测试的概念、意义以及软件测试与软件开发过程、软件质量保证的关系,重点强调软件测试、软件质量在软件生命周期中的重要性。

　　第2章介绍软件质量工程的相关概念和度量控制方法,包括软件质量的标准与模型、软件质量度量的方法和工具、软件质量控制与改进、软件配置管理、软件评审等,并通过实践案例介绍开展软件质量保证工作的过程。

　　第3章介绍软件测试的基本概念,包括软件缺陷、测试计划、测试用例、测试策略、测试方法、测试过程和规范,最后给出专业测试人员的责任和要求。

　　第4章围绕软件测试管理和软件缺陷概念展开,分别介绍软件测试管理的基本内容和软件缺陷管理的基本方法,并基于软件缺陷追踪管理工具 Bugzilla 介绍管理和跟踪软件缺陷过程、编写和管理缺陷报告。

　　第5章介绍黑盒测试,重点介绍黑盒测试常用方法,包括 Ad-hoc 测试方法、ALAC 测试方法、等价类划分法、边界值分析法、判定表法、因果图法、基于组合优化的正交实验法、基于组合优化的 Pair-wise 法,并通过实例,利用 JUnit 完整地介绍黑盒单元测试全过程。

　　第6章介绍白盒测试,重点介绍动态白盒测试的基于逻辑覆盖的测试方法和基于路径覆盖的测试方法,并通过 JUnit 完整地介绍白盒单元测试全过程。

第 7 章介绍性能测试,包括性能测试的概念、指标、类型、流程、原则和方法,以及性能测试工具,并以 JMeter 性能测试工具为例,介绍在实践项目中进行性能测试的过程。

第 8 章借助自动柜员机模拟系统介绍整个测试过程,包括分析测试需求、制订测试计划、设计测试用例、部署测试环境、执行测试和跟踪软件缺陷,并形成完整的测试报告。

本书第 1、4 章由高静编写;第 3、5、8 章,附录 A、B 由张丽编写;第 2 章由陈俊杰编写;第 6、7 章,附录 C 由朝鲁蒙编写。本书在编写过程中,参阅了百度百科、知乎、CSDN博客、简书等网站,也吸取了国内外教材的精髓,对这些作者的贡献表示由衷的感谢。本书在编写过程中,得到多位同行专家的指导,同时得到清华大学出版社的大力支持,在此表示诚挚的感谢。

由于作者水平有限,书中难免有不妥和疏漏之处,恳请各位专家、同仁和读者不吝赐教和批评指正,并与笔者讨论。

作 者

2021 年 12 月

CONTENTS

目　录

第 1 章

引　论

本章学习目标

- 理解程序、软件的基本概念
- 理解软件质量、软件工程的基本概念
- 了解典型的软件过程模型
- 充分理解软件生命周期中的软件测试、软件调试等概念的区别与联系

本章从问题引入，首先介绍程序、软件、软件工程、软件质量等概念，然后结合实例和实践经验介绍软件工程过程模型、软件质量以及软件生命周期涉及的相关概念，最后介绍这些概念的联系与区别。

1.1　程序、软件、软件工程、软件质量概述

软件已经成为生产、生活不可或缺的部分。究竟什么是软件？一般人认为软件就是相对硬件而言的一个概念。但是，对于计算机专业人员而言，软件概念要更具体，与程序等概念有密切联系。为了更加清晰地理解软件的概念，需要了解程序是什么。程序就是软件吗？软件和程序之间有什么联系与区别？

硬件质量可以通过严格的测试工序来保证，那么软件质量又可以通过什么来保证呢？为了更好地保证软件质量，需要了解软件质量由什么决定，与什么有关，是否有管理体系、工程体系保证软件质量。

本节将从软件专业角度回答上述问题，说明程序、软件、软件质量、软件工程的概念以及它们之间的关系和影响因素。

1.1.1　程序概述

1. 程序的概念及其组成

从物理形态上讲，计算机是一种由电子元器件和连接部件组成的，可以用来解决生产、生活中各类问题的通用工具；从功能上讲，计算机是现代一种用于高速计算的电子计算器，它既可以进行数值计算，又可以进行逻辑计算，还具有存储记忆功能，是能够按照程

序运行,自动、高速地处理海量数据的现代化智能电子设备。但是,计算机是不能"自动"或"智能"运行的,它需要把人们解决问题的创造性思维转变为实际操作步骤,中间需要经过许多环节,其中最重要的环节就是把人的思想转换为计算机可执行的语言,即计算机程序。

计算机程序(computer program),是为实现特定目标或解决特定问题,而用计算机语言编写的命令序列集合。一个程序包括两部分内容:一部分是对数据的描述,即在程序中需要指定数据的类型和数据的组织形式,称为数据结构;另一部分是对操作的描述,即操作步骤,也称为算法。

计算机程序通常是用高级语言编写源程序,通过语言翻译程序(解释程序和编译程序)转换成机器可接受的指令。程序可按设计目的的不同分为两类,一类是系统程序,即为了使用方便和充分发挥计算机系统效能而设计的程序。它通常由计算机制造厂商或专业软件公司设计,如操作系统、编译程序等。另一类是应用程序,即为解决特定问题而设计的程序,通常由专业软件公司或用户自己设计,如账务处理程序、文字处理程序等。

2．程序实例

程序通常将计算机中难以理解的数据形象地呈现给用户使用。比如,《超级玛丽》游戏中采蘑菇的小人,在玩家眼里和在计算机里是不同的格式。如图 1-1 所示,图 1-1(a)是玩家眼里的采蘑菇小人图像,图 1-1(b)则是计算机内部以数据形式表示的图像,两图的转换过程由程序来实现。除了图像,很多信息都是以数据形式存储于计算机内部,以各种形象的方式表现给用户,这个转换过程都是由程序完成的。

 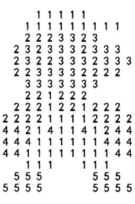

(a) 采蘑菇小人图像　　　　(b) 计算机内部存储的图像

图 1-1　采蘑菇小人图像表示与计算机存储对比图

假设使用 Mario 指代像素小人,当玩家操作他时,计算机可以直接让 Mario 做动作,即左移、右移、上移、下移等,具体程序代码如图 1-2 所示。

再如,虽然淘宝和百度的首页风格不同,但从数据流转或程序处理角度看却是相似的,主要包含以下步骤。

```
Mario = 矩阵[[x1,y1,red],[x2,y2,green]…] //初始化每个点的坐标和颜色
Mario.MoveRight() //矩阵变化为前进的状态
Mario.MoveLeft() //矩阵变化为后退的状态
Mario.Jump() //矩阵变化为跳的状态
Mario.Down() //矩阵变化为蹲的状态
```

图 1-2 采蘑菇小人程序代码

第 1 步：搜索框中输入信息，传入服务器。

第 2 步：服务器接收到信息，查询数据库。

第 3 步：数据库返回结果到服务器。

第 4 步：返回查询结果。

当然，程序处理过程会根据实际情况有所不同，比如，实际程序可能还需兼顾服务器负载均衡、用户验证、信息验证等中间过程，但核心处理方式基本相同，这个过程的实际程序如下。

前端程序如图 1-3 所示。

```
$.ajax({
    url: www.innate.com/search,       #服务器地址
    data: "keyword",         #搜索的关键字
    successful: function a(){},      #成功的处理方式
    error: function b(){},        #失败的处理方式
});
```

图 1-3 前端程序

服务器端程序如图 1-4 所示，数据库端程序如图 1-5 所示。

```
@RestFulController
@RequestMapping("/search")      //接收传给 www.innate.com/search 的请求
public String search(String keyword){
    String result = sql.Search(keyword);
    return result;
}
```

图 1-4 服务器端程序

```
select table.col1, table.col2, table.col2
from table
where table.col1 = keyword      //查询 table 中 col1 为 keyword 的记录
```

图 1-5 数据库端程序

以上程序也可以看作各个 API 的流水线处理：ajax()→@RequestMapping→(select

语句)→返回到 ajax()处理。

上述两个例子中的程序均用高级语言编写。这些程序不能直接被计算机执行,还需要经过编译等措施,将程序转换为"0101"类型的数字代码,才能被计算机执行,完成相应任务。

1.1.2 软件概述

1. 软件的概念及其组成

软件与人们的生产、生活息息相关,比如,买衣服使用电商 App 软件,吃饭使用外卖平台软件,租房买房使用房屋交易平台软件,出行使用导航软件,写文章使用文本编辑软件,画图使用绘图软件等。

软件(software)一词来源于程序,是相对于硬件而言的,是随着人们对计算机认识的不断深入而产生的。20 世纪 60 年代初,人们逐渐认识到和程序有关的文档的重要性,软件一词便出现了。软件是计算机系统中与硬件(hardware)相互依存的另一部分,它包括程序(program)、相关数据(data)及其说明文档(document)。其中,程序是按照事先设计的功能和性能要求执行的指令序列;数据是程序能正常操作的信息结构;文档是为了便于了解程序所需的说明性资料,如设计说明书、用户手册、测试说明等。因此,软件是能够完成预订功能和性能的可执行的计算机程序和使程序正常执行所需要的数据,以及描述程序操作和使用的文档。

软件是一种逻辑产品,明显区别于硬件,其具有如下特点。

- 软件是无形的,没有物理形态,只能通过运行状况了解其功能、特性和质量。
- 软件渗透了大量脑力劳动,人的逻辑思维、智能活动和技术水平是软件产品的关键。
- 软件不会像硬件一样老化磨损,但存在缺陷维护和技术更新。
- 软件的开发和运行必须依赖特定计算机系统环境,所以对硬件有依赖性。
- 软件具有可复用性,很容易被复制,从而形成多个副本。

2. 软件与程序的比较

软件与程序虽有本质区别但又关联紧密,任何软件都有至少一个可运行的程序,每个程序都完成比较固定的功能,比如,操作系统中的大部分工具软件只有一个可运行的程序,而 Office 办公软件则是一个办公软件包,包含很多可运行的、支撑独立功能的程序;程序是通过计算机语言编写的具有许多算法的模板,是实现软件功能的底层推手(推手是个网络用语,这里可理解为动力),它必须装入计算机内才能工作,是软件的主要组成部分,也是软件的研究对象;程序的质量从根本上决定软件的质量,同时文档和数据的质量也制约软件的质量。所以,软件源于程序又高于程序,程序是软件的内在因子,而软件是一个或多个程序通过编译生成的成品。

3. 软件发展历程及软件危机

计算机软件技术发展很快。在发展初期,软件开发采用机器语言编写,机器语言是内置在计算机电路中,由 0 和 1 组成的指令。程序员编写代码时需要记忆每条语言指令的二进制编码组合,所以编程效率非常低下,应用领域仅局限在数值计算方面。这是软件发展的第 1 个阶段。

随着硬件的逐渐强大,汇编语言面世,从而使得计算机得到更加有效的利用,但是程序员仍然需要记忆大量的汇编指令。这是软件发展的第 2 个阶段。

在第一个阶段和第二个阶段中,大多数软件是由使用该软件的个人或机构开发的,软件往往带有强烈的个人色彩,不具有通用性。早期的软件开发无任何系统方法可供遵循,软件设计是在个人头脑中完成的一个隐藏过程,除了源代码,往往没有任何软件说明文档。

随着处理器运算速度的大幅提升,相继诞生了大量高级语言,高级语言的指令形式类似自然语言。此时,程序开发和运行效率显著提高,成熟的操作系统和数据库管理系统应运而生,一些复杂的、大型的软件开发项目也被提出来。但是,随着软件规模不断扩大,软件复杂度大幅度提高,软件开发难度也越来越大,软件开发中遇到的问题也越来越多,逐渐形成尖锐的矛盾,从而导致失败的软件开发项目屡见不鲜,软件危机不断出现。这里,软件危机是指在计算机软件开发和维护过程中出现的一系列严重问题。软件危机主要表现在以下 4 个方面。

- 大型软件开发经验的缺乏和软件开发数据积累的缺失导致很难制订开发工作计划,已经制订的开发工作计划总是随软件开发进程不断变更。
- 软件需求在开发初期的定义不够明确,或未能准确描述用户需求,导致软件产品与用户需求差距大。
- 开发过程没有统一的、公认的方法或开发规范,导致参加工作的人员配合不严密,约定不明确,软件产品推广难度大增,联合调试难以进行。
- 严密有效的软件质量检测与控制手段的缺乏导致软件在运行中暴露出各种各样的问题,软件崩溃的风险很高,用户满意度差。

软件危机的产生,一方面与软件本身的特点有关;另一方面与软件开发和维护方法不正确有关,从而迫使人们不得不研究改变软件开发的技术手段和管理方法。为解决软件危机,人们提出用工程化的原则及方法组织软件开发工作,“软件工程”的概念被提出。这是软件发展的第 3 个阶段。

20 世纪 70 年代,结构化程序设计技术出现,更好用、更强大的操作系统被开发出来,图像、声音等多媒体技术被应用到计算机应用中。因此,多用途应用程序诞生,没有任何计算机经验的用户也可以使用计算机。这是软件发展的第 4 个阶段。

从 1990 年至今,计算机软件得到飞速发展。面向对象程序设计方法的出现,万维网的普及,人工智能的出现使得计算机进入一个大发展阶段,这是软件发展的第 5 个阶段。

4. 软件生命周期

与任何事物一样,一个软件产品或软件系统也要经历孕育、诞生、成长、成熟、衰亡等阶段,这个过程称为软件生命周期,也叫软件生存期。如果将软件生命周期划分为若干阶段,每个阶段设置明确任务,这样可以使结构复杂的软件开发变得容易控制和管理。通常,将软件生命周期划分为 6 个阶段,如图 1-6 所示。

- 第 1 阶段:软件计划与可行性研究阶段,该阶段主要由开发方与需求方共同讨论,

图 1-6　软件生命周期图

确定软件开发目标,用最小代价在尽可能短的时间内确定问题是否能够解决。所以,该阶段必须回答"软件要解决的问题是什么""项目针对这个问题是否有切实可行的解决方案""软件项目的投入和产出分别是什么"。只有能够很好地回答这些问题的项目,才是可行的项目。通过计划和可行性研究可以及时中止不值得投资的软件工程项目,从而避免更大损失。

- 第 2 阶段:需求分析阶段,该阶段主要是在确定软件开发可行的情况下,进一步对软件需求进行深入研究与分析,准确确定"为了解决这个问题,软件系统需要做什么",并以软件规格说明书文档形式将需求确定并保存。在敏捷模型开发时代,很多研发团队错把产品需求看作软件需求。实际上,产品需求是以用户语言表述的,而软件需求是以开发人员语言表述的,两者受众不同。需求分析阶段在整个软件生命周期中起着非常重要的作用,是整个软件项目开发顺利完成的基础。

- 第 3 阶段:软件设计阶段,该阶段主要是基于软件需求分析结果,对整个系统进行概要设计(总体设计)和详细设计,确定系统架构、模块划分、模块设计、数据库设计、输入输出设计、数据流设计等,并回答"应该如何解决这个问题"。

- 第 4 阶段:软件编码阶段,该阶段是软件开发人员选取程序设计语言将软件设计结果转换成计算机可运行的、容易理解的、容易维护的程序代码。

- 第 5 阶段:软件测试阶段,该阶段是软件投入运行使用前对软件需求、软件设计和软件程序进行检查和复审,发现问题并加以修正。它是保证软件质量的关键步骤。软件测试过程通常包括单元测试、集成测试、系统测试和验收测试 4 个阶段;测试方法通常分为白盒测试、黑盒测试和两者相结合的灰盒测试。测试完成后,软件测试人员需要对测试结果进行分析和汇总,并反馈给软件开发人员,用于进一步改进软件产品质量。

- 第 6 阶段:软件交付与维护阶段,软件产品基本完成,项目接近结束,软件开发人员需要将实施完成结果提交用户,并根据用户现场情况对软件进行安装和适应性调试等工作,保证整个软件系统可以继续正确运行,并通过各种必要的维护活动使系统持久地满足用户需要。

1.1.3　软件工程概述

1968 年秋季,NATO(北约)的科技委员会召集近 50 名高级编程人员、计算机科学家和工业界巨头,讨论和制定应对"软件危机"的对策。在那次会议上第一次提出软件工程的概念。软件工程是以工程的概念、原理、技术和方法开发和维护软件。它把先进的管理技术和开发技术相结合,经济地开发出高质量软件并有效维护,其研究对象为软件系统,研究内容为软件需求、软件设计、软件编码、软件测试、软件维护、软件配置管理、软件工程

管理、软件工程工具和方法、软件质量保证等。

美国 Embry-Riddle 航空大学计算与数学系 Thomas B.Hilburn 教授定义了软件工程知识体系（software engineering body of knowledge，SWEBOK），指南如图 1-7 所示。

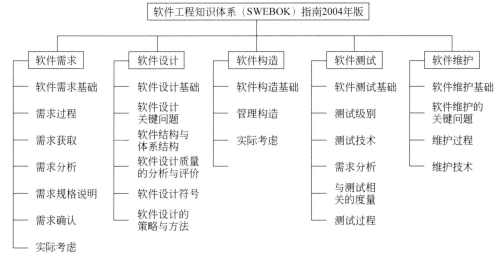

图 1-7 软件工程知识体系结构图

SWEBOK 指南为软件工程学科范围提供共识，为支持该学科的本体知识提供指导。SWEBOK 指南的目标主要有以下 5 个方面。

- 促进软件工程本体知识达成世界范围共识。
- 澄清软件工程与其他学科如计算机科学、项目管理、计算机工程以及计算机数学的关系，并且确定软件工程学科范围。
- 反映软件工程学科内容特征。
- 确定软件工程本体知识的各个专题。
- 为相应课程和职业资格认证材料的编写奠定基础。

软件工程是一种层次化的技术，其层次结构如图 1-8 所示，它以质量为焦点，在保证质量的基础上分为过程层、方法层和工具层。

图 1-8 软件工程层次结构图

质量焦点层是软件工程的根基，任何工程方法必须以组织质量保证为基础。全面质量管理和类似理念促进软件在不断改进过程中趋于完善,也正是这种改进促进更加成熟的软件工程方法不断涌现。

过程层是软件工程的基础,它将方法层和工具层结合在一起,使软件能够被合理地、及时地开发。软件过程是开发和维护软件及其相关产品所涉及的一系列活动的集合,每一个集合由任务、里程碑、交付物以及质量保证点组成。软件质量保证、软件配置管理、测试与度量贯穿于整个过程模型。

方法层为构建软件提供技术解决方案,解决开发软件在技术上"如何做"的问题。它涵盖一系列任务,包括需求分析、设计、编码、测试和维护。软件工程方法依赖一组基本原则,这些原则涵盖软件工程的每一个技术领域,包含建模活动和其他描述技术等。

工具层服务于过程层和方法层,为过程和方法提供自动化或半自动化的工具支持。将这些工具集成起来,使得一个工具可以使用另一个工具产生的信息,从而形成软件开发的支撑系统,称为计算机辅助软件工程(computer aided software engineering,CASE)。

从软件工程的概念和软件工程的层次结构可以看出,软件工程的主要研究内容是过程、方法和工具 3 个方面。软件工程的主要目标是如何高效率、低成本地开发高质量的软件产品,如图 1-9 所示。

图 1-9　软件工程目标结构图

从软件工程目标结构图可以看出,质量、成本和效率是 3 个既有关联又相互区别的软件指标。质量水平高低与成本费用相关,成本费用与效率高低相关,质量水平与效率指标也相互关联。一般情况下,产品质量越高,对应的成本费用也越高,也就是说质量与成本成正比关系;成本与效率则成反比关系,效率越高,成本越低。所以,在软件工程过程中需要权衡质量、成本和效率。软件工程过程与软件开发方法也紧密联系,因为通过软件工程过程保证开发出高质量软件,在软件开发过程中需要使用软件开发方法、软件质量保证方法、软件项目管理方法等提高软件质量,降低软件成本。也需要使用一些软件工具,如 Eclipse、Endeavour 等提高软件开发效率,降低软件成本。

在软件工程中,软件过程模型是软件开发的指导思想和全局性框架,软件过程模型的提出和发展反映人们对软件过程的某种认识,体现人们对软件过程认识的提高和飞跃,尤其是软件测试与软件过程模型息息相关。为了更好地阐述软件过程模型的内容与作用,下面根据软件过程模型的发展顺序,介绍几个经典的过程模型。

1. 瀑布模型

温斯顿·罗伊斯(Winston Royce)于 1970 年提出著名的"瀑布模型",瀑布模型是最早期的软件过程模型,在软件工程中占有非常重要的地位。直到 20 世纪 80 年代早期,它一直是唯一被广泛采用的软件开发模型。就如盖房子,无论是盖住宅、盖工厂、盖商厦还是盖办公楼都需要有严谨的建筑设计图、水电管道布线图甚至装修方案等,才可以开始施工。瀑布模型就是从这个思路出发,如"瀑布"般从上而下、相互衔接、以固定的次序、一次性完成整个软件产品的开发过程。

瀑布模型将软件生命周期划分为问题定义、可行性研究、需求分析、概要设计、详细设计、编码、测试和运行与维护 8 个阶段,其开发模型如图 1-10 所示。

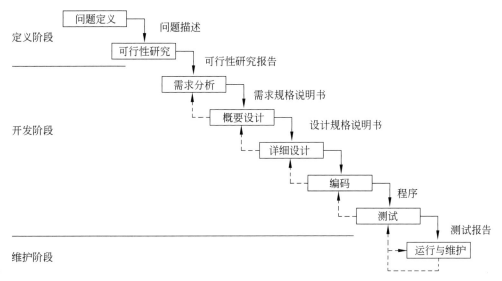

图 1-10　瀑布模型图

在瀑布模型中,一个阶段活动结束后,方可进入下一个阶段。每一个阶段结束时,都有结果产出,如问题描述文档、可行性研究报告、需求规格说明书、设计规格说明书、程序、测试报告等。每一个结果都需要经过严格的评审验证,方可作为下一个阶段的输入。下一个阶段以上一个阶段的输出为指导,完成本阶段的活动和任务。所以,瀑布模型是一种以文档为驱动的软件开发模型。

瀑布模型为项目提供了按阶段划分的检查点,当前一个阶段完成后,只需要把全部精力集中在后续阶段即可,这样有利于提高开发效率。但是,瀑布模型的各个阶段划分是完全固定的,阶段之间产生大量文档,极大地增加了工作量。

瀑布模型是线性的,用户只有等到整个过程结束后才能见到开发成果,无法及时解决用户需求变更,从而增加了开发风险。如果开发人员与客户对需求理解有偏差,当开发完成后,最终软件产品可能和客户需求差别很大,图 1-11 以一个简单形象的示例描述了这种差别。

图 1-11　瀑布模型存在的问题

从图 1-11 可以发现,瀑布模型存在严重缺陷。对于现代软件来说,软件开发各阶段之间的关系不是完全线性的,很难使用瀑布模型开发软件,因此,瀑布模型不再适合现代软件开发,已经被逐渐淘汰。

2. V 模型

V 模型是软件测试过程中常见的一种模型,该模型能很好地反映开发过程和测试过程的关系,在软件测试过程中起着非常重要的作用。V 模型的开发过程如图 1-12 所示。

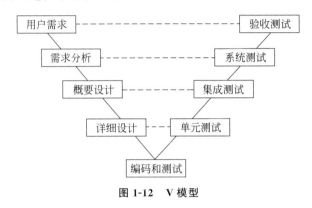

图 1-12　V 模型

在使用 V 模型进行软件开发的整个过程中,开发人员根据需求规格说明文档进行概要设计,测试人员根据需求规格说明文档给出系统测试用例;概要设计之后,开发人员根据概要设计文档进行详细设计,测试人员根据概要设计文档给出集成测试用例;详细设计之后开发人员进行编码和测试,而测试人员根据详细设计文档给出单元测试用例;编码完成后,测试人员根据单元测试用例对软件进行单元测试,根据集成测试用例对软件进行集成测试,根据系统测试用例对软件进行系统测试。所以,单元测试对应的是详细设计,集成测试对应的是概要设计,系统测试对应的是需求分析,而验收测试对应的是用户需求,V 模型以测试为驱动完成整个软件开发过程。V 模型整个过程从左到右,描述了基本的开发过程和测试行为。它的价值在于非常明确地划分了测试过程中存在的不同级别,并且清楚地描述了这些测试阶段和开发过程各阶段的对应关系。

V 模型因其简单、高效的特点在软件开发项目中获得广泛应用。但是,由于 V 模型是顺序模型,同瀑布模型一样也存在较多缺点。比如,编码完成进入测试阶段后,很难找到缺陷的根源,针对缺陷进行代码修改也需要花费大量时间;从模型特点上理解,容易让人误解为测试是开发完成后的一个阶段;另外在实际应用中,由于用户需求变更较大,导致频繁修正需求分析、设计、编码、测试等各阶段工作,返工量大。因此,V 模型适合业务需求稳定的小型项目。

3. 快速原型模型

快速原型模型是在最初确定用户需求后,开发真实系统前,快速构造可以运行的软件原型,这个软件原型可以向客户展示待开发系统的全部或者部分功能和性能,用户和开发者在试用原型过程中,通过反复评价和改进原型,逐步丰富和细化需求,减少误解,弥补漏洞,适应变化,最终确定客户真实需求,其开发模型如图 1-13 所示。

快速原型模型不要求事先确定完整需求,它支持客户参与整个过程,适合于需求不确

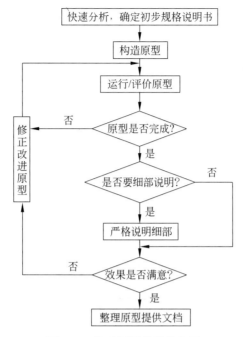

图 1-13 快速原型模型流程图

定的软件项目。但是,快速原型模型需要快速建立系统结构,连续修改该结构可能导致产品质量低下。同时,使用该模型的前提是有一个展示性的产品原型,因此在一定程度上可能限制开发人员创新能力的发挥。

4.增量模型

增量模型是把一个完整的软件系统拆分成若干模块,将每个模块作为增量组件,逐渐将组件分批次进行分析、设计、编码和测试。每完成一个组件,即可展示给客户,客户确认组件是否满足要求,最终确认无误后将所有组件集成到整个软件系统中,其开发模型如图 1-14 所示。

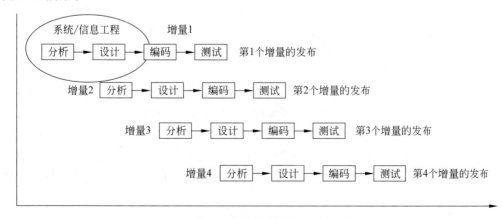

图 1-14 增量模型示意图

与瀑布模型相比,增量模型开发可以很好地适应客户需求变更;与快速原型模型相比,开发人员不需要一次性把整个软件产品提交给用户,而是分批次提交,降低了软件开发成本和风险,减少了一个完整原件给客户带来的冲击。但是增量模型对软件设计技术要求较高,需要软件体系结构具有很好的开放性和稳定性,方便实现组件集成。

5．螺旋模型

螺旋模型是演化软件开发过程的模型,它兼顾快速原型的迭代特征以及瀑布模型系统化与严格监控的特点。其最大的特点在于在每个迭代阶段构建原型模型,引入其他模型不具备的风险分析,使软件在无法排除重大风险时有机会停止,以减小损失。螺旋模型更适合大型且昂贵的系统软件项目,其开发模型如图 1-15 所示。

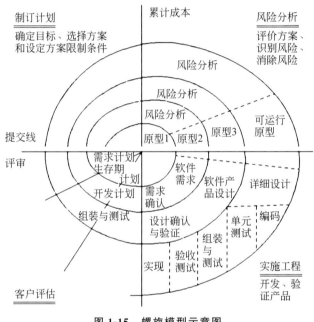

图 1-15　螺旋模型示意图

螺旋模型由 4 个象限构成,分别为制订计划、风险分析、实施工程和客户评估。

- 制订计划：确定该阶段目标、选择方案、设定方案限制条件。
- 风险分析：评价实施方案、识别风险、消除风险。
- 实施工程：开发软件产品并验证。
- 客户评估：客户评估审核上一阶段开发工作,提出改进建议,制订下一步计划。

在螺旋模型中,螺旋线角度值代表开发进度,螺旋线每个周期对应一个开发阶段,每个阶段开始时制订本阶段开发计划,然后采用建造原型的方法进行风险分析和排除,如果风险不能排除,则停止开发工作或大幅度削减项目规模。如果成功排除所有风险,则启动下一个开发步骤,最后客户评估该阶段工作成果并计划下一阶段工作。这样循环往复直到所有阶段任务均完成。

螺旋模型强调风险分析,使得开发人员和用户了解每个演化层出现的风险,继而做出反应,因此,该模型特别适用于庞大、复杂并具有高风险的系统。风险是软件开发不可忽视且潜在的不利因素,它可能在不同程度损害软件开发过程,影响软件产品质量。因此,减小软件风险的目标是在造成危害前及时对风险进行识别及分析,决定采取何种对策,进而消除或减少风险的损害。

6. 敏捷模型

在软件开发过程中,遇到最多的问题是需求问题,如何合理分析并得到完整稳定的需求,是项目开发能否成功的关键。但市场需求瞬息万变,很难完整地收集明确的产品需求;同时,技术发展日新月异,对于软件中定义功能的可实现性也面临着多重不确定性因素。所以,当需求收集和产品定义工作无法很好地完成时,传统开发方法就无法摆脱高失败率命运。

敏捷(agile),从字面上理解是迅速、快捷,反应速度快的意思,把这种速度演变到软件开发中就是效率。敏捷开发模型是 20 世纪 90 年代兴起的新型软件开发模型,它基于更紧密的团队协作、持续的用户参与和反馈,能够有效应对快速变化的需求,快速交付高质量软件。

敏捷开发模型保留了软件开发过程基本框架活动,包括用户沟通、策划、设计构建、交付物和评估,它以用户需求为核心,采用迭代、循序渐进的方法进行软件开发。在该模型中,软件项目在构建初期被切分成多个相互联系,但独立运行的子项目,各子项目都要经过开发、测试。在此过程中软件一直处于可使用状态,以此推动整个项目发展。

敏捷开发知识体系框架可分为 3 层:核心价值层、敏捷开发方法框架层和敏捷开发方法实践层,具体如图 1-16 所示。

敏捷开发方法框架层主要用于指导敏捷过程框架,如 XP(极限编程)、Scrum(一种迭代的增量化过程)、Crystal Methods(水晶方法族)、FDD(feature-driven development,特征驱动开发)、ASD(adaptive software development,自适应软件开发)、DSDM(动态系统开发方法)等。

敏捷开发方法实践层主要用于指导敏捷开发的各种实践,包括敏捷开发管理实践和敏捷开发工程实践。敏捷开发管理实践泛指用于指导敏捷团队进行敏捷开发实践的开发方法和流程;敏捷开发工程实践泛指用于指导敏捷团队进行敏捷开发的各种工程化最佳实践。

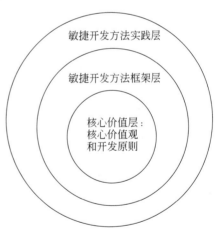

图 1-16 敏捷开发知识体系框架图

核心价值层主要包括敏捷宣言和 12 条原则,敏捷宣言内容如图 1-17 所示。敏捷宣言给出敏捷开发人员的价值观,这里需要强调的是,敏捷开发人员虽然认为"个体和互动""工作的软件""客户合作"和"响应变化"更加重要,但并不是将"流程和工具""详尽的文档""合作谈判""遵循计划"抛弃,而是在承认"流程和工具""详尽的文档""合作谈判""遵循计划"重要性的基础上,越来越重视"个体和互动""工作的软件""客户合作"和"响应变化"。

我们一直在实践中探索更好的软件开发方法,
身体力行的同时也帮助他人。由此我们建立如下价值观:

个体和互动 高于 流程和工具
工作的软件 高于 详尽的文档
客户合作 高于 合作谈判
响应变化 高于 遵循计划

也就是说,尽管右项有其价值,
我们更重视左项的价值。

图 1-17 敏捷宣言

敏捷模型中提出的 12 条原则具体叙述如下。

- 通过早期和连续型的高价值工作交付满足"客户"需求。
- 较大的工作分成可以迅速完成的较小组成部分。
- 识别最好的工作是从自我组织的团队中出现的。
- 为积极员工提供他们需要的环境和支持,并相信他们可以完成工作。
- 创建可以改善可持续工作的流程。
- 维持完整工作的不变节奏。
- 欢迎改变的需求,即使是在项目后期。
- 在项目期间每天与项目团队和业务所有者开会。
- 在定期修正期,让团队反映如何提高效率,然后进行相应的行为调整。
- 通过完成的工作量计量工作进度。
- 不断地追求完善。
- 利用调整获得竞争优势。

这 12 条原则已经应用于管理大量的业务以及与 IT 相关的项目中,包括商业智能(BI)。

7. 喷泉模型

喷泉模型(fountain model)是以用户需求为动力,以对象为驱动的模型,其模型结构如图 1-18 所示。

喷泉模型主要用于描述面向对象的软件开发过程。该模型认为软件开发过程自下而上周期进行的各阶段是相互迭代和无间隙的。相互迭代是指软件某个部分常常被重复工作多次,相关对象在每次迭代中随之加入渐进的软件成分。无间隙是指各项活动之间无明显边界,如分析和设计活动之间没有明显界限。由于对象概念的引入,表达分析、设计、实现等活动只用对象、类和关系,从而较为容易地实现活动的迭代和无间隙,使其开发自然地实现复用。

喷泉模型不像瀑布模型,在分析活动结束后才开始设计活动,设计活动结束后才开始编码活动,编码活动结束后才开始测试活动。该模型的各个阶段没有明显界限,开发人员可以同步进行开发。其优点是提高软件项目开发效率,节省开发时间,适应于面向对象的软件开发过程。但是,由于喷泉模型在各开发阶段是重叠的,在开发过程中需要大量开发人员,因此不利于项目管理。此外,这种模型要求严格管理文档,使得审核难度加大,尤其是面对可能随时加入的各种信息、需求与资料等情况,审核难度成倍增加。

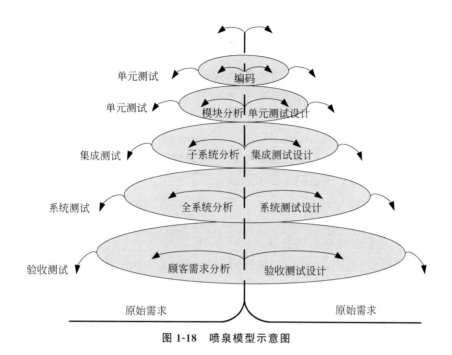

单元测试 —— 编码

单元测试 —— 模块分析 单元测试设计

集成测试 —— 子系统分析 集成测试设计

系统测试 —— 全系统分析 系统测试设计

验收测试 —— 顾客需求分析 验收测试设计

原始需求   原始需求

图 1-18   喷泉模型示意图

1.1.4   软件质量概述

质量是产品的生命,同样,软件质量是软件整个生命周期的重要保证,软件质量问题可能影响软件功能的使用,也可能威胁生命财产的安全。1993 年,伦敦附近核电站反应堆内,由于温度控制失灵,致使欧洲人口最为密集的地区面临巨大灾难。后经查明,在反应堆"主要保护系统中"一个 10 万行代码控制程序几乎一半未能通过测试;1997 年香港回归,香港新建机场投入运营,因为软件问题致使新机场不能正常按计划接送客货,老机场已经关闭不能援救,造成相当大的损失;2011 年 7 月 23 日 20 时 30 分 05 秒,浙江省温州市境内,由北京南站开往福州站的 D301 次列车与杭州站开往福州南站的 D3115 次列车发生动车组列车追尾事故,造成 40 人死亡、172 人受伤,中断行车 32 小时 35 分,造成直接经济损失 19 371.65 万元。根据掌握的情况分析,该事故是由于温州南站信号设备在设计上存在严重缺陷,遭雷击发生故障后,导致本应显示为红灯的区间信号机错误地显示为绿灯。类似地,由于软件质量问题引起的事故非常多,这些事例表明,随着计算机应用不断普及和深入,整个社会的经济体系以及人们的日常生活的各个层面都对计算机,特别是对软件系统的依赖性越来越大。因此,软件质量问题引发的故障或事故,其结果对人们生活各个层面影响也越来越严重。现在,人们已经逐步认识到软件中存在的错误或缺陷不仅会大幅度增加开发商的维护费用和用户的使用成本,还可能产生其他责任风险,尤其是在一些关键应用领域(如银行、军事等),还可能造成灾难性后果。因此,必须重视软件质量。

重视软件质量,就要求软件从业人员努力提高软件质量,要想提高软件质量,必须先清楚什么是软件质量,下面从软件质量内涵、模型等多个方面详细介绍软件质量的概念。

1. 软件质量内涵

关于软件质量有很多好的定义,这里仅列出几种有代表性的定义。

Fisher 和 Light 在 *Definitions in Software Quality Management* 中将软件质量定义为计算机系统卓越程度的所有属性的集合。"所有属性的集合"包括可靠性、可维护性、可用性等。"卓越"则属于软件质量的定义范畴。

Donald J.Reifer 在 *State of the Art in Software Quality Management* 一书中,将软件质量定义为软件产品满足明示需求程度的一组属性的集合。这个定义中继续沿用"属性集合"的概念,但增加了满足明示需求的成分。

在 *Software Quality Assurance and Measurement:a Worldwide Perspective* 中,对软件质量的定义除了关注"明示需求"外,还扩展了"暗示"需求,即软件产品满足明示和暗示需求能力的特征和特征的集合。

Stephen Kan 在 *Metrics and Models in Software Quality Engineering* 中对"需求"这个层面做了更加明确的说明,即在质量定义中客户的角色必须明确指出,即满足客户的需求。

Watts S. Humphrey 在 *A discipline for software engineering* 中从个体实践者的角度出发定义了软件质量,认识到软件质量是分层次的。首先,软件产品必须提供用户所需的功能。如果做不到这一点,什么产品都没有意义。其次,这个产品必须能正常工作。如果产品中有很多缺陷,不能正常工作,那么无论这种产品其他性能如何,用户也不能使用。

Peter J.Denning 在 *Editorial:what is software quality?* 中提出了与 Humphrey 类似的观点,即越是关注客户的满意度,软件就越有可能达到质量要求。程序的正确性固然重要,但不足以体现软件的价值,软件的质量更多地体现在客户满意度上。

在研究了影响软件质量的本质因素后,本文将软件质量定义为软件产品满足规定的和隐含的与需求能力有关的全部特征和特性。

2. 软件质量模型

如何评定一个软件质量的好坏? 最通用的评价软件质量的国际标准规范是 ISO/IEC 9126 标准,该标准给出了软件质量度量模型。它不仅定义了软件质量,还设计了整个软件测试规范流程,包括撰写设计测试计划、设计测试用例等。ISO/IEC 9126 软件质量模型建立在 McCall 和 Boehm 模型之上,同时加入功能性要求,还包括识别软件产品内部和外部质量属性。该软件质量度量模型由 3 层组成:第 1 层为质量特性;第 2 层为质量子特性;第 3 层为度量,如图 1-19 所示。

从图 1-19 可以看出,软件质量模型包括 6 大特性和 27 个子特性,下面对 6 大特性进行简要介绍。

- 功能性(functionality):当软件在指定条件下使用时,软件产品提供满足明确和隐含需求功能的能力。
- 可靠性(reliability):在指定条件下使用时,软件产品维持规定性能级别的能力。
- 易用性(usability):在指定条件下使用时,软件产品被理解、学习、使用和吸引用户的能力。

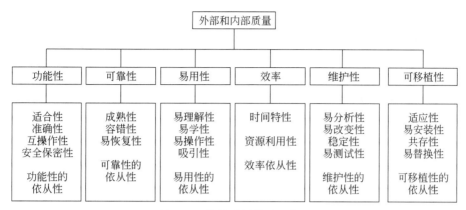

图 1-19　软件质量模型示意图

- 效率(efficiency)：在指定条件下使用时，相对于所用资源的数量，软件产品可提供适当性能的能力。
- 维护性(maintainability)：软件产品可被修改的能力。修改可能包括纠正、改进或软件对环境、需求和功能规约变化的适应程度。
- 可移植性(portability)：软件产品从一种环境迁移到另一种环境的能力。

这 6 大特性及其子特性是软件质量标准的核心，软件测试工作常以这 6 大特性和 27 个子特性为标准进行测试、评价软件。下面以实际生活物品为例，讲解如何使用 ISO/IEC 9126 标准开展软件测试工作。

测试项目：电梯控制。

需求测试：查看电梯使用说明书、安全说明书等。

界面测试：查看电梯外观。

功能测试：查看电梯能否实现正常上升和下降功能，电梯按钮是否可以使用；电梯门打开、关闭是否正常；报警装置、报警电话是否可用；通风状况如何，突然停电时电梯的情况；电梯内是否有手机信号。

可靠性：门关上一刹那出现障碍物，同时按关门和开门按钮，按当前楼层号码，多次按同一楼层的号码，同时按上键和下键等。

易用性：电梯按钮的设计符合一般人的使用习惯。

效率：电梯升降途中的响应。电梯处于 1 层，如果有人按 18 层，那么电梯在上升到 5 层时，有人按 10 层，这时是否会在 10 层停。电梯下降到 10 层时显示满员，此时若 8 层有人等待电梯，是否在 8 层停。

维护性：是否有方便维修和维护电梯的工作条件(竖井通道、统一断电等)；电梯常用配件是否容易更换；电梯维修成本如何，若电梯安装、维护、测试超过维修年限，是否可以正常运转。

可移植性：测试电梯在潮湿、−4℃以下、60℃以上情况下是否运行正常。

用户文档：《使用手册》是否对电梯用法、限制、使用条件等有详细的描述。

压力测试：查看电梯最大限度的承受重量。在负载过重时，报警装置是否提醒；在一定时间内,不断地让电梯上升、下降,最大负载下平稳运行的最长时间。

3. 软件正确性

随着人们对软件功能要求的不断增加,软件系统变得日趋庞大和复杂,在一定程度上难以控制,很多时候软件会出现不在人们预期范围内的工作方式,从而产生不正确或错误的行为。所以,软件正确性越来越多地受到人们的重视,只有正确的软件才是可信的。软件正确性已经成为软件可信研究中的重要组成部分。软件正确性主要体现在软件执行结果能否符合人们预期,在抽象层面上,可以将软件执行结果抽象为软件实现,而将软件正确性抽象为软件实现是否符合其规范。软件正确性在很大程度上依赖于程序正确性,只有程序正确才能保证软件的正确,程序正确性主要表现为以下几点。

- 程序编写无语法错误。
- 程序执行过程中未发现明显运行错误。
- 程序中没有不适当的语句。
- 程序运行时,能通过典型有效的测试数据得到正确预期结果。
- 程序运行时,能通过典型无效的测试数据得到正确处理。
- 程序运行时,能通过任意可能的测试数据得到正确结果。

1.2 软件测试的重要性

随着信息技术的快速发展,软件应用越来越普及,可以说"软件无处不在",越来越多的人离不开软件,当人们打开电脑、使用手机、购物娱乐……软件一直在帮助着人们,软件已经渗透到工作、生活、娱乐的方方面面。软件每一天都在改变着世界,让世界变得更加有效率、更加有魅力。软件功能越来越复杂,人们对软件的依赖程度也越来越高,但是如果安装的是没有经过测试的软件会发生什么? 软件卡死,账号被盗,流量被偷,资金被转……

1. 迪士尼的《狮子王动画故事》游戏

1994 年圣诞节前夕,迪士尼公司发布第一款多媒体光盘游戏《狮子王动画故事》。尽管很多其他公司已经在儿童游戏市场推广多年,但是这是迪士尼第一次尝试,并大肆促销及广告推荐。在那个节日期间,该游戏成为孩子们的"必买游戏"。但出乎意料的是,在 12 月 26 日,圣诞节的第一天,迪士尼公司的客户服务热线开始响个不停。很快,负责电话支持的技术人员被来自愤怒的父母和哭喊的孩子们的哭诉所淹没,游戏安装成功,但软件不能正常工作,各大报纸和电视开始报道此事。

为什么会出现这种情况呢? 原来迪士尼公司只在几种 PC 上进行测试,没有在当时市场上可以买到的所有不同型号的 PC 上做足够测试。所以该游戏只能在少数系统中正常运行,这是一个典型的由于测试不充分引起软件故障的案例。

2. 阿丽亚娜 5 号运载火箭

1996 年 6 月 4 日,阿丽亚娜 5 号运载火箭(阿丽亚娜 5 号运载火箭航班 501)首次测试发射,整台火箭在发射后 37s 自身毁灭,原因是控制火箭飞行的软件发生故障,这件事是历史上损失最惨重的软件故障事件。通过分析发现,造成故障的原因是 64 位元浮点跳到 16 位元,造成处理器困顿(算子错误)。因为浮点数目对于 16 位元的算子来讲超出很多,所以无法运算。这个事故同样是因为不充分的软件测试所引起的。

3. 谷歌服务故障

据 TechTarget 报道,2012 年 6 月初,谷歌 Spreadsheets 服务器发生大约两小时故障,许多用户受到影响。这个故障现象是当用户试图打开一个文件时,屏幕上频繁显示验证码。2012 年 4 月中旬,谷歌 Gmail 服务器也曾发生一次故障,那一次影响面积更大,影响到 3 300 多万用户。2011 年 3 月,谷歌邮箱再次爆发大规模用户数据泄露事件,大约有 15 万 Gmail 用户在周日早上发现自己的所有邮件和聊天记录被删除,部分用户发现自己的账户被重置,谷歌表示受到该问题影响的用户约为用户总数的 0.08%。谷歌过去也曾发生过类似故障,但整个账户消失却是第一次。2009 年,谷歌发生了最严重的一次故障,两个半小时服务停顿,全球用户数小时不能收发电邮。同样,谷歌的这些故障大部分是由于软件问题引起的,仍然存在软件测试不充分所造成的原因。

通过以上例子,可以看出软件总存在缺陷,软件缺陷可能会对人们生活、工作带来毁灭性后果。据悉,每年软件缺陷会给整个市场经济带来近 600 亿美元的损失。通过对软件进行测试,可以发现软件中存在的缺陷。只有发现软件缺陷,才可以将软件缺陷修复,从而带来质量好的软件,降低风险。在微软,一个开发人员配备 2 个测试人员,凸显测试工作和测试工程师的重要性。软件测试在一定程度上解放了程序员,使他们能够更专注于解决程序算法效率问题。同时也减轻售后服务人员的压力,因为交到他们手里的程序不再是那些"一触即死机"的定时炸弹,而是经过严格检验的完整产品。同时,软件测试的发展为程序的外形、结构、输入和输出的规约和标准化提供参考,并推动软件工程快速发展。

1.3 软件测试概述

从 20 世纪 60 年代开始,人们对软件测试进行了研究,但对于什么是软件测试(software testing),却一直没有达成共识。

不同人对软件测试有不同观点,究竟软件测试是做检验(check)的? 是发现问题(detect error)? 是验证(verification)? 是确认(validation)? 是证明程序是正确的(correction proof)? 是做质量评估(quality evaluation)? 还是做质量保证(quality assurance)?

软件测试是伴随软件的产生而产生的。在早期软件开发过程中,软件大多是结构简单、功能有限的小规模软件,软件开发过程混乱无序、非常随意,测试等同于"调试",所以软件测试工作常常由开发人员自己来完成。20 世纪 50 年代,英国著名计算机科学家图灵给出软件测试定义,他认为测试是正确性确认的试验方法的一种极端形式,并且通过测试达到确认程序正确性的目的。但是实际上,人们在代码完成后才开始测试,测试方法也比较简单,测试被认为是一种检验产品正确性的手段,是软件生命周期最后一个阶段。所以,软件产品交付后,仍然存在大量问题,比如与安装现场环境不匹配,软件成品与用户需求差距巨大等,软件质量仍然无法保证。

1972 年,Bill Hetzel 博士在美国北卡罗来纳大学组织了第一次关于软件测试的会议,软件测试才开始频繁地出现在人们的研究和实践中。1973 年,Hetzel 博士正式给出软件测试的定义,软件测试就是为程序或系统能否完成特定任务建立信心的过程。随着软件质量概念的提出,1983 年,Hetzel 博士在《软件测试完全指南》(*Complete Guide of Software Testing*)一书中对该定义进行了修改,软件测试被定义为,一系列为了评估一个程序或软件系统的特性或能力,并确定其是否达到预期结果的活动,测试是对软件质量的度量。但由于影响软件质量的因素很多,且经常变化,所以该定义过于依赖软件质量概念,仍然存在不贴切之处。

1979 年,Glenford J.Myers 在 *The Art of Software Testing* 一书中给出软件测试的定义,软件测试是为了发现错误而执行程序的过程。从这个定义可以看出,如果软件总是有错误的,那么测试是为了发现软件中存在的错误,而不是为了证明软件没有错误。发现问题,说明程序有错误,没有发现问题,不能说明程序没有问题,所以测试不能证明软件没有任何错误,不能确保软件所有功能都可以正常运行。Glenford J.Myers 的软件测试定义只强调软件测试的目的是找到错误,这样可能让测试人员将精力都集中在找错误,而忽视软件产品某些基本需求和用户需求,长此以往,会使开发人员产生一个错误认知,认为测试人员的工作就是为了找错误。

1983 年,IEEE 在北卡罗来纳大学召开首次关于软件测试的技术会议,给出软件测试的定义,软件测试是用人工或自动手段来运行或测定某个软件系统的过程,其目的在于检验它是否满足规定需求或弄清预期结果与实际结果之间的差别。IEEE 在 1990 年颁布的软件工程标准术语沿用了该定义,该定义明确指出软件测试的目的是检验软件系统是否满足需求。至此,软件测试便进入了一个全新时期,软件测试已成为一个专业,需要运用专门方法和手段,需要专门人才和专家来承担。

用更加通俗的语言表达,软件测试是为了找出软件中是否存在缺陷,比如,开发一个购物软件,使用该软件购买商品,发现无须支付即可完成交易。于是,大量人通过这种方式购买商品,造成公司大量损失,而软件测试的作用就是去发现并指出这个问题。测试人员不仅要测试造成损失的功能,也要关注影响客户体验的方方面面,因此,测试工作也是一个烦琐的工作。

当软件需求规格说明书被确定后,测试人员根据软件需求规格说明文档制订测试计划、测试用例等测试文档。测试文档包括项目背景、预期读者以及测试包含哪些内容和不包括哪些内容;测试用例文档包括测试功能描述、测试步骤、期望结果和实际结果以及通过/失败结果等;这些测试文档需要经过严格评审。当代码开发完成且分发到测试人员手中时,开始正式测试。测试人员针对软件执行每一个测试用例并记录测试结果,通常使用专门软件缺陷追踪工具(如 Bugzilla)记录缺陷以便后续开展缺陷跟踪和消除。当测试人员发现软件缺陷时,在缺陷追踪工具中记录该缺陷,包括测试版本、测试功能模块、测试步骤、问题描述等,然后将找到的缺陷记录提交给相应的开发人员,开发人员根据缺陷描述修正问题,重新提交给测试人员进行测试。

软件测试是计算机软件技术中一门重要学科,它是软件生命周期中不可或缺的一个环节,担负着把控、监督软件质量的重任。那么,测试人员如何才能以最少的人力、物力、时间等条件尽可能早、尽可能多地发现软件中存在的问题?

1. 测试尽早介入

开发者应当把"尽早地和不断地进行软件测试"作为座右铭。软件生命周期的每一个阶段都可能产生错误,只有尽早开展测试工作,在需求分析和设计阶段编写相应测试计划和测试设计文档,同时坚持在各个开发阶段进行技术评审和验证,把软件测试贯穿于软件生命周期的各个阶段,才能尽早地发现错误、预防错误、降低错误、改正错误、降低成本、提升效率、提高软件质量。Boehm 在 *Software Engineering Economics* 一书中写道:"平均而言,如果在需求阶段修正一个错误的代价是 1,那么在设计阶段就是它的 3~6 倍,在编码阶段是它的 10 倍,在内部测试阶段是它的 20~40 倍,在外部测试阶段是它的 30~70 倍,而到了产品发布出去时,这个数字就是 40~1 000 倍。修正缺陷的代价不是随时间线性增长的,而几乎是呈指数增长的。"

2. 测试用例需要给出预期结果

影响软件测试的因素很多,例如,软件本身的复杂程度、开发人员(包括分析、设计、编码和测试的人员)的素质、测试方法和技术的运用等。有些因素是客观存在的,无法避免的;有些因素则是波动的、不稳定的。例如,开发队伍是流动的,有经验的开发人员离职,新人不断补充进来;每个开发人员的工作受情绪影响等。测试人员遵照测试用例实施测试,能保障测试质量尽可能少地受人为因素影响,并且测试用例随着测试的进行和软件版本的更新,将日趋完善。因此,测试用例的设计和编制是软件测试活动中最重要的。测试用例是测试工作的指导文件,是软件测试必须遵守的准则,更是软件测试质量稳定的根本保障。

测试用例是为测试而精心设计和选择的数据,应由测试输入数据和预期输出结果两部分组成。预期输出结果是测试结果的衡量标准,用以检验软件实际结果是否符合用户需求。

3. 对合理的和不合理的输入数据都要进行测试

用户在使用软件时,不可能完全按照软件要求输入符合规则的数据,不可避免地由于误解或误操作输入一些非法数据,所以在设计测试用例时,应当既包括合理的输入数据,又包括不合理的输入数据。合理的输入数据是指能验证程序正确的输入数据,而不合理的输入数据是指异常的、临界的、可能引起问题的输入数据。在软件测试时,不合理和非预期情况容易被忽视,如果系统不能对不合理的数据做出正确应对,系统容易产生故障,甚至导致整个系统瘫痪。例如,软件要求数据输入框中输入"数字"作为数据查询的数据源,在实际测试过程中,不仅要测试输入各类"数字"是否被正常处理,能否输出预期结果,而且要测试输入"非数字"是否被处理及输出结果,从而确定测试程序对不符合预期输入的处理能力,避免软件运行过程中,由于不正确的输入导致系统不能正常运行,甚至崩溃。

4. 避免测试自己开发的软件

开发和测试生来就是不同的活动。开发是创造或者建立某种事物的行为,如一个功能模块或整个系统;测试是证实一个模块或者一个系统工作不正常的行为。这两个活动之间有着本质矛盾。一个人不可能把两个截然对立的角色都扮演得很好。一方面,程序就如同程序员辛苦抚养长大的孩子,从心理学角度讲,父母去否定自己的孩子是一件非常困难、让人难以接受的事。另一方面,程序员在开发程序过程中,已经对软件功能形成了某种认知,这种认知可能是正确的,也可能是错误的,当程序员在测试自己的程序时,往往还会存在同样的认知,很难发现错误。所以,软件测试工作需要由专门的测试人员或第三方机构进行测试,如果有条件,还可以要求用户参与测试。

5. 缺陷集群现象

在被测试软件模块中,缺陷并不是平均分布的,发现错误数目越多的模块,残存的错误数目也越多,即测试后模块中残存的错误数目与该模块中已发现的错误数目或检错率成正比,这就是缺陷集群现象,也是 Pareto 原则,即 80% 的缺陷发生在 20% 的模块中。为了提高测试效率,测试需要找到发生较多错误的 20% 模块,集中人力、时间和精力测试这些模块。因此,在测试前可以按照功能模块方式对以前研发的类似项目进行缺陷分布分析,从而找出哪些功能模块曾经出现缺陷集群现象,这对后期项目测试策略的制定有着积极的作用。

6. 穷尽测试是不可能的

现代软件规模越来越大,软件复杂程度也越来越高,软件的逻辑路径和输入数据的组合也几乎是无穷的。而测试人员面临的测试时间和测试资源往往是非常有限的。所以,测试人员对测试对象进行完全的检查和覆盖,基本不可能做到。也就是说不可能对软件进行完全测试,也不可能通过测试找到软件中存在的所有缺陷,只能根据测试风险和优先级来决定测试资源的分配,投入最少成本获得最大回报,因此,测试是需要终止的。

7. 检查程序是否做了要做的事仅成功了一半,另一半是看程序是否做了不该做的事

在进行软件测试时,不仅要检查程序是否做了规定的事情,还要检查程序是否做了不该做的事,多余的工作不仅可能会带来副作用,影响程序效率,还可能带来潜在错误和危害。例如,某安全设备数据传输软件,设计目标是仅能传输"E 格式"文件。但在测试过程中发现,该程序不仅能传输"E 格式"文件,也能传输所有文本文件,甚至能传输所有格式的文件,显然该程序"做了不该做的事",这是一个非常严重的问题,因为这一问题导致安全设备几乎失去了作用,存在极高的安全风险。

8. 杀虫剂悖论

反复实践表明,长期反复使用一种杀虫剂杀虫时,虫子会产生抗药性,从而导致虫子对杀虫剂免疫,杀虫剂无法将虫子杀死。软件测试也是一样的,如果长期使用同一种测试方法、同一种测试手段、同一测试用例,软件测试就可能无法发现 Bug。因为测试人员对软件越来越熟悉,从而自动忽略一些小缺陷,使得发现缺陷的能力下降。所以,测试人员需要不断增加新的不同的测试用例测试软件或系统的不同部分,保证测试用例永远是最新的,即包含最后一次程序代码或说明文档的更新信息。同时,测试人员还需要定期修改和评审测试用例,使得软件中未被测试过的部分或者没有被使用过的输入组合重新执行,从而发现更多缺陷。另外,让其他的人来测试你的程序将有助于打破"杀虫剂悖论"。

9. 长期保留测试用例

设计测试用例是一项耗费很大的工作,测试用例设计需要兼顾完整性、效率及有效性等多方面。软件需要反复测试、修正问题、再测试,在测试持续过程中,测试用例大部分需要反复被使用,所以必须长期保存测试文件,不仅可以用于回归测试,还可以为以后的测试提供参考。

总之,没有不存在缺陷的软件,软件测试是为了找到软件中的错误和缺陷,而不是为了证明软件是正确的。所以,软件测试是一项非常复杂的、创造性的和需要高度智慧的挑战性任务。

1.4 开发过程和软件测试的关系

软件开发是生产制造软件的过程,软件测试是验证开发的软件是否符合用户需求的手段。在图 1-10 所示的传统瀑布模型中,软件开发过程是由问题定义、可行性研究、需求分析、概要设计、详细设计、编码、测试和运行与维护所组成,软件测试仅仅是通过程序代码对软件进行检验、评估。但事实上,程序错误并不一定是由编码所引起的,也可能是由详细设计、概要设计引入的,甚至是由需求分析阶段的问题引起的。在需求分析阶段,由于开发人员和用户的知识背景不同、出发点不同,开发人员很难做到彻底、完整地搞清楚用户对产品的所有要求,设计人员也不可能完全将需求人员获取的需求正确、完整地表现在设计中。所以,如果仅仅只在编码完成后对软件进行测试,就如同生病后再治疗,需要花费大量时间和金钱。如果能够提前预防疾病,成本则大大降低。因为错误发现得越早,消除错误的难度越小,修正它所需的费用就越低,软件开发效率就越高。反之,错误发现得越晚,消除错误的难度就越大,修正它所需的费用就越高,软件开发效率越低,而且这种关系呈指数级增长,错误修正费用与错误发现时间的关系如图 1-20 所示。所以,测试应该以缺陷预防为导向,尽早开始测试。

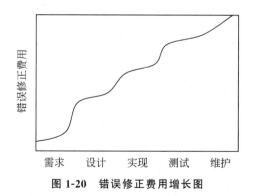

图 1-20 错误修正费用增长图

无论是汽车行业、建筑行业,还是软件行业,如果在最初设计时出现错误,那么它永远不会变成正确的,而由设计缺陷带来的产品质量问题是致命的,由此造成的经济损失是相当巨大的。如果一个汽车行业公司,大量召回有质量问题的产品,不仅会造成经济上的损失,也可能会危害人类的生命安全;一个建筑行业公司,如果建筑图纸是有错误的,可想而知,由此所造成的后果将是非常严重的;一个软件行业的产品,如果需求和设计是错误的,那么轻则可能造成用户使用困扰,重则会造成严重的经济损失,甚至威胁人类安全。因此,从最初创建阶段就需要尽可能地做到正确,否则,将会陷入混乱的万丈深渊。

测试不是一个独立隔离的活动,它与开发组成有机整体。在发布产品前,开发和测试是循环进行的,如图1-12所示的V模型。测试人员在开发人员开发的同时通过参考开发文档编写测试用例和测试文档;测试人员在开发人员完成开发后,使用白盒测试、黑盒测试等方法依照测试用例找出程序缺陷,并提交给开发人员进行修改,开发人员修改后的程序继续由测试人员完成测试,并且除源程序外,需求分析、概要设计、详细设计也都是软件测试的对象。所以,开发和测试是不可分割的,缺少任何一个都无法开发出有质量的产品。虽然软件质量不是被测试出来的,但是未经测试的软件不可能是高质量软件。随着技术的发展,软件测试已经成为贯穿整个软件工程生命周期的一个过程,它可以用来检验软件工程每一个阶段的成果是否符合质量要求和达到定义的目标。

博学谷资讯将软件测试和开发的关系比喻为理论和实验的关系,它认为开发人员通过自己的想象创造出一套思想,测试人员对它进行检验、证伪,开发人员再修改,经过不断循环,软件产品的质量大幅提升。软件行业内,人们也把这种关系比喻为演绎和归纳的关系,认为一方面要掌握大量的技术;另一方面要不断从实例中学习。因这两方面的不同,所以开发和测试工作任务看上去完全不同。

综上所述,软件开发与测试既有本质区别,又相辅相成,一个符合用户需求的产品是开发和测试共同努力的成果。

1.5 软件测试和质量保证的关系

1. 软件质量保证

说到软件质量,人们很容易联想到软件缺陷,因为缺陷越少,用户认为软件质量越高。就如人们去超市买苹果,往往觉得又大又红的苹果就是好苹果。殊不知,这种认识是片面的。从开发者角度看,一个好的软件应该是整体架构设计易于扩展,模块耦合度低,易于复用,代码简洁易懂,易于维护等,而这些特性就是质量。ISO 8492标准将软件质量定义为软件产品具有满足规定和隐含需求能力的特征和特征的综合。简单地讲,软件质量就是软件产品满足使用需求的程度。GB/T 25000.10—2016对软件质量做了进一步描述,将影响软件质量的主要因素划分为6个部分特性:功能性、可靠性、易用性、效率、维护性与可移植性。

软件质量保证(software quality assurance,SQA)活动是通过对软件产品有计划地进行评审和审计来验证软件是否合乎标准的系统工程,通过协调、审查和跟踪等手段获取有用信息,形成分析结果以指导软件过程。所以,在软件开发过程中,软件质量保证活动是保证软件质量的手段。软件质量保证主要包括以下措施。

- 应用好的技术方法:质量控制活动要自始至终贯彻于开发过程中,软件开发人员应该依靠适当技术方法和工具,形成高质量的规格说明和高质量的设计,选择合适的软件开发环境进行软件开发。

- 软件测试：软件测试是质量保证的重要手段，通过测试可以发现软件中大多数潜在的错误。应当采用多种测试策略，设计高效检测错误的测试用例进行软件测试。但是软件测试并不能保证发现所有的错误。
- 进行正式的技术评审：在软件开发的每个阶段结束时，都要组织正式的技术评审。由技术人员按照规格说明和设计，对软件产品进行严格评审、审查。多数情况下，审查能有效地发现软件中的缺陷和错误。国家标准要求开发单位必须采用审查、文档评审、设计评审、审计和测试等具体手段来控制质量。
- 标准的实施：用户可以根据需要，参照国际标准、国家标准或行业标准，制定软件工程实施规范。一旦形成软件质量标准，就必须确保遵循它们。在进行技术审查时，应评估软件是否与所制定的标准一致。
- 控制变更：在软件开发或维护阶段，对软件的每次变动都有引入错误的危险。比如，修改代码可能引入潜在错误；修改数据结构可能使软件设计与数据不相符；修改软件时文档没有准确及时地做出反应等都是维护的副作用。因而，必须严格控制软件修改和变更。控制变更是通过对变更的正式申请、评价变更的特征和控制变更的影响等直接提高软件质量。
- 程序正确性证明：程序正确性证明的准则是证明程序能完成预定功能。
- 记录、保存和报告软件过程信息：在软件开发过程中，要跟踪程序变动对软件质量的影响程度。记录、保存和报告软件过程信息是指为软件质量保证收集信息和传播信息。评审、检查、控制变更、测试和其他软件质量保证活动的结果必须记录、报告给开发人员，并保存为项目历史记录的一部分。

根据软件质量保证体系结构，质量保证工作需要有计划地分步实施，下面对软件质量保证实施的 5 个步骤简要介绍如下。

- 目标：以用户需求和开发任务为依据，对质量需求准则、质量设计准则的质量特性设定质量目标进行评价。
- 计划：设定适合于待开发软件的评测检查项目，一般设定 20～30 个。
- 执行：在开发标准和质量评价准则指导下，编写高质量规格说明书和程序。
- 检查：以计划阶段设定的质量评价准则进行评价，算出得分，以图形形式表示，比较评价结果的质量得分和质量目标，确定是否合格。
- 改进：对评价发现的问题进行改进活动，重复计划到改进的过程直到开发项目完成。

2. 软件测试与质量保证的关系

软件测试是软件质量保证的一个重要手段。一般规范的软件测试流程包括项目计划检查、测试计划创建、测试设计、执行测试、更新测试文档，而软件质量保证的活动可总结为协调度量、风险管理、文档检查、促进/协助流程改进、监察测试等。它们的相同点在于二者都是贯穿整个软件开发生命周期的流程。软件质量保证使用软件测试提供的数据和依据，向管理层提供正确的可视化的信息，帮助管理层了解质量计划的执行情况、过程质量、产品质量和过程改进进展，从而使软件质量保证活动更好地完成下一步工作。软件质量保证则充当软件测试工作的指导者和监督者,帮助软件测试建立质量标准、测试过程评审方法和测试流程,同时通过跟踪、审计和评审,及时发现软件测试过程中的问题,从而帮助改进测试或整个开发流程。因此,有了软件质量保证,软件测试工作就可以被客观地检查与评价,同时也可以促进软件测试流程的改进。

它们的不同之处在于软件质量保证是对软件开发流程中的过程管理与控制,是一项管理工作,侧重于流程和方法。而软件测试是对软件开发流程中各过程管理与控制策略的具体执行实施,其对象是软件产品,即软件测试是对软件产品的检验,是一项技术性工作。软件测试是软件质量保证的重要手段,软件质量保证的主要功能在软件测试中得到体现,现代软件活动中两者的关系越来越紧密,已无法分开。

1.6　软件测试与调试

1. 软件调试

软件调试(debug)就是从代码中排除错误、异常和缺陷。它不需要提前计划、不受任何时间限制和约束,是开发人员在软件编码阶段为了程序可以正确运行而对程序(设计、编码)进行修改、排除错误的过程。它是软件实现过程中必不可少的步骤。软件调试的对象是代码,调试人员是对详细设计和编码非常熟悉的开发人员。

软件调试的基本过程可以分为三个阶段,第一个阶段是编译阶段,程序员在计算机中运行代码,通过编译器或解释器对源程序进行语法检查。如果发现语法错误,则修改源程序,然后再编译,如此反复,直到程序中没有语法错误。第二个阶段是连接阶段,计算机将连接翻译好的源程序,如果出现错误,则说明源程序中存在调用混乱或参数传递错误等问题,需要修改源程序、再编译、再连接,如此反复直到没有连接错误。第三个阶段是运行阶段,将输出结果与手工处理的正确结果进行比较,如果有差异,则说明源程序中存在逻辑错误,需要分析源程序,查找逻辑错误。如果错误比较小,则直接修改处理;如果错误比较大,则需要借助调试工具,在关键位置添加断点或者输出必要日志 log,通过单步执行或分析日志信息,查找问题,然后再修改、编译、连接、运行,直到程序中无逻辑错误,软件调试工作结束,软件调试流程如图 1-21 所示。

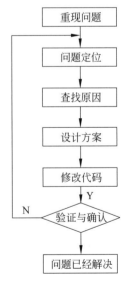

图 1-21　软件调试流程图

所以,软件调试的目的是改进软件中的错误,其基本活动包括确定程序中可疑错误的确切性质和位置,对程序(设计、编码)进行修改,排除错误。

2. 软件测试

软件测试是检验程序是否正确的手段,它是为了保证程序功能符合用户要求,排除软件设计错误,对程序进行系统全面的检查,保证程序整体功能、性能和可靠性等。软件测试是软件测试人员和软件开发人员都必须参加的一项工作,其贯穿整个软件开发的生命周期。软件测试的基本过程分为两个阶段,第一个阶段是准备阶段,测试人员预先制订测试计划、编写测试用例,在给定测试功能、测试步骤、测试条件的情况下,给出预期的测试结果。第二个阶段是执行测试,通过人工或者测试工具的支持对软件开发中的文档和代码实施测试,查看实际测试结果是否与预期结果一致。如果不一致,则提交开发人员,由开发人员进行修改,修改后再测试,如此反复直到测试完成。所以,软件测试的目的是发现软件中的错误。

3. 软件调试与测试

通俗地讲,软件测试是查看程序存在什么缺陷,而软件调试是通过各种手段,定位缺陷并解决。下面从 3 个方面分别介绍软件测试与软件调试的区别。

- 目的和任务不同:软件测试的目的是发现错误,其任务是找错,而调试的目的是证明程序的正确性,其任务是不断地排除错误。简单来说,软件测试是找错过程,属于质量保证活动;软件调试是排错过程,属于编码活动。在软件生命周期中,只要有修改就有软件测试,只要有编码就有调试。
- 指导原则和方法不同:首先,软件测试是一种有规律的活动,它拥有一系列软件测试原则,如制订测试计划原则和执行测试原则。其次,软件测试是一种挑剔性行为,它不仅要测试软件应该做的事情,还要测试软件不应该做的事情。软件调试所遵循的规律主要是一些启发式规则,它是一个推理过程。调试的方法经常与使用的开发工具有关,例如,解释型开发工具可以交互式调试,编译型开发工具就很难较好地查错。软件测试的输出是预知的,而调试的输出大多是不可预见的,需要调试者解释、发现产生问题的原因。
- 操作者不同:心理状态是软件测试的障碍,为了使软件测试更客观、更有效,执行软件测试的人员一般不是开发人员,但调试人员一般都是开发人员。

1.7 软件验证与软件确认

软件验证与确认产生于 20 世纪 70 年代,是美国航天局高可靠性软件系统生产实践的产物。软件设计实现后,是否完全达到设计目标、是否满足客户的真正需求,需要通过验证和确认才能给出准确结论。因此,对能力成熟度模型集成(capability maturity model integration,CMMI)中的验证和确认之间整体关系的认识,是软件组织对软件开发活动进行软件质量保证的依据,这将决定软件产品的质量。

1. 软件验证与确认的概念

软件验证是指检验软件是否已正确实现产品规格说明书所定义的系统功能和特性,检验软件相关产品是否与生命周期活动的要求相一致、是否满足生命周期过程中的标准、实践和约定。同时,软件验证是为判断每个生命周期活动是否已经完成,以及是否可以启动其他生命周期活动建立基准。

软件确认是为了保证所生产的软件可追溯到用户需求的一系列活动,确认过程提供的依据表明软件满足客户需求,并解决了相应问题。

2. 软件验证与确认的关系

验证过程和确认过程看起来类似,其实二者目标不同,处理的问题也不同。验证是查明软件产品是否符合规定的设计要求,而确认要证明所开发的最终产品在其预定环境中是否发挥其预定作用,满足用户的真正需求,二者相辅相成,互为补充。在验证活动圆满完成任务后需要进行确认活动,一是因为软件设计规格书本身可能存在问题,即使软件产品中某个功能实现结果与设计规格书完全一致,通过验证,也可能存在所设计的某些功能不是用户所需要的问题,那么这依然是严重的软件缺陷。二是因为软件设计规格书可能对用户的某个需求理解错误,只进行验证并不充分,还需要进行确认。更为准确地讲,验证与确认的关系主要体现在以下方面。

- 验证是检验是否正确地构造软件,即是否正确地做事,验证开发过程是否遵守已定义的过程规范。
- 确认是检验是否构造了正确的软件,即是否在做用户真正需要的产品。

所以,在软件实际开发过程中,一般不会将"验证"和"确认"完全隔离、分别进行,而是同时实现两者的目标。验证和确认活动还应该是一种渐进过程,因为它们在整个软件开发过程中执行,即从需求阶段开始,在过程推进中不断对产品进行验证和确认,直至对最终完成的产品进行最后的验证和确认。

在整个软件生命周期中涉及的人员可以简单地划分为 3 类:用户、开发者、验证或确认人员。通常,验证或确认人员在一定程度上独立于用户和开发人员。一般来说,在验证过程中,涉及人员为开发者、验证或确认人员;在确认过程中,涉及人员为用户、开发者、验证或确认人员,确认过程中,用户必须参加。

1.8 习题

1. 什么是程序、软件、软件工程和软件质量?
2. 为什么要进行软件测试?测试人员需要遵循的基本测试原则有哪些?
3. 什么是软件测试,与软件调试有哪些不同?
4. 什么是软件确认,什么是软件验证,二者有何关系?

第 2 章

软件质量工程

本章学习目标

- 了解软件质量标准及其模型
- 掌握软件质量度量的工具及方法
- 掌握软件质量控制与改进的模型及方法
- 掌握软件配置工具及方法
- 掌握软件评审方法及技术

本章主要介绍软件质量的相关标准,软件质量度量方法和使用工具、软件质量控制与改进以及软件质量配置与评审方法,并通过实际案例重点介绍软件质量配置和评审方法。

2.1 软件质量的标准与模型

软件是逻辑产品,其特点是研发周期长、耗资巨大,软件质量是软件产品的生命。质量,简单来说就是产品和工作的优劣程度。随着社会经济和科学技术的发展,质量的概念也在不断充实、完善和深化,其包含的内容也逐渐增加。ANSI/IEEE Std 729—1993 定义软件质量为"与软件产品满足规定的和隐含需求的能力有关的特征或特征的全体"。更具体地说,软件质量是软件与明确叙述的功能和性能需求、文档中明确描述的开发标准以及开发的软件产品都应该具有的隐含特征相一致的程度。

软件质量工程是从系统工程学、软件工程理论出发,沿着逻辑推理的路径,对软件质量的客户需求、影响软件的质量因素、质量工程结构等进行分析,建立积极的质量文化、构造软件质量模型,基于模型研究相应的软件质量标准和软件质量管理规范,把质量控制、质量保证和质量管理有效集成,降低质量成本和质量风险,从而系统地解决软件质量问题,形成现代软件质量工程体系。

软件质量管理的目的是通过分析质量要素和质量目标,制订合适的质量计划,整合技术评审、软件测试、质量保证、缺陷(或问题)跟踪等手段,保证软件开发与质量。从管理角度对软件质量进行度量,可将影响软件质量的主要因素划分为 6 大特性,即功能性、可靠性、易用性、效率、可维护性与可移植性。其中,功能性包括适合性、准确性、互用性、依从性、安全性;可靠性包括容错性、易恢复性、成熟性;易用性包括易学性、易理解性、易操作性;效率包括资源特性和时间特性;可维护性包括可测试性、可修改性、稳定性和易分析性;可移植性包括适应性、易安装性、一致性和可替换性。

2.1.1 软件质量标准概述

随着软件技术的不断发展,软件行业分工更加细致、体系更加复杂,因此,同其他传统行业类似,软件行业也需要从标准的层面说明和规范软件质量,使软件的生产行为形成体系,软件的评价和比较工作有据可依。

1. 质量标准的层级

根据软件工程标准制定机构层级和软件标准的具体使用范围,软件质量标准与传统的工程质量标准类似,也分为 5 个层级,分别为国际标准、国家标准、行业标准、企业标准、项目规范。这些标准层级中大部分标准来源于项目规范或企业标准,随着软件行业的不断发展及人们对软件质量要求的不断提高,标准的权威性促使上述项目规范或企业标准逐渐发展为行业标准、国家甚至国际标准。因此,软件质量标准具有一定的相对性和逐渐广泛性。

- 国际标准:由国际标准化组织(international standards organization,ISO)制定或公布的供各国参考的标准称为国际标准。国际标准化委员会制定的标准具有广泛的代表性、权威性和国际影响力。20 世纪 60 年代初,国际标准化组织建立了"计算机与信息处理技术委员会",专门负责与计算机有关的标准工作,该组织编制发表的标准为 ISO 系列标准;
- 国家标准:由政府或国家机构制定或批准的,适用于本国范围的标准称为国家标准。例如,GB/T 25000.22-2019 系统与软件工程 系统与软件质量要求和评价(SQuaRE)第 22 部分:使用质量测量;
- 行业标准:由一些行业机构、学术团体或国防机构制定,用于某个业务领域的标准称为行业标准。例如,JB/T 6987-1993 制造资源计划 MRP II 系统原型法软件开发规范;
- 企业规范:由企业为满足公司软件工程工作需要,制定适用于本公司的规范称为企业标准。例如,Q/GDW 1597—2015 国家电网公司应用软件系统通用安全要求;
- 项目规范:由项目参与人员制定的一些具体项目的校验或测试规范称为项目规范。

2. ISO 9000 系列标准简介

自 1987 年公布 ISO 9000 族标准以来,ISO 9000 系列标准已经成为全球最具影响力的质量管理和质量保证标准。ISO 9000 系列标准的制定和实施反映了市场经济条件下供需双方交易活动中的要求。供方按 ISO 9000 系列标准组织产品开发和生产,并通过权威机构认证,在产品质量方面赢得顾客的充分信任。顾客选购产品时,更愿意选择通过质量认证企业所生产的产品,减少多余或频繁的质量检查活动。

ISO 9000 系列标准建立在"所有工作均是通过过程来完成的"统一认识基础上。每个过程由原材料、设备、组织和人员等作为输入,输出对应结果,如半成品、成品和计算机软件产品等。质量管理是通过对组织内各种过程进行管理实现对整个项目的管理。

在 ISO 9000 系列标准中,与软件企业关系密切的是《ISO 9001 质量体系-设计、开发、生产、安装和服务的质量保证模式》和《ISO 9000-3 质量管理和质量保证标准 第三部分:ISO 9001 在计算机软件开发、供应、安装和维护过程中的指南》。

ISO 9001 标准从 20 个方面全面定义质量体系要素,规定质量体系要求,如果产品开发者、生产者或供应方达到这些要求,表明其具备质量保障能力。ISO 9001 标准定义的质量体系 20 个方面的描述如下。

- 管理职责。
- 质量系统。
- 合同复审。
- 设计控制。
- 文档和数据控制。
- 对客户提供产品控制。
- 产品标识和可跟踪性。
- 过程控制。
- 审查和测试。
- 审查、度量和测试设备的控制。
- 审查和测试状态。
- 对不符合标准产品的控制。
- 改正和预防行为。
- 处理、存储、包装、保存、交付。
- 质量记录的控制。
- 内部质量审计。
- 培训。
- 服务。
- 统计技术。
- 采购。

尽管 ISO 9001 标准全面明确地定义了质量管理工作的各个方面,包括软件开发活动全过程,但是 ISO 9001 主要针对制造业制定,不能详尽描述软件企业的质量管理工作。因此,ISO 专门制定了 ISO 9000-3,作为 ISO 9001 标准的实施指南。

ISO 9000-3 作为软件企业实施 ISO 9001 的指南,对这 20 个质量要素做了进一步的解释说明。其主要思想是,软件开发和维护有着一系列任务。这些任务的顺利完成需要各级管理层和开发人员共同配合和一致协调。高级管理层根据工作中积累的经验制定总体策略,下一层管理者负责制订实现总体策略的实施计划,并管理计划的执行。开发人员准确地理解用户需求,在计划时间内以尽可能低的费用开发出满足要求的软件。

需要指出的是,ISO 9000-3 对软件企业软件开发和维护活动起到的指导性作用,不带有强制性,而具有建议性。一个软件企业在贯彻与执行 ISO 9000-3 过程中,应该根据企业自身的基础和现状,有针对性地开展软件质量管理和质量保障活动。ISO 9000-3 的核心内容包括以下 9 个方面。

- 合同评审;
- 需求方需求规格说明;
- 开发计划;
- 质量计划;
- 设计和实现;
- 测试和确认;
- 验收;
- 复制、交付和安装;
- 维护。

2.1.2　能力成熟度模型

在软件开发和测试过程中,需要应用软件质量标准对软件的质量进行评判。对软件质量进行评判需要一个对评判工作有指导意义的质量模型,这个模型就是软件质量模型,软件质量模型一方面可以帮助软件开发人员开发出符合标准的软件产品,另一方面可以帮助评判人员识别可能影响软件质量的风险。

1. 能力成熟度模型的诞生

1987 年,美国卡内基-梅隆大学软件研究所(SEI)受美国国防部的委托,率先在软件行业从软件过程能力的角度提出了软件过程成熟度模型。该模型随后在全世界推广使用,成为一种软件评估标准,用于评价软件承包商能力并帮助其改善软件质量的方法。它主要用于软件开发过程和软件开发能力的评价和改进,侧重于软件开发过程的管理及工程能力的提高与评估。自 1987 年开始实施认证,它已成为软件业最权威的评估认证体系,包括 5 个等级,共计 18 个过程域,52 个目标,300 多个关键实践。

2. 能力成熟度模型定义

能力成熟度模型(capability maturity model,CMM)是对软件组织在定义、实施、度量、控制和改善其软件过程的实践中各个发展阶段的描述。CMM 的核心是把软件开发视为一个过程,并根据这个原则对软件开发和维护进行过程监控和研究,以使其更加科学化、标准化,使企业能够更好地实现商业目标。

3. 能力成熟度模型的基本特征

CMM 的目标是建立有效的软件工程过程基础结构,不断进行管理的实践和过程的改进,从而克服软件生产中的困难。它基于过去所有软件工程过程改进的成果,吸取以往软件工程的经验教训,提供一个基于过程改进的框架,指明一个软件组织在软件开发方面需要管理哪些主要工作、这些工作之间的关系以及先后次序,从而使软件组织走向成熟。CMM 将软件过程的成熟度分为 5 个等级,如图 2-1 所示。

- 初始级(initial)。工作无序,项目进行过程中常放弃当初计划,管理无章法,缺乏健全的管理制度,开发项目成效不稳定,项目成功主要依靠项目负责人的经验和

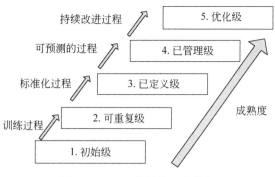

图 2-1 CMM 模型的 5 个等级

能力,如果负责人撤离项目,工作秩序则受到严重影响。

- 可重复级(repeatable)。管理制度化,建立了基本管理制度和规程,管理工作有章可循。初步实现标准化,开发工作比较好地按标准实施,变更依法进行,做到基线化,稳定可跟踪,新项目的计划和管理基于过去的实践经验,具有重复以前成功项目的环境和条件。
- 已定义级(defined)。开发过程(包括技术工作和管理工作)均已实现标准化、文档化,建立了完善的培训制度和专家评审制度,全部技术活动和管理活动均可控制,对项目进行中的过程、岗位和职责均有共同理解。
- 已管理级(managed)。产品和过程已建立定量的质量目标。开发活动中的生产率和质量是可量度的,已建立过程数据库,已实现项目产品和过程的控制,可预测过程和产品质量趋势,如预测偏差,实现及时纠正。
- 优化级(optimizing)。可集中精力采用新技术、新方法改进过程,拥有防止出现缺陷、识别薄弱环节以及加以改进的手段,可取得过程有效性的统计数据,并可根据数据进行分析,从而得出最佳方法。

CMM 描述的 5 个等级的软件过程反映了从混乱无序的软件生产到有纪律的开发过程,再到标准化、可管理和不断完善的开发过程的阶梯式结构,任何一个软件项目均可以纳入其中。

4. CMM 关键过程域

在 CMM 中,每个成熟度等级(第 1 级除外)规定了不同的关键过程域(key process areas,KPA),一个软件组织如果希望达到某一个成熟度等级,就必须完全满足关键过程域所规定的不同要求,即满足每个关键过程域的目标。所谓 KPA 是指一系列相互关联的操作活动,这些活动反映了一个软件组织改进过程时必须集中精力改进的几个方面。换句话说,关键过程域标识了达到某个成熟度等级时所必须满足的条件。在 CMM 中,一共有 18 个关键过程,分布在 2～5 级中。

第 2 级(可重复级)有 6 个关键过程域,主要涉及建立软件项目管理控制方面的内容,分别如下。

- 需求管理(requirements management,RM),软件项目的开发必须以客户需求为指向,需求管理的目的在于使开发人员和客户对客户本身的真实需求有统一认识。

- 软件项目计划(software project planning,SPP),软件项目管理必须事先拟定合乎规范的开发计划及其相关计划,例如,监测与追踪计划。
- 软件项目跟踪与监控(software project tracking and oversight,SPTO),防范项目实施过程中产生的计划偏离问题,使项目人员对软件项目的进展充分了解并控制。
- 软件子合同管理(software subcontract management,SSM),建立规范化的软件分包管理制度以保证软件质量的一致性。
- 软件质量保证(software quality assurance,SQA),通过对软件开发过程的监控和评测保证软件质量。
- 软件配置管理(software configuration management,SCM),保证软件项目开发生命周期的完整性。

第3级(已定义级)有7个关键过程域,主要涉及项目和组织的策略,使软件组织建立起对项目中有效计划和管理过程的内部细节,分别如下。

- 组织过程焦点(organization process focus,OPF),在整个企业范围内树立标准的过程并将其列为企业工作重点。
- 组织过程定义(organization process definition,OPD),对企业过程进行确立。
- 培训程序(training program,TP),对项目人员进行必要的培训。
- 集成软件管理(integrated software management,ISM),调整企业的标准软件过程,并将软件工程和管理集成为一个确定的项目过程。
- 软件产品工程(software product engineering,SPE),关于软件项目的技术层面的目标再次确立,如设计、编码、测试和校正。
- 组间协调(intergroup coordination,IC),促进各项目之间的借鉴与支持在全企业范围内实现。
- 同级评审(peer reviews,PR),促进各项目组成员之间运用排查、审阅和检测等手段找到并排除产品中的缺陷。

第4级(已管理级)有2个关键过程域,主要任务是为软件过程和软件产品建立一种可以理解的定量方式,分别如下。

- 定量过程管理(quantitative process management,QPM),对软件过程的各个元素进行定量描述与分析并收集量化数据协调管理。
- 软件质量管理(software quality management,SQM),通过定量手段追踪掌握软件产品质量使其达到预定标准。

第5级(优化级)有3个关键过程域,主要涉及的内容是软件组织和项目中如何实现持续不断的过程改进问题。

- 缺陷预防(defect prevention,DP),通过有效机制识别软件缺陷并分析缺陷来源,从而防止错误再现,减少软件错误发生率。
- 技术变更管理(technology change management,TCM),引入新工具和技术并将其融入企业软件过程中,以促进生产功效和质量。

- 过程变更管理(process change management,PCM),在定量管理基础上坚持全企业范围的持续性软件过程改进,提高生产效率,减少投入和开发时间,保证企业的过程长期处于不断更新和主动调节之中。

5. CMM 关键实践

关键实践(key practices)描述对关键过程域的有效实施和制度化起最重要作用的基础设施和活动。关键实践只是规定软件过程必须达到什么样的标准而未规定这些标准应如何实现,因此,对同样的过程水平,不同企业、不同项目可采纳不同的过程和实践方式完成。各个关键过程域中的关键实践都可按公共属性进行分类,每个 KPA 都包含 5 类关键实践。关键过程域与关键实践的关系如图 2-2 所示。

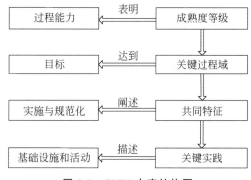

图 2-2　CMM 内容结构图

- 执行保证(commitment to perform),为完成关键过程域中的目标所需的承诺,称为执行保证,它是企业执行特定关键过程域所拟定的指导开发过程的规则和项目管理责任。
- 执行能力(ability to perform),指企业执行关键过程域的前提条件,包括企业资源、过程制定、人员培训等多种措施。对 KPA 的执行必须建立在此基础上,才可保证所规划的目标得以实现。
- 执行行为(activities performed),说明企业执行关键过程域所需采纳的必要行动和步骤,与项目执行息息相关,包括计划、跟踪、检测等,这是关键实践的 5 种归类中与项目执行唯一相关的属性,其余 4 个属性侧重关注软件组织的基础能力建设。
- 测量分析(measurement and analysis),是关于过程的定量分析,确定所执行活动的效果并以此做出分析判断。
- 实施验证(verify implementation),在执行中途及末尾对过程实时验证,以确保执行活动通过有独立资质人员和管理人员来保证验证的有效执行,从而确保产品符合计划要求。

2.1.3　IEEE 软件工程标准

1. IEEE 软件工程标准的历史

自 20 世纪 60 年代出现软件危机以来,许多从事软件质量、可靠性研究和管理的科技工作者致力于软件工程化。为满足软件工程化的迫切需求,1976 年,美国电气与电子工程师学会(institute of electrical and electronics engineers,IEEE)标准化部成立了一个软件工程组,负责起草软件工程标准,1980 年,IEEE 出版了第一个软件工程标准《IEEE Std 730 软件质量保证标准》,成为早期 IEEE 软件工程标准的基石。后来,上述软件工程组逐步发展成为软件工程委员会(technical committee on software engineering,TCSE)的软件工程标准小组(soft engineering standards subcommittee,SESS),IEEE 软件工程标准均由该小组起草和发布。

自成立以来,IEEE 一直致力于推动电工技术在理论方面的发展和应用方面的进步。在软件工程标准方面,IEEE 标准更贴近于软件工程实际,如《IEEE Std 730 软件质量保证计划》《IEEE Std 829 软件测试文档标准》《IEEE Std 830 软件需求规格说明指南》《IEEE Std 1008 软件单元测试标准》《IEEE Std 1012 软件验证和确认标准》《IEEE Std 1063-1987 软件用户文档标准》等都具有非常高的实用性。

2. IEEE 软件工程知识体系

IEEE 出版了《软件工程知识体系指南》,定义了软件工程内涵,它由 11 个知识域构成,分别为软件需求、软件设计、软件构造、软件测试、关键维护、软件配置管理、软件工程管理、软件工程过程、软件工程工具方法、软件质量和相关学科知识,图 2-3 为 IEEE 发布的软件工程知识体系框架。有关该框架各部分的说明,可以参考《软件工程知识体系指南》。基于这些知识域,《软件工程知识体系指南》将 IEEE 发布的软件工程标准归于相关的知识域,这样更有利于标准的应用。

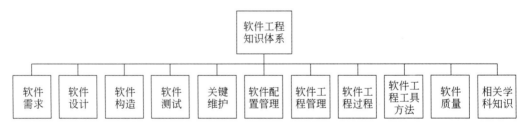

图 2-3 IEEE 软件工程知识体系框架

3. IEEE Std 1074

IEEE Std 1074 是软件开发与维护过程标准,对用户的软件生命周期进行定义并对典型的软件生命周期进行映射,该标准规定构成软件开发和维护的各种必需过程的活动集合,以及这些活动相关的输入与输出信息。该标准从软件初始概念到最终成型提供全面的管理和支持,也就是说该标准应用于整个软件生命周期,但需要注意的是,该标准不是用来定义或说明软件生命周期本身的标准。

本标准规定的软件生命周期必须由 6 组 17 个过程构成,这些过程总共包含 65 个活动,这些过程及活动介绍如下,需要说明的是有些活动不是必需的。

(1)模型确定过程:该过程完成模型的确定,主要包含 2 项活动。

• 确定被选软件生存周期模型(SLCM)。

- 选定项目适用的一个 SLCM。

（2）项目管理过程：包含项目启动、项目监督与控制和软件质量管理 3 个子过程，主要包含 13 项活动。

- 将有关活动映射到 SLCM。
- 分配项目信息。
- 建立项目环境。
- 策划项目管理。
- 风险分析。
- 制定意外情况对策。
- 进行项目管理。
- 保存记录。
- 执行问题报告程序。
- 制订软件质量管理计划。
- 定义度量。
- 进行软件质量管理。
- 确定软件质量改进要求。

（3）开发前过程：包含概念探索、系统分配两个子过程，主要包含 5 项活动。

- 说明想法或要求。
- 拟定可能的途径。
- 进行可行性研究。
- 必要时制订新旧系统置换计划。
- 细化并确定一种想法或要求。

（4）开发过程：包含需求、设计、实现 3 个子过程，主要包含 14 项活动。

- 定义并展开软件需求。
- 定义接口需求。
- 区别优先次序，综合软件需求。
- 进行体系结构设计。
- 必要时设计数据库。
- 设计接口。
- 选择或推导算法。
- 进行详细设计。
- 创建测试数据。
- 编写源程序。
- 生成目标代码。
- 拟定操作文档。
- 制订组装计划。
- 进行组装。

（5）开发后过程：包含安装、运行与保障、维护、退役 4 个子过程，主要包含 11 项活动。

- 制订安装计划。
- 分发软件。
- 安装软件。
- 在运行环境中验证软件。
- 操作该系统。
- 提供技术帮助和咨询。
- 保持保障请求日志。
- 重新应用 SLCM。
- 通知用户软件退役。
- 必要时进行新旧系统并行操作。
- 撤销系统。

（6）支持保障过程：包含验证与确认、软件配置管理、文件编制和培训 4 个子过程，主要包含 17 项活动。

- 制订验证与确认计划。
- 执行验证与确认任务。
- 收集与分析度量数据。
- 制订测试计划。
- 拟定测试要求。
- 执行测试。
- 制订配置管理计划。
- 拟定配置标识方案。
- 执行配置控制。
- 实行状态报告。
- 制订文件编制计划。
- 进行文件编制。
- 产生并分发文件。
- 策划培训大纲。
- 编写培训材料。
- 确认培训大纲。
- 执行培训大纲。

该标准主要服务于科学管理软件项目，详细说明软件生存周期各种过程中各互动任务及相关输入与输出信息，但不涉及如何完成这些任务；其定义了过程，并未定义过程的产品，不涉及如何将过程结果组织成文件。

该标准所定义的各种活动都是软件生存周期各种过程的基本活动。无论用什么方法开发或维护软件，或者按什么软件生存周期模型组织这些活动，这些基本活动及它们之间的联系均存在。因此，该标准适用于各种开发方法、各种生命周期模型和各类软件项目。需要强调的是，当软件项目规模较小时，应简化标准中的过程；软件规模较大或较复杂时，需要将项目分解为较小的子项目后再使用该标准,也可根据实际项目需要细化标准中的某些活动。

4. IEEE Std 830

IEEE Std 830 是软件需求规格说明指南,提出了需求规格说明必须满足的特性,并且为每一个特性定义了若干具体指标。该标准作为执行需求规约、进行需求分析和度量的依据而广泛应用。

该标准主要内容分为 6 个部分,分别为引言、综合描述、外部接口需求、系统特征、其他非功能需求、其他需求。重点是中间 4 个部分,规定了需求规格必须满足的基本特征,下面分别介绍标准内容。

(1) 引言:介绍需求规格说明的目的、文档约定、预期的读者和阅读建议、产品的范围、参考文献。

- 目的:对产品进行定义,在该文档中详尽地说明了产品的软件需求,包括修正或发行版本。
- 文档约定:描述编写文档时所采用的标准或排版约定,包括正文风格、提示区或重要符号。
- 预期的读者和阅读建议:列举软件需求规格说明所针对的不同读者。
- 产品的范围:提供了对制定的软件及其目的的简短描述。
- 参考文献:列举编写软件需求规格说明时所参考的资料或其他资源。可能包括用户界面风格指导、合同、标准、系统需求规格说明、使用实例文档或相关产品的软件需求规格说明。

(2) 综合描述:概述正在定义的产品以及所运行的环境、使用产品的用户和已知的限制。

- 产品的前景:描述软件需求规格说明中所定义的产品背景和起源。
- 产品的功能:概述产品所具有的主要功能。
- 用户类和特征:确定可能使用该软件产品的不同用户类并描述它们相关特性。
- 运行环境:描述软件的运行环境,包括硬件平台、操作系统和版本,还有其他的软件组件或其共存的应用程序。
- 设计和实现上的限制:确定影响开发人员自由选择的问题,并说明这些问题为什么成为一种限制。
- 假设和依赖:列举对软件需求规格说明中影响需求陈述的假设因素。

(3) 外部接口需求:确定可以保证新产品与外部组件正确连接的需求。

- 用户界面:陈述所需要的用户界面的软件组件,描述每个用户界面的逻辑特征。
- 硬件接口:描述系统中软件和硬件每个接口的特征。这种描述可能包括支持的硬件类型、软硬件之间的交流数据和控制信息的性质以及使用的通信协议。
- 软件接口:描述该产品与其他外部组件(由名字和版本识别)的连接,包括数据库、操作系统、工具、库和集成的商业组件,明确并描述在软件组件之间交换数据或消息的目的,描述所需要的服务以及内部组件的性质,确定将在组件之间共享的数据,如果必须用一种特殊的方法来实现数据共享机制,那么就必须把它定义为一种实现上的限制。

• 通信接口：描述与产品所使用的通信功能相关的，包括电子、Web、浏览器、网络通信标准或协议及电子表格等。

（4）系统特性：描述软件产品的系统特性，并详细阐述各系统特性。

• 说明和优先级：提出对该系统特性的简短说明，并指出该特性的优先级是高、中或低。

• 激励/响应序列：列出输入激励并且定义这一特性行为的系统响应序列。

• 功能需求：列出与该功能特性相关的详细功能。

（5）非功能需求：列出所有非功能需求，不包含外部接口需求和限制。

• 性能需求：阐述不同应用领域对产品性能的需求，并解释它们的原理以便帮助开发人员做出合理的设计选择。

• 安全设施需求：详尽陈述与产品使用过程中可能发生的损失、破坏或危害相关的需求。

• 安全性需求：详尽陈述与系统安全性、完整性或与私人问题相关的需求，这些问题会影响产品的使用或产品所创建数据的保护。

• 软件质量标准属性：详尽陈述与客户或开发人员至关重要的产品质量特性，这些特性必须是确定、定量的，并在可能时是可验证的。

• 业务规则：列举出有关产品的所有操作规则。

• 用户文档：列举出将与软件一同发行的用户文档部分。

（6）其他需求：定义在软件需求规格说明的其他部分未出现的需求。

2.2　软件质量度量

度量是一种可用于决策的可比较对象，度量已知的事物是为了进行跟踪、评估，度量未知的事物是为了进行测量。度量存在于日常生活的很多领域中，在经济领域，度量决定着价格和付款的等价性；在雷达系统中，度量使人们透过云层探测飞机；在医疗系统中，度量使医生能够诊断某些特殊疾病；在天气预测系统中，度量是天气预报的基础；在软件工程中，度量可以帮助软件工程不断改进产品，使项目和产品变得更好。可见，没有度量，技术的发展根本无法进行。

今天，计算机在人们生活的每个领域都扮演了重要角色，在各类计算机上运行的软件也越来越重要。因此，可预测、可重复、准确地控制软件开发过程和软件产品质量非常重要。软件质量度量就是衡量软件品质的一种重要手段。

2.2.1　软件质量度量的基本概念

根据《软件工程术语的 IEEE 标准词汇表》的定义，度量是一个系统、构件或过程具有给定属性的量化测量程度。软件质量度量就是对软件开发项目、过程及其产品进行数据定义、收集以及分析的持续性定量化过程，目的在于对此加以理解、预测、评估、控制和改善。为什么需要对软件质量进行度量呢? 因为在软件开发和项目管理中通常存在如下问题。

- 设计和开发软件产品时并未设置量化目标。比如,产品开发人员总是承诺软件产品界面友好、性能可靠、易于维护,但并未应用可度量的术语来说明这些目标的具体含义。正如 Glib 所言,"没有明确目标的项目将不能明确地达到它的目标。"
- 项目管理人员未能对构成软件项目实际费用的各个不同的部分进行有效的度量。比如,设计费用、开发费用和测试费用的比重。
- 项目人员在各种环境中定量分析产品的质量。比如,产品安装至新环境中需要多少工作量。
- 项目人员总是试图使用另外一种新的革新的开发技术与方法进行软件开发,而这之前并未量化评估该项技术对软件质量的影响。

事实上,目前在软件质量度量方面做的工作远少于软件生命周期中其他方面的工作,即使进行了部分度量工作,也很难达到科学度量的水平。比如,在软件生命周期中经常有"软件费用的 80% 是维护费用""软件每千行代码中平均有 60 个缺陷"等类似结论,这些结论并没有告知结果是怎么产生的、试验是怎么设计的、度量的是哪个实体、错误的框架是什么,等等,从而使得软件相关人员无法在自己的环境中客观地、反复地度量,重现度量的结果,获得与工业标准的真实比较。

软件质量度量的长期目标是利用度量来对软件质量进行评判。理想情况下,使用一系列方法对软件属性进行度量能评估一个系统,通过度量可以推断出系统的质量水平。如果一个软件达到了所需的质量阈值,那么它就可以不通过评审而被接受。适当情况下,度量结果还可以突出显示软件需要改进的部分。

没有软件质量度量,就不能从软件开发的暗箱中跳出来。通过软件度量可以改进软件开发过程,促进项目成功,开发高质量的软件产品。度量取向是软件开发诸多事项的横断面,包括顾客满意度度量、项目度量以及品牌资产度量、知识产权价值度量等。度量取向要依靠事实、数据、原理、法则,其方法是测试、审核、调查,所采用的工具是统计、图表、数字、模型,它的标准是量化的指标。

2.2.2 软件质量度量的方法

软件产品的度量主要针对软件开发成果的质量而言。软件质量由质量要素组成,质量要素由衡量标准组成,衡量标准由量度标准加以定量刻画。因此,质量度量贯穿于软件开发工程的全过程,以及软件交付之后的维护和使用过程,在软件交付之前的度量主要包括程序复杂性、模块有效性和总的程序规模等,在软件交付之后的度量主要包括残存的缺陷数和系统的可维护性等。

1. 软件质量模型

软件质量度量是基于软件质量模型的,《软件与软件工程 系统与软件质量要求和评价(SQuaRE)第 10 部分: 系统与软件质量模型》(GB/T 25000.10—2016)系列国家标准给出软件质量通用模型。该标准等同采用了 *Software engineering-Product quality-*

*Part*1：*Quality model*（ISO/IEC 9126-1：2001）系列标准。软件质量分为内部质量、外部质量和使用质量，外部质量和内部质量模型如图 1-19 所示。这些特性和子特性基本涵盖了软件质量的各个方面。该模型是软件质量度量的基础，在软件质量度量中经常被检测机构使用。

软件的使用质量是基于用户观点的软件产品用于指定的环境和使用环境时的质量。使用质量模型如图 2-4 所示，包括有效性、生产率、安全性、满意度 4 个特性。它用于测量用户在特定环境中能达到目标的程度，而不是用于测量软件自身的属性。但是，因为不同用户的要求和能力间存在差别，不同硬件和支持环境间也有差异，所以软件在用户环境中的使用质量级别可能与在开发环境中的使用质量不同。用户仅需要评价用于完成某种任务的软件属性。

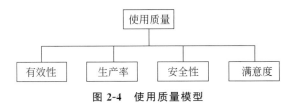

图 2-4　使用质量模型

2.软件质量度量方法

从软件质量模型出发，软件质量度量应分别从外部度量、内部度量和使用度量 3 个层面开展。《软件工程 产品质量 第 2 部分：外部度量》（GB/T 25000.23—2019）定义了外部度量，《软件工程 产品质量 第 3 部分：内部度量》（GB/T 25000.23—2019）定义了内部度量，《软件工程 产品质量 第 4 部分：使用质量的度量》（GB/T 25000.22—2019）定义了使用质量的度量。

外部度量用来测量包含该软件的基于计算机系统的行为，是对外部质量的特性及其子特性的度量，主要度量 6 个质量特性及其子特性，具体描述如下。

（1）功能性度量：主要针对软件系统的功能行为，从以下几个方面进行度量。

- 适合性度量：测试和用户运行系统期间是否出现未满足的功能或不满意的操作。
- 准确性度量：用户遇到不准确事项的频率。
- 互操作性度量：涉及数据和命令的通信缺失的功能数或事件数，而这类数据和命令在该软件产品和与之相连的其他系统、其他产品或设备之间应易于传递。
- 安全保密度量：带有安全保密问题的功能或事件数目。
- 功能性的依从性度量：带有依从性问题的功能或事件的数目，这些依从性问题是指软件产品不遵从标准、约定、合同或其他规定的需求。

（2）可靠性度量：表明系统运行过程中软件的可靠性程度。

- 成熟性度量：由于软件本身存在故障而导致软件失效的可能程度。
- 容错性度量：软件维持规定性能水平的能力度量。
- 易恢复性度量：在失效情况下，系统中软件仍能重新建立适当的性能水平并恢复直接影响的数据。
- 可靠性的依从性度量：带有依从性问题的功能或事件数目，这些问题指软件产品不遵循与可靠性有关的标准、约定或法规。

（3）易用性度量：指软件能被理解、学习，以及操作程度和吸引程度，已经遵循易用性法规和指南的程度。

- 易理解性度量：指新用户能否快速理解软件的相关内容。
- 易学性度量：指用户需要多长时间学会如何使用某一特殊功能，即评估帮助系统和文档的有效性。
- 易操作性度量：评估用户能否操作和控制软件，易操作性度量可按 ISO 9241-10 中对话原则进行分类。
- 吸引性度量：评估软件的外观，受屏幕设计、颜色等因素的影响。这点对于消费类产品特别重要。
- 易用性的依从性度量：评估与易用性相关的标准、约定、风格指南或法规的依附性。

（4）效率度量：指在测试或运行期间包含软件的计算机系统的时间消耗及资源利用特性。

- 时间特性度量：在测试及运行中包含软件的计算机系统的时间特性。
- 资源利用性度量：在测试及运行中包含软件计算机系统的资源利用特性。
- 效率的依从性度量：软件产品不能遵循与效率相关的标准、约定或法规的功能数或出现依从性问题的数目。

（5）维护性度量：当软件被维护或修改时，度量维护者、用户和系统的行为。

- 易分析性度量：当试图诊断缺陷或失效的原因，标识需要修改部分时，维护者或用户的工作量或消耗的资源。
- 易改变性度量：当试图实施规定的修改时，通过维护者、用户和系统的行为测量维护者或用户的工作量。
- 稳定性度量：与包含该软件的系统意外行为有关的属性进行测量。
- 易测试性度量：当试图测试易修改或未修改的软件时，通过维护者、用户和包含该软件的系统行为来测量维护者或用户的工作量。
- 维护性的依从性度量：指软件产品不遵循所要求的与可维护性相关的标准、约定或法规的功能数和出现依从性问题的数目。

（6）可移植性度量：指对移植活动期间操作者或系统的行为等属性进行测量。

- 适应性度量：指系统或用户试图使软件适应于不同的规定环境时用户的行为。当用户必须实施一个新的、而不是原先由适应性要求所指定的适应性规程时，也应测量适应要求的用户工作量。
- 易安装性度量：当系统或用户试图在其特定的环境中安装该软件产品时的用户行为。
- 共存性度量：当系统或用户试图将软件与其他的独立软件在公共环境中共享公共资源时的用户行为。
- 易替换性度量：当系统或用户试图用该软件代替软件环境中其他规定的软件时的用户行为。

- 可移植性的依从性度量：软件产品不遵循所要求的与可移植性相关的标准、约定或法规的功能数或出现依从性问题的数目。

内部度量用来测量软件本身的功能，检测其能否满足规定和隐含的要求。它可用于开发阶段的非执行软件产品(如标书、需求定义、设计规格或源代码等)。内部度量为用户提供测量中间可交付项质量的能力，从而预测最终产品的质量，使用户尽可能在开发生存周期早期察觉质量问题，采取纠正措施。内部度量同样主要度量上述 6 个质量特性及其子特性，与外部度量的区别是度量的角度和出发点不同。

使用度量就是测量软件在某个特定使用环境中的效果，它是在真实系统环境中进行的。在不同阶段采用不同的度量标准，也可以在产品开发的初始阶段使用质量需求的指标。使用度量具备 4 个特性，分别介绍如下。

(1) 有效性度量：指在特定的使用环境中，用户执行任务时是否能够准确和完全地达到规定目标。这种度量只考虑已经完成目标的程度，不考虑如何达到目标。

(2) 生产效率度量：指在特定的使用环境中，用户消耗与所达到的有效性相关的资源。相关资源包含用户工作量、材料或使用财务成本等，但最常见的资源是完成任务的时间。

(3) 安全性度量：指在特定的使用环境中，对人、业务、软件、财产或环境产生伤害的风险级别，包括用户以及那些受使用影响的人的健康和安全，以及意想不到的生理或经济后果。

(4) 满意度度量：指在特定的使用环境中，用户对产品使用的态度。

2.2.3　软件质量度量的工具

随着软件质量度量的重要性不断增加，市场上出现多种软件质量度量工具。按照工具应用的技术及适用范围，可分为通用度量工具、小生境度量工具(niche metrics tool)、静态分析、源代码静态分析、规模度量。通用度量工具在整个软件生命周期中应用较多，下面详细介绍几种通用的软件质量度量工具。

(1) 检查表(checklist)：用简单而容易理解的方式，将数据制作成图形或表格，必要时填入规定的检查记号，加以统计和整理，提供进一步分析或核对检查所用。其目的是系统地收集资料、积累信息、确认事实，并可对数据进行粗略的整理和分析。常见的检查表有设计评审检查表、代码评审检查表、系统测试入口和出口标准检查表、产品就绪程度检查表、缺陷检查表(常见软件错误清单)等。使用检查表可以规范软件审查程序、明确审查目标、保证审查进度、为审查记录存档、减少审查人员的偏见与随意性。

(2) 帕累托图(pareto diagram)：以意大利经济学家 V.Pareto 的名字命名，又叫排列图、主次图，将出现的质量问题和质量改进项目按照重要程度依次排列而采用的一种图表，用来表示有多少结果是由已确认类型或范畴的原因所造成。

(3) 直方图(histogram)：又称质量分布图，一种统计报告图，由一系列高度不等的纵向条纹或线段表示数据分布情况。一般用横轴表示数据类型，纵轴表示分布情况。

帕累托图的目的是寻找影响质量因素中的关键因素，以便优先解决主要问题；而直方图的目的是观察数据分布规律，判断总体质量分布情况。

（4）散点图（scatter diagram）：指在回归分析中，数据点在直角坐标系平面上的分布图，表示因变量随自变量而变化的大致趋势，据此选择合适的函数对数据点进行拟合。散点图有助于观察变量之间是否存在数量关联趋势，如果存在，是否存在偏离大多数点的离群值。

（5）游程图（run chart）：也称链图，以时间序列展示观测数据的图，用于跟踪一段时间内参数的性能。

（6）控制图（control chart）：又称管制图，用于分析和判断过程是否处于稳定状态所使用的带有控制界限的图。它是一种具有区分正常波动和异常波动的功能图表，是现场质量管理中最重要的统计工具，可对过程质量特性进行测量、记录和评估，判断过程是否可控。

（7）因果图：又称鱼骨图，一种发现问题"根本原因"的分析方法。它是整理和分析质量问题与影响因素之间关系的常用工具。它将问题标在"鱼头"部分，将产生的原因标在"鱼骨长出的鱼刺"上。

2.2.4 软件质量度量的 3 个维度

软件度量能够为项目管理者提供有关项目的各种重要信息，其实质是根据一定的规则，将数字或符号赋予系统、构件、过程或者质量等实体的特定属性，即对实体属性的量化表示，从而清楚地理解该实体。软件度量贯穿于整个软件开发生命周期，是软件开发过程中进行理解、预测、评估、控制和改善的重要载体。软件度量包括 3 个维度，即项目度量、产品度量和过程度量，其具体情况如表 2-1 所示。

表 2-1　软件质量度量 3 个维度框架表

度量维度	度量点	具体内容
项目度量	理解并控制当前项目的情况和状态；项目度量具有战术性意义，针对具体的项目进行	规模、成本、工作量、进度、生产力、风险、顾客满意度
产品度量	测量理解和控制当前产品的质量状况，用于对产品质量的预测和控制	以质量度量为中心，包括功能性、可靠性、易用性、效率性、可维护性、可移植性等
过程度量	理解和控制当前情况和状态，还包含对过程的改善和未来过程的能力预测，过程度量具有战略性意义，在整个软件生命周期内进行	成熟度、管控、生命周期、生产率、缺陷植入率等

1. 项目度量（第一维度）

项目度量是针对软件开发项目的特定度量，其目的在于度量项目规模、项目成本、项目进度、顾客满意度等，辅助项目管理者进行项目控制。

（1）规模度量

软件规模度量（size measurement）是估算软件项目工作量、编制成本预算、策划合理项目进度的基础，有效的软件规模度量是成功项目的核心要素。有效的软件规模度量有助于策划合理的项目计划，合理的项目计划有助于有效地管理项目。软件规模度量由开发现场的项目成员进行估算,灵活运用实际开发作业数据,杜绝盲目迎合顾客需求的"交期逆推法"。

软件规模度量有助于软件开发团队准确把握开发时间、费用分布以及缺陷密度等。软件规模的估算方法有很多种,如功能点分析法(function points analysis,FPA)、代码行法(lines of code,LOC)、德尔菲法(delphi technique)、COCOMO 模型法、特征点法(feature point)、对象点法(object point)、3-D 功能点法(3-D function points)、Bang 度量法(DeMarco's bang metric)、模糊逻辑法(fuzzy logic)、标准构件法(standard component)等,这些方法不断细化为更多具体的方法。

(2)成本度量

软件开发成本度量主要指软件开发项目所需的财务性成本的估算,其主要方法有类比估算法、细分估算法和周期估算法。

类比估算法是通过比较已完成的类似项目系统来估算成本,适合评估一些与历史项目在应用领域、环境和复杂度方面相似的项目。其约束条件在于必须存在类似的具有可比性的软件开发系统,估算结果的精确度依赖于历史项目数据的完整性、准确度以及与历史项目的近似程度。

细分估算法是将整个项目系统分解成若干个小系统,逐个估算成本,然后合计起来作为整个项目的估算成本。它通过逐渐细化的方式对每个小系统进行详细估算,可能获得贴近实际的估算成本。其难点在于难以把握各小系统整合为大系统的整合成本。

周期估算法是按软件开发周期进行划分,估算各阶段成本,然后进行汇总合计。它基于软件工程理论对软件开发的各个阶段进行估算,很适合瀑布模型软件开发方法,但是需要估算者对软件工程各个阶段的作业量和相互间的比例深入了解。

(3)进度度量

软件开发进度度量是指通过对软件开发过程中相关工件属性的度量得出开发活动实际进展情况。在实际进度的基础上,分析计划进度、实际进度以及组织历史数据,发现项目开发过程中的问题。

软件进度度量是度量学的一部分,其目的是通过对软件产品属性的度量,对软件开发的进展情况进行定量表示,进度是最重要的指标之一,因为大多数项目都是在进度和最后期限驱使下进行的。在软件开发活动中进行进度度量的意义在于帮助管理软件项目、指导过程改进、尽早发现和改正问题、跟踪项目进度等。目前,采用的项目进度度量法有跟踪项目预算和时间计划法、基于 WBS 工作分解单元和里程碑法、度量关键路径性能法、基于工作单元进展法等。

跟踪项目预算和时间计划法的基本思想是预算和时间计划与项目的进度同步,这种方法比较简单,但不够准确,因为一个任务的花费或时间数量不能反映实际工作任务的数量。

基于 WBS 工作分解单元和里程碑方法中,WBS 指工作分解结构,是将项目分解为更小、更易管理的部分,里程碑是指可以计量的进度属性。该方法的特点是简单,经常用于项目管理中。

度量关键路径性能法的核心是根据项目计划中关键路径的执行性能来评价项目进展状况,通过查看关键路径是否延迟或提前来推断项目整体是否延迟或提前。

基于工作单元进展法是对软件项目各个单元分别度量,实现对整个项目进度度量。该方法适合基于瀑布生命周期的软件开发过程。

(4)顾客满意度度量

顾客满意是软件开发项目的主要目的之一,衡量顾客满意目标是否得以实现,需要建立顾客满意度度量体系和指标对顾客满意度进行度量。顾客满意度指标(customer satisfaction index,CSI)以顾客满意研究为基础,对顾客满意度加以界定和描述。顾客满意度度量的要点在于确定各类信息、数据、资料来源的准确性、客观性、合理性、有效性,并以此建立产品、服务质量的衡量指标和标准。顾客满意度包含技术解决方案质量、可靠性、有效性、易用性、价格、新技术支持与维护灵活性等要素,这些要素直接决定顾客对软件产品的满意度。

2. 产品度量(第二维度)

软件产品度量用于对软件产品进行评价,并在此基础之上推进产品设计、产品制造和产品服务优化。软件产品的度量实质上是软件质量的度量,而软件的质量度量与其质量的周期密切相关。

软件产品的度量主要针对作为软件开发成果的软件产品的质量而言,独立于其他过程。软件质量由一系列质量要素组成,每一个质量要素由衡量标准组成,每个衡量标准由量度标准加以定量刻画。质量度量贯穿于软件工程的全过程以及软件交付之后,在软件交付之前的度量主要包括程序复杂性、模块有效性和总的程序规模,在软件交付之后的度量则主要包括残存的缺陷数和系统可维护性方面。

3. 过程度量(第三维度)

软件过程度量是对软件开发过程的各个方面进行度量,目的在于预测过程的未来性能,减少过程结果偏差,对软件过程的行为进行目标管理,为过程控制、过程评价持续改善提供定量性基础。其目标结构如图 2-5 所示。软件过程度量与软件开发流程密切相关,具有战略意义,软件整个生命周期的各参与者均需通过过程度量使工作达到标准,如

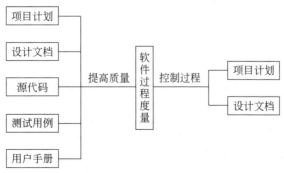

图 2-5　软件过程度量目标结构图

图 2-6 所示。软件过程质量的好坏直接影响软件产品质量的好坏,度量并评估过程、提高过程成熟度可以改进产品质量。度量并评估软件产品质量为提高软件过程质量提供必要的反馈和依据。

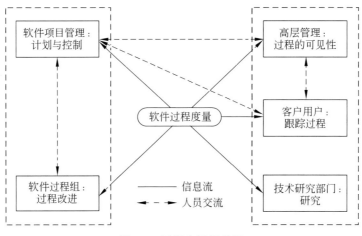

图 2-6 过程度量需求图

软件过程度量包括定义过程、计划度量、执行软件过程、应用度量、控制过程和改善过程,其中,计划度量和应用度量是软件过程度量中的重要步骤,也是软件过程度量的核心内容。这些度量内容之间是相互关联、有机统一的整体。计划度量建立在对已定义软件过程的理解之上,产品、过程、资源的相关事项和属性已经被识别,收集和使用度量以进行过程性能跟踪的规定都被集成到软件过程之中。应用度量通过过程度量将执行软件过程所获得的数据,以及通过产品度量将产品相关数据用来控制和改善软件过程。软件过程度量的内容包括成熟度度量、管理度量、生命周期度量 3 个方面。

- 成熟度度量(maturity metrics),主要包括组织度量、资源度量、培训度量、文档标准化度量、数据管理与分析度量、过程质量度量等。
- 管理度量(management metrics),主要包括项目管理度量(如里程碑管理度量、风险度量、作业流程度量、控制度量、管理数据库度量等)、质量管理度量(如质量审查度量、质量测试度量、质量保证度量等)、配置管理度量(如式样变更控制度量、版本管理控制度量等)。
- 生命周期度量(life cycle metrics),主要包括问题定义度量、需求分析度量、设计度量、制造度量、维护度量等。

软件过程的度量需要按照已经明确定义的度量流程实施,这样能使软件过程度量作业具有可控制性和可跟踪性,从而提高度量的有效性,具体流程如图 2-7 所示。软件过程度量的一般流程主要有选择和定义度量、制订度量计划、收集度量数据、执行度量分析、评估过程性能,以及根据评估结果采取相应措施等。这一度量过程的流程质量能保证软件过程度量获得有关软件过程的数据和问题,进而对软件过程实施改善。

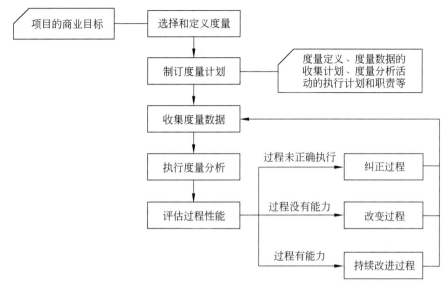

图 2-7　软件过程度量流程图

2.3　软件质量控制与改进

为达到质量要求所采取的作业技术和活动称为质量控制,也就是说,质量控制是为了通过监视质量形成过程,消除质量环上所有阶段引起不合格或不满意效果的因素,以达到质量要求,获取经济效益,而采用的各种质量作业技术和活动。简单地说,质量控制就是为使产品或服务达到质量要求而采取的技术措施和管理措施方面的活动。它的目标在于确保产品或服务质量满足要求。

质量改进(quality improvement),是为向本组织及其顾客提供增值效益,在整个组织范围内所采取的提高活动和过程的效果与效率的措施。现代管理学将质量改进的对象分为产品质量和工作质量两个方面,是全面质量管理中所叙述的"广义质量"概念。质量改进的对象是产品或服务质量以及与其有关的工作质量。最终效果是获得比原来目标高的产品(或服务)。质量改进有既定的范围与对象,借用一定的质量工具与方法,满足组织更高的质量目标。它是质量管理的一部分,致力于增强满足质量要求的能力。当质量改进是渐进的并且组织积极寻找改进机会时,通常被称为"持续质量改进"。

软件质量控制是开发组织执行的提高质量水平的一系列过程,目标是以最低的代价获得客户满意的软件产品。对于开发组织本身来说,软件质量控制的另一个目标是从每一次开发过程中学习,以便使软件质量控制一次比一次好。

2.3.1　软件质量控制与改进的基本概念

软件质量控制是对开发进程中软件产品(包括阶段性软件产品)的质量信息进行连续的收集、反馈过程,是软件开发组织为了得到客户规定软件产品的质量而进行的软件构造、度量、评审,以及采取一切适当活动的计划过程。同时,软件质量控制也是一组程序,软件开发组织为了不断改善开发过程而执行的一组程序。

软件质量改进是软件质量管理的重要组成部分,是软件质量控制的目标,是为了增强满足质量要求的能力,它的最终效果按照比原计划目标更高的水平进行工作。软件质量控制基本框架如图 2-8 所示。

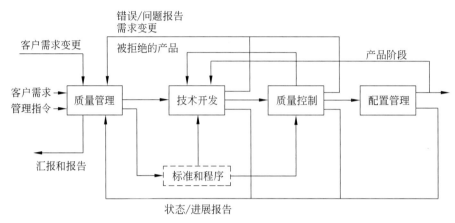

图 2-8　软件质量控制基本框架图

质量管理是执行机构,技术开发是执行对象,质量管理不仅直接作用于技术开发,还通过质量控制功能和配置管理功能间接作用于技术开发。同时,质量控制和配置管理控制着作为执行机构的质量管理。质量控制承担两个方面的度量,一是度量与计划和定义开发过程的一致性,二是度量产品或阶段性产品是否达到质量要求。通过这种度量、信息收集、反馈、控制可以保证开发的产品能够达到可以信赖的程度。

2.3.2　软件质量控制与改进的基本方法

用于软件质量控制的方法有目标问题度量法、风险管理法和 PDCA 质量控制法。

1. 目标问题度量法

目标问题度量法(goal-question-metric,GQM)是由 Maryland 大学的 Victor R.Basili 开发出来的,是一种严格的面向目标的度量方法。在这种方法中,目标、问题和度量紧密地结合在一起。首先,确定业务目标,然后,确定达到目标的相关问题,再针对每一个问题,确定一个度量来找到这个问题的客观答案。目标的陈述需要非常精确,目标与个体或团体有关。很多软件度量程序定义不明确甚至不存在目标,结果都以失败告终。GQM 是一种关注软件度量的严谨方法,度量可以来自不同的观点。例如,高级经理的观点、项目小组的观点等,但总是首先确定目标,再确定问题和度量。GQM 方法可以根据 3 个步骤开展工作。

第 1 步,根据用途、愿景和环境确定改进程序要达到的具体业务目标。业务目标与战略方向和目前面临的具体问题有关,在不需要改进或者获得回报很小的区域,改进活动没有太大意义。

第 2 步,把目标提炼成可以计量的问题。通过仔细检查目标,确定业务目标当前状态以及帮助实现业务目标所需信息,对每个问题进行分析,找到获得客观答案的最佳方法,并确定需要的度量,以及客观回答问题所需要采集的数据。

第 3 步,根据度量和搜集的数据推理出问题答案。给出某个具体问题的量化答案,需要有客观的度量,问题和度量与目标的实现密切相关,并且提供了目标目前的满足程度的客观画面。度量的目的是提高对具体过程或者具体产品的理解,GQM 方法倾向于与目标密切相关的度量,而不是为了度量而度量。这种方法有助于使用这些度量改进和更为有效地满足业务目标,如果没有需要改进的目标,或者不了解与业务目标之间的关系,软件开发的改进就不可能成功。

2.风险管理法

风险管理法是识别和控制软件开发中对成功达到目标(包括软件质量目标)危害最大的因素的一个系统性方法。软件质量风险管理一般分为 4 个步骤,即风险识别、风险评估、风险控制和风险跟踪。

(1)风险识别:风险识别就是确定风险事件及其来源。它实际上是一种预测,是对可能给软件质量带来负面影响的环节和方面进行的假想,其目的是有备无患,当实际风险发生时能有效应对。风险识别不仅要从正面、积极的角度进行考虑,更重要的是从负面、消极的角度进行考虑,设想最坏情况,能更加全面准确地找到各种风险。风险识别的方法主要有头脑风暴法、专家判断法、调查问卷法、经验总结法和理论分析法。

(2)风险评估:风险评估就是比较风险大小,决定是否需要相应的应对措施。风险评估主要关注以下 5 个方面。

- 风险发生的可能性:即从风险发生的概率来衡量风险。
- 风险发生的严重性:即从风险带来的损失来衡量风险。
- 风险发生的可控性:即以现在的手段能否控制风险的发生来衡量。
- 风险影响的范围:即以风险影响的区域大小、对象多少来衡量。
- 风险发生的时间:即以风险发生在项目生命周期的阶段来衡量。

(3)风险控制:风险控制就是针对风险评估的结果,制定相应的应对措施响应风险,其目的是创造机会、回避风险。风险控制的方法有风险避免、风险弱化、风险承担、风险转移等。

- 风险避免:通过变更计划消除风险的触发条件,如采用成熟技术、增加资源、减少软件范围等。
- 风险弱化:降低风险发生的概率,如简化流程、更多测试、开发原型系统等。
- 风险承担:指定应急方案,随机应变。
- 风险转移:将风险发生的结果以及应用权力转移给有承受能力的第三方。

(4)风险跟踪:风险跟踪是对风险发展情况进行跟踪观察,督促风险规避措施实施,同时,及时发现和处理尚未辨识到的风险,是风险管理的重要组成部分。风险跟踪主要通过以下几种方法实现。

- 风险审计:项目管理人员定期进行风险审核,尤其在项目关键处进行事件跟踪和主要风险因素跟踪,进行风险再评估,对没有预计到的风险定制新的应对计划。

- 偏差分析：项目管理人员应定期和基准计划比较，分析成本和时间上的偏差。例如，未能按期完工、超出预算等都是潜在问题。
- 技术指标分析：技术指标分析主要是比较原定技术指标和实际技术指标的差异，例如，测试未能达到性能需求等。

3. PDCA 控制法

PDCA 是一个基于统计方法的迭代过程，由 W.E.Deming 提出，已被作为国际标准。其基本思想是在质量控制活动中，要求各项工作按照确定计划、实施计划、检查效果和改进过程 4 个环节控制软件质量，将实施成功的计划纳入标准，不成功的计划进入留待下一循环解决。该方法是质量控制的基本方法，也是企业管理各项工作的一般规律。PDCA 法将质量控制整个过程分为 4 个阶段。

- 计划(Plan)：确定产品的质量、过程和资源计划，明确目标和配置标准。
- 实施(Do)：根据已确定过程实施计划活动。
- 检查(Check)：评审和测试产品，确定已达到目标。
- 改进(Action)：纠正已知缺陷，确认待改进因素。

4 个阶段不是运行一次就结束，而是周而复始地进行，每个循环解决若干问题，未解决的问题进入下一个循环，阶梯式上升。所以，PDCA 法具备以下特点。

- 持续采用 PDCA 方法有助于产品过程的不断改善，从而提高产品质量。
- 通过持续地收集数据和评审不断提高产品质量目标。
- PDCA 更关注过程、资源和质量的度量，并以此为基础寻找产品缺陷的原因和发现改善质量的机会。

2.3.3 软件质量控制与改进模型

用于质量控制的模型和方法较多，多年的质量控制证明 PDCA 法是非常有效的质量管理方法，下面着重介绍基于 PDCA 的全面统计质量控制(total statistical quality control,TSQC)模型，该模型在实际软件质量控制活动中应用较多，是指导软件质量管理人员进行软件质量控制的重要方法，其框架如图 2-9 所示。

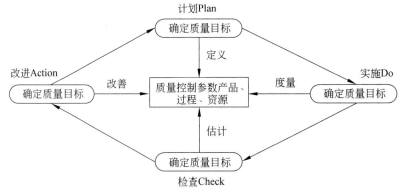

图 2-9　TSQC 模型图

TSQC 过程是一个调节和控制影响软件质量因素的过程。一般认为影响软件质量的因素有以下几类。

(1) 产品：所有可交付的软件实物包括软件产品生命周期中某个过程的输入和输出、对最终产品的需求、最终产品本身或开发过程中产生的任何中间产品。这些产品包括计划、报告、编码、数据、测试用例等。针对产品的概念有以下 3 点需要重点强调和说明。

- 中间产品是某个阶段的输出，也是后续阶段的输入。
- 作为输出产品的质量不一定比输入产品的质量高，因为 PDCA 过程是在不断调节影响因素。
- 产品的缺陷在后续阶段不会自动消失，影响会更大。

(2) 过程：所有与软件相关的活动集合，它是为了完成开发、调试、维护和保证软件质量所进行的管理和技术活动，包括管理过程(计划、管控、资源分配、组织实施等)和技术过程(编码、测试、应用、维护等)。按照过程在软件质量控制中的作用，可以将软件质量控制的过程分为质量设计和构造过程、质量检查过程两类。过程对质量的影响主要体现在以下几个方面。

- 产品质量是通过检查过程确定的。
- 每个过程所涉及的组织数量以及它们之间的关系都直接影响引入缺陷的概率和纠正错误的概率。
- 在软件开发过程中，参与人员的心理、对产品行业的认知度以及人员的组织形式都会对产品生产率和质量产生较大影响。

(3) 资源：资源是软件相关活动的支撑基础，如人力资源、技术储备、生产设备、时间投入、资金投入等，资源的数量和质量以下列方式影响软件产品的质量。

- 人力因素是影响软件质量和生产率的主要因素。
- 时间、资金不足将削弱软件质量控制活动。
- 不充分、不合适、不可靠的开发环境和测试环境会使缺陷率增加，发现并纠正错误的时间和资金也增加。

确定软件产品的影响因素后，TSQC 过程就是根据软件活动的成果不断进行 PDCA 的循环，直到输出满意的结果。

2.3.4 软件质量控制与改进技术

从技术层面讲，软件质量控制对象包括数据质量、程序质量和文档质量 3 个方面。一般利用人工比对、程序比对、统计分析等手段来保证数据质量的完整性和全面性；通过检查源代码的逻辑、属性、对象命名标准、语言代码布局等内容，验证和确认代码的编译、链接、集成和构建，提高程序质量，通过多种技术手段，如白盒测试、黑盒测试、编译检查、程序规范、程序优化等手段来确保软件程序代码的质量；同时，针对开发过程中产生的各种文档，通过各种文档语法、文档语义、文档逻辑等规范，确保软件需求等文档的准确完整性、设计合理性和过程可追溯性。按照软件生命周期的层次，可以将软件质量控制分为 3 个阶段。

(1) 事前控制：指软件开发项目在正式实施前进行的质量控制，其具体内容如下。

- 审查开发组织的技术资源,选择合适的软件开发组织。
- 对所需资源的质量进行检查和控制,没有经过适当测试的资源不得在软件开发过程中使用。
- 审查技术方案,保证项目质量具有可靠的技术措施。
- 协助开发组织完善质量保证体系和质量管理制度。

(2) 事中控制:指在软件项目实施过程中进行质量控制,其具体内容如下。

- 协助开发组织完善实施控制,把影响产品质量的因素纳入管理过程中,建立质量管理过程,及时检查和审核开发组织提交的质量统计分析资料和质量控制资料。
- 严格交接审查,关键阶段和里程碑应有合适的验收。
- 对完成的各项工作应按相应的质量评定标准和方法进行检查、验收,并按合同或规格说明书开展质量监督工作。
- 组织定期或不定期的评审会议,及时分析、通报软件开发质量状况,并协调相关组织间的业务活动。

(3) 事后控制:指软件开发完成后的质量控制,其具体内容如下。

- 按规定的质量评价标准和办法,组织单元测试和功能测试,进行检查和验收。
- 组织开展系统测试和集成测试。
- 审核开发的质量检查报告及有关技术文档。
- 整理软件开发整个过程的质量技术文件,编号并建档。

软件质量控制与改进贯穿于软件整个生命周期中,对软件能否成功交付用户起着至关重要的作用。在软件开发的不同阶段,软件质量控制与改进技术非常多,本章主要介绍4 种常用的软件质量控制与改进技术。

1. 合同评审

合同评审是指软件开发组织在接到客户软件项目后,为了能够保质保量地完成软件开发任务,对软件开发中的物资资源、人员资源及其他影响合同执行质量的方面进行确认,排除软件开发中不确定因素,避免软件开发过程中出现不能解决的问题而影响软件产品的质量和完成实践的一项活动。

由于软件项目规模、特性、复杂性及参与方的数量不同,合同评审的范围往往不同,影响合同评审范围的因数主要有以下几个。

- 项目规模,通常按人月、资源衡量。
- 项目技术复杂性。
- 员工对项目领域的熟悉程度与经验,对项目领域的熟悉程度常同软件的重用性相关联,在可能有高比例软件重用的地方,评审的范围就可以减少。
- 项目组织机构的复杂性,参与项目的机构越多,所需的合同评审工作量就越大。

合同评审一般由软件开发组织完成,必要时可邀请项目委托人员参与,合同评审工作一般由以下人员完成,需要说明的是下面列举的人员不一定在每个软件开发项目中都需要参与合同评审,具体参与人员根据软件开发项目的复杂性决定。

- 软件开发项目负责人或其他成员。
- 软件开发项目组成员。

- 非项目组成员外的外部专业人员或公司员工。
- 外部专家小组，通常为重大项目专门请来由外部专家组成的合同评审组，在小的软件开发机构的员工中没有足够合适的评审组成员时可以请外部专家。

合同评审可以根据需要在软件生命周期的各个不同阶段重复进行，以确保合同对软件产品质量要求规定合理、明确。它是软件质量控制的一项重要技术，主要包括以下内容。

- 审查合同是否明确软件开发的项目要求，包括对开发目标、开发内容、形式和技术要求以及软件功能等进行准确的描述。
- 审查合同是否明确软件开发的计划、进度、期限、地点、地域和方式。审查开发计划是否列出项目名称、主要任务、达到的技术要求、计划进行、开发概算和经费总额、所需主要仪器和材料、承担开发任务的单位和主要技术专家及人员（含资历、经验、承担的主要工作的描述）等内容。同时，审查合同中是否有相应的监督管理机构或成员，如没有，应予以补充；如有，则应对监督管理机构或成员的权限做出具体规定。
- 审查合同是否列明委托方向软件开发方移交的技术资料及具体协作事项。这一点与委托方的协助义务以及软件开发方的保密义务相联系，如果约定不明确，可能因此引发争议。
- 审查合同是否明确开发风险。风险责任是因软件开发合同的研究开发成果具有不确定性，并容易受到客观条件、技术条件等因素影响所产生的。法律规定如果在合同中没有约定谁来承担研究开发风险所导致的研究开发失败或失败所造成的损失，则由双方当事人合理承担，这样可能不利于委托方，因此，在合同评审中必须明确这个问题，确认风险责任承担的比例。
- 审查合同是否明确开发人员的确定及更换限制。因为软件开发合同标的物是智力成果，开发成果的好坏与技术团队的核心成员的经验和知识水平有密切联系，应审查合同是否约定开发方的主要开发人员资历、经验、承担的主要工作描述，并明确人员更换的要求和限制条件等。
- 审查合同是否明确开发软件设计的相关知识产权归属。约定开发成果的知识产权以及进行后续改进后产生成果的相关知识产权的归属，避免产生知识产权纠纷。
- 审查合同是否明确开发方软件侵犯他人著作权等知识产权的处理问题。在开发过程中及开发完成后，有可能出现开发方所开发的软件侵犯他人著作权等知识产权的风险，为避免委托方承担相应责任，该类合同中应约定开发方的工作不能侵犯第三方的知识产权，并约定若开发方违反承诺，应承担相应责任。
- 审查合同是否明确开发软件的验证方式。技术开发合同的验证可以采用技术鉴定会、专家技术评估等方式，同时也可以由委托方单方确认视为验收通过。不管采取哪种验收方式，最终应有验收方出具验收证明及文件作为合同验收通过的依据。若委托方拒绝验收或提出不正当验收要求延缓验收进度，受委托方可在合同中约定有权以合理的方式单方验收，并将验收报告提交委托方，即视为软件系统验收通过。

- 审查合同是否明确软件交付后的技术指导、培训、系统维护、版本免费更新等后续服务问题。
- 审查合同开发方的保密义务约定是否明确。保密条款应包括保密内容、涉密人员、保密期限以及泄密责任等方面，其中，审查保密内容时，除了要写明委托方移交给开发方的技术资料外，还应包括委托方的经营信息。
- 审查合同是否明确应约定的违约责任，比如开发方提供的人员不符合合同的约定，不能满足委托方要求的责任问题等。
- 审查合同中对于名词和术语是否列出专门的解释条款：软件开发合同的当事人往往因合同中的名词和术语的理解不同而发生争议，为避免争议，应在合同中对可能发生的争议名词、术语给予双方一致同意的解释。

2. **设计评审**

软件设计评审主要是审查软件在总体结构、外部接口、主要部件功能分配、全局数据结构及各主要部件间接口等方面的合适性、完整性，从而保证软件系统可以满足系统功能性和非功能性需求。其目的是尽可能早地在开发阶段确认这些因素和工艺是否造成最终产品质量偏差，设计评审的主要目标如下。

- 检测分析设计错误，检测初始规格说明书等设计文件需要进行改进、更改和完善的内容。
- 确定可能影响项目完成的新风险。
- 找出偏离模板和风格的地方。
- 批准分析或设计产品，从而使项目开发人员继续进行下一阶段的工作。
- 提供所需场所以交换开发方法、工具和技术方面的专业知识。
- 记录分析和设计错误，这些错误将被用于未来的改进措施。

设计评审是技术活动，对参与评审人员技术要求较高，项目评审人员应为项目组资深成员，或其他项目组或部分的专业人员、顾客和用户代表。在某些情况下，还需软件开发顾问参与。理想情况下，设计评审成员中非项目成员占项目评审组的大多数。

设计评审活动中，评审组与设计组应充分讨论，在观点不同的情况下，双方观点均应写在设计评审报告中，并向主管领导报告。设计评审主要包括以下内容。

- 开发计划评审(development plan review)。
- 软件需求规格书评审(software requirement specification review)。
- 概要设计评审(preliminary design review)。
- 详细设计评审(detailed design review)。
- 数据库设计评审(data base review)。
- 设计计划评审(test plan review)。
- 软件测试规程评审(software test procedure review)。
- 版本描述评审(version description review)。
- 操作员手册评审(operator manual review)。
- 支持手册评审(support manual review)。

- 测试就绪性评审（test readiness review）。
- 产品发布评审（product release review）。
- 安装计划评审（installation plan review）。

3. 可靠性建模

可靠性是衡量所有软件产品质量的重要特征之一，不可靠的软件会给用户造成损失，特别是对可靠性要求极高的行业，比如应急救援方面的应用软件、精准控制方面的应用软件等，因为这些软件一旦不可靠将造成巨大的损失，甚至威胁生命安全。IEEE 把软件可靠性定义为在规定条件、规定时间内，软件不发生失效的概率。

软件可靠性模型，对于软件可靠性的评估起着核心作用，对软件质量控制有着重要的意义。一般来说，一个好的软件可靠性模型可以增加开发项目的效率，并对了解软件开发过程提供共同的工作基础，同时增加软件项目管理的透明度。

软件可靠性工程中常使用的可靠性模型分为两大类，即软件可靠性结构模型和软件可靠性预计模型。可靠性结构模型是指用于反映系统结构逻辑关系的数学方程。借助这种模型，在掌握软件单元可靠性的基础上，可以对系统的可靠性特征及其发展变化规律做出评价。软件可靠性结构模型是软件系统可靠性分析的重要工具，既可以用于软件系统的可靠性综合分析，也可用于软件系统的可靠性分解；可靠性预计模型本质上是一些描述软件失效与软件错误的关系、软件失效与运行剖面关系的数学方程。借助这类模型，可以对软件的可靠性特征做出定量的预计和评估。因可靠性结构模型应用较少，一般所讲的可靠性模型均指可靠性预计模型。

为了满足软件可靠性指标要求，需要对软件不断地进行测试—可靠性分析—再测试—再分析—修改，循环进行直到软件开发任务完成。软件可靠性建模的目标是为了对软件中失效趋势和可靠性进行有效预测来判断软件是否达到应用要求。软件可靠性模型的建模过程如图 2-10 所示。

软件可靠性模型是软件质量控制的重要技术，在软件质量控制中发挥重要作用，软件可靠性模型的特点主要有以下几个方面。

- 软件可靠性模型与使用的程序设计语言无关。根据同一个规格说明书，不管用什么程序设计语言编写软件，可靠性模型应给出同样的估测结果。
- 软件可靠性模型与软件开发方法无关。软件开发是一个十分复杂的过程，涉及各方面的因素，所以，应用软件可靠性模型时均假设待估测的软件是用最差的方法开发出来的。
- 可靠性模型均采用有限测试法。无法通过完全测试获得完全可靠的软件，必须采用有限的测试方法，用最少的测试工作量得到最大限度的软件可靠性。
- 软件可靠性模型表述内容与操作环境一致。模型应指出测试的输入是否已覆盖输入域，测试的条件和数据是否已准确地模拟操作系统、是否足以查出相应错误。
- 模型输入分布决定输出分布。可靠性估计紧密地依赖于模型假设的输入分布。例如极端情况下，如果输入一个常数，软件运行的结果为出错或成功执行，于是给出可靠性相应地为 0 或 1。
- 软件可靠性模型未考虑软件复杂性问题。大多数现有的软件可靠性模型都没有

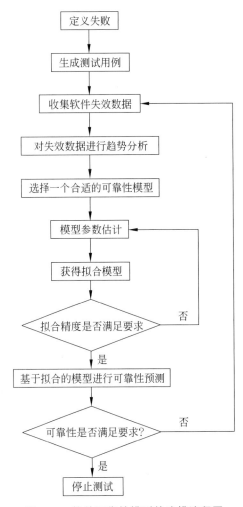

图 2-10　软件可靠性模型的建模流程图

考虑软件复杂性问题,复杂软件比简单软件要求更多的测试。

- 数据不足可能导致模型验证不充分。在可靠性模型应用中,常因缺乏足够的可用数据使得对模型的验证无法进行。

4.软件测试技术

软件测试是使用人工或自动的手段来运行或测定某个软件系统的过程,其目的在于检验它是否满足规定的需求或弄清预期结果与实际结果之间的差别。它以评价程序或者系统属性为目标,对软件质量进行度量与评估,验证软件的质量满足用户需求的程度,为用户选择与接受软件提供有力的依据。

软件测试的重点在于检测和排除缺陷,通过执行软件来获得软件在可用性方面的信心,并且证明软件能够满足用户需求。同时,软件测试也是一个证明的过程,证明软件具备规格说明提出的具体要求。所以,软件测试主要包括证明、检测和预防三方面目标。

(1)证明,确认软件各方面的功能满足相应要求。

- 证明软件系统在可接受风险范围内完全可用。
- 证明在非正常情况下和条件下,功能和特性是可接受的。
- 保证一个软件系统是完整的并且可用或者可被集成。

（2）检测,发现软件缺陷、错误、局限性等质量问题。

- 发现缺陷、错误和系统不足。
- 定义软件系统能力和局限性。
- 提供组件、工作产品和软件系统的质量信息。

（3）预防,尽早发现错误,从而避免更大风险。

- 确定系统规格中不一致和不清楚的地方。
- 提供预防和减少可能制造错误的信息。
- 在过程中尽早检测错误。
- 确认问题的风险,提前确定确认解决这些问题和风险的途径。

软件测试的目的就是确保软件质量、确认软件以正确方式完成既定工作,所以,软件测试就是要发现软件错误、验证软件是否满足任务书和系统定义文档所规定的技术要求、为软件质量模型的建立提供依据。软件测试不仅要确保软件质量,还要给开发人员提供信息,方便为风险评估做相应准备,重要的是它要贯穿在整个软件开发过程中,保证整个软件开发过程是高质量的。

2.4 软件配置管理

配置的概念最早应用于硬件,例如,计算机系统的 CPU、内存、硬盘以及外设配置等。硬件配置是为了有效标识复杂系统的各个组成部分。随着计算机软件技术的发展,软件已由最初的"程序设计阶段",经历了"程序系统阶段",逐步演变为"软件工程阶段",软件的复杂性日益增加。此时,如果仍然把软件作为一个单一的整体,就无法解决面临的问题,因此,配置的概念被引入软件领域,人们也越来越重视软件配置工作。

软件配置是在软件开发期间逐步形成的,在开发和维护过程中会发生多次修改。保持软件配置的正确性和完整性是一件复杂而又重要的工作。对于大型软件系统工程来说,这个问题更加突出。

软件配置管理概念在 20 世纪 60 年代末 70 年代初提出。加利福尼亚大学圣巴巴拉分校的 Leon Presser 教授在承担美国海军的航空发动机研制合同期间,撰写了一篇名为 *Change and Configuration Control* 的论文,提出控制变更和配置的概念,这篇论文同时也是他在管理该项目(这个过程进行过近 1400 万次修改)的一个经验总结。软件配置管理(software configuration management,SCM),又称软件形态管理或软件构件管理,是软件工作组对每个软件项目的变更进行管控(或称版本控制),并维护不同项目之间版本关联,以使软件在开发过程中任一时间的内容都可以被追溯。

随着软件工程的发展,软件配置管理越来越成熟,从最初的仅仅实现版本控制,发展到 21 世纪初提供工作空间管理、并行开发支持、过程管理、权限控制、变更管理等一系列全面的管理能力,形成一个完整的理论体系。软件配置管理是软件质量管理的重要组成部分,也是软件产品质量的重要控制手段。同时,在软件配置管理的工具方面,也出现了大批产品,如最著名的 ClearCase,有多年历史的 Perforce,开源产品 CVS,入门级工具 Microsoft VSS,新秀 Hansky Firefly 等。

2.4.1 软件配置管理目标

在软件的整个生命周期中,软件开发与维护工作不断地将软件修改成新版本,其目的是进行必要的改进和适应用户的新需求等。如果不同的软件维护人员在不同的地点同时进行这样的活动,会引发非常严重的问题,比如,现场应用版本与发布版本不一致、现场对软件更改无记录或记录丢失、现场对软件更改未开展充足的测试即投入运行等,这些都可能导致软件运行出错,甚至造成事故。

软件配置管理通过引入控制更改过程的规程来避免上述问题,这些规程包含更改的批准、更改活动的记录、新软件版本的发布、每个现场软件版本与发布规格记录、发布批准版本后立即开展现场版本更改等措施。其目的是保证软件项目生成的产品在软件生命周期中的完整性,具体体现在配置管理的目标上。

1. 配置识别

配置识别是软件配置管理的一个要素,包括选择一个系统配置项和技术文档中记录配置项的功能和物理特性。配置识别是由配置管理员(configuration management officer,CMO)完成的,其主要内容包括:

- 识别需要受控的软件配置项。
- 给每个产品和它的组件及相关的文档分配唯一的标识。
- 定义每个配置项的重要特征以及识别其他所有者。
- 识别组件、数据及产品获取点和准则。
- 建立和控制基线。
- 维护文档和组件的修订与产品版本之间的关系。

所有配置项都应按照相关规定统一编号,按照相应模板生成,并在文档中的规定记录对象的标识信息。在引入软件配置管理工具进行管理后,这些配置项都应以一定的目录结构保存在配置库中。所有配置项的操作权限应由 CMO 严格管理,基线配置项向软件开发人员开放读取权限,非基线配置项向项目经理(project manager,PM)、变更控制委员会(change control board,CCB)及相关人员开放。

2. 配置管控

配置管控的主要内容是导入变更管控流程,该流程通常由 CCB 导入并执行,其主要任务是核准或拒绝有悖任何基准的变更请求。

3. 配置状态报告

配置状态报告用于记载软件配置管理活动信息和软件基线内容的标准报告,其目的是及时、准确地给出软件配置项的当前状态,使受影响的组和个人可以使用,同时报告软件开发活动的进展状况。通过不断地记录状态报告可以更好地统计分析,便于更好地控制配置项,更准确地报告开发进展状况。配置状态报告一般包括以下内容。

- 各变更请求概要,包括变更请求号、日期、申请人、状态、估计工作量、实际工作量、发行版本、变更结束日期。
- 基线库状态。
- 发行信息。
- 备份信息。
- 配置管理工具状态。
- 配置管理培训状态。

4. 配置审核

配置审核就是确保软件配置包含所有预期内容,备有完整的规定文件,包括要求、结构规范、使用手册等。配置审核包含 3 种类型,物理配置审核、功能配置审核和配置管理审核。

(1)物理配置审核是验证已构建的配置项是否符合定义和描述它的技术文档的审计行为。物理配置审核的内容包括以下几个方面。

- 检查配置项是否已经入库;
- 检查入库的配置项不同版本之间的关系是否清楚;
- 检查基线配置项是否有遗漏;
- 检查配置项版本标识是否正确。

(2)功能配置审核是验证软件的开发是否已经顺利完成审计行为,即验证软件是否已经达到功能基线或分配基线中规定的功能和质量特性,软件的操作和用户支持文档是否都符合要求。功能配置审查的内容包括以下几个方面。

- 检查软件是否满足要求。
- 检查各级测试是否完成、是否充分、是否通过。
- 检查交付给客户的文档和软件功能是否一致。

(3)配置管理审核是确保配置管理的记录和配置项是完整的、一致的和准确的审计行为。配置管理审查的内容包括以下几个方面。

- 检查配置管理记录是否和配置一致。
- 检查配置库中的配置项是否有遗漏。
- 检查配置管理记录是否有遗漏。
- 检查配置管理记录之间是否一致。

5. 建构管理

软件配置建构管理的目标是管理用于建构的流程和工具,其主要内容包括以下几个方面。

- 检查建构流程是否合理,必要时修正建构流程。
- 检查建构工具是否正确应用。

6. 流程管理

软件配置流程管理的目标是确保软件开发全过程遵循企业组织的开发流程,其主要内容包括以下几个方面。

- 核查软件开发各环节是否符合组织流程。
- 及时修正不满足流程要求的工作。
- 不断完善软件开发流程。

7．环境管理

环境管理的目标是管理承载系统的软、硬件，使软件各模块均基于同等条件的硬件设备和软件环境中，其主要内容包括以下几个方面。

- 确认承载软件系统的硬件的可用性及统一性。
- 确认软件开发环境的一致性及完整性。
- 确认开发过程中所用数据的多种形式及不同形式之间自动转换。
- 确认各模块方法的相互支持性。

8．团队合作

通过标准的软件配置流程，可促进流程中团队间的交互，从而形成良好的交流与沟通环境，有利于开发产品的交互，增强产品的互操作性等功能。

9．缺陷追踪

通过标准的软件配置流程，可确保每个缺陷的源头均可追溯，其主要内容包括以下几个方面。

- 缺陷发现、提交、保留及上报。
- 缺陷确认及反馈。
- 缺陷修正处理。
- 缺陷分析及形成报告。

总之，软件配置管理的目标是保证各项工作有计划地进行、确保被选择的项目产品得到识别和控制，可以被相关人员获取、确保已识别出的项目产品的更改得到控制，以及使相关开发组织和个人及时了解软件基准状态和内容。软件配置管理贯穿整个软件生命周期，帮助建立和维护项目产品的完整性。为了达到软件配置管理的目标，需要完成以下几个方面的工作。

- 技术部门和项目管理人员确定配置管理的工作过程。
- 软件配置管理的职责被明确分配，相关人员得到软件配置管理方面的培训。
- 技术部门和项目管理人员明确项目中承担的软件配置管理方面的责任。
- 软件配置管理有充足的资金支持。
- 软件配置管理应用于对外交付的软件产品，以及在项目中实用的支持类工作中。
- 软件配置的整体性在整个项目生命周期中得到控制。
- 软件质量控制人员定期审核各类软件基准以及软件配置管理工作。
- 软件基准的状态和内容及时通知相关人员。

2.4.2 软件配置管理工具软件

软件配置管理工具软件就是用于支持或完成配置项标识、版本控制、变化控制、审计控制、状态统计、过程控制等任务的工具。

1. 软件配置管理工具软件的功能

作为整个软件生命周期中的重要工具软件,软件配置管理工具软件必须具备以下功能。

- 软件配置管理工具软件需具备配置支持功能,即支持用户建立配置项之间的关系,并对这些关系加以维护(因为维护这些关系有助于完成某些特定任务和标识某一变化对整个系统开发的影响);
- 软件配置管理工具需具备软件版本控制功能,即需保证在任何时刻恢复任何一个版本,版本控制还需记录每个配置项的发展历史,这样才能保证版本之间的可追踪性,也能为查找错误提供帮助;
- 软件配置管理工具需具备变更控制功能,即变更控制系统应记录每次变更的相关信息,比如变更原因、变更实施者以及变更内容等,这些信息有助于追踪出现的各种问题;
- 软件配置管理工具需具备构造支持功能,即具备记录和追踪每个配置项信息,帮助用户自动和快速地建立系统,和版本控制结合在一起,可以有效地支持同时开发系统的多个版本;
- 软件配置管理工具需具备过程支持功能,即保证每一步都由合适的人员按照正确的顺序实施;
- 软件配置管理工具需具备团队支持功能,即支持工作区管理、并行开发管理和远程开发管理。工作区管理指为每个开发人员提供独立的工作区,开发人员可以互不干扰地进行工作,也可以选择某个时机向其他开发人员提供自己最新的修改结果或接受其他开发人员的修改结果;并行管理指多个开发人员同时进行的修改可以进行合并,并行开发管理可以尽可能地自动解决合并中出现的冲突;远程开发管理是并行管理的特例,指在广域网上并行开发管理;
- 软件配置管理工具需具备报告/查询功能,即向用户提供配置库的各种查询信息,主要包括重要依赖关系报告、变化影响报告、Build 报告、版本差异报告、历史报告、访问控制报告、冲突检测报告;
- 软件配置管理工具需具备审计控制功能,即记录软件配置管理工具执行的所有命令和每个配置的状态变化;
- 软件配置管理工具需具备其他附加功能,即提供权限控制、人员管理和配置库等管理,这些功能主要为软件配置管理实现以上功能提供保障。

2. 软件配置管理工具的分类

从软件配置管理工具的基本功能描述及该工具的应用范围,可以将其分为 3 个级别:

- 版本控制工具,软件配置管理入门级工具,主要完成软件版本的控制与管理,其主要工作方式是以增量方式对各种对象(如源程序、可执行程序、图形、文档、数据库、描述语言等)进行控制,部分工具具备一些简单的问题跟踪能力并对并行开发提供有限支持。典型的工具软件有 CVS,VSS 等。
- 项目级软件配置管理工具,适合管理中小型项目,在版本管理的基础上增加了变更控制、状态统计功能,还支持开发者的多项其他功能,如并行开发、产品集成控制功能。典型的工具软件有 ClearCase、PVCS 等。

- 企业级配置管理工具,在实现传统意义的配置管理的基础上又具有比较强的过程管理功能,可根据需要制定特定的软件开发过程模式,使与代码有关的更改管理和问题跟踪之间的关系更为密切,典型的工具软件有 ALLFUSION Harvest。

3. ClearCase

ClearCase 是由 IBM Rational 公司开发的一款广泛应用于众多企业级软件开发配置管理的软件配置管理工具。该工具软件提供了一个开放型的体系构架,用这种体系构架能够实现广泛的 SCM 解决方案,支持多种操作平台和开发环境。ClearCase 类似于 VSS、CVS,但是功能比 VSS、CVS 强大很多,而且可用于 Windows 资源管理器集成使用,并且可以和很多开发工具集成在一起使用。

ClearCase 主要用于复杂产品开发、分布式团队合作、并行的开发和维护任务,支持 Client/Server 网络结构软件开发环境,并且支持跨越式复杂环境(如 UNIX、Linux、Windows 系统)的项目开发。ClearCase 解决了原开发团队面临的问题,并通过资源重用帮助开发团队,使其开发的软件更加可靠,同时健全了软件开发的科学管理。

1)ClearCase 的优点

- 功能强大,是一套完整的软件配置管理工具。
- 与 Windows 资源管理器集成。
- 完善的 GUI 界面。
- 与开发环境的集成。
- 几乎支持所有操作系统。

2)ClearCase 的缺点

- 对配置管理员要求较高。
- 配置和使用比较复杂。
- 价格昂贵。

3)ClearCase 的四大功能

- 版本控制(version control):在软件开发环境中,ClearCase 可以对每一种对象类型,包括源代码、二进制文件、目录内容、可执行文件、文档、测试包、编译器、库文件等实现版本控制。因而,ClearCase 提供的功能远远超出资源控制,并且可以帮助团队在开发软件时为每一种信息类型建立一个安全可靠的版本历史记录。
- 工作空间管理(workspace management):ClearCase 为每一位开发者提供一致、灵活的工作空间。它采用一种称为 View 的创新技术,可以选择制定任务的每一个文件或目录的适当版本,并呈现它们。View 可以让开发者在资源代码共享和私有代码独立的不断变更中达到平衡,从而使工作互不干扰、效率更高。
- 建立管理(build management):ClearCase 能准确选择要建立的文件版本,产生软件建立过程的记录信息,而且可以完全、可靠地重建任何以往的版本。它可以通过共享二进制文件和并发执行多个建立脚本的方式支持有效的软件构造。
- 过程控制(process control):ClearCase 能有效地规范开发团队的管理,可以通过对全体人员的不同授权来控制哪些人可以修改、浏览、执行哪些文件或目录。同时,自动产生的常规日志可以监控软件什么时间修改、被谁修改、修改了什么内容以及执行政策。同时它提供用户可定制的触发机制,使软件开发的管理趋于自动化。

总之,ClearCase 可以帮助任何规模的开发组织进行更加有效的开发和维护、加强竞争力、增加收益、降低成本。

4. Git

Git 是 Linux Torvalds 为了帮助管理 Linux 内核开发而开发的一个开源的分布式版本控制系统,可以有效、高速地处理从很小到非常大的项目版本管理。分布式与集中式相比较,最大的特点是开发者可以提交到本地,每个开发者通过克隆,在本地机器上复制一个完整的 Git 文件库,包括全部的历史记录和修改追踪能力,不依赖于网络连接或中心服务器,所以处理起来速度非常快。

1) Git 的优点
- 安全性高。
- 性能好,速度快、灵活。
- 适合分布式开发,强调个体。
- 公共服务器压力和数据量都不会太大。
- 任意两个开发者之间可以很容易地解决冲突。
- 大部分操作无须联网,可以离线工作。
- 部署容易。

2) Git 的缺点
- 资料少(中文资料很少)。
- 学习周期相对而言比较长,有一定的学习成本。
- 概念较多,有些不符合常规思维。
- 代码保密性差,一旦开发者把整个库克隆下来就可以完全公开所有代码和版本信息。
- 如果有较多大文件,占用空间较多,性能有所下降。

3) Git 仓库

Git 仓库由 3 部分组成,分别是.git 目录、工作目录和暂存区,仓库中的文件状态为已修改、已暂存和已提交三者之一,当文件在工作目录上,与 Git 仓库上的文件不同时,文件处于已修改状态;当文件被修改且被增加到暂存区时,文件处于已暂存状态;当文件在工作目录上与 Git 目录上的文件保持一致时,则该文件处于已提交状态。

5. SVN

SVN 是一个最流行的开源版本控制系统,管理着随时间改变的数据,这些数据存放在中央资料档案库中,就如同一个文件服务器一样,但是它会记录每一次文件的变动,包括增加、删除和重新组织文件和目录。SVN 采用客户端/服务器的模式,项目的各种版本都存储在服务器上,开发人员可以从服务器上获取最新版本,克隆在本地,进行独立的开发工作,完成开发后,可以随时提交新代码到服务器上。

1）SVN 的优点

- 集中式管理。管理方式在服务器端配置,客户端只需同步提交即可,使用方便,操作简单,且易上手。
- 服务器统一控制访问权限,有利于代码的安全管理。
- 所有的代码以服务端为准,代码一致性高。
- 项目备份方便,节省硬盘空间。

2）SVN 的缺点

- 所有操作都需要通过服务器进行同步,对服务器性能要求比较高。如果服务器死机将无法提交代码。
- 分支管理不灵活。SVN 分支是一个完整目录,且这个目录拥有完整的实际文件,所有操作都是在服务器进行同步的,不是本地化操作,如果删除分支,也需要将远程的分支进行删除,这会导致每个参与人员都需要同步。
- 需要联网,如果无法连接到服务器就无法提交代码。

2.4.3 软件配置管理的过程描述

整个软件生命周期大致分为 3 个基本阶段,即计划阶段、开发阶段和维护阶段,3 个阶段中,软件配置管理均起到至关重要的作用。一般情况下,软件配置管理分解为配置管理计划、配置库维护、配置变更控制、基线发布控制、配置状态记录、配置审计及产品发布控制,这些元素之间的关系及流程如图 2-11 所示。

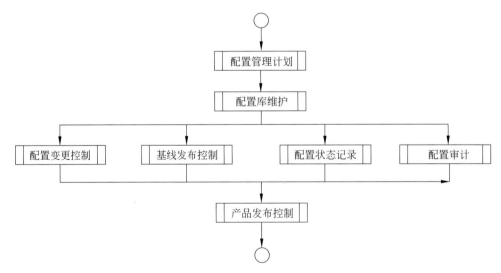

图 2-11 软件配置管理流程图

1. 配置管理计划

一个软件项目开始之初,PM 需要制订整个项目的研发计划,包括配置管理计划。如果不在项目开始之初制订软件配置管理计划,软件配置管理的许多关键活动无法及时有效地进行,造成项目开发状况混乱,软件配置管理活动成为"救火"行为。所以,及时制订一份软件配置管理计划在一定程度上是项目成功的重要保证。

配置管理计划是配置管理活动中重要一环,包括明确项目配置管理职责和配置基线建立的时机,确认需要纳入配置管理的要素即配置项,制定配置项的标识规定和配置管理规程,选择配置管理工具,安排必要的配置管理活动以及组建配置控制委员会(configuration control board,CCB)等一系列重要的配置管理活动。配置管理计划的制订步骤具体如下。

- CCB 根据项目的开发计划确定各个里程碑和开发策略。
- 配置管理员(configuration management officer,CMO)根据 CCB 的规划,制订详细的配置管理计划,并提交 CCB 审核。
- CCB 通过配置管理计划后交给项目经理批准,发布实施。

2. 配置库维护

配置库维护的主要任务是设置配置项的存储区域,确定相应的访问权限,以及对存储进行备份。它需要在配置管理计划完成、配置分区方案制定后开始。在配置库维护过程中,项目经理需完成项目配置库和权限申请,SCM 人员需建立配置库并设定权限。配置库维护的具体内容如下,其最终产生配置库及存储工作产品。

(1) SCM 工具选用,即选取适合本组织使用的配置管理工具。

(2) 存储域的定义,包括以下内容。

- 建立配置库。每个项目立项后,项目经理申请在配置服务器上为项目建立配置库,经批准后 SCM 人员为项目建立配置库。
- 建立主干分支。SCM 人员为项目建立主干分支,项目经理根据项目需要设置相应的工作域,分别为管理域、基线域、开发域、测试域、发布域。
- 建立域的角色权限。各个域存储不同的产品,由不同的角色进行权限控制。
- 基线标记。软件开发过程中需求、设计、编码、测试、发布等基线标记为 Label。

(3) 建立存储域控制流程,即建立合适的流程控制存储域。

(4) 使用权限分配,即 SCM 人员和 PB 对配置库中各区域的访问权限进行控制,确保只有被授权的人员才有权访问控制项,如读、写、上传、下载等。

(5) 资源备份,即备份 SCM 库,为了最小化丢失或在软件产品开发或运行/维护期间没有基本配置信息的风险。需要强调的是,资源备份需要保存灾难恢复备份副本。

3. 配置变更控制

配置变更控制的主要任务是按照配置管理计划规定的职责、任务、规程,在项目进展过程中针对正式基线、非正式基线、工作产品版本进行变更控制,包括变更申请与批准、变更实施、配置状态统计等。配置变更控制需变更对应内容已批准、或已提交、或已建立。在配置变更控制过程中,CCB 成员需要分析、评审并批准基线变更,确保只有批准的变更请求才能实施,形成 CCB 会议纪要。项目经理负责审核批准开发的基线变更,而相关成员需要按照配置管理规程,配合配置管理人员的配置管理活动,质量保证人员需审查项目配置变更管理活动,验证活动与配置计划、配置管理过程文件的符合性。配置变更控制最终形成"配置变更通知"与"变更与问题日志"。

4. 基线发布控制

基线的最初创建和发布发生在软件生命周期中基线项最初开发阶段末期。例如,在系统需求分析阶段末期,要求审阅和批准客户需求,SCM人员将它们置于配置控制之下,即建立客户需求基线。在编码阶段末期,当程序经过了审核、单元测试和批准,项目经理批准建立源代码基线,SCM人员定制代码基线,由基线代码建立产品,为后续开发活动发布产品。

基线发布前需确认所有被批准的产品均已纳入配置基线库,所有的基线元素变更已完成并被批准。在基线发布控制过程中,SCM编写"基线发布报告",项目经理批准非正式基线的发布,CCB批准正式基线的发布。基线发布控制最终形成"基线发布报告"及相关基线产品。

5. 配置状态记录

配置状态记录是记录配置人员如何进行配置活动,在相应的时间发布状态报告,同时,配置状态记录要形成文档定期维护。配置状态记录在变更配置项更新、新配置项纳入基线或变更批准后进行,最终生成"配置状态报告"。在配置状态记录过程中,SCM人员维护配置状态记录、完成并发布配置状态报告,项目经理监督和分析上述过程。配置状态记录的具体内容如下。

(1) 收集配置库数据,主要包括以下两方面工作。

- 配置项状态记录从配置项进入配置库的时刻起已经开始记录。
- 收集、整理相应的配置记录,生成完整的配置项状态报告。

(2) 生成状态报告,主要包括以下两方面工作。

- 将配置项状态记录导入"配置状态报告模板"。
- 根据模板要求生成"配置状态报告"。

(3) 分发状态报告。通过电子邮件或书面方式将报告发送给相关人员。

6. 配置审计

配置审计的目的是证实在软件产品生命周期中,各配置项在技术上和管理上的完整性,确保在基线发布之前,所有质量和配置活动已完成。其中,基线发布包括基线建立时的发布和变更实施后的发布。配置审计工作在有待发布的基线报告时开始,开始前需获取待审计的软件产品基线及基线审计检查单和基线发布报告,最终形成"审计报告"。在配置审计过程中,SCM人员开展审计准备工作、执行产品审计、制作审计报告、跟踪问题;项目经理与技术人员均执行功能审计;软件质量保证(software quality assurance,SQA)人员需全程监督审计过程。

7. 产品发布控制

产品发布控制主要针对客户。在系统测试完成并通过后,项目组对产品进行构造,形成试用软件产品,将该软件产品发布给客户,进行安装,并对客户进行培训,通常这一过程被称为试运行。在试运行期间,软件产品根据客户使用情况仍会发现缺陷,通过变更控制修改缺陷,可能会发布多个不同版本的软件产品。试运行期结束,产品正式验收后,根据客户要求发布正式软件产品。

产品发布控制工作需要在待发布产品基线构造完成后开始,开始前需获得待发布产品基线及产品发布申请表。产品发布控制最终形成软件产品、"产品发布报告"。在产品发布控制整个过程中,CCB 人员批准产品发布,SCM 人员实施发布,客户接收发布产品,项目经理完成安装培训工作。

2.4.4 软件配置管理案例

在项目开发过程中,由于不能保证新版本一定比老版本"好",所以通常不能抛弃老版本。在老版本中出现严重 Bug 时,通常需要在老版本上修改 Bug,新版本同时进行新的开发工作。完整保存开发过程中形成的所有版本,既可以形成"时间记忆",又可以避免发生版本丢失或混淆等现象。例如,某项目初期已经完成部分基础代码,开发人员已经开发出一个功能相对完备、稳定的 v1.0 软件版本,取得了良好效果。但是在开发人员准备着手开始进行 v2.0 版本的开发工作时,发现 v1.0 版本中有一个严重的 Bug,如果不及时修改,将造成严重的后果。此时需要对软件版本进行配置管理,安排部分人员对 v1.0 版本进行修复,同时安排其他人员继续开发 v2.0 版本的新功能。v1.0 版本修复完成后,可以发布 v1.1 版本给用户升级使用,同时将修复代码整合到 v2.0 版本中,避免后续出现该问题,软件配置管理在软件项目开发过程中有着非常重要的作用。

以某电力行业项目为例,该项目的工作量大约是 7 人·年,项目周期约为 1 年。大部分开发工作在前 8 个月内完成,后期的工作主要由维护人员进行系统维护。在 8 个月的开发时间中,开发人员在公司进行开发,根据用户需求完成设计,确定系统架构,实现整个框架。软件项目采用的开发语言是 Java 和 JSP,涉及的平台是 Windows、Linux,采用的开发工具包括 MyEclipse 和 SVN。除用户需求之外,公司还对项目组提出了代码复用方面的要求,开发人员在开发过程中必须注意代码的可重用性。

配置管理工作的第一步就是制订配置管理计划,明确配置管理过程中使用的软硬件资源、配置库结构、人员角色管理、基线计划以及备份计划。

1. 配置管理环境

配置管理环境包括网络环境、服务器处理能力、空间需求、配置软件的选择等,考虑综合各个方面的因素,通常需要选择开发人员相对熟悉的配置管理软件,节约开发人员学习培训的时间,选择一个与开发工具集成程度较高的配置管理工具,可以节省开发人员 20% 花费在 Check In/Check Out 的时间,可以节省配置管理人员保持配置库完整的时间。

1) 配置管理工具的选择

从开发人员的配置管理工具使用经验与配置管理工具和开发工具的结合程度考虑,选择 SVN 作为该项目的配置管理工具,只需对开发人员进行简单培训,开发采用的开发工具 MyEclipse 中需下载相应的 SVN 插件即可。

打开 MyEclipse 软件,单击菜单 Help→MyEclipse Configuration Center;切换到 SoftWare 标签页;单击 Add Site 打开对话框,在 Name 对话框输入 SVN,URL 中输入 http://subclipse.tigris.org/update_1.6.x,在左边的 Personal Site 中找到 SVN 展开;将

Core SVNKit Library 和 Optional JNA Library 添加（右击 Add to Profile），Subclipse 中的 Subclipse Integration for Mylyn 3.0 不添加，在右下角窗格中单击 Apply。安装后重启 MyEclipse 即可。

2）软硬件环境的选择

确定配置管理工具后，利用公司现有的一台国产服务器作为配置管理的硬件服务器，该服务器选用 10 核 2.0GB 的 CPU，128GB 的内存，600GB 的硬盘存储空间，万兆以太网卡，采用 Linux 操作系统。网络环境则选择公司已有的 1000M 局域网，配置管理服务器是一台内网机器，具有内网 IP，公司开发人员通过局域网使用 SVN 访问和操作配置库。

2. 配置库维护和备份计划

为了防止配置管理服务器软硬件故障导致 SVN 配置库资源丢失且无法恢复，需要定期对配置资源进行备份，配置库的维护和备份需要有专职配置库管理人员负责，定期对配置库根目录下所有配置库资源进行整体备份，对各配置库而言，如果库内资源发生有效修改，则对修改内容进行备份，具体备份步骤如下。

（1）新建备份目录：

```
# mkdir /opt/project_backup
```

（2）编写备份脚本：

```
# cd /home/svn
# vim project_backup.sh
```

脚本内容如图 2-12 所示，给该脚本添加可执行权限。

```
#!/bin/bash
#write by zhangli, 2020-09-22
cd /home/svn
now=`/bin/date +%Y%m%d`
/bin/tar czvf "project_backup_$now.tar.gz" project/ && rm -rf /opt/project_backup/* &&
/bin/mv project_backup_*.tar.gz /opt/project_backup/
if [ $? == 0 ]
then
result="OK!!"
else
result="False!!"
fi

#send mail to administrator
/bin/mail zhangli1005@imau.edu.cn -s "project_backup_$now" <<MESSAGE
Result: `/bin/echo $result`
MESSAGE
```

图 2-12　备份脚本代码

（3）设定定时执行该脚本：

```
# crontab -e
```

输入如下内容：

```
0 23 * * * /home/svn/project_backup.sh
```

表示每天 23 点运行此脚本。

经过以上 3 步操作自动备份 SVN 资料，不论备份是否成功，都给用户发送邮件信息。

3. 配置管理规范

1）配置项

该项目的配置项主要指项目管理过程中产生的各种文档、QA 过程文档和工作产品，如项目任务书、项目计划书、项目周报、个人日报和周报、培训文档、QA 周报、评审记录、需求文档、设计文档、代码、测试文档等。

2）配置项命名

采用"公司名_项目名_配置类别_配置项特殊标识"命名配置项，如果是文档，如设计文档、需求文档等，或代码，直接按照模块命名配置项，如"MD_D5000_配电_设计文档"。配置项的版本命名根据项目的 Label 操作完成，配置项版本的命名清楚地标识配置项状态。按照项目基线命名配置项版本，项目基线是项目计划中的里程碑，或是项目开发过程中阶段性成果，在这些阶段为配置项打标签，确定版本号。

4. 配置库目录结构

采用的配置库目录结构按照产品类型进行划分，分为开发文档、代码、测试文档、管理文档等，在每个目录下，划分相同模块，如发电管理、配电管理、角色管理、人员管理等。

5. 角色定义及权限分配

将开发过程中的角色分为配置管理员、开发经理、开发组长、开发工程师、测试组长、测试工程师、QA 工程师，同一个人员可以承担不同的角色，但是不同的角色拥有不同的权限。

1）配置管理员

配置管理员负责整个配置管理库的配置管理，为其他角色分配和修改权限，维护所有的配置目录和配置项。

2）开发经理

开发经理负责对项目总体进度的控制和把握，拥有对所有文档的读取权限。

3）开发组长

开发组长负责开发小组的组织和管理任务以及部分开发任务，开发组长拥有对管理类、测试类文档的读取权限，对本组负责的模块有读取权限，对自己负责的模块有读写权限。

4）开发工程师

开发工程师负责具体的开发任务，对自己负责的模块目录有读写权限，对测试模块有读取权限。

5）测试组长

测试组长负责组织测试工作、给出测试计划和方案，并审核测试报告。测试组长对所有目录都有读取权限,对测试目录有读写权限。

6)测试工程师

测试工程师负责完成具体测试工作,包括测试用例的开发、执行测试、编写测试报告等。测试工程师对自己负责的测试文档模块具有读写权限,对文档目录有读取权限。

7)QA 工程师

QA 工程师负责对整个项目监督,保证项目质量。QA 工程师对所有的目录均有读取权限,对 QA 类文档目录有读写权限。

2.5 软件评审

随着软件行业的快速发展,越来越多的从业人员开始关注软件质量控制问题。相对于其他行业产品的生产过程,软件产品的开发过程,直接决定其性能和质量。产品发布后,软件也不像其他产品,随时间推移会产生磨损,产品质量问题被用户接受。软件产品的质量问题不会因使用时间的增加而被用户接受,所以,软件产品开发过程的质量控制尤为重要。

在软件开发过程中,多项质量特征需要衡量与控制,软件评审是软件工程质量控制中重要的一个环节,它是软件项目人员和用户参与的,采用非自动化测试的人工浏览方式,检查软件项目的设计与实现是否满足系统需求和技术条件的行为。它可以在软件工程项目进展的早期发现并消除潜在风险,防止软件在开发生命周期的演进中变成缺陷,影响项目最终的质量。

2.5.1 为什么需要软件评审

软件开发实践表明大部分缺陷在软件开发早期就已经存在于软件开发的各个环节中,而这些差错很大一部分是由于不正确的设计思路及规范造成的。也就是说,这些差错在技术规范起草阶段就已经存在。软件评审有利于早期发现软件缺陷,软件评审的作用主要体现在以下 3 个方面。

- 从软件开发及维护成本角度衡量,缺陷发现得越晚,纠正缺陷所需费用越高,软件评审的重要目的就是尽早发现产品中的缺陷,减少大量的后期返工时间。
- 从技术角度衡量,软件开发人员的认识不可能完全符合客观实际,在软件生命周期的每个阶段的工作中都可能发生错误。由于前一阶段的错误会导致后一阶段的工作结果中存在相应的错误,错误的累积越来越多,最终导致整个软件项目停滞甚至流产。
- 从工作效率角度衡量,及时进行软件评审不仅有利于软件质量的提高,还能进一步提高工程师的工作效率。对于开发工程师来说,软件评审可以减少修订缺陷的时间,提高编程效率,减少测试和调试时间;对于项目负责人来说,软件评审可以缩短开发周期,减少维护费用,便于控制项目风险和质量问题;对于维护人员来说,软件评审可以减少维护工作时间,增强产品的可维护性。

2.5.2　软件评审的内容

软件评审根据所处的软件开发生命周期的阶段不同,可分为需求评审、设计评审、测试评审、维护评审、成本评审等。

1. 需求评审

需求评审即在软件开发的需求阶段进行评审工作,主要是对软件项目的需求进行评估,保证需求文档中每一点清晰可理解,确认需求在逻辑上正确无误,在技术上可以实现。需求评审是软件开发的奠基工作,其完成的质量直接影响整个软件项目的开发,与其他评审不同,需求评审不仅需要开发人员参与,用户也需要参与,只有共同参与才能准确把握需求。需求评审主要包含以下内容。

- 确定用户目标性需求,即整个系统需要达到的目标。
- 确定用户功能性需求,即确定整个系统必须完成的任务。
- 确定用户操作性需求,即确定完成每个任务的具体的人机交互。

2. 设计评审

软件项目的需求明确后,进行软件设计,在设计完成后需经过评审,确保设计的可行性和设计本身在时间和人力上均满足项目条件。设计评审是对软件项目中实际的功能设计进行评审,因此称为功能评审。根据设计内容及深度的不同,设计评审分为概要设计评审、详细设计评审和数据库设计评审。

(1) 概要设计评审,是概要设计结束后的必要步骤,其主要包括以下内容。

- 评价软件设计说明书中所描述的软件概要设计在总体结构、外部接口、主要部件功能分配、全局数据结构以及各主要部件之间的接口等方面的合适性。
- 考察其是否和软件需求说明书的要求一致。
- 考察模块划分是否合理,接口定义是否明确,文档是否符合有关标准规定。

(2) 详细设计评审,是详细设计结束后的必要步骤,其主要包括以下内容。

- 评价软件验证与确认计划中所规定的验证与确定方法的合适性与完整性。
- 考察其是否与概要说明书的要求一致。
- 模块内部逻辑结构是否合理,模块间接口是否清晰。
- 测试是否全面,文档是否符合相关标准规定。

(3) 数据库设计评审,是数据库设计结束后的必要步骤,其主要包括以下内容。

- 评价数据库的结构设计,以及运用设计的合适性。
- 考查概要设计的逻辑结构设计、物理结构设计、数据字典设计、安全保密设计是否满足要求,且正确。

3. 测试评审

测试评审是在测试开始前对测试元素(如测试计划、测试用例及测试报告等)开展评审活动。它是正确开展测试的前提,是保证测试工作正确找出软件中存在缺陷的前提,其主要包括以下内容。

1）测试计划评审要点

- 测试计划中测试进度安排是否与项目计划保持一致。
- 测试计划是否明确测试范围。
- 测试计划是否明确测试方法及策略。
- 测试计划是否对系统测试的硬件环境作了明确说明。
- 测试计划是否对系统测试的软件环境作了明确说明。
- 测试计划是否对系统测试的数据环境作了明确说明。
- 测试计划是否对系统测试的网络环境作了明确说明。
- 测试计划是否对测试辅助工具作了明确说明。
- 测试计划是否定义测试完成准则。
- 测试计划是否明确人员任务安排。
- 测试计划是否经过评审。
- 测试计划是否使用规定模板。
- 测试计划文档内容是否具备完整性、合理性。
- 测试计划文档是否符合规范。

2）测试用例评审要点

- 测试用例是否对被测试对象作详细介绍。
- 测试用例是否明确测试范围与目的。
- 测试用例是否明确各类测试环境与测试辅助工具。
- 测试用例是否明确功能测试的前提条件。
- 测试用例是否明确功能测试用例的输入与输出。
- 每个测试用例是否清楚地填写测试特性、步骤、预期结果。
- 测试步骤、输入数据是否清晰,是否具备可操作性。
- 测试用例是否包含边界值、等价类划分、因果图等设计方法,是否针对不同的需求使用不同的设计方法。
- 测试用例是否包含测试数据、测试数据的生成办法或者输入的相关描述。
- 是否制定用户界面测试的检查表。
- 是否对安装测试的配置进行说明。
- 是否描述安装选项正常与否及其使用的难易程度。
- 业务流程中最长的流程用例是否覆盖。
- 测试用例是否覆盖"需求规格说明书"。
- 测试用例是否通过评审。

3）系统测试报告评审要点

- 测试报告是否描述系统测试计划的版本、时间。
- 测试报告是否对测试对象进行描述。
- 测试报告是否对测试环境进行描述。
- 测试报告是否描述测试人员。
- 测试报告是否描述测试时间。

- 测试报告是否有缺陷分析,包括缺陷类型、严重程度及缺陷状态。
- 测试报告是否对测试结果进行分析并提出建议。
- 测试报告是否陈述经测试证实的软件能力。

2.5.3 软件评审的方法和技术

1. 软件评审的组织和管理形式

软件评审的组织和管理形式不同,其评审方法及使用技术也有所差别。软件评审按评审人员的组织形式可以分为内部评审和外部评审。

内部评审由软件开发人员组织。在软件开发的各个阶段,内部评审活动由质量管理人员负责,评审组由具备相关背景知识、了解项目情况的至少 5 名同行专家和代表组成。

外部评审由其他组织开展,是在内部评审结束后进行。外部评审按照软件研发委托任务书的要求落实,一般情况下必须成立至少 5 人组成的评审委员会,委员会成员由委托人员、受委托人员、评测方及用户与相关专家组成,分预先评审和外部评审会议两步完成。

2. 软件评审的方法

在软件项目的整个生命周期中,评审方法很多,有相对比较正式的方法,如审查,也有非正式的方法,如临时评审,图 2-13 显示了从非正式到正式的各种评审方法。

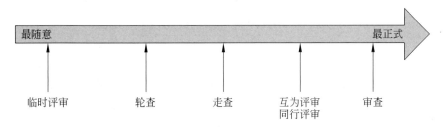

图 2-13　软件评审方法

(1) 临时评审(random review),就是临时组织的关于软件质量等方面的检查和评审,属于最不正式的一种评审方法。

(2) 轮查(pass-round),又称为分配审查方法。软件产品作者将需要评审的内容发送给各位评审员,收集反馈意见,但轮查的反馈往往不太及时。

(3) 走查(walkthrough),软件产品作者将其作品介绍给一组专业人员,然后收集相关人员的意见。走查中,作者占主导地位,描述产品功能和结构以及完成任务的情况等。走查的目的是让参与人员发现软件中的缺陷或错误,提升软件质量。

(4) 同行评审(group review),同行评审的参与者在评审会议前几天获取评审材料,对材料独立研究。评审定义了评审会议中各种角色和相应责任。同行评审的缺点是评审过程不够完善,评审后期的问题跟踪和分析被简化、忽略。同行评审是有计划和结构化的,非常接近最正式的评审技术。

(5) 审查(inspection),审查和评审很相似,但比评审更严格,是最系统化、最严密的评审方法。普通审查过程包含制订计划、准备和组织会议、跟踪和分析审查结果等。通过审查可以验证产品是否满足功能规范说明、质量特性以及用户需求等。通过审查可以验证产品是否符合相关标准、规则、计划和过程,提供缺陷和审查工作的度量,改进审查过程和软件工程过程。

通常,在软件开发过程中各种评审方法交替使用。在不同的开发阶段和不同场合选择适宜的评审方法。选择评审方法最有效的标准是"对于最可能产生风险的工作成果,采用最正式的评审方法"。例如,核心代码的失效会带来严重后果,应该采用审核或小组评审的方法进行评审,而一般代码,则采用临时评审、同行评审等比较随意的评审方法。

3. 软件评审技术

软件评审是一个复杂过程,不仅需要采用合适的评审方法,还需要合适的技术支撑。常用的软件评审技术有以下几种方法。

(1)缺陷检查表:使用缺陷检查表列出容易出现的典型错误,有助于审查者在准备期间将精力集中在可能的错误来源上,有助于在软件开发期间避免这些问题,促进产品更加成熟。

(2)规则集:类似于缺陷检查表,是评审人员自定义的规则集合,通常包含业界通用的规范或者企业自主定义的规范。例如,编码规范可以作为规则集在评审中使用。

(3)评审工具的使用:评审工具可以帮助评审人员完成大量工作,尤其是有规则的大量重复性工作,从而提升工作效率。目前,用于评审的工具有很多,比如,SourceMonitor 是由 Campwood Software 开发的免费代码评审工具,ARM 是由 NASA 开发的自动需求度量工具。

(4)从不同角色理解软件:不同的角色对软件产品评审得出的结论往往不同。从客户角度考虑,功能完善性及软件易学易用性被放在首位;从软件设计人员角度考虑,构架的合理性被放在首位;从开发人员角度考虑,代码的规模及可重复使用性被放在首位。

(5)场景分析:指按照用户使用场景对产品或文档进行评审。场景分析容易发现遗漏需求或多余需求。

2.5.4 软件评审案例

1. 需求规格说明书评审

当完成需求规格说明书后,需要对其进行评审,通常由 1 位主持人、1 位作者、1 位记录员、5 位专家和 1 位 QA 工程师参加评审会议。5 位专家通常选择 2 位设计工程师、1 位测试工程师、1 位用户和 1 位非作者的资深需求工程师。会议开始前,各位专家大约提前一周获得需要评审的软件需求规格说明书,进行阅读评审,发现问题,例如,专家 1 花费 3 个小时发现 18 个问题;专家 2 花费 2 个小时发现 18 个问题;专家 3 花费 3 个小时发现 18 个问题,专家 4 花费 1 个小时发现 10 个问题。

评审会议时,主持人控制会议节奏,同一时间只能 1 人发言,不讨论个人描述风格偏好问题,在同一问题上不花费太多讨论时间。专家阐述发现的问题,如果确定是问题,则记录在案,后续更改。

需求检查单可以设计多种不同的检查点,如表 2-2 所示。

表 2-2 部分需求检查单

编号	分类	检 查 点
1	组织和完整性	是否清晰地定义优先级
2		是否描述不同角色用户访问权限
3		是否说明和线上运行环境的依赖关系
4		是否清晰描述系统范围
5		是否有页面跳转规则
6		是否有明确的数据获取规则
7		是否定义操作的完整步骤,是否给出正常的操作结果和异常操作结果,是否有清晰完整的提示信息
8		是否明确数据校验规则,是否给出数据校验提示
9		是否有页面 URL 清单
10		是否每个需求都在项目范围内,与商业目标一致
11		是否对假设条件进行说明
12		是否规划数据需求
13		是否规划审核需求
14	清晰性	项目中涉及的专业术语,是否有单独的术语列表
15		已经定义的术语是否一致、准确。项目中使用的缩写词是否单独定义
16		是否存在有二义性的需求
17		界面是否能在不同的设备上准确地显示
18	一致性	所有需求的编写在细节上是否一致
19		对同一对象的特征描述是否存在矛盾
20		是否存在多个需求相互冲突
21	易跟踪性	是否每个需求都具有唯一性并且可以正确识别
22		是否可从上一阶段的文档找到需求定义中的相应内容
23		需求定义是否便于后续开发阶段查找信息
24	接口	是否对用户界面进行说明
25		是否对软件接口进行说明
26		是否对接口的设计约束进行说明
27		是否对接口的安全性需求进行说明
28	可验证性	是否列出项目需求达到的性能目标
29		是否所有的需求都能实现
30		是否每个需求都是可测试的

2. 设计文档评审

软件设计文档包括概要设计文档和详细设计文档,这些文档完成后需要进行评审,评审小组由主持人、作者、项目负责人、评审专家和 QA 工程师构成。在评审会议之前,评审专家通过阅读软件设计内容,对设计文档进行评审。在评审会议中,作者详细介绍设计思想,主要包括系统目标、总体设计、数据设计等,小组成员提出问题,展开讨论,审查是否有错误存在。若发现问题较多或存在重大错误,则需要改正后重新进行评审。

设计检查单可以设计多种不同的检查点,如表 2-3 所示。

表 2-3　部分设计检查单

编号	分类	检　查　点
1	可追溯性	软件设计是否覆盖所有已确定的软件需求
2		软件每一成分是否可追溯到某一项需求
3	接口	分析软件各部分之间的联系,确认该软件的内部接口与外部接口是否已经明确定义
4		模块是否满足高内聚和低耦合要求
5		模块作用范围是否在其控制范围之内
6	风险	确认该软件设计是否在现有技术条件和预算范围内能按时实现
7	可维护性	从软件维护的角度出发,确认该软件设计是否考虑方便未来的维护
8	一致性	软件功能是否与"软件需求规格说明书"保持一致,并完整体现
9	正确性	流程逻辑是否正确、合理
10		算法是否合适、有效
11		设计是否达到性能最佳
12		设计中是否考虑处理故障和避免失效
13		用户界面设计是否正确反映功能实现
14	易理解性	模块结构是否良好、清晰,易于理解
15		用户界面是否简洁、明了,具有功能指导性
16	复用性	设计是否可复用
17		是否复用其他项目的部件

3. 代码评审

代码评审分为开发阶段和维护阶段的评审,开发阶段的评审需要作者自己检查后召开小组评审会议完成;维护阶段的评审,只需组长进行审查即可;开发阶段的评审可以按照代码审查单进行检查,表 2-4 给出部分代码检查单,每个公司都有自己的编码规范,维护阶段的评审主要审查修改的代码是否引入新的 Bug。

表 2-4　部分代码检查单

编号	分类	检　查　点
1	注释	注释内容是否清楚、明了
2		有效注释量是否占源程序的 20% 以上
3		程序文件头是否按照规范添加注释
4		类、方法头部是否进行注释
5		对变量的定义和分支语句是否编写注释
6	变量、常量	变量和常量的命名是否与约定保持一致
7		是否存在容易混淆的相似变量和属性名
8		变量和属性是否书写正确
9		变量和属性是否被正确初始化
10		非局部变量是否能用局部变量替换
11		所有 for 循环控制变量是否都在循环顶部被声明
12		所有属性是否有正确的访问修饰符
13		是否有静态属性应该是非静态的
14	方法	方法名的描述方法是否与命名约定一致
15		每个方法参数值在使用之前是否都做了检查
16		对于每一个方法,是否都返回正确值
17		每种方法是否都有正确的访问修饰符
18		静态方法是否应该为非静态的
19	类	每一个类是否都有正确的构造方法
20		在子类中是否有应该放在父类中的通用成员
21		类的继承层次是否能简化

2.6　习题

1. 软件质量标准的层次有几个,分别是什么?
2. 什么是能力成熟度模型,它分为几个等级,每个等级的特征是什么?
3. 什么是软件质量度量,其度量方法和工具有哪些?
4. 什么是软件质量控制与改进,其基本方法有哪些?
5. 软件质量控制包含几个阶段,每个阶段的具体内容包含哪些?
6. 软件配置管理的活动分别是什么?
7. 为什么要进行软件评审,通常评审的方法和技术有哪些?

第 **3** 章

软件测试的基本概念

本章学习目标

- 了解软件缺陷与软件测试的基本概念
- 理解测试计划与测试用例的基本内容
- 理解测试策略的概念及基本测试方法
- 理解静态测试与动态测试的区别与联系
- 掌握黑盒测试与白盒测试的应用场景
- 理解人工测试与自动测试的区别与联系
- 了解软件测试规范及专业测试人员要求

本章介绍软件缺陷、软件测试,重点介绍软件测试任务、计划、策略、方法等相关概念。同时,介绍软件的基本测试方法,测试用例的概念及选择,最后分类介绍几种常用的测试方法,及其区别与联系。

3.1 软件缺陷与软件测试的主要任务

软件开发的任何一个环节都可能影响整个软件的开发质量和开发效率,甚至是毁掉整个项目。人总会犯错,在需求阶段、设计阶段、编码阶段,不可避免地会发生一些错误,这些错误会导致软件存在缺陷,所以在软件开发过程中,由于软件本身的特点和目前的开发模式,软件缺陷是不可避免的。软件一旦有了缺陷,软件质量就无法保证,可能会丧失用户满意度,软件测试是发现软件中存在缺陷、保证软件质量的主要手段,因此,软件测试要求测试人员对软件缺陷要有一个深入的认识。

3.1.1 Bug 的由来

软件缺陷(Defect),又被称为 Bug。Bug 是一个英文单词,本意是臭虫、缺陷、损坏、窃听器、小虫等,现在,人们将在计算机系统和程序中隐藏的未被发现的缺陷或问题统称为 Bug。

在计算机领域,流传着一个有趣的故事。20 世纪 40 年代,电子计算机的体积非常庞大,数量非常少,造价非常高,主要应用在军事领域。1947 年 9 月 9 日,美国水上研究中心使用马克-Ⅱ型计算机进行数据处理,马克-Ⅱ型计算机在运算时,通过继电器开关执行二进制指令语句,当指令为"1"时,继电器的电磁铁受到激励带电,使得继电器接点闭合接通,电流即可通过;当指令为"0"时,继电器的电磁铁不受激励,继电器中的弹簧使得接点断开,电流不能通过。一位为美国海军工作的电脑专家格蕾丝·赫柏对马克-Ⅱ型计算机设置 170 000 个继电器进行编程后,技术人员进行整机运行,计算机突然停止工作,于是工作人员爬上去查找原因,发现这台巨大的计算机内部一组继电器的触点之间有一只飞蛾,显然是由于天气炎热加上机房无空调设备,飞蛾在机房中乱飞,受光和热的吸引,飞到正要闭合的继电器触点之间,被继电器触点夹住,且被高电压击死,导致电路中断,造成工作故障。工作人员只需将飞蛾拿掉,计算机便可以恢复正常工作。在报告中,赫柏用胶条将飞蛾贴在记事本中,如图 3-1 所示,在上面加了一行注释——"First actual case of bug being found"。从此,人们把计算机错误称为 Bug,将发现 Bug 并纠正的过程称为 Debug。Bug 这个说法一直沿用至今。

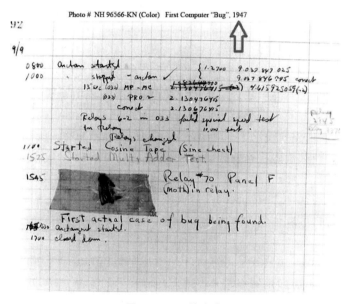

图 3-1　Bug 的由来

3.1.2　软件缺陷概述

在日常的软件测试过程中,经常会遇到与软件问题相关的概念,不同的人对问题的称呼也不相同。比如错误(error)、缺陷(defect)、故障(fault)、失效(failure)等。这些术语都是指软件中存在的一些问题,但是它们的具体含义和定义却有很大不同。

在 ANSI 982.2 标准中对软件的错误、缺陷、故障和失效进行了定义。

错误:是指编写错误的代码,通常是无意中造成的。错误可分为两类,一类是语法错误(syntax error)。在编译语言中,语法错误在代码编译阶段出现,因为该类错误,代码不能正常编译通过。另一类是逻辑错误(logical error),指代码的运行逻辑与预期不同,它与代码的实际执行密切相关,所以不易被发现。可见,软件错误是人为原因所导致的不正确结果的过程。它可能是程序的内部错误,也可能是文档内的错误,甚至是环境方面的问题。

缺陷:是指软件与用户需求不一致,无法正确完成软件需求所要求的功能。

故障:是指由于不当使用计算机软件而引起的故障,以及因系统或系统参数设置不当而出现的故障。软件故障一般是可以恢复的。例如,软件处于执行一个多余循环过程时,就可以说该软件出现了故障。此时,若无适当的措施(容错)及时处理,便会导致软件失效。

失效:ISO/CD 10303-226 将失效定义为一个组件、设备、子系统或者系统无法(不具备相应的能力)完成为它设计的任务。

软件错误是一种人为疏忽而造成的错误,最初的软件错误来自软件文档、软件代码等,如代码中加法写成减法;一个软件错误必定产生一个或多个软件缺陷,如设计缺陷、代码缺陷等,也就是软件功能与需求不一致;当程序的某些代码存在错误导致程序执行失败时,也就是一个软件缺陷被激活,便产生一个软件故障,故障分为内部故障和外部故障;同一个软件缺陷在不同条件下被激活,可能产生不同的软件故障。软件故障如果没有及时的容错措施加以处理,或者当程序错误太多时,便不可避免地导致软件在功能操作等方面失效,同一个软件故障在不同条件下也可能产生不同的软件失效。

假如有一段求最大值的函数程序代码,该程序要求输入两个整数,经过程序运算,可以输出两个整数中最大的一个整数。例如,当输入两个整数 3 和 5 时,应该输出 5,但是实际执行代码后,发现程序输出了 3,而不是 5,与预期结果不同。所以,可以断定该程序中存在一个缺陷。经过代码检查发现,程序中错误地将 X>Y,写成了 X<Y,这里好像存在一个错误。经过将其修正,重新运行,发现输出结果为 5,此时可以断定,这段代码里确实存在一个错误。当这个含有错误的求最大值的函数被一个排序函数调用时,就会导致排序结果错误,此时,可以说包含这段排序函数代码的软件存在软件故障,整个排序算法都失效了。

综上所述,所谓软件缺陷就是计算机软件中存在某种影响软件正常运行的问题、错误或功能缺陷,也就是不能满足用户需求。随着软件技术的不断发展,软件从业人员对软件缺陷的认识逐渐深刻,IEEE 729-1983 给出软件缺陷的标准定义。

从产品内部看,软件缺陷是软件产品开发或维护过程中存在的错误、毛病等各种问题;从产品外部看,软件缺陷是系统所需要实现的某种功能的失效或违背。

软件缺陷的含义相对比较广泛,其表现形式多种多样,如功能特性没有实现或部分实现;设计不合理存在缺陷;实际结果和预期结果不一致;运行出错,包括运行中断、系统崩溃、界面混乱等;数据结果不正确、精度不够;用户不能接受的其他问题,如存取时间过长、界面不美观等。总之,一般把符合下列 5 种情况之一的问题都定义为软件缺陷。

- 软件没有实现软件需求规格说明书中的要求。
- 软件中出现软件需求规格说明书中指明不应该出现的错误。
- 软件功能超出软件需求规格说明书的范围。
- 软件未达到软件需求规格说明书虽未指明但应达到的要求。

- 软件测试人员认为难以理解、不易使用、运行速度缓慢或者最终用户认为不好的问题。

软件缺陷不光存在于代码中,需求规格说明书和设计文档中也存在大量缺陷,经过大量实践统计发现,在整个软件工程的软件缺陷中,软件规格说明书缺陷占 54%,软件设计缺陷占 25%,代码缺陷仅占 15%,其他缺陷占 6%,如图 3-2 所示。

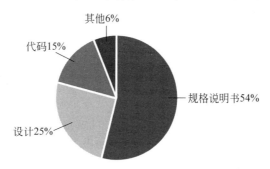

图 3-2 软件缺陷和错误的分布

软件缺陷不仅表现在软件功能方面,也可能表现在软件性能方面,例如,要建设一个网站,客户需求是网站必须满足 200 万人并发访问,但是开发人员所提供的软件设计架构只能满足 20 万人并发访问,那么这就是软件设计在性能方面存在缺陷。软件发布时也可能存在缺陷,只是此时,软件中存在缺陷的级别不太严重,不影响整个软件的使用效果。例如,移动研发平台 EMAS-专有云 20180808 发布的 Release Notes,如图 3-3 所示,可以看出该版本修复了 4 个问题,即高可用分辨率信息问题,Cache 配置请求异常问题,鉴权参数带空格(机型等)导致鉴权失败问题,以及适配部分 7.0/8.0 机型无法唤起系统安装页面问题。

RELEASE NOTES

EMAS_20180808

1、Android SDK 版本信息

SOPHIX SDK: 不能与 ATLAS 并存,接入 ATLAS 后默认使用 Dexpatch 方式热修复,无需再接入 Sophix

网关 SDK 在基础库中

变更信息

高可用 SDK: compile('com.alibaba.ha:alihatbadapter:1.1.0.7-open@aar') 修复高可用分辨率信息没有问题

网关 SDK: compile('com.taobao.android:mtopsdk_allinone:3.0.8.2-open@jar') { transitive true } 修复 ZCache 配置请求异常问题

WEEX SDK: 0.20.0.1, emoji 标签在 Android 9.0 适配,启动性能优化,富文本组件优化。

通道服务 SDK: compile('com.taobao.android:accs_sdk_taobao:3.3.6.8-open') { transitive true } 修复鉴权参数带空格(机型等)导致鉴权失败问题

更新 SDK: 1.0.3-open, 适配部分 7.0/8.0 机型无法唤起系统安装页面问题,升级改动

图 3-3 EMAS Release Notes

通常人们习惯将软件缺陷称为 Bug。它不仅包括代码级别的错误,也包括在设计和测试阶段发现的缺陷。一般将软件整个生命周期中存在的或者发现的各种问题和有助于改善产品质量的提议、需要引起注意的方面、值得跟踪的问题都列入缺陷范围,因此,可以在缺陷和 Bug 之间画上一个等号,在后续章节中将不再区分缺陷和 Bug。

3.1.3 软件缺陷的级别

在软件开发和维护过程中,一旦发现软件缺陷,开发人员就需要想方设法找到引起缺陷的原因,分析其对软件产品质量的影响。然而,项目开发时间有限,开发人员不可能将软件中所有缺陷都发现并处理解决,这就需要确定软件缺陷的严重性和处理缺陷的优先级。一般来说,缺陷引起的问题越严重,开发人员处理该缺陷的紧迫性越高,该缺陷的优先级也就越高。现有的缺陷分类大多是针对编码阶段的,因为该阶段产生的 Bug 最多。

软件缺陷的严重性是指软件缺陷对软件质量的破坏程度,也就是软件缺陷的存在对软件功能和性能产生的影响程度。软件缺陷的严重性大多是从最终用户角度做出的判断,根据 CMM5,软件缺陷的严重性可分为 3~5 个等级,根据软件项目的实际情况来决定级别的划分。本书将缺陷划分为 4 级,即致命、严重、一般和轻微。

致命缺陷,指出现致命错误,导致用户数据受到破坏,系统崩溃、悬挂、死机,甚至系统运行环境破坏,造成事故,引起生命财产损失等,如系统无法安装、登录或其他主要功能不可用,死循环或内存不足等原因导致程序无法运行等。

严重缺陷,指系统的主要功能部分失效,数据不能保存,系统的次要功能完全丧失,系统所提供的功能或服务受到明显的影响。例如,软件的某个菜单不起作用,软件部分功能运行后产生错误的结果等。

一般缺陷,指虽然存在一些错误,但不影响用户正常使用,表现不严重。例如,界面存在明显缺陷,设计不友好,提示信息不准确,操作时间过长等。

轻微缺陷,指存在无关紧要的小问题,影响操作者操作的方便性或影响软件界面的美观,但不影响整个软件功能的操作和执行。例如,某个控件没有对齐、用户界面色调或格式不规范等。

软件缺陷优先级是表示处理和修正软件缺陷的先后顺序的指标,即哪些软件缺陷先修正,哪些软件缺陷稍后修正或者不修正。从软件开发工程角度考虑,软件缺陷的优先级可以分为最高优先级、较高优先级、中等优先级和一般优先级。

最高优先级,是指该软件缺陷需要被立即修复,例如,软件的主要功能出现严重错误或系统崩溃等。

较高优先级,是指该软件缺陷需要在产品发布之前必须被修正,如软件功能和性能的一般缺陷。

中等优先级,是指该软件缺陷需要正常排队等待修复或列入软件发布清单,例如,本地化软件的某些字符没有翻译或者翻译不准确。

一般优先级,是指该软件缺陷可以在方便时被修正。通常是一些对软件质量影响非常轻微或者出现概率很低的缺陷。

软件缺陷的严重性和优先级是从不同角度定义软件缺陷对软件本身的影响程度和处

理方式。一般来说,严重性程度高的软件缺陷具有较高优先级,因为严重性高说明缺陷对软件质量的影响大。严重性低的软件缺陷的处理结果可能只是使软件更加完美,可以稍后处理,其优先级较低。但是,这种严重性与处理时效的对应关系不是一成不变的,有时严重性高的软件缺陷优先级不一定高,一些严重性低的缺陷则需要及时处理,具有较高优先级。所以,修正软件缺陷需要综合考虑各种因素,如市场发布、质量风险等问题。比如,由于整个系统软件架构设计所造成的,在软件开发中后期发现的 Bug,影响面很大,其优先级比较高。但是修复该 Bug 需要大量人力和时间,甚至很容易引入新 Bug。此时项目经理需要和其他部门人员联系,如市场部门、技术支持部门,甚至客户,经过沟通,如果确认该 Bug 对大多数用户没有影响,则降低该 Bug 的优先级,推迟解决或不解决。

3.1.4 软件测试任务

在日常生活中,软件已经无处不在,吃饭、购物、出行、住宿等方面的各种软件已经悄然地改变着人们的生活、学习方式,人们对软件的依赖性越来越大。但是实践证明,尽管人们在开发软件的过程中使用了许多保证软件质量的方法和技术,但开发出的软件中还会隐藏着许多错误和缺陷。尤其是在规模大、复杂性高的软件中更是如此。如何才能让人们使用到更多高质量、高可靠性和高安全性的软件产品已经成为迫在眉睫、亟待解决的问题。为了解决这个问题,首先必须承认,由于开发人员思维的局限性和软件系统的复杂性,软件缺陷在软件开发过程中是不可避免的,开发人员可以做的事情,只能是通过努力尽可能多地、尽可能早地寻找、定位和解决隐藏在软件中的缺陷,避免付出高昂代价,大大提高系统开发过程的效率,而寻找软件中的缺陷就是软件测试的主要目的。所以,严格的软件测试对于保证软件质量具有重要作用。

软件测试的根本目的是发现尽可能多的缺陷。为了更好地实现这一目的,软件测试阶段包括以下几个方面的任务,如图 3-4 所示。

1. 测试需求

测试人员仔细阅读软件需求规格说明书、设计文档和其他必要文档,熟悉项目基本需求,分析确定软件测试需求。

2. 测试设计

首先,测试组负责人依据软件需求文档、项目周期、项目特点、工具、人员安排等制订测试计划,确定测试所需资源、测试对象、测试步骤和方法,以及测试将得到的输出或提交的产物。

其次,测试人员根据测试需求,提取测试功能点,利用各种测试方法编写测试用例(冒烟测试用例和普通测试用例)。如果测试需求中存在不清楚、模糊、有二义性的需求,需要及时和开发人员确认沟通,明确每一个测试需求,尽可能将测试用例细化到输入框、按钮等小功能需求中。

最后,测试人员完成测试用例的编写后,需要组织开展测试用例评审。测试用例评审参与人员有开发人员、测试人员和产品人员,通过测试用例的评审,减少测试人员执行阶段的无效工作,避免出现三方对同一需求的理解不一致现象。

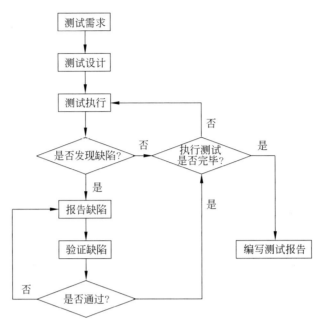

图 3-4　软件测试任务流程图

3．测试执行

首先，开发人员提交软件测试版本，测试人员优先执行冒烟测试，通过冒烟测试尽量消除表面明显错误，确认软件基本功能正常，减少后期测试负担。冒烟测试结果需要通过邮件通知相关人员，包括开发人员、测试人员和产品人员。如果待测试软件达到冒烟测试要求，则可以安排根据正式测试用例对该软件版本进行测试。否则，需要重新编译版本，再次执行冒烟测试，直到测试通过。

其次，开发人员提交正式软件测试版本，测试人员针对该版本中已经修改的问题进行回归测试。同时，测试人员根据设计好的测试用例，分模块测试整个软件系统，主要测试各模块功能是否完全实现，是否存在软件缺陷。在测试过程中可能会发现一些问题，比如需求定义不明确，业务逻辑有冲突等，需要及时与相关人员沟通并给出清晰明确的定义，得到测试结论后必须要求产品人员更新文档，在测试中发现的问题要及时在缺陷追踪系统中提交给相关开发人员进行修正。

最后，模块测试完成后，小组内部进行交叉测试，测试各模块的交互是否正常实现，并关注界面和用户体验等问题。同时，对系统进行一些性能测试、兼容性测试等。

每一轮功能测试结束后，测试人员均需及时提交对应的测试日志，对测试情况进行总结。

4．编写测试报告

软件测试过程结束后，测试人员需要及时编写测试报告，将测试情况、过程和结果整理成文档，对在测试过程中发现的问题和缺陷进行初步分析，为纠正软件存在的质量问题提供依据，同时为软件验收、发布和交付奠定基础。

3.2 测试计划与测试用例

3.2.1 测试计划

俗话说："凡事预则立,不预则废!"在日常工作和生活中,做任何事情之前都需要先制订计划,比如,学习计划、出行计划、生产计划等。同样,在测试开始之前,测试人员也需要制订相应的测试计划。测试计划是为测试过程中各项活动制订一个可行的、综合的计划,其内容通常包括测试对象、测试范围、测试方法、测试进度和预期结果等。详细的测试计划还需要为测试项目中的每个角色定义职责和工作内容,识别测试活动中可能存在的各种风险,并预防和消除可能的风险,降低损失,从而保证正确地、有效地验证正在开发的软件系统。

软件测试计划是软件项目计划的子计划,在项目启动初期就必须规划制订。《ANSI/IEEE 软件测试文档标准 829-1983》将测试计划定义为:"一个叙述了预定的测试活动的范围、途径、资源及进度安排的文档。它确认了测试项、被测特征、测试任务、人员安排,以及任何偶发事件的风险。"通过软件测试计划,测试人员可以明确测试任务和测试过程中使用的测试方法,保持测试实施过程中各方参与人员顺畅沟通,项目管理人员和测试管理人员实时跟踪和控制测试进度,应对测试过程中的各种变更。

软件测试计划是软件测试的第一个阶段。一般需要解决的是 5W1H(Why、What、When、Where、Who、How)的问题,即:Why——为什么要执行这些测试;What——需要测试哪些方面,不同阶段的工作内容有哪些;When——测试不同阶段的起止时间;Where——相应文档、缺陷的存放位置、测试环境等;Who——项目有关人员的组成,安排哪些测试人员进行测试;How——如何去做,使用哪些测试工具以及测试方法进行测试。所以,要编制一个测试计划,首先需要确定测试目标,也就是回答 Why 的问题。通过对用户需求文档和设计规格文档的分析,确定被测试软件的质量要求和通过测试所需要达到的目标。其次,通过理解需求、分析需求,确定需求规格说明文档中的功能测试点,明确测试人员需要测试什么,也就是分析 What。接着,分析和规划哪些资源是可以使用的,如何合理分配和利用这些资源,分析出 Who、Where 和 When,所以在测试计划中需要包含测试时间进度的安排,以及人力资源的分配和测试环境的安排;接着,确定测试过程中需要使用的方法和测试策略,包括要进行的测试阶段(单元测试、集成测试和系统测试)以及要执行的测试类型(功能测试、性能测试、负载测试、强度测试等),也就是 How。最后,做任何一件事情都会存在风险,所以在制订测试计划时,还需要预先考虑测试过程中可能存在的风险,并对风险进行分析与评估,给出预防措施和应对手段。

测试计划的内容主要包括引言、测试内容、测试规则、测试环境、项目任务、实施计划和风险管理七大部分,一个典型的测试计划目录如图 3-5 所示。

- 引言部分主要介绍项目名称、开发背景、开发情况,以及要完成的功能和测试计划的具体目的,指明预期读者范围,给出文档中的术语定义和参考文献等资料。

- 测试内容部分主要制订测试功能清单,罗列每一项测试内容的名称标识符、测试进度安排以及测试内容和目的。

- 测试规则部分需要制订进入准则、暂停/退出准则、测试方法、测试手段、测试要点和测试工具。进入准则是指进入测试的前提条件,例如,正确安装软件包后就可以进行使用;暂停/退出准则是指测试暂停或者退出的条件或标准,例如,软件系统在进行单元测试、集成测试、系统测试和验收测试时,发现一级错误、二级错误,暂停测试返回开发。软件系统经过单元测试、集成测试、系统测试和验收测试,分别达到单元测试、集成测试、系统测试和验收测试停止标准;测试方法是指在测试过程中需要使用哪些测试方法设计测试用例,完成测试,如黑盒测试、白盒测试等;测试手段是指在测试过程中所采用的技术手段,如路径测试、语句与分支覆盖、基于需求的测试、组合测试等;测试要点是指测试的重点以及测试目标,如系统功能是否符合客户要求,各个模块之间的衔接程度是否顺畅,测试软件是否存在缺陷和漏洞;测试工具是指测试过程中所使用的辅助工具,如负载压力测试工具、功能测试工具、测试管理工具等。

```
1  引言
1.1 目的
1.2 背景
1.3 范围
1.4 定义
1.5 参考资料
2  测试内容
3  测试规则
3.1 进入准则
3.2 暂停/退出准则
3.3 测试方法
3.4 测试手段
3.5 测试要点
3.6 测试工具
4  测试环境
4.1 硬件环境
4.2 软件环境
4.3 安全性环境要求
5  项目任务
5.1 测试规划
5.2 测试设计
5.3 测试执行准备
5.4 测试执行
6  实施计划
6.1 工作量估计
6.2 人员需求及安排
6.3 进度安排
6.4 可交付工件
7  风险管理
```

图 3-5 软件测试计划目录

- 测试环境主要描述软硬件环境和特定测试环境等要求。软硬件环境是指软件运行的软硬件环境要求,如需要安装系统智能机,操作系统为安卓 4.0 版本以上;特定测试环境一般是指安全性环境,如操作系统的安全性。

- 项目任务主要包括测试规划、测试设计、测试执行准备、测试执行和测试总结。测试规划是对整个测试过程做出比较全面的计划和规定,例如,将响应时间定义为对请求做出响应所需要的时间,把响应时间划分为"呈现时间"和"系统响应时间"两部分;测试设计就是有目的、有计划地设计整个测试活动,例如,将系统安装/升级测试设计为在正常情况下,第一次安装/升级或完整的/自定义的安装都能顺利完成;在异常情况下包括磁盘空间不足、缺少目录创建权限等情况进行安装时,应有相应的提示;测试总结是总结测试活动的结果,并根据这些结果进行评价。

- 实施计划部分主要完成工作量估计、人员需求及安排、进度安排、其他资源需求及安排和可交付工件。工作量的评估是指根据工作内容和项目任务对包括测试设计、测试执行和测试总结的工作量进行评测,以"人·月"或"人·日"计算,并详细注释测试设计、测试执行和测试总结工作所占的比重。需要说明的一点是,软件测试工作量应为开发工作量的 30%～40% 为宜;人员需求及安排是指给出具体参与人员、人员在项目中扮演的角色以及具体职责；进度安排是指给出项目里程碑测试规划、测试设计、测试设计实施、测试执行和测试总结等工作的开始时间、结束时间和输出要求等；可交付工件需要列出将要创建的各种文档、工具和报告，以及其创建人员、交付对象和交付时间。

- 风险管理部分需要描述测试各方面存在的风险情况，并预估风险可能引发的后果，以及项目各参与方对风险的承受情况。测试阶段的风险管理主要针对项目计划的变更、需求的变更以及测试产品版本变更的不确定性，做出有效的应对措施。对于项目计划的变更，测试人员需要及时跟踪项目，项目经理需要把这些变更信息及时通知项目组，使得整个项目组工作处于同一个阶段。

测试计划不一定要尽善尽美，但一定要切合实际，要根据项目特点、公司实际情况来编制。测试计划制订后，不是一成不变的，软件需求、软件开发、人员流动等都在时刻发生着变化，测试计划也需要根据实际情况的变化而不断进行调整，以满足实际测试要求。

3.2.2　测试用例

软件测试阶段的基本任务是根据软件开发各阶段的文档资料和程序的内部结构，精心设计一组"高产"的测试用例。测试用例是为发现软件中存在的问题而编写的一组包含测试输入、执行条件以及预期结果的文档，用来判断软件程序是否工作正确，软件产品是否满足需求。它是有效地发现软件缺陷的最小测试执行单元。测试用例指导测试人员如何去测试，如何找出软件中潜在的缺陷。一个好的测试用例很有可能发现尚未被发现的缺陷。

测试用例的内容包括 8 个基本项，分别是测试用例编号、测试项目、用例标题、重要级别、预置条件、输入数据、操作步骤和预期输出。需要强调的是，不同公司的测试用例所包含的内容也不尽相同。

用例编号是由字符和数字组合而成的字符串，是用来作唯一标识的。例如，采用产品编号-ST-系统测试项名-系统测试子项名-XXX 进行编号。

测试项目是当前测试用例所在的测试大类或被测试需求、被测试模块等，如订单管理。

用例标题需清楚、简洁地描述每个用例的关注点，每个用例标题是不允许重复的。

重要级别，即用例优先级，一般分为高、中、低三种，测试人员可以参照此级别安排测试用例的执行时间。

预置条件是执行当前测试用例时需要满足的条件。如果该预置条件无法满足，则不能执行测试步骤。预置条件不是必需的，根据测试用例的实际情况决定。

输入数据是测试用例在执行过程中，软件系统需要接收的数据，如登录时需要测试人员输入的用户名和密码。

操作步骤是执行当前测试用例需要执行的操作步骤，需要明确地给出每个步骤的详细描述，测试人员根据该步骤逐个完成测试用例的执行。

预期输出是执行当前测试用例后的正常输出数据或状态，包括返回值内容、界面响应结果、输出结果的规则符合度、数据库等存储表中的操作状态等。

测试用例是为特定的目的而设计的一组测试输入、执行条件和预期结果,以便测试某个程序路径和结果是否满足某个特定需求。

测试用例的编写可遵循以下步骤完成:

首先,对各个功能模块进行测试点的分析提取,图 3-6 为 PC 端 QQ 账号的登录模块,在该模块中,可以提取正常登录、账号为空时单击登录、密码为空时单击登录、账号密码都为空时单击登录、密码错误时单击登录、找回密码功能是否有效、记住密码功能是否有效、自动登录功能是否有效、二维码登录是否有效、注册功能是否有效等测试点。

图 3-6　PC 端 QQ 账号的登录模块图

其次,需要对各功能点细致地设计测试用例。划分好功能点后,就可以利用等价类划分法、边界值分析法等测试方法编写测试用例,并进行标注。这样,对于后期的测试用例的整理有很大的帮助。以 PC 端 QQ 账号正常登录为例,其测试用例设计如表 3-1 所示。

最后,在测试过程中不断完善测试用例。测试人员每完成一轮测试,都会对所测试的内容有进一步的了解。开发人员在实际开发过程中,可能会对某些功能的细节部分做出修改,测试人员根据变更和对软件功能的熟悉程度进一步完善测试用例,主要是对测试步骤的修改和异常情况的补充,提高测试用例对需求的覆盖率,以便发现更多的 Bug。

表 3-1　PC 端 QQ 账号正常登录测试用例表

用例编号	测试项目	用例标题	重要级别	预置条件	输入数据	操作步骤	预期输出
USC1	登录	正常登录	高	注册账号	用户名:234532 密码:12345678	1. 双击 QQ 快捷图标,打开登录界面; 2. 输入正确账号及密码; 3. 单击"登录"按钮	登录成功并跳转至已登录状态的 QQ 页面

GB/T 15532-2008《计算机软件测试规范》标准规定设计测试用例时,应遵循以下原则。

- 基于测试需求的原则,即测试用例应按照测试类别的不同,进行不同的设计。例如,单元测试依据详细设计说明书设计,集成测试依据概要设计说明书设计,系统测试依据用户需求设计；

- 基于测试方法的原则，即设计测试用例时，应明确所采用的测试用例设计方法。要达到不同的测试充分性要求，必须采用相应的测试方法；
- 兼顾测试充分性和效率原则，即测试用例集应兼顾测试充分性和测试效率；每个测试用例的内容也应完整，具有可操作性；
- 测试执行的可再现性原则，即应保证测试用例执行的可再现性。

3.3 软件测试策略

假如某公司开发一款基于 Internet 的即时通信软件，该软件在正式发布之前，需要经过无数次的软件测试，测试涉及的范围很广，包括功能性测试、性能测试等。即使只考虑功能性测试，涉及的范围也是非常广泛的，不仅有登录、聊天、联系人、看点、动态、打卡、钱包、个性装扮……而且还需要在不同型号的手机、计算机上进行测试，测试工作量非常庞大，进行完全测试或者穷举测试都是不可能的。那么，如何进行软件测试才可以在有限时间内最大程度地发现可能存在的问题？是将整个程序作为一个整体来测试，还是只测试其中的一部分？什么时候客户需要参与到测试工作中？这就是测试策略需要回答的问题。

策略，一般是指可以实现目标的方案集合。软件测试策略是在定义软件测试标准和测试规范标准指导下，依据测试项目特定环境约束，规定软件测试原则、方式、思路的集合。一般来说，测试策略描述了在软件开发过程中测试所使用的方法，指导测试人员测试活动应该如何进行，描述测试过程中存在哪些风险，以及如何规避或者降低风险。更加通俗地讲，测试策略就是回答测试什么和如何进行测试。

创建软件测试策略时可以参考各种需求文档和设计文档，收集开发软件系统所需要的各种软硬件资源的详细说明，了解针对测试和进度约束而需要的人力资源以及他们的角色和职责，理解软件测试的思路方法、测试标准、完成标准等。材料收集完毕后，测试人员就可以开始正式地制定测试策略了。

1. 测试策略制定依据

一个好的测试策略应该包括实施测试的类型和目标、实施测试的阶段和技术、用于评估的测试结果和测试是否完成评测的标准，以及影响测试策略工作的特殊事项等内容。那么，应该如何选择测试策略呢？

1）基于测试技术的测试策略

测试专家提出使用各种测试方法的综合策略：无论在任何情况下，都可以使用边界值测试方法；可以在必要时使用等价类划分法补充测试用例；对已设计出的测试用例通过逻辑覆盖程度检查其是否达到要求；如果功能规格说明书中含有输入条件的组合情况，则可以选择因果图测试方法。

2）基于测试方案的测试策略

一般来说，对于基于测试方案的测试策略应该考虑以下方面：根据功能的重要性和可能发生故障将造成的损失来确定测试等级和测试重点;使用尽可能少的测试用例发现尽可能多的软件缺陷,避免测试过度和测试不足的情况发生。

2.测试策略内容

软件测试策略描述了需要进行的测试步骤,包括这些步骤的计划和执行时机,以及所需要的工作量、时间和资源。任何软件测试策略,都需要包含测试计划、测试用例、测试执行以及测试结果数据的收集和评价。一般来说,测试策略在内容上需要包含以下要点,但也不局限于此。

1)测试级别

和软件开发过程相对应,测试过程也可以分为单元测试、集成测试、系统测试和验收测试4个主要阶段。

- 单元测试:单元测试是针对软件中的最小可测试单元进行检查和验证,是软件开发过程中最低级别的测试活动,通常由开发人员完成。
- 集成测试:集成测试是在单元测试的基础上,将所有模块按照设计要求组装起来进行测试,主要目的是发现与接口有关的问题。为了提高集成测试的效果,集成测试最好由不属于该软件开发组的软件设计人员来完成。集成测试的测试策略有大爆炸集成、自顶向下集成、自底向上集成和三明治集成等。
- 系统测试:系统测试是在集成测试通过后进行的,是对整个系统的测试,将硬件、软件和操作人员看作一个整体,检验其是否有不符合系统说明书的地方。这种测试可以发现系统分析和设计中的错误。它主要由测试部门进行,是测试部门最大且最重要的一个测试,对产品的质量有很大的影响。
- 验收测试:验收测试是在软件产品完成单元测试、集成测试和系统测试之后,产品发布之前所进行的最后一个测试操作。验收测试以需求阶段的"需求规格说明书"为验收标准,测试时要求模拟用户的真实运行环境。

2)角色与职责

在测试策略中需要明确定义各个角色,以及该角色的职责。只有分工明确,工作才能高效,不会出现相互推卸责任的情况。比如,项目经理负责统筹项目的规划,测试经理负责统筹测试工作和制订测试计划等,测试工程师负责测试用例的设计、开发及实施等。

3)环境需求

环境需求用于描述软件测试时所需要搭建的模拟用户真实环境的需求,包括软硬件环境和网络服务环境等。模拟环境越真实,软件上线后的风险就越小。

4)风险分析

软件测试的风险是不可避免的,作为测试管理人员,必须在平时工作中,分析这些风险的类别、风险来源,以及风险可能引发的后果,将风险尽早地识别出来,并且想出对策,最大程度地降低甚至消除这些风险,包括软件需求风险、人员风险、代码质量风险和测试环境风险等。充分分析风险后,软件测试管理人员需要针对风险制定相应的对策。例如,测试人员预留时间熟悉测试工具,对于核心测试人员配置一些候补测试人员,避免这些测试人员因为不熟悉工具或离职、请假等延误测试的情况。在项目开发过程中的每个阶段,尽早让用户参与进来,加强各阶段产出物的评审,减少需求变更的风险。

5）测试范围

测试范围就是指测试的内容，比如功能，性能，易用性……

6）测试进度

测试进度就是评估完成测试所需要的时间。要制定合适的测试进度，首先需要明确测试范围，然后根据测试资源的多少来制订能被各方面认可的测试进度计划。制订测试进度计划时，可以尽量参考历史数据，与以前完成的项目进行类比，确定质量和进度所存在的某种数量关系。但因为测试过程中存在各种风险和不确定性，所以通常在制订测试进度计划时，会添加一段时间作为缓冲，尤其是一个全新的项目，一般需要将初始的计划时间翻倍。

7）回归测试

回归测试就是检验已经被发现的缺陷有没有在新的版本中被正确地修正，且修改过程中是否引入新的缺陷。在做回归测试时采用不同的测试策略，一种是完全重复测试，就是把所有的测试用例全部执行一遍，确定问题已经被修正，且周边的功能没有受到影响。另一种是选择性重复测试，就是选择一部分测试用例进行测试，比如，选择发生错误的模块用例进行测试，或者除了出错模块用例外，还可以选择一些与出错模块有联系的模块用例，或者测试完出错模块后，检查软件是否达到指标，然后根据达标情况不断扩大测试范围。

8）测试优先级

因为软件测试时间和测试资源是有限的，所以软件系统不可能尽善尽美，但是必须满足用户的需求和期望，所以必须确定哪些功能模块最重要，以便在测试工作中成功地权衡资源约束和风险等因素，确定测试的优先级。新浪科技曾发表过一篇文章《浅析软件测试用例的优先级》，文中提到如何划分测试用例的优先级，将所有功能性验证的测试都标注为高优先级别，把所有错误和边界值或确认测试标注为中优先级，把所有的非功能性的测试都标注为低优先级；然后把功能性验证分为重要和不重要两种，不重要的测试优先级降为中优先级，把错误和边界测试也分为重要和不重要两种，将重要的测试优先级提升为高优先级，把非功能性测试也分为重要和不重要两种，将重要的测试优先级提升为中优先级，按照重要和不重要，重复划分高、中、低 3 个基本的测试内容，直到可以应用的测试用例数量最小为止。

3.4　软件测试方法概述

软件测试是使用人工或自动的手段来运行或测定某个软件系统的过程，其目的在于检验其是否满足规定的需求或弄清预期结果与实际结果之间的差别。软件测试方法多种多样，从是否需要执行被测试软件的角度看，可分为静态测试和动态测试；从测试是否针对系统内部结构和具体实现算法的角度看，可分为白盒测试和黑盒测试；从测试执行时使用的工具角度看，可分为人工测试和自动化测试。

所谓静态测试是指不运行被测试程序本身，仅通过分析或检查源程序的语法、结构、过程、接口等方面来检查程序的正确性。静态测试包括代码检查、静态结构分析和代码质量度量等。静态测试可以由人工进行,也可以借助软件工具自动完成。常用的一种静态测试是找出程序中违背程序编程风格的问题。动态测试是指通过运行软件来检验软件的动态行为和运行结果的正确性。动态测试方法由三部分组成,即构造测试用例、执行程序和分析程序输出结果。

黑盒测试是测试人员将测试对象看作一个黑盒子,完全不考虑程序内部的逻辑结构和内部特性,只依据程序的"需求规格说明书",检查程序功能是否符合功能说明。具体的黑盒测试用例设计方法包括等价类划分法、边界值分析法、错误推断法、因果图法、判定表驱动法、正交试验设计法、场景法等。白盒测试,从字面意思理解,就是清楚盒子内部的东西,具体讲就是在了解程序内部逻辑结构基础上进行的一种设计测试用例的方法。白盒测试的方法有代码检查法、静态结构分析法、静态质量度量法、逻辑覆盖法、基本路径测试法等。

自动化测试,顾名思义就是软件测试的自动化,即在预先设定的条件下运行被测试程序,分析运行结果。这种测试方法是将人工驱动的测试行为转化为机器执行的一种过程。相反,人工测试是测试人员根据设计的测试用例一步一步地执行测试,得到实际结果,并将其与期望结果进行比对的过程。

3.5 静态测试与动态测试

狭义的软件测试思想是只对可运行的软件进行测试,广义的软件测试思想是将测试遍布于软件开发生命周期的各个阶段,包括软件需求、软件设计、软件编码、软件测试以及软件维护等阶段。软件测试方法一般分为两大类:静态测试和动态测试,静态测试比动态测试具有更长的生命周期,如图 3-7 所示。静态测试贯穿于软件开发的整个生命周期,动态测试只存在于软件编码和软件测试阶段。相比于动态测试,静态测试能更早地发现软件缺陷,更能体现测试的经济学原则。

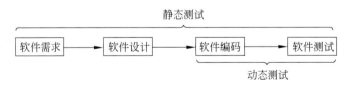

图 3-7 软件测试阶段图

3.5.1 静态测试

静态测试不实际运行软件,主要是对软件编程格式和结构等方面进行评估。它通过程序静态特性的分析,找出欠缺和可疑之处,如不匹配的参数、不适当的循环嵌套和分支嵌套、不允许的递归、未使用过的变量、空指针的引用和可疑计算等。可以对需求规格说明书、软件设计说明书、源程序做结构分析、流程图分析、符号执行来找出其中的错误。静态测试的结果可用于进一步的查错,并为测试用例选取提供指导。总之,静态测试就是指不运行被测试程序本身,仅通过分析或检查源程序的语法、结构、过程、接口等来检查程序正确性的一种测试方法。

静态测试的内容包括代码检查、静态结构分析和代码质量度量等。它可以由人工进行,充分发挥人的逻辑思维优势,也可以借助软件工具自动进行,提升工作效率。

1. 代码检查

代码检查包括代码走查、桌面检查和代码审查等,主要检查代码和设计的一致性、代码对标准的遵循和可读性、代码逻辑表达的正确性和代码结构的合理性等方面;它可以发现违背程序编写标准的问题,程序中不安全、不明确和模糊的部分,找出程序中不可移植部分和违背程序编程风格的问题,包括变量检查、命名和类型审查、程序逻辑审查、程序语法检查和程序结构检查等内容。

代码走查(code walkthrough)是开发人员与架构师集中讨论代码的过程,其目的是交换有关代码的书写思路,建立对代码标准的集体阐述。代码走查的形式有很多种,包括每日走查、结对互查和专项走查。

每日走查的时间和地点都比较灵活,主要针对每日提交的新代码进行评审。

结对互查是提交代码前指定某位同事进行线上评审,评审通过后方可合入代码。

专项走查是针对某个具体问题或专题进行走查。如果项目较小,参加项目走查的人员可以是整个项目的参与者;如果项目较大,则可以按功能模块分组进行走查。代码走查会议之前,主持人将程序清单和设计规范分发给小组成员,所有成员在进行检查之前需要先对其熟悉,测试人员提前准备书面的测试用例。会议中首先由测试组成员将准备的测试用例提交给走查小组,然后程序员向其他人朗读程序并逐条阐述代码,其他人充当计算机,让测试用例沿程序的逻辑运行一遍,随时记录程序踪迹,然后展开讨论,发现更多问题。

桌面检查是由程序员自己检查程序,一个人阅读程序,对照错误列表检查程序,对照程序推演测试数据,以便自我发现代码中存在的问题。

代码审查(code review)是由若干程序员和测试人员组成一个评审小组,通过阅读、讨论和争议,对程序进行静态分析的过程。其目的是找出及修正在软件开发初期未发现的错误,提升软件质量及开发者的技术。代码审查一般分为 3 类:正式的代码审查、结对编程以及非正式代码审查。

正式的代码审查有审慎及仔细的流程,例如,范根检查法,应由多位参与者分阶段进行。小组负责人提前把设计规格说明书、控制流程图、程序文本及相关要求、规范等提前分发给小组成员,作为评审依据。小组成员阅读材料后,召开审查会议。在会上由软件开发者一行一行地解释程序的逻辑,其他小组成员可以提出问题,展开讨论,审查错误是否存在。实践表明,程序员在讲解的过程中可能自己发现许多错误,讨论和争议可以促进问题的暴露。虽然正式的代码审查可以彻底找到程序中的缺陷,但需要投入许多资源。

结对编程(pair programming)是一种敏捷软件开发方法,两个程序员在一台计算机上共同工作。一个人输入代码,另一个人审查输入的每一行代码。输入代码的人称作驾驶员,审查代码的人称作观察员(或导航员),两个程序员经常互换角色。

轻量型的非正式代码审查需要投入的资源比正式的代码审查要少,一般在正常软件开发流程中进行,有时也会将结对编程视为轻量型代码审查的一种。例如,在代码登录后,源代码管理系统自动将代码邮寄给审查者,或者作者及审查者利用配合代码审查的软件进行审查。

在实际使用中,代码检查比动态测试更有效率,能快速找到缺陷,发现 30%～70% 的逻辑设计和编码缺陷。代码检查应在编译和动态测试之前进行,检查前应准备好需求描述文档、程序设计文档、程序源代码清单、代码编码标准和代码缺陷检查表等。

2. 静态结构分析

静态结构分析是测试者通过使用测试工具分析程序源代码的系统结构、数据结构、数据接口、内部控制逻辑等内部结构,生成函数调用关系图、模块控制流图、内部文件调用关系图等各种图形图表,清晰地标识整个软件的组成结构,便于理解。通过分析这些图表,检查函数的调用关系是否正确、是否存在孤立的函数而没有被调用、明确函数被调用的频繁度,对调用频繁的函数可以重点检查。同时检查编码的规范性、资源是否释放、数据结构是否完整和正确、是否有死代码和死循环、代码本身是否存在明显的效率和性能问题、类和函数的划分是否清晰且易理解、代码是否有完善的异常处理和错误处理机制。

3. 代码质量度量

代码质量包括 6 个方面,即功能性、可靠性、易用性、效率、可维护性和可移植性。软件质量是软件属性的各种标准度量的组合。针对软件的可维护性,目前业界主要存在 3 种度量参数：Line 复杂度、Halstead 复杂度和 McCabe 复杂度。

1) Line 复杂度

Line 复杂度是以代码的行数作为计算基准。

2) Halstead 复杂度

Halstead 复杂度是一种根据程序中运算符和操作数的总数来度量程序复杂度的方法。

例如,任意程序 P,总是由操作符和操作数通过有限次的组合连缀而成。P 的符号表词汇量 $\eta = \eta_1 + \eta_2$(η_1：唯一操作数数量,η_2：唯一操作符数量)。设 N_1 是 P 中出现的所有操作符,N_2 是程序中出现的所有操作数。度量指标如下：

程序长度 $N = N1 + N_2$

程序容量 $V = N \times \log_2 \eta$

程序语言等级 $L = V? / V$($V?$ 是程序实现时可能的最小代码容量)

编写程序的效率 $E = V / L$

编写程序的时间 $T = E/18$

程序错误预测 $B = E(2/3) / 1000$

3) McCabe 复杂度

McCabe 复杂度一般称为圈复杂度,是一种基于程序控制流的复杂性度量方法。它以图论为基础,首先将软件程序转化为流程图,然后将流程图转化为有向图,最后用该有向图的环路数作为程序复杂度的度量值。在程序控制流程图中,节点是程序中代码的最小单元,边代表节点间的程序流。例如,一个有 e 条边和 n 个节点的流程图 F,其圈复杂度为：VF$=e-n+2$，圈复杂度越高，程序中的控制路径越复杂。

一段求数组中最大值索引的程序代码如图 3-8 所示，其中，list 为存放整型数的数组。

```java
public int max(int[] list){
    int max = 0;
    for(int i = 1; i < list.length; i++){
        if(list[i] > list[max]){
            max = i;
        }
    }
    return max;
}
```

图 3-8　求数组中最大值索引

该代码的流程图如图 3-9 所示，将其转换为有向图如图 3-10 所示。

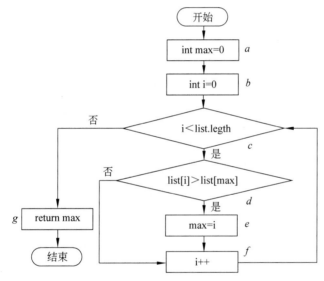

图 3-9　求数组中最大值索引的程序流程图

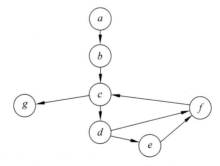

图 3-10　求数组中最大值索引的有向图

图 3-10 中，边数 $e=8$，节点数 $n=7$，所以其圈复杂度为 VF$=8-7+2=3$。

静态测试在软件测试中起着重要作用,其完成的主要工作包括以下内容。

- 发现程序错误,例如,错用局部变量和全局变量、未定义变量、不匹配参数、不适当循环嵌套或分支嵌套、死循环、不允许的递归、调用不存在的子程序、遗漏标号或代码等。
- 找出问题根源,即找出从未使用过的变量、不会执行到的代码、从未使用过的标号、潜在的死循环等。
- 提供程序缺陷的间接信息,例如,所有变量和常量的交叉应用表、是否违背编码规则、标识符的使用方法和过程的调用层次等。
- 为进一步查找问题做好准备。
- 选择测试用例。
- 进行符号测试。

以使用 Java 语言编写的一段求两个数中较大数的程序为例。图 3-11 为该程序的源代码,该程序通过调用 max()函数求出较大的数。对图 3-11 中程序进行静态分析,发现该程序存在三个问题:一是程序没有注释,二是子函数 max 没有返回值类型,三是存在精度丢失问题。

```java
import java.util.Scanner;

public class Test{
    public static max(float x, float y){
        float z;
        z = x > y ? x : y;
        return z;
    }

    public static void main(String[] args){
        float a, b;
        int c;
        Scanner in = new Scanner(System.in);
        a = in.nextFloat();
        b = in.nextFloat();
        c = max(a,b);
        System.out.printf("Max is %d\n",c);
    }
}
```

图 3-11　求两个数中的最大数的程序

因此,静态测试具有发现缺陷早、降低返工成本、覆盖重点和发现缺陷概率高的优点以及耗时长、技术能力要求高的缺点。

3.5.2　动态测试

动态测试方法是指通过运行被测试程序,检查运行结果与预期结果的差异,分析运行效率、正确性和健壮性等性能的测试方法。目前,动态测试是软件测试工作的主要方式。

动态测试的内容包括功能确认与接口测试、覆盖率分析和性能分析等。

1. 功能确认与接口测试

功能确认与接口测试就是在模拟环境下,运用动态测试方法,验证被测试软件是否满足需求规格说明书的需求。本书其他章节内容大都围绕功能测试展开,这里重点介绍接口测试。接口测试主要用于检测外部系统与系统之间、内部各子系统之间的交互点。它是按约定的格式(接口)给待测试的软件传入某种数据,检查接口返回值是否正确。接口测试分为手动接口测试和自动接口测试。现在,很多系统前后端架构是分离的,从安全层面来说,只依赖前端架构进行限制已经完全不能满足系统的安全性要求,还需要后端架构同样进行控制,在这种情况下就需要从接口层面进行验证。

以 HTTP 接口为例。用户登录时,输入正确的用户名和密码,浏览器将输入信息打包发送给服务器,服务器通过数据库校验该用户名和密码是否正确,如果正确,服务器生成一个 session id 和 cookie 以及"success"提示信息。此时,测试人员可以通过抓包工具如 fiddler 或 charles 抓取浏览器和服务器之间传输的数据,如果需要抓取底层数据包,可以使用 Wireshark 工具进行抓取。根据抓取到的数据包准备将要输入接口的数据包,然后用发包工具将数据发送给服务器端的接口,校验其返回值是否符合要求。这是手工接口测试的流程,也可以把接口测试流程编写成脚本,通过人工触发批量执行这些脚本,自动校验返回结果,从而完成接口的自动测试。

2. 覆盖率分析

覆盖率分析是度量测试完整性的一个手段,由测试需求和测试用例的覆盖情况或已执行代码的覆盖情况来表示。覆盖率分析有两种评测手段,一种是基于需求的测试覆盖,另一种是基于代码的测试覆盖。基于需求的测试覆盖是将每一条需求与测试之间建立一种映射关系,最终保证测试可以覆盖每个需求,进而保证软件实现每一个需求。由于基于需求的测试覆盖在流程上是重量级的,现在人们通常所说的测试覆盖率默认指代码覆盖。基于代码的测试覆盖是指至少执行一次的条目数占整个条目数的百分比。这里的"条目数"如果是代码语句,就是代码行覆盖率;如果是函数,就是函数覆盖率;如果是路径,就是路径覆盖率。代码覆盖率分析一般由工具软件完成,目前市场上基于 Java 的主要代码覆盖率工具有 EMMA、JaCoCo 等。

3. 性能分析

性能分析是验证软件在正常环境和系统条件下重复使用时是否能达到某些性能指标。本书第 7 章将详细介绍该方法,此处不再赘述。

3.6　黑盒测试与白盒测试

软件产品的测试可以使用黑盒测试与白盒测试中的一种或两种方法来完成,如图 3-12 所示。黑盒测试是将软件程序当成一个黑盒子,测试人员看不到盒子里面是怎么运行的,只能通过输入数据查看输出结果是否是预期结果。白盒测试是把盒子当成透明的,测试人员可以清楚地看到盒子的内部结构,可以根据内部结构进行测试。

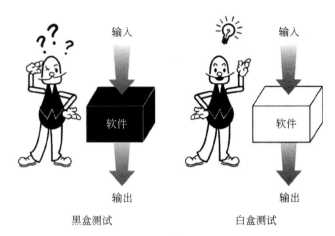

图 3-12　黑盒测试与白盒测试

3.6.1　黑盒测试

黑盒测试也称为功能测试或数据驱动测试。它是一种从用户角度出发的测试,测试人员在只知道该程序输入数据和输出结果之间的关系,完全不考虑程序内部结构和内部特征的情况下,检测程序的每一个功能是否符合需求规格说明书中的需求。例如,打开计算器,只需输入 4 和 log,计算器就会输出 0.60205999,测试人员不需要关心计算器如何计算 4 的对数,只需要关心它所计算的结果是否正确。

在黑盒测试中,被测试软件的输入域和输出域往往是无限域。因此,穷举测试通常是不可行的,必须以某种策略分析软件需求规格说明书,得出测试用例集,尽可能全面而又高效地对软件进行测试。黑盒测试的方法主要有等价类划分法、边界值分析法和因果图法等,下面简要介绍 3 种黑盒测试法,第 5 章将详细介绍这些方法。

- 等价类划分法就是将程序中所有可能的输入数据划分为若干个等价类,包括有效等价类和无效等价类,从每个等价类中选取具有代表性的数据作为测试用例。等价类划分法是功能测试的基本方法。

- 边界值分析法使用与等价类划分法相同的划分方法,只是边界值分析法假定错误更多地存在于划分的边界上,因此,在等价类的边界上以及两侧(即稍高于和稍低于边界)的情况设计测试用例,边界值分析是对等价类划分的有效补充。

- 因果图法是一种适合于描述多种输入条件组合的测试方法,根据输入条件、约束关系和输出条件的因果关系,分析输入条件的各种组合情况,设计测试用例。它适合于检查程序输入条件的各种组合情况。因果图法是帮助人们系统地选择一组高效测试用例的方法,此外,它还能检查出程序规范中的不完全性和二义性。

黑盒测试注重于测试软件的功能性需求,着眼于程序外部结构、不考虑内部逻辑结构、针对软件界面和软件功能进行测试,多应用于测试过程的后期,主要是为了发现以下几类错误。

- 是否出现功能错误或遗漏。

- 在接口上能否进行正确的输入与输出。
- 是否存在数据结构错误或外部数据库访问错误。
- 性能上是否能够满足要求。
- 是否有初始化或终止性错误等。

3.6.2　白盒测试

白盒测试也称为结构测试或逻辑驱动测试,是一种根据被测试程序的内部结构设计测试用例的一类测试。在白盒测试中,通常需要跟踪一个输入经过了哪些处理,这些处理方式是否正确,是否按照规格说明书的规定正常进行,也需要检验程序中的每条通路是否都能按预定要求正确工作。这种方法是把被测试软件看作一个打开的盒子,它允许测试人员利用程序内部的逻辑结构信息,设计或选择测试用例,对程序所有的逻辑路径进行测试。

白盒测试以开发人员为主,主要是对程序模块进行如下检查。

- 对程序模块的所有独立路径至少执行一遍。
- 对所有逻辑判定,取“真”与取“假”的两种情况都能至少执行一遍。
- 在循环的边界和运行的界限内执行循环体。
- 测试内部数据结构的有效性等。

白盒测试的主要方法有逻辑覆盖法和基本路径测试法等。逻辑覆盖法是以程序的内部逻辑结构为基础,分为语句覆盖、判定覆盖、条件覆盖、判定/条件覆盖、条件组合覆盖和修正的判定/条件覆盖。基本路径测试是在程序控制流程的基础上,分析控制构造的环路复杂性,导出基本可执行路径的集合,从而设计测试用例,基本路径测试并不是测试所有路径的组合,仅仅保证每条基本路径被执行一次。第 6 章将详细介绍白盒测试方法。

白盒测试法是一种穷举路径的测试方法。但是即使每条路径都进行测试,仍然可能存在错误。它一般不能发现以下 3 种类型的错误。

第一,穷举路径测试绝不能查出程序是否违反了设计规范,即程序本身的错误。

第二,穷举路径测试不可能查出程序中因遗漏路径而出现的错误。

第三,穷举路径测试法可能不能发现一些与数据相关的错误。

与黑盒测试不同的是,白盒测试涉及程序内部结构。尽管用户更倾向于黑盒测试,但是白盒测试能发现潜在的逻辑错误,这种错误往往是黑盒测试发现不了的。所以它们各有利弊,常常结合使用。

3.7　人工测试

人工测试是指软件测试的整个活动过程都是由测试人员手工逐步执行完成,不使用任何测试工具。它是任何测试活动的一部分,在开发初始阶段,软件及其用户接口还不是足够稳定时尤其有效,即使在开发周期很短以及自动化测试驱动的开发过程中,人工测试技术依然具有重要的作用。

人工测试技术主要包含 3 种静态测试技术,分别是走查、审查和正式评审。走查类似于同行评审过程,由设计人员或编码人员引导开发团队或相关人员对文档或代码从头至尾进行人工检测,其目的是质疑隐藏在源代码中的逻辑和基本假设;审查是一种专家级的评审过程,用来检测和更正软件产品中的缺陷。审查通常由 5 个阶段构成,即总体规划、准备、审查、返工和追查;正式评审在软件开发生命周期中每个阶段结束时实施,也可以在出现严重问题时实施。有两种类型的正式评审,即管理评审和技术评审。正式评审技术(FTR)用来在开发进入下个阶段之前发现中间产品中存在的缺陷,包括系统需求评审(SRR)、软件规格说明评审(SSR)、初步设计评审(PDR)、关键设计评审(CDR)等。

人工测试是测试人员手动地一步一步完成测试,如果发现问题,测试人员可以提供问题再现的清晰描述,方便开发人员解决问题以及验证问题。但是,由于在测试过程中可能存在人为错误,并非始终都是准确的,因此人工测试的可靠性比较差。人工测试也比较耗时,占用大量的人力资源。当需要模拟大量数据或大量并发用户时,人工测试也无法做到。

3.8 自动化测试

随着社会的进步,生活节奏的加快,软件产品的开发周期越来越短,软件的测试任务也越来越重,人们对人工测试感到越来越力不从心。很多测试工作是重复的、非创造性的,测试人员开始考虑使用自动化工具代替人工手动测试,减少人为错误,提高测试效率、覆盖率和可靠性,自动化测试的概念随之产生。自动化测试不仅可以将测试人员从烦琐和重复的测试活动中解脱出来,专心从事有意义的、有创造性的测试设计活动,达到提高软件质量的目的,而且可以减少开支,突破时间限制进行"夜间测试",增加有限时间内执行的测试量,在执行相同数量的测试时节约测试时间。

3.8.1 自动化测试概述

自动化测试是通过测试工具,将大量的重复性的测试工作交给计算机完成,即通过执行由程序语言编写的测试脚本,自动完成软件测试工作。自动化测试的工作量非常大,并不适用于任何情况,软件的自动化测试设计并不比程序设计简单,其活动流程如图 3-13所示。

1. 自动化测试的步骤及内容

1) 分析测试需求

在人工测试之后,测试人员根据需求说明书对软件需求进行再次梳理,分析测试需求,划分出可以进行自动化测试的需求。一般把简单的、重复性高的、业务复杂度低的需求划分为自动化测试需求。自动化测试不需要做到 100% 的覆盖率,但也要尽可能地提高测试的覆盖率,一条测试需求通常需要设计多个自动化测试用例。因此,在测试需求分析阶段,确定测试覆盖率以及自动化测试力度、筛选测试用例都是重点工作。

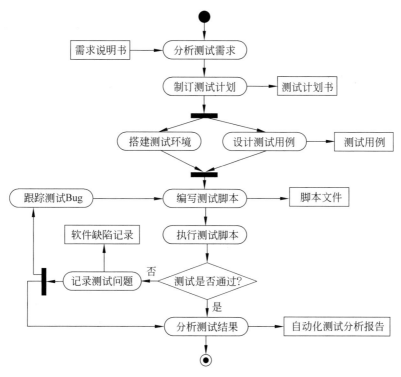

图 3-13 自动化测试流程

2）制订测试计划

自动化测试执行之前，需要制订测试计划，明确测试对象、测试目的、测试内容、测试方法、测试的进度要求，确保自动化测试所需要分配的人员、所需要的硬件、数据等资源准备充分，形成测试计划书。

3）设计测试用例

因为自动化测试是在人工测试之后开始的，所以自动化测试用例不需要从零开始设计，可以从功能测试用例中筛选重复执行的、流程不太复杂的、适合自动化测试的用例，将其转化为自动化测试用例模板，在此基础上进行补充和修改，生成自动化测试用例文件。

4）搭建测试环境

测试人员在设计测试用例的同时即可开始搭建测试环境。测试环境的搭建包括被测试系统的部署、测试硬件的调用、测试工具的安装和设置、网络环境的布置等。

5）编写测试脚本

根据自动化测试计划和已经设计好的测试用例，编写各个功能点的自动化测试脚本，并添加检查点、进行参数化。一般先通过录制方式获取测试所需要的页面控件，然后再用结构化语句控制脚本，插入检查点和异常判定反馈语句，将公共普遍的功能独立成共享脚本。测试脚本编写完成后需要对测试脚本进行反复测试，确保测试脚本的正确性。

6）执行测试脚本

在测试环境中执行完整的测试脚本，实时查看测试结果。

7）记录测试问题并分析测试结果

建议测试人员每天抽出一些时间分析自动化测试结果，以便尽快发现问题。建议将测试工具与缺陷管理工具相结合，在理想情况下，当自动化测试运行软件系统发现缺陷时，可以自动将发现的缺陷上报到缺陷管理系统中，测试人员需要确认这些缺陷是否是真实的系统缺陷，如果是，则提交给开发人员进行修复；如果不是系统缺陷，则需要重新检查自动化测试脚本或者测试环境。最后，对自动化测试的结果进行总结，分析系统存在的问题，并提交测试报告。

8）跟踪测试 Bug

测试人员将测试中发现的 Bug 记录到缺陷管理系统中，分发给开发人员；开发人员修复后，测试人员还需对此问题进行回归测试，也就是重新执行相关的测试用例。如果测试通过，则关闭 Bug，否则继续修改 Bug。如果某缺陷问题的修改方案与客户达成一致，但是与原来的需求有所不同，则需要重新修改和调试自动化测试脚本，以便开展下一次自动化测试。

自动化测试脚本贯穿于自动化测试的整个流程中。一个好的测试脚本，不但可以发现更多的软件缺陷，还可以减少后期测试脚本的维护工作量。自动化测试脚本一般由测试输入、业务逻辑、测试输出和测试结果验证组成。在自动化脚本编写之前，相关人员必须充分了解被测试系统的基本功能、自动化测试工具的架构、自动化测试的配置说明、自动化测试的编写原则以及自动化脚本编写的示例等。编写脚本时，需要注意脚本的可重用性和可维护性，在脚本中应该多加入条件判断、循环等结构，增强测试脚本的灵活性。自动化测试脚本通常可以分为两类，一种是基本流程测试脚本，用于每次新集成版本的冒烟测试；另一种是回归测试脚本，用于每次新集成版本后的重要功能或全面的回归测试。脚本编写完成后，需要经过严格的评审过程，检查脚本是否存在不足，是否需要改进等。自动化脚本需要进行测试，通常需要批量多次地运行这些脚本，保证测试结果的一致性与精确性。

2. 自动化测试的作用

自动化测试只是众多测试中的一种，但在测试实践中应用极广，究其原因，主要是因为自动化测试具有以下几点优势。

（1）缩短软件开发测试周期。

在软件开发过程中，需求变更是不可避免的事，对于新发布的软件版本，大部分功能和上一版本相同，这些功能已经在上一版本中实现了自动化测试，所以在新版本中，只需在此基础上，针对新改动的功能对测试脚本进行添加或修改即可，其他功能可以在已经创建的持续集成环境中直接实现自动化测试，避免重复测试成本。

（2）充分利用硬件资源，测试效率高。

自动化测试只需部署相应的场景，如高度复杂的使用场景、海量数据交互、动态响应请求等，测试就可以在无人值守的状态下自动进行，充分利用硬件资源。对于一些检查点较多的测试用例，如果采用手工测试法，则每执行一步，就需要停下来检查多个检查点，测试效率非常低，而使用自动化测试，在设置好输入条件和预期结果后，只需要运行脚本就可以获得复杂的测试结果。

（3）充分利用时间资源，节省人力资源。

自动化测试可以利用测试工具将测试任务设置为自动模式，不需要人在现场就可以自动执行，所以自动化测试可以在晚上或周末执行，第二天上班后直接查看测试结果即可，大大节省了人力资源，也充分利用了时间资源，提高了测试效率。

（4）人工不能做的事情，自动化测试能做，如压力、性能测试。

自动化测试可以模拟复杂的测试场景完成人工无法完成的测试，如负载测试、压力测试、性能测试等。例如，测试某网站的并发量是 20 万人次，如果没有自动化测试，则需要 20 万人同时登录网站，这样的测试成本消耗非常大，而且需要命令 20 万人同时登录网站也是非常不容易的一件事。在自动化测试中，只需要运行脚本程序模拟 20 万人同时登录即可完成。

综上所述，自动化测试具有很多优势，可以解决诸多人工不能解决的问题。但是自动化测试的成本较高，对测试团队的技术要求也很高，对于软件需求无法达到 100% 的覆盖率，存在很多局限性。所以，通常一些软件生命周期较长、系统功能实现自动化测试比较容易的项目，使用自动化测试可以节省更多的资源和成本，特别是一些在今后几年都需要不断开发和维护，需要重复地进行大量回归测试的软件项目是非常适合自动化测试的。

3.8.2 自动化测试常用工具

在测试技术飞速发展的今天，自动化测试工具的使用越来越广泛，但测试工具品种繁多，功能和性能各异，如果遇上不稳定或不友好的测试工具，可能在调试工具上浪费大量的时间，也可能会出现因为工具不稳定而导致测试结果不可信任的情况，那么自动化测试就不能提高测试效率，反而阻碍测试的进度。因此，能否适当地选择自动化测试工具，在很大程度上决定了此次测试能否获得相应的投资回报。

自动化测试工具分为开源工具、商业工具和自研工具。开源工具就是源代码公开发布，以便免费使用或修改其原始设计，所以开源工具可以为软件项目节约成本，允许使用者对其进行二次开发，有利于将测试工具与项目中使用的其他工具进行更好的衔接，而且随着时间的推移，其他开发者对工具也在不断进行完善和维护，常用的开源工具有 Appium、Selenium、Apache JMeter 等；商业工具是为销售或商业目的而生产的软件，与开源工具相比，商业工具拥有更多的功能，在界面易用性和交互性上也考虑全面，使用方法较简单，但是商业工具的购买费用也比较昂贵，常用的商业工具有 Postman、Rational Robot、UFT 等。自研工具就是在某些测试项目中，由于测试环境和测试过程的特殊性，需要测试团队开发自定义工具。一般来说自研工具更具有针对性，能更好地满足公司业务的需求，也更容易与本公司使用的其他工具衔接；在交互界面上，也可以根据不同的项目定制不同的交互界面，具有很大的灵活性和易用性。下面介绍几种常用的自动化测试工具，供测试人员参考选择。

1. Appium

Appium 是一个开源的自动化测试工具，可以用来测试原生及混合的移动端应用，支持 ios、Android 及 FirefoxOS 平台原生应用、Web 应用和混合应用。它是一个开源、跨平台的测试框架,允许测试人员在不同的平台使用同一套 API 编写自动化测试脚本。Appium 支持 Selenium WebDriver 支持的所有语言,如 Java、Object-C、JavaScript、PHP、Python、Ruby、C♯、Clojure,或者 Perl 语言,也可以使用 Selenium WebDriver 的 API。这样极大地方便了 iOS 和 Android 测试套件间代码的复用。

2. Selenium

Selenium 是一个用于 Web 应用程序测试的工具,已经成为 Web 自动化测试工程师的首选,被认为是 Web 应用程序用户界面自动化测试的行业标准。Selenium 测试直接在浏览器中运行,就像真正的用户在操作。Selenium 支持的浏览器包括 IE(7、8、9)、Mozilla Firefox、Mozilla Suite 等;Selenium 支持多种语言编写测试脚本,如 Java、Python、Ruby、Perl 等;同时也意味着其后的支持类库也很多;Selenium 支持多平台,如 Windows、Linux、Mac、Android、iPhone 等;Selenium 支持分布式执行测试用例,一套测试用例可以同时分布到不同的测试机上执行,而且还可以进行任务细化。

3. Apache JMeter

JMeter 是 Apache 组织的开放源代码项目,它是功能和性能测试工具,100% 地使用 Java 语言实现;JMeter 用于模拟在服务器、网络或者其他对象上附加高负载以测试它们提供服务的受压能力,或者分析它们提供的服务在不同负载条件下的总性能情况。JMeter 提供图形化界面,用于分析性能指标或者在高负载情况下测试服务器/脚本/对象的行为。它包括对 HTTP(S)、DBC、JMS、FTP、LDAP、TCP、本机调用等协议的支持,也可以与用户编写的代码无缝兼容。

4. Postman

Postman 是专为接口测试设计的一种开源的自动化测试工具。用户可以在 Mac、Linux、Windows 上以浏览器扩展或桌面应用程序的形式安装此工具。Postman 拥有用于设计、调试、测试、记录和发布接口的综合功能集。它的界面友好且易于使用,支持自动化和探索性测试,接受 Swagger 和 RAML API 格式,请求和应答者可以打包并与团队成员共享。

5. Rational Robot

Rational Robot 是业界最顶尖的功能测试工具,甚至可以在测试人员学习高级脚本技术之前帮助其进行成功的测试。它集成在测试人员的桌面 IBM Rational Test Manager 上,在这里,测试人员可以计划、组织、执行、管理和报告所有测试活动,包括手动测试报告。这种测试和管理的双重功能是自动化测试的理想开始。Rational Robot 可开发 3 种测试脚本:用于功能测试的 GUI 脚本、用于性能测试的 VU 以及 VB 脚本。它可以让测试人员对.NET、Java、Web 和其他基于 GUI 的应用程序进行自动的功能性回归测试。该工具可以很容易地使手动测试小组转变到自动化测试,也允许经验丰富的自动化测试工程师使用条件逻辑覆盖等更多应用程序扩展其测试脚本,从而发现更多缺陷并且定义测试案例以调用外部 DLL(动态链接库)或可执行文件。

6. UFT

UFT(unified functional testing,别名为 quick test professional,简称 QTP)是测试桌面、Web 和移动应用程序的流行商业自动化工具。使用 UFT 的目的是用它来执行重复的手动测试,主要用于回归测试和测试同一软件的新版本。目前,UFT 已扩展为一组包括用于 API 测试的功能集合。由于被测试目标应用程序(AUT)可能支持多个平台,UFT 为其提供了一种方便的选择来测试,可在台式机、Web 和移动设备上运行 AUT。同时,UFT 为智能对象检测、基于图像的对象检测和校正提供了几种高级功能。在 2019年 5 月,Micro Focus 已发布具有新功能和增强功能的最新版 UFT(v14.53)。

无论是开源工具、商业工具还是自研工具,每一款工具都有其优缺点。如何在众多的测试工具中,挑选一款合适的工具呢?这里给出参考性原则:首先,能够满足项目需求,选择尽可能少的自动化工具覆盖尽可能多的平台,以降低工具投资和团队学习成本,在资源有限的情况下,性能测试的自动化产品优先于功能测试的自动化产品;其次,还需要考虑自动化方案的扩展性要求,以满足企业不断发展的技术和业务需求;最重要的是还需要考虑其稳定性,是否不需要人工干预就能稳定地批量运行所有的自动化测试脚本,能够产出准确的测试报告;再次,优先考虑测试流程管理自动化,以便满足测试团队提供流程管理支持的需求;最后,尽量选择主流测试工具,在考虑产品性价比的同时,还应该关注工具的技术支持服务和售后服务。

3.8.3 自动化测试常见技术

要完成软件自动化测试,除具备上述软件工具外,还需要相应的软件测试技术,这里重点介绍两种常用的自动化测试技术,即录制与回放测试和脚本技术。

1. 录制与回放测试

所谓"录制与回放测试"就是先由人工完成一遍需要测试的流程,同时由自动化测试工具记录流程期间测试者的所有操作,包括用户和应用程序交互时击键和鼠标的移动,以及客户端和服务器端之间的通信数据信息,形成一个特定的脚本程序。工具通过读取脚本,执行脚本中定义的指令,可以在测试执行期间重复测试执行者手工完成的操作。如果是负载能力的压力测试,可以在系统的统一管理下同时生成多个虚拟用户,并运行该脚本,监控硬件和软件平台的性能,提供分析报告或相关资料,这样,通过几台机器就可以模拟成百上千的用户对应用系统进行负载能力的测试。

采用录制方式的直接好处就是可以快速地得到可回放的测试脚本和需要输入的测试数据。但是在这种模式下,数据和脚本混在一起,几乎一个测试用例对应一个脚本,维护成本很高。即使界面的简单变化也需要重新录制,脚本可重复使用的效率低。如果 GUI发生了变化,如添加一个提示信息窗口,通过脚本回放就会失败,这就需要手工修改已经录制好的测试脚本,或者重新录制。但某些情况下,修改脚本比手工测试重新录制脚本还困难,这种情况下就失去了录制与回放的意义。

目前,在 Windows 和 Linux 平台上,已有很多基于录制与回放技术的测试工具,这些工具均提供通过 GUI 录制与回放进行功能测试的功能,如 HP 的 QuickTest

Professional、IBM 的 Rational Functional Tester 和开源工具 Selenium 等。

2. 脚本技术

脚本是一组测试工具执行的指令集合,也是计算机程序的一种形式。脚本可以通过录制测试的操作产生,再做修改,减少脚本编程的工作量。也可以直接用脚本语言编写,脚本一般由 JavaScript、Python、Perl 等语言编写而成。脚本技术的功能越强大,就能够用脚本技术编写出越复杂的测试系统。

脚本技术分为线性脚本、结构化脚本、共享脚本、数据驱动脚本和关键字驱动脚本。大多数测试工具都支持数据驱动脚本和关键字驱动脚本,在脚本开发中,常将几种脚本结合应用。

1) 线性脚本

线性脚本是最简单的脚本,是录制人工执行的测试用例得到的脚本,这种脚本包含所有的击键、鼠标移动、输入数据等,所有录制的测试用例都可以完整地回放。但是人工执行几分钟的测试用例,可能需要花费几十分钟甚至几小时执行带比较功能的自动化测试。

线性脚本可以用于演示或培训,提前录制向客户展示的软件功能脚本,不断地在现场进行播放,从而避免人工反复操作。几乎所有的可重复性操作都可以使用线性脚本技术自动完成。线性脚本只需坐在计算机前利用自动化测试工具录制手工测试任务即可完成,运用线性脚本进行自动化测试对实际操作可以审计追踪。在实际应用中,线性脚本技术具有以下特点。

- 应用线性脚本可以快速开展自动化测试工作,测试工程师只需理解测试流程即可开始自动化测试工作。
- 应用线性脚本不需要专门的编程人员参与测试。
- 线性脚本适用于演示、培训或执行步骤较少且环境变化小的测试、数据转换的操作功能,具有良好的演示效果。
- 线性脚本应用过程烦琐,过多地依赖于每次捕获的内容,测试数据和业务都"捆绑"在脚本中。
- 线性脚本技术不能共享和重用脚本,测试容易受软件变化的影响。
- 线性脚本修改代价大、维护成本高,容易受意外事情的影响,例如,来自网络的意外错误信息会直接导致测试发生错误或停止。

2) 结构化脚本

结构化脚本类似于结构化程序设计,支持 3 种基本控制结构,即顺序、选择和循环。"顺序"就是指令序列被顺序执行,也就是线性脚本;"选择"就是使脚本具有判断功能,形如 if 语句,对一些容易导致测试失败的特殊情况和异常情况可以做出相应处理;"循环"可以重复执行一个或多个指令序列。结构化脚本还允许一个脚本调用另一个脚本,类似函数调用,即当一个脚本执行到另一个脚本的调用点时,直接转到另一个脚本执行,执行完毕后,再返回前一个脚本,从而提高脚本的重用性和灵活性。所以利用结构化脚本更容易开发出易于维护的合理脚本,但同时也使脚本程序变得复杂,一定程度上增加了维护脚本的工作量,而且测试数据仍然"捆绑"在脚本中。

3）共享脚本

共享脚本是指某个脚本可被多个测试用例使用，即脚本语言允许一个脚本调用另一个脚本。共享脚本可以是在不同主机、不同系统之间共享脚本，也可以是在同一主机、同一系统之间共享脚本。共享脚本开发的思路是产生一个执行某种任务的脚本，不同的测试重复这个任务，当执行这个任务时只要在适当的地方调用这个脚本便可。这样当重复任务发生变化时，只需修改一个脚本。

与线性脚本和结构化脚本相比较，共享脚本的编写需要更高的编程技能，对测试工程师的要求明显提高。

4）数据驱动脚本

数据驱动脚本是当前被广泛应用的自动化测试脚本技术，它是将测试输入数据存储在数据文件中，而不是放在脚本文件中，脚本中只存放控制信息。执行测试时，从数据文件读取数据输入，使得同一个脚本执行不同测试，实现数据与脚本分离，但测试逻辑依然与脚本捆绑在一起。

使用数据驱动脚本可以以较小的开销实现较多的测试用例，测试工程师需要做的工作只是为每个测试用例制定一个新的输入数据和期望结果，不需要编写更多脚本。对于一组功能强大且灵活的数据驱动脚本，测试工程师甚至不需要具有脚本编程技能，只需掌握数据文件的配置方法，便可轻松地使用脚本完成测试。

对于测试工程师而言，数据驱动脚本中的数据文件非常易于处理。测试工程师在数据配置文件里添加很多便于理解的注释来增加数据的可读性。有时为了方便理解，测试工程师还可以使用不同数据格式区分测试输入。这样，测试工程师可以将更多的时间和精力放在自动化测试和测试维护工作上。

在一些测试实例中，期望结果也可以从脚本中提取出来，存放在数据文件中，每个期望结果直接与特定的测试输入相关联，使得脚本的维护工作变得更为简单。

数据驱动脚本也有局限性，在应用数据驱动脚本进行测试工作时，需要具有一定编程背景知识的人员编写控制脚本。数据驱动脚本逻辑性更强，引入更多的控制指令，初始脚本建立时间和开销较大。如果开发出的脚本不规范，后期的管理和维护则会带来巨大的工作量。

5）关键字驱动脚本

关键字驱动脚本是比较复杂的数据驱动技术的逻辑扩展，封装了各种基本操作，每个操作由相应的函数实现，开发脚本时不需要关心这些基础函数，用关键字的形式将测试逻辑封装在数据文件中，测试工具只要能够解释这些关键字即可对其应用自动化测试。

关键字驱动脚本的核心思想是实现三个分离，第一个是界面元素名与测试内部对象名的分离，在被测试应用程序和录制生成的测试脚本之间增加一个抽象层，它可以将界面上的所有元素映射成对应的逻辑对象，测试针对这些逻辑对象进行，界面元素的改变只会影响映射表，而不会影响测试。第二个是测试描述与具体实现细节的分离。测试描述只说明软件测试要做什么以及期待什么样的结果，不管怎样执行测试或怎样证实结果。因为测试的实现细节通常与特定的平台以及特定的测试执行工具有着密切联系，这种分离使得测试描述对于应用实现细节不敏感，而且有利于测试在工具和平台间的移植。第三个是脚本与数据的分离,可以把测试执行过程中所需的测试数据从脚本中提取出来,在运行时测试脚本再从数据存放处读取预先定制好的数据,这样脚本和数据可以独立维护。

从关键字驱动的思想可以看出,该测试框架不仅实现数据和脚本相分离,而且实现测试逻辑和数据的分离,大大提高脚本的复用度和维护性,更大限度地实现测试工具的自动化。

目前,大多数测试工具处于数据驱动到关键字驱动之间的阶段,有些测试工具厂商已支持关键字驱动的版本。

3.9 软件测试过程

软件测试和软件开发一样,都遵循软件工程原理和管理学原理。经过多年努力,测试专家通过实践总结出很多测试过程模型。这些模型将测试活动进行抽象,明确测试与开发的关系,是测试管理的重要参考依据。但这些模型各有长短,没有哪个模型能够完全适合于所有测试项目。在实际测试应用中,测试人员应该吸取各模型优势,归纳出适合自己项目的测试理念,不断提高测试管理水平,提高测试效率,降低测试成本。

通常,软件测试分为 4 个步骤,即单元测试(unit testing)、集成测试(integrated testing)、系统测试(system testing)和验收测试(acceptance testing),回归测试(regression testing)贯穿于所有测试之中。

3.9.1 软件测试过程的 V 模型和 W 模型

软件测试过程模型是一种抽象的概念模型,用来定义软件测试的流程和方法,这里将介绍常见的几种软件测试过程模型。

1. V 模型

V 模型是软件开发过程中的一个重要模型,由于其模型图形似字母 V,所以称软件测试的 V 模型。V 模型的相关内容已在第一章中简单介绍,其结构如图 1-12 所示。V 模型是软件开发瀑布模型的变种,它非常明确地标明测试过程中存在不同级别,强调在整个软件项目开发中需要经历的若干个测试级别,主要反映测试活动与分析和设计的关系。V 模型从左到右,描述了基本的开发过程和测试行为。但是 V 模型仅把测试作为需求分析、设计、编码之后的最后一个活动,忽视了测试对需求分析、设计的验证,需求分析等前期产生的错误直到后期的验收测试才能发现。也就是没有明确说明早期的测试,不能体现"尽早地和不断地进行软件测试"的原则。

2. W 模型

W 模型在 V 模型的基础上增加了软件开发各阶段应同步进行的测试,如图 3-14 所示。

W 模型由两个 V 字形模型组成,分别代表测试与开发过程,明确表示了测试与开发的并行关系。它强调在整个软件开发周期,测试的对象不仅仅是程序,需求、设计等开发输出的文档同样要测试。W 模型有利于尽早地、全面地发现问题。例如,需求分析完成

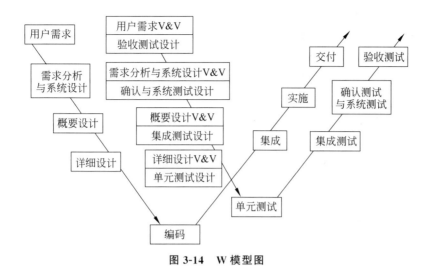

图 3-14　W 模型图

后,测试人员参与到对需求文档的验证和确认活动中,尽早找出缺陷所在。同时,对需求的测试也有利于及时了解项目难度和测试风险,及早制定应对措施,这将显著减少总体测试时间,加快项目进度。需要说明的是,在 W 模型中,需求、设计、编码等活动被视为串行的,测试和开发活动也保持着一种线性的前后关系,上一个阶段完全结束,才可正式开始下一个阶段的工作,这样就无法支持迭代的开发模型。

3.9.2　单元测试

1. 定义

软件系统中有许多单元,这些单元可能是一个组件或模块、一个对象、一个类或是一个函数。一般根据实际情况判断选取单元的规模。比如,C 语言中单元是一个函数,Java语言中单元是一个类,图形化的软件中单元是一个窗口。总之,单元测试中选取的单元应该能够实现一个特定的功能,能清晰地与其他单元区分,与其他单元有明确的连接接口。单元测试是通过执行测试用例检验这一单元中的功能是否与开发者的期望一致。比如,某个函数用于从字符串中删除匹配某种模式的字符,单元测试就是开发者编写一小段代码确认字符串不再包含这些字符。因此,单元测试是对软件中的基本组成单元进行测试,其目的是检验软件基本组成单元的正确性。

2. 测试内容

单元测试的内容包括模块接口测试、模块局部数据结构测试、模块边界条件测试、模块中所有独立执行通路测试和模块各条错误处理通路测试。

模块接口测试就是测试该接口的数据是否可以正确地输入/输出。这是其他测试的前提条件,模块接口测试主要考虑以下因素。

- 输入的实际参数与形式参数的个数、量纲、属性是否匹配。
- 调用其他模块时实际参数与被调用模块形式参数在个数、量纲、属性方面是否一致。

- 调用预定义函数时参数的个数、属性和次序是否正确。
- 是否存在与当前入口点无关的参数引用。
- 是否修改只读型参数。
- 对全程变量的定义各模块是否一致。
- 是否把某些约束作为参数传递。

如果模块内包括对文件的处理,还应该考虑下列因素。

- 文件属性是否正确,使用文件前是否已经打开文件。
- open/close 语句是否正确。
- 格式说明与输入/输出语句是否匹配。
- 缓冲区大小与记录长度是否匹配。
- 是否处理文件尾。
- 是否处理输入/输出错误。
- 输出信息中是否有文字性错误。

模块局部数据结构是很多错误的根源,检查局部数据结构是为了保证临时存储在模块内的数据在程序执行过程中完整、正确,力求发现下面几类错误。

- 是否存在存放的数据值不合适或不相容的类型说明。
- 变量是否初始化。
- 变量名是否拼写错误。
- 是否出现上溢、下溢和地址异常。

模块边界条件测试是采用边界值分析技术,针对边界值及其左右设计测试用例,从而发现错误。开发人员通常容易忽视边界值,边界值错误在系统功能测试中是很难被发现的,所以测试人员应注意对它们的测试。

模块中所有独立执行通路测试是在单元模块中对每一条独立执行的通路进行测试,检查每条语句是否能够正确执行,检查所涉及的逻辑判断、逻辑运算是否正确等。该测试主要检查以下问题。

- 是否存在操作符使用错误,没有考虑优先级。
- 变量初始化、赋值是否正确。
- 是否存在计算错误或精度不够的问题。
- 表达式的符号是否出错。
- 是否存在不同类型的对象之间的比较。
- 是否存在循环条件错误或死循环现象等。

模块各条错误处理通路测试是指预见各种可能的出错路径,设置适当的错误处理机制,如给出友好的出错提示,或者设置统一的出错处理函数,从而提高系统的容错能力。在出错处理中,可以检查是否存在以下问题。

- 输出的出错信息是否难以理解或者毫无意义,是否提供足够的信息帮助定位错误。
- 显示的错误是否与实际不符。
- 所判断的错误条件是否在错误处理之前已经引起系统异常。

3. 测试方法

单元测试一般是在编码结束后开始,当源程序编写完成后,经过代码走查、桌面检查、代码审查等手段对源程序进行静态测试,确保源程序中没有语法错误之后,开始设计测试用例,运行程序,进行动态单元测试。每个单元不是一个独立的程序,它可能需要调用其他模块的接口,也可能需要其他模块调用它的入口接口,方可启动,需要设计相应的测试模块,以确保被测试模块正常运行。

通常,需要设计一个驱动程序(driver),称为驱动模块,用来模拟被测试模块的上级模块,调用被测试模块。在测试过程中,驱动模块负责启动被测试模块,将测试用例中输入数据传输给被测试模块。测试结束后,驱动模块负责接收被测试模块的输出结果。同时,也需要根据被测试模块的调用情况,设计若干个桩程序,也称为桩模块(stub),用来代替被测试模块调用的子模块。桩模块只用来接收被测模块的输出数据,无须进行数据处理,只需返回被测试模块期望的返回值即可,其结构如图 3-15 所示。

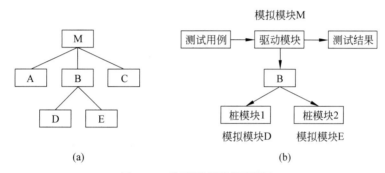

图 3-15　单元测试测试环境图

图 3-15(a)为模块之间的调用关系,模块 M 调用模块 A、B 和 C,模块 B 调用模块 D和 E。现在需要测试模块 B,而模块 A、M、C、D、E 均不存在。为了能够顺利测试模块 B,需要创建一个驱动模块模拟模块 M,调用模块 B,并将测试用例数据传输到模块 B 中,但是模块 B 还调用了模块 D 和 E 的接口,所以还需要创建两个桩模块,一个用来模拟模块D,一个用来模拟模块 E,如图 3-15(b)所示。

驱动模块和桩模块都是进行单元测试时创建的模拟模块,并不是软件产品的真实组成部分,所以开发驱动模块和桩模块也需要一定的成本。

4. 测试技术

单元测试可采用静态测试或动态测试,静态测试通过走查、评审等方式分析或检查程序中的语法、结果、过程、接口等方式,核查程序的正确性。动态测试可以采用白盒测试或黑盒测试方法,其具体测试技术将在第 5 章和第 6 章中详细介绍。

5. 测试人员

单元测试一般由开发人员完成,开发人员对代码比较熟悉,使用测试驱动程序直接调试编写的代码,可以省去对单元代码的理解过程,从而减少因单元代码理解而产生的成本。

6.测试工具

单元测试是针对源代码进行测试,所以单元测试工具一般与编写程序的编程语言有关,多数集成开发环境提供单元测试工具,最典型的就是 xUnit 工具家族,如 JUnit 是针对 Java 语言的单元测试工具;CppUnit 是针对 C++ 语言的单元测试工具;NUnit 是针对 C# 语言的单元测试工具;HtmlUnit、JsUnit、PhpUnit 等分别是针对 HTML、JavaScript、PHP 等语言的单元测试工具。

7.简单的单元测试案例

现对"寻找最大数"的函数进行单元测试,其源代码如图 3-16 所示。

```
public class Largest{
    public static int largest(int[] list){
        int index, max = list[0];
        for(index = 1; index < list.length-1; index++){
            if(list[index]>max)
                max = list[index];
        }
        return max;
    }
}
```

图 3-16 "寻找最大数"的函数

使用 JUnit 框架编写一个简单测试用例,如图 3-17 所示。

```
import static org.junit.Assert.*;
import org.junit.Test;
public class LargestTet{
    @Test
    public void test(){
        fail("Not yet implemented");
    }
    public void testLargest(){
        assertEquals(9,Largest.largest(new int[]{7,8,9}));
    }
}
```

图 3-17 "寻找最大数"的函数测试用例

测试用例通过断言判断数组[7,8,9]中最大的数是否是 9,如果是,则测试通过;如果不是,则发生断言错误。还可以测试其他数据,具体参见第 5 章的 5.8 节和第 6 章的 6.4 节的 JUnit 介绍。

3.9.3 集成测试

1.定义

集成测试是在单元测试的基础上,将所有模块按照设计要求(如根据软件结构图、概要设计)组装成子系统或系统进行测试。其主要目的是检查软件单元模块之间的接口是否正确,确保各个单元模块组合在一起后能按照既定意图协作运行。

2．测试内容

集成测试的目标是按照概要设计要求，将已经通过单元测试的模块组装起来，确保组装后的系统模块接口可以正常工作。集成测试主要使用黑盒测试技术，按照接口规格说明书测试模块之间的接口在实际组装后运行是否正确。同时，集成测试还需测试模块的性能和可靠性。集成测试主要考虑以下几方面内容。

- 模块间相互调用所传输的数据是否存在丢失现象、数据不匹配问题等。
- 全局的数据结构是否在运行过程中被其他模块异常修改。
- 各个功能模块组装后，是否达到预期的各项功能，模块功能之间是否会产生不利影响等；某些模块的小误差，组装后是否会被放大，从而无法满足需求，无法接受等。

集成测试需要确保所有公共接口都被测试，关键模块必须进行充分测试。同时，集成测试应该按一定层次进行，其测试策略应该综合考虑质量、进度和成本。当测试结果达到测试技术中的结束标准时，集成测试结束。集成测试必须根据测试计划和方案进行，防止测试的随意性，项目管理者必须保证测试用例经过审查，测试执行结果如实地被记录。

3．测试方法

在开始集成测试之前，首先选择集成测试模式，也就是模块拼装方法。集成测试模式基本可以概括为两种，一种是非渐增式集成测试模式，另一种是渐增式集成测试模式。

非渐增式集成测试模式是首先将各模块完成单元测试，然后一次性地将所有模块组装在一起，一次性完成测试，这种方式又称为大爆炸集成测试。其优点是测试工作量较小，缺点是可能会一次性发现很多问题，测试人员无法快速定位和解决，也可能在改正一个问题时引入新问题，造成新旧问题混杂，更难定位和找出问题的原因和位置。

渐增式集成测试模式是将经过单元测试的模块逐步集成、逐步测试，把可能出现的问题分散暴露。它能够更早地发现模块间的接口问题，更有利于定位和找出错误，但是集成时需要编写很多驱动模块和桩模块，工作量较大。集成测试方法有 5 种，即自顶向下集成测试、自底向上集成测试、三明治集成测试、核心系统先行集成测试和高频集成测试。

1）自顶向下集成测试（up-bottom integration）

自顶向下集成测试是按照软件层次结构图，以主程序模块为核心，按照深度优先或广度优先的策略，一边组装一边测试。

假设系统的软件结构图如图 3-18(a)所示，深度优先策略组装过程按照以下步骤完成。

步骤 1：主控模块 M 作为测试驱动程序，直接下属模块 A、B、C 用桩模块 SA、SB、SC 代替，对 M 模块完成功能测试，如图 3-18(b)所示。

步骤 2：用真实模块 A 代替桩模块 SA，对组合模块进行测试，如图 3-18(c)所示。

步骤 3：用真实模块 B 代替桩模块 SB，同时生成桩模块 SD、SE 代替模块 B 调用的子模块 D、E，对新的组合模块进行测试，如图 3-18(d)所示。

步骤 4：用真实模块 D 代替桩模块 SD，对新的组合模块进行测试，如图 3-18(e)所示。

步骤 5：用真实模块 E 代替桩模块 SE，对新的组合模块进行测试，如图 3-18(f)所示。

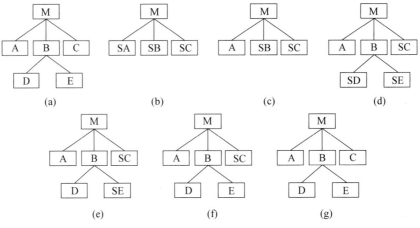

图 3-18　深度优先策略示意图

步骤 6：用真实模块 C 代替桩模块 SC，对新的组合模块进行测试，如图 3-18(g)所示。

广度优先策略组装过程与深度优先策略组装过程基本相同，只是在选择增加新模块时，按照广度优先的算法增加，具体如图 3-19 所示。

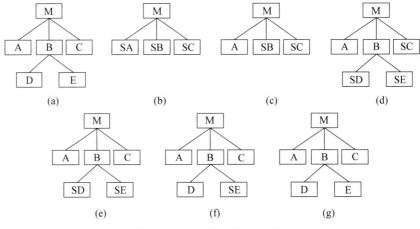

图 3-19　广度优先策略示意图

自顶向下集成测试可以在顶层模块编码完成后，较早地开始测试，根据深度优先策略或广度优先策略不断增加真实模块，因此只需一个驱动就可以完成整个系统的集成，从而减少驱动程序的开发费用；如果因添加某个模块造成整个系统出现故障，则将该模块替换为桩模块，继续后续集成测试，从而起到故障隔离作用。但是这种集成方式需要开发大量的桩模块，对桩模块的开发和维护费用较高。

2）自底向上集成测试（bottom-up integration）

自底向上集成测试利用驱动模块从程序模块结构中最底层的模块开始测试，测试通过后，用真实模块代替驱动模块，重复上述步骤，直到所有驱动模块都被替代。

自底向上集成测试步骤较少，只需 3 步即可完成，如图 3-20 所示。

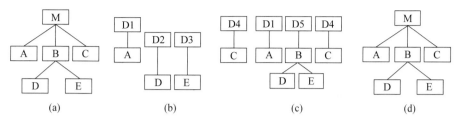

图 3-20　自底向上集成测试

步骤 1：按照概要设计规格说明书中的软件结构图，明确哪些模块需要测试，对被测试模块进行分层，处于同一层次的测试活动可以同时进行，不会相互影响。如图 3-20(b) 所示，首先为模块 A、D、E、C 创建驱动模块 D1、D2、D3、D4，完成测试。

步骤 2：将模块 D、E 进行集成，加入真实模块 B，为模块 B 创建驱动模块 D5。对集成后的模块 B、D、E 进行测试，如图 3-20(c)所示。

步骤 3：将各子系统 A、B、C 集成，加入真实主模块 M，形成最终用户系统，测试集成后的系统是否可以正常工作，如图 3-20(d)所示。

自底向上集成测试是工程实践中最常用的测试方法，相关技术也较为成熟。自底向上集成测试减少了桩模块工作量，最初工作可以并行集成，比自顶向下集成测试的效率高，测试人员能较好地锁定软件故障所在位置。但它的驱动模块较多，开发和维护工作量较大，如果设计上出现错误不能被及时发现。

3) 三明治集成测试

三明治集成测试综合自顶向下和自底向上两种集成测试的优点，大多数软件开发项目都可以采用该集成测试方法。该策略将系统分为 3 层，中间层为目标层，对目标层以上采用自顶向下集成测试，对目标层以下采用自底向上集成测试，在目标层汇合。如图 3-21 所示。

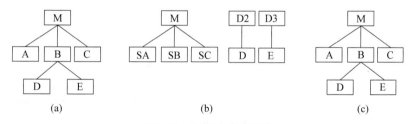

图 3-21　三明治集成测试

三明治集成测试减少了桩模块和驱动模块的开发工作量，但是增加了缺陷定位难度。

4) 核心系统先行集成测试

核心系统先行集成测试是根据概要设计，找到核心软件子系统，对其采用自顶向下或自底向上等集成方式进行组装测试。以核心软件模块为中心，将外围的软件模块逐个集成到核心系统中。每加入一个外围软件模块就可以产生一个产品基线，直至形成稳定的软件产品。核心系统先行集成测试的步骤如下。

步骤 1：为核心子系统的每一个功能模块开发必要的驱动模块和桩模块，采用大爆炸集成方式一次性组装进行测试，如果核心系统规模相对较大，也可以采用自顶向下或自底向上等集成方式进行组装。

步骤 2：按照各外围软件模块的重要程度以及模块间的相互制约关系，拟定外围软件模块集成到核心系统中的顺序方案。方案经评审通过后，即可进行外围软件模块的集成。

步骤 3：外围软件模块完成内部模块级集成测试。

步骤 4：按顺序不断加入外围软件模块，排除外围软件模块集成中出现的问题，形成最终用户系统。

核心系统先行集成测试适合较复杂系统的集成测试，适合快速开发过程，但是软件系统需要能明确区分核心软件系统和外围软件模块。

5）高频集成测试（high-frequency integration）

高频集成测试是指每小时、每日或每周对开发团队的现有代码进行一次集成测试。例如，某些自动化集成测试工具能实现每日深夜对开发团队的现有代码进行一次集成测试，将测试结果发送至各开发人员电子邮箱中。该集成测试方法频繁地将新代码加入已经稳定的基线中，避免集成故障难以发现，同时控制可能出现的基线偏差。高频集成测试需要对代码连续集成，测试时需要具备一定条件。

- 可以持续获得一个稳定增量，该增量内部已被验证。
- 大部分有意义的功能增加可以在一个相对稳定的时间间隔（如每个工作日）内获得。
- 测试包和代码的开发工作必须并行进行，版本控制工具保证始终维护的是测试脚本和代码的最新版本。
- 必须借助自动化工具完成。高频集成测试的一个显著特点是频繁集成，人工方法是无法胜任的，只能依靠自动化集成方法完成。

高频集成测试一般采用以下步骤完成。

步骤 1：选择集成测试自动化工具，如很多 Java 项目采用 JUnit＋Ant 方案实现集成测试的自动化。

步骤 2：设置版本控制工具，确保集成测试自动化工具所获得的版本是最新版本。如使用 CVS 进行版本控制。

步骤 3：测试人员和开发人员负责编写对应程序代码的测试脚本。

步骤 4：设置自动化集成测试工具，每隔一段时间对配置管理库中新添加代码进行自动化集成测试，并将测试报告汇报给开发人员和测试人员。

步骤 5：测试人员监督代码开发人员及时关闭不合格项。

步骤 3 至步骤 5 循环执行，直至形成最终软件产品。

高频集成测试有利于在开发过程中及时发现代码错误，能直观地看到开发团队的有效工程进度。

一般来讲，在现代复杂软件项目集成测试过程中，通常采用核心系统先行集成测试和高频集成测试相结合的方式进行，自底向上集成测试方式在采用传统瀑布模型的软件项目集成过程中较为常见。

4. 测试技术

集成测试是针对模块接口进行测试，多以黑盒测试技术为主，白盒测试技术为辅。在制订集成测试计划时,应考虑采用何种集成方式、以怎样的连接方式组装各功能模块完成测试,模块代码编制和测试进度是否与集成测试的顺序一致,还应考虑测试过程中是否需要专门的硬件设备。一般按以下几个方面进行检查。

- 成功执行测试计划中规定的所有集成测试。
- 修正所发现的所有错误。
- 测试结果通过专门小组评审。

5. 测试人员

集成测试由专门的测试小组完成,测试小组由有经验的系统设计人员和程序员组成。整个测试活动在评审人员出席的情况下进行。

在完成集成测试工作后,测试小组应负责对测试结果进行整理、分析,形成测试报告。测试报告记录实际测试结果、在测试中发现的问题、解决这些问题的方法,以及解决后再次测试的结果。

6. 测试工具

集成测试常用的测试工具有 Java 编写的开源工具 Jenkins、适合持续集成的成熟测试工具 TeamCity、提供托管和本地变种的集成工具 Travis CI 等。

3.9.4 系统测试

1. 定义

系统测试(system testing)是将经过集成测试的软件,作为计算机系统的一个元素,与计算机硬件、外设、数据库等其他系统元素结合起来,在实际运行环境中对计算机系统进行的一系列严格有效的测试。这种测试可以发现系统分析和设计中的错误。例如,安全测试是测试安全措施是否完善,能否保证系统不被非法侵入;压力测试是测试系统在正常数据量以及超负荷量(如多个用户同时存取)等情况下是否还能正常工作。

2. 测试内容

系统测试是由若干种不同测试类型的测试组成,每一种测试都有其特定目标,验证系统各部分功能能否协调完成指定功能。常见的系统测试有以下几种类型。

1) 功能测试(functional testing)

功能测试也叫黑盒测试或数据驱动测试,只需考虑需要测试的各个软件功能是否满足用户的功能需求,不需要考虑整个软件的内部结构及代码。一般从软件产品的界面、架构出发,按照软件需求规格说明书编写的测试用例,输入测试数据,对比预期结果和实际结果是否一致,进而暴露程序中不满足软件需求规格说明书的缺陷和存在的问题。

2) 性能测试(performance testing)

性能测试是通过自动化测试工具模拟多种正常、峰值以及异常负载情况对系统的各项性能指标进行测试,检验其是否符合需求规格说明书中的性能需求。负载测试和压力测试都属于性能测试,负载测试是测试当负载逐渐增加时,系统各项性能指标的变化情况。压力测试是通过确定一个系统的瓶颈或者不能接受的性能点,来获得系统能提供的最大服务级别的测试,二者可以相互结合。

3）强度测试（stress testing）

强度测试是检查程序对异常情况的抵抗能力；检查系统在极限状态下运行时性能下降的幅度是否在允许范围内。例如，当中断的正常频率为每秒 1 至 2 个时，运行每秒产生 10 个中断的测试用例；定量地增长数据输入率，检查输入子功能的反应能力；运行需要最大存储空间（或其他资源）的测试用例；运行可能导致操作系统崩溃或磁盘数据剧烈抖动的测试用例等。

4）恢复测试

恢复测试主要检查系统的容错能力，即当系统出错时能否在指定时间间隔内修正错误并重新启动系统。恢复测试采取人工干预的方式使软件系统出错，不能正常工作，验证系统能否恢复至正常运行状态。对于自动恢复需验证重新初始化、检查点、数据恢复和重新启动等机制的正确性。对于需要人工干预才能恢复的系统，还需估测平均修复时间，确定其是否在可接受的范围内。

3．测试方法和技术

系统测试不再关注模块内部的实现细节，根据需求分析时确定的标准检查软件是否满足功能性和非功能性需求，所以系统测试完全采用黑盒测试技术。

4．测试人员

系统测试由独立的测试小组在组长的监督下进行。

3.9.5 验收测试

1．定义

验收测试又称为有效性测试，其任务是验证已通过集成测试的软件的有效性，其目的是为了确认软件满足软件需求规格说明书中所规定的所有功能和性能要求，并且能正常运行。从软件开发组织来看，验收测试是在完成所有测试，修正所有发现的严重缺陷后，和用户一起在真实的环境下运行软件系统，检查是否存在与用户要求不一致的问题，或者违背软件需求规格说明书要求的测试。

2．测试内容

验收测试主要基于现场环境进行，其内容包括以下几个方面：

1）安装测试（installing testing）

安装测试是确保该软件在正常情况、异常情况等不同条件下（正常情况如进行首次安装、升级、完整的或自定义的安装，异常情况包括磁盘空间不足、缺少目录创建权限等），软件是否能正确地被安装和使用。安装测试包括测试安装代码与安装手册。安装手册提供如何进行安装，安装代码提供安装一些程序能够运行的基础数据。通常情况下，测试伴随安装的整个过程。安装测试的目的不是查找软件错误，而是要找出安装过程中出现的错误。

2）功能测试

功能测试是依据需求文档测试软件系统的功能是否正确。

3）性能测试

性能测试是检验性能是否符合需求，特别是实时系统。如果只有功能测试达标，而性能不能满足要求,也是无法接受的。

4）安全性测试

安全性测试是测试软件系统是否具有防止非法入侵的能力,以及系统是否有漏洞。

5）兼容性测试

兼容性测试主要是验证软件产品在不同版本之间的兼容性。

6）可使用性测试

可使用性测试主要从使用的合理性、方便性等角度对软件系统进行检查,以便发现人为因素或使用上的问题。

7）文档测试

文档测试检查用户文档(如用户手册)的清晰性、易读性。

3. 测试方法和技术

在该测试阶段,首先,通过有效性测试,确保软件系统的功能满足需求规格说明文档的要求;然后,对软件配置进行复审;最后,进行验收测试和安装测试,在通过专家鉴定之后,才能成为可交付的软件。

1）有效性测试

有效性测试是在模拟环境下,运用黑盒测试的方法,验证被测试软件是否满足需求规格说明书中的需求。有效性测试同样需要制订测试计划、测试步骤,设计具体的测试用例,通过实施预定的测试计划和测试步骤来确定软件系统是否满足所有的功能需求和非功能性要求,所有文档是否都是正确的、清晰的、易读的。

2）软件配置复查

软件配置复查就是保证软件配置齐全、分类有序,包括软件维护所必需的细节。

3）α 测试和 β 测试

软件系统在模拟环境中完成各种测试,严重缺陷被修改后,即可交付用户,但是用户使用软件不一定完全按照开发人员预想的方式进行,他们可能输入错误命令、奇怪数据,也可能无法理解或错误理解系统提示信息。因此,软件是否真正满足最终用户的需求,还需要用户进行一系列的验收测试。通常,验收测试有 α 测试和 β 测试两种形式。

α 测试是由用户在开发环境下进行的测试,也可以是软件开发公司内部的用户模拟各类用户进行的测试。软件开发者坐在用户旁边,负责记录用户在使用过程中遇到的各种问题以及对系统的建议。α 测试的关键是尽可能逼真地模拟软件的实际运行环境以及用户对软件的操作,尽最大努力涵盖所有可能的用户操作方式。

β 测试是由软件的多个用户在开发者无法控制的实际使用环境下进行的测试,参与测试的用户需要自行记录所遇到的一切问题,并向开发公司反馈有关的错误信息和建议,开发者及时修改。β 测试着重于产品的支持性,包括文档、客户培训和支持产品生产能力等。

4）测试结果确认

在对软件系统完成全部验收测试的测试用例后,需要对测试结果进行确认,如果测试结果与预期结果相符,说明软件的功能和性能指标满足软件需求说明的要求,用户可以接受;否则,用户无法接受。此时,需要提供软件各项缺陷表或软件问题报告,通过与用户协商,解决所发现的缺陷和错误。

4.测试人员

验收测试一般是在测试人员的协助下由用户代表完成。

3.10 软件测试过程规范

软件测试规范就是对软件测试流程的过程化和标准化,对每个元素进行明确的界定,形成完整的规范体系。一个完整的软件测试规范应该包括规范目的、适用范围、文档结构、词汇表、参考信息、可追溯性、方针、过程/规范、指南、模板、检查表、培训、工具、参考资料等。GB/T 15532-2008《计算机软件测试规范》规定了计算机软件生存周期内各类软件产品的基本测试方法、过程和准则,基本软件测试过程包括测试目的、测试管理、测试工具、测试文档、测试用例、测试方法、测试类别等;同时,规定了软件测试过程中几种类型测试的详细要求,包括测试对象和目的、组织和管理、技术要求、测试内容、测试环境、测试方法、测试过程和文档。每个公司都需要结合自身实际情况、未来的发展规划、业务重点、潜在客户的客观需求、行业的可能发展方向、业界已有的通用规范等制定自己的测试规范,这个规范将是公司的测试准则,不仅测试人员需要遵其行事,而且也是开发人员和测试人员达成的契约,所以,软件测试规范也是保证软件质量的一个手段。制定一份高效的、可行性高的软件测试规范可以从以下几个方面考虑。

1.团队

软件测试是由相对独立的人员进行,一份高效的、可行性高的软件测试规范中一定要明确测试团队的组成,以及各成员的角色和职责。GB/T 15532-2008《计算机软件测试规范》给出了软件测试人员的角色和具体职责,如表 3-2 所示。可根据公司的具体情况安排人员及角色,如果公司人力资源比较有限,也可一人承担多个角色。如果人力资源比较充足,软件项目比较复杂,也可一个角色由多人承担。

表 3-2　软件测试人员配备情况表

角　　色	职　　责
测试项目负责人	管理监督测试项目,提供技术指导,获取适当资源,制定基线,技术协调,负责项目的安全保密和质量管理
测试分析员	确定测试计划、测试内容、测试方法、测试数据生成方法、测试环境、测试工具,评价测试工作的有效性
测试设计员	设计测试用例,确定测试用例的优先级,建立测试环境
测试程序员	编写测试辅助软件
测试员	执行测试、记录测试结果
测试系统管理员	对测试环境和资产进行管理和维护
配置管理员	设置、管理和维护测试配置管理数据库

2. 测试进入条件

软件测试是软件生命周期的一部分,为了更好地保证软件质量,软件测试的一个原则是尽早开始,所以,当整个软件项目立项并具有软件测试所需文档时,就可以开始软件测试。

3. 测试流程规范

软件测试流程应明确软件测试过程中有哪些阶段,每个阶段的入口条件、工作内容、出口条件以及版本标准等。合理的软件测试流程可以提高测试工作效率,减少人为因素造成的缺陷遗漏等,尤其是遇到有争议问题或阻塞问题时,流程规范可明确某阶段的责任人,可根据流程推动测试进展。

4. 测试计划规范

测试计划是整个软件测试的起始步骤和重要环节,包括测试计划的模板编写风格和编写要求等,如测试对象、产品基本情况调用、测试策略、测试大纲、测试内容、测试人力资源配置、测试计划变更、测试软硬件环境、测试工具、测试进度计划表、问题追踪报告、测试通过准则、测试计划评审意见等内容。

5. 测试用例设计规范

测试用例的主要来源是相关需求文档、设计文档、已成型的 UI 或者与相关人员的交流记录。所以,测试用例的设计规范应包含测试用例的模板编写和设计要求,如测试用例设计人员、测试执行时间、测试用例设计的优先级等。

6. 测试环境规范

明确软件测试的软硬件环境,如 CPU、硬盘、内存、数据库、浏览器、操作系统等。

7. 测试类型规范

明确软件测试所经历的几个阶段,每个阶段的测试目的、入口条件、测试环境、测试人员和职责、测试内容、所采用的测试方法、技术和策略、测试过程以及出口条件和输出测试报告文档规范。测试报告一般包括测试的执行情况、覆盖分析、缺陷统计图表和分析、结论与建议、环境与配置、工具、报告评审意见等。

8. 缺陷管理规范

在测试过程中,测试人员发现软件缺陷需要提交给开发人员,开发人员需要及时修正软件,所以需要给出明确的缺陷管理规范,包括录入规范、严重等级划分规范、优先等级划分规范、分类规范、状态修改规范、递交流程规范等。

录入规范主要是规范测试人员按照统一的要求递交缺陷到数据库。录入时,必须考虑缺陷录入的格式、要素以及必填项的要求等。

严重等级划分规范主要为测试人员、开发人员和其他项目组成员提供统一的测试缺陷标准,从而避免因对软件缺陷的不同看法而引起项目组成员的争论,提高测试效率。

优先等级规范主要描述测试缺陷的优先等级,有利于开发人员准确定位缺陷的优先等级标识,为开发人员修复软件缺陷和衡量产品质量提供参考。

分类规范是缺陷分类的依据,测试人员可以依据规范准确地对全部缺陷按模块进行分类,方便测试部门或质量部门对缺陷数量进行统计,对软件质量进行评估,为软件发布提供重要的参考依据。

状态修改规范要求测试管理系统的管理人员,根据不同的项目角色,准确分配缺陷管理系统的使用权限。例如,开发人员不应该具备 Rejected、Closed、Suspended 的权限;测试人员不应该有 Fixed 的权限;优先级、严重等级和版本等重要区域,都不允许修改。

递交流程规范是指测试人员递交缺陷、缺陷公开和开发人员修改缺陷后递交测试人员验证的流程,一般以流程图的方式出现。

9. 测试退出规范

测试退出规范主要描述软件测试进展到什么程度、满足什么条件,测试组织或测试项目可以退出或停止。例如,测试用例执行覆盖率达到 100%,测试需求覆盖率达到 100%,严重级别的缺陷修复率达到 100%,其他级别的缺陷修复率达到 80% 等。

10. 测试工具使用规范

测试工具使用规范指出在不同的测试阶段,完成不同的测试项目,需要使用哪些不同的测试工具,简要地介绍这些测试工具的作用、性能、特点、基本要求等。

3.11 专业测试人员的责任和要求

程序员之间流传着这样的一句话:"有人喜欢创造世界,他们做了开发工程师,有人喜欢挑毛病,所以他们做了测试工程师。"软件测试工程师是指理解产品的功能要求,并对其进行测试,检查软件有没有缺陷,测试软件是否具有稳定性、安全性、易操作等性能,写出相应的测试规范和测试用例的专门工作人员。本节提及的专业测试人员不仅包含软件测试工程师,还包含测试工具软件开发工程师、自动化测试工程师、软件测试架构师、安全测试工程师、测试经理等。

3.11.1 专业测试人员的责任

软件测试就是使用人工或自动手段,运行或测试某个系统的过程,其目的在于检验其是否满足规定的需求或弄清预期结果与实际结果之间的差别。简单地说,专业测试人员就是软件开发过程中的质量检测者和保障者,负责软件质量的把关工作。专业测试人员的主要责任有以下几个方面。

- 使用各种测试技术、方法、策略和工具尽早地、尽可能多地测试和发现软件中存在的软件缺陷。
- 追踪和管理缺陷。例如,将缺陷提交给开发人员进行缺陷的确认和修复,将发现的缺陷编写成正式的缺陷报告。
- 根据测试结果分析软件质量,包括缺陷率、缺陷分布、缺陷修复趋势等,能全面、客观地评估软件质量,持续地提供软件产品质量反馈,暴露产品质量风险,给出软件是否可以发布或提交用户使用的结论。
- 制订测试计划、编写测试用例、设计测试数据,开发或选择合适的测试工具执行测试,提高工作效率和测试水平,更好地组织与实施测试工作。

- 根据实际情况不断改进测试过程,提高测试水平,进行测试队伍的建设等。
- 关注用户需求。了解需求、行业、用户,确定用户使用时不会遇到相关问题。

3.11.2 专业测试人员的要求

从表面看,专业测试人员比软件设计人员、软件开发人员的工作容易,他们只需使用计算机,熟悉软件系统,一步一步地按照测试用例中的步骤进行测试,记录结果即可。实际上,这种想法是错误的,一些刚入职的专业测试人员常常会问:"专业测试人员需要什么技能或者具有什么素质才是合格的?"与开发人员相比,专业测试人员不仅要懂得测试专业方面的知识,还需要有质量、团队合作等方面的知识。测试人员需要具备以下几个方面的能力和素质。

1. 质量意识

质量意识是测试人员必须具备的。只有从质量角度出发,才能不断地发现缺陷、修正缺陷,不让任何缺陷"浑水摸鱼",最大限度地保证产品质量。

2. 全局意识

在测试中,测试人员要系统地看待问题。如果某个模块发现问题,需要考虑该问题是否是共性问题,如果是共性问题,则通知其他相关人员;如果是特性问题,修改并考虑改动是否影响其他模块功能。所以,测试人员一定要系统性地处理和看待软件中修改的任意一处代码。

3. 专业意识

软件测试人员除了掌握软件测试的理论知识、开发工具和平台应用外,还需要掌握软件应用领域的专业知识,只有深入了解产品的业务流程,才能判断出开发人员完成的产品功能是否正确,所以,测试人员需要具有学习能力和专业意识。

4. 效率意识

测试人员需要对测试中使用的文档提出建设性的建议,了解各种测试方法和测试工具,适时选取最合适、最高效的测试方法和工具,并在最短时间内高效地完成测试任务。

5. 协作意识

软件测试是软件生命周期的一个重要阶段,需求人员是构建者,开发人员是实现者,而测试人员是检测者,测试人员需要和需求人员、用户、开发人员沟通,甚至为市场人员、技术支持人员等提供服务,所以,测试人员需要具备较强的沟通协作能力。

6. 求疑解惑意识

软件测试不是证明软件是正确的,而是证明软件是错误的。测试人员需要带着怀疑的态度去假设、去求证,敏感地发现产品中的缺陷。

7. 风险意识

测试人员还需要有风险意识,要做到提前预知风险,随时识别风险、分析风险、避免风险,提升软件安全性。

8.五心意识

测试人员还需要具有责任心、专心、细心、耐心和自信心。测试人员每天都在做同样的操作,工作枯燥无味,但仍然需要高度集中精神完成测试任务,这就是责任心和专心。同时,测试人员需要足够的耐心和自信心,细心地从杂乱的现象中找出一定的规律和复现性,不放过任何微小错误,相信自己可以克服一切困难,解决测试中遇到的一切问题。

软件测试并不是一项简单的工作,对测试人员要求较高。虽然开发人员也具备测试能力,但是开发人员不能完成测试工作,主要有以下几个原因。

- 思维定式:开发人员关注的是如何开发出完美软件,确保软件满足用户需求,是正确的,而测试人员关注的是证明软件是存在错误的,试图找到所有的软件缺陷。所以,开发人员做测试时,缺少求疑解惑意识。
- 测试力度:软件是开发人员辛苦编写的,他们把软件比喻为自己的"孩子",对自己的"孩子"有各种期盼,受到感情影响,所以测试力度往往不够。
- 关注度:如果开发人员既做开发又做测试,很难将有效的时间用来专一地解决问题,软件质量不能得到保证。

3.12 习题

1. 什么是软件缺陷,软件缺陷的级别如何划分?
2. 软件测试的任务有哪些?
3. 错误、缺陷、故障、失效这 4 个概念有什么区别和联系?
4. 测试计划包含哪些内容?
5. 测试用例包含哪些内容,如何设计测试用例?
6. 如何进行自动化测试?
7. 什么是单元测试、集成测试、系统测试、验收测试? 它们各包括哪些测试内容?
8. 测试人员的主要责任有哪些?

第 4 章

软件测试管理与缺陷报告追踪

本章学习目标

- 了解软件测试管理的基本概念
- 掌握软件测试管理的各项内容
- 了解缺陷跟踪与缺陷报告的概念
- 掌握软件缺陷跟踪管理的方法

本章主要介绍软件测试管理的概念及其方法,从软件需求管理、团队管理、软件质量管理等 9 个方面介绍了软件测试管理的基本内容;重点介绍了软件缺陷报告及缺陷跟踪的概念与方法。在此基础上,为了让读者更加深入地理解软件测试管理的概念,最后介绍了基于 Bugzilla 的软件缺陷报告及跟踪案例。

4.1 软件测试管理

软件测试是软件生命周期中的一个重要环节,以寻找软件中的缺陷为目的,随着软件开发规模越来越大、复杂度越来越高,如何能在有限的时间内找出软件中的缺陷,生产出高质量的软件产品就显得格外重要。为确保测试工作顺利进行,需要对其进行有效的组织管理。软件测试管理就是对软件测试过程中各阶段的测试计划、测试任务、测试用例、测试流程、测试体系、测试结果、测试工具等进行监督、管理、跟踪和记录其结果,并将结果反馈给系统的开发者和管理者的活动,同时,测试人员将发现的问题记录下来形成测试报告,并对其进行管理。所以,软件测试管理可以帮助测试人员采用适合的技术、方法和体系来系统地、高效地监督、促进和达到软件测试的目标,帮助测试团队决定最佳实践。

软件测试管理分为 9 类:软件测试需求管理、软件测试质量管理、软件测试团队管理、软件测试文档管理、软件测试缺陷管理、软件测试环境管理、软件测试流程管理、软件测试执行管理、其他专项测试管理,如成本和风险管理。

4.1.1 软件测试需求管理

软件测试需求管理是通过各种人为的和技术的手段、方法和流程,监督和保证整个软件测试团队明确软件测试的目标和任务,并以此为软件测试的设计提供准确的参考信息。有人曾经说过:"如果你不知道要去哪里,那么你可能会走向任何一条路"。所以,要想进行软件测试需求管理,首先需要明确测试需求管理对象,即软件测试需求。

1. 什么是软件测试需求

软件需求是指用户为了解决某一个问题或达到某一个目标而需要软件完成的功能,包括功能需求、性能需求、可靠性需求、安全性需求等。软件需求是整个软件开发的核心,是软件产品的根源,软件需求的准确性直接关系到整个软件产品的优劣。所以,人们利用软件需求规格说明书以文档的形式将用户需求记录下来,并经专家评审后存档,从而为整个软件的开发和软件工程的管理建立基线。

软件需求是解决软件"做什么"的问题,软件测试需求是解决测试人员要"测什么"的问题,也就是测试人员应该以什么为对象展开测试,实施测试的标准是什么。软件测试的目的是要查找软件系统中存在哪些缺陷致使软件无法满足用户需求。因此,软件测试需求就是以软件需求规格说明书、系统设计文档等为依据,以质量为目标,对测试人员的测试活动所提出的要求。软件测试需求需要分析确认用户的功能需求、性能需求、可靠性需求、安全性需求等,从中找到测试点,获取功能测试需求、性能测试需求、可靠性测试需求、安全性测试需求等,为后续开发设计测试用例提供依据,也为衡量测试覆盖率提供重要指标,从而保证软件测试的质量和进度。

2. 如何获取和分析软件测试需求

不准确或者有错误、有遗漏的软件测试需求,不仅浪费测试人员大量的测试时间和测试资源,还导致软件无法满足用户需求,进而导致软件项目失败。为了更好地获取和分析软件测试需求,可以将软件测试需求的获取和分析分为 4 个部分,即软件测试需求相关人员的分析、软件测试需求的收集和整理、软件测试需求的优先级排序和对软件测试需求的评审。

1) 软件测试需求相关人员的分析

软件测试需求的相关人员主要包括客户、用户、开发团队、项目经理、公司高管、系统架构师、测试专家等。可以采用软件需求获取的方法,如面谈法、问卷调查法等,了解相关人员对软件测试的具体要求,包括需要输入什么数据、得到什么结果、最后应输出什么。

2) 软件测试需求的收集和整理

软件测试需求源于软件需求,而软件需求又源于用户需求。所以,软件测试需求的获取可以从软件需求规格说明书中收集。但是开发人员在完成软件需求规格说明书时,并不会考虑每一个软件需求该如何测试,测试人员需要以软件需求规格说明书为基础,从测试的角度出发,对开发人员所获取的软件需求进行重新分析、整理,找到测试点,确认输入/输出数据等,测试人员从软件需求规格说明书中收集软件测试需求的步骤如下。

首先,要了解软件需求背景、清楚项目的发起原因、学习行业知识,比如,待测试软件是一个财务软件,测试人员需通过行业培训、上网搜索或翻看用户工作手册,了解和学习会计的工作流程、财务的行业规定、行业的专业名词等,了解该财务软件提出的原因。如此,测试人员才能更加了解软件需求规格说明书,而不会完全迷失在软件需求规格说明书中。

其次,将软件需求规格说明书中的软件需求按照模块依次选取每个模块中的每一条需求,确定其描述是否模糊、是否具有可测试性,明确每一个独立的功能点的所有处理分支,明确每一个功能点的输入、处理过程和输出等。下面从功能需求、性能需求、用户接口和硬件接口 4 个方面来具体讲述如何确定每一条需求。

对于每一条功能需求,需要考虑如下问题。

- 功能需求的输入数据是什么?
- 功能需求的来源是什么?
- 功能需求的输入数据格式是什么?
- 功能需求的输入数据的数量是几个?
- 功能需求的输入数据需要满足哪些条件? 也就是什么样的数据是合法数据,什么样的数据是非法数据?
- 功能需求的输入数据输入后,系统将如何进行处理?
- 功能需求的正常输出结果是什么?
- 功能需求输出数据的格式是什么?
- 功能需求输出数据的数量是几个?
- 如果输入异常数据,也就是非法数据,其处理流程是什么? 如何响应? 输出结果是什么?

对于性能方面的需求需要考虑如下问题。

- 该软件系统最多支持的终端数目是多少?
- 该软件系统允许同时使用的用户数是多少?
- 该软件系统可以同时处理的文件和记录的数目是多少? 表和文件的大小是多少?
- 在正常或峰值工作量的情况下,在一个特定时间段内,软件系统可以处理事务或任务的数目及数据量分别是多少?
- 在正常或峰值工作量情况下,软件系统可以处理某个事务或任务所占用系统资源的数量是多少?

对于用户接口方面的需求,需要考虑如下问题。

- 用户对于屏幕的大小、分辨率等的要求是什么?
- 针对每一个用户,界面布局规划是什么样的? 菜单如何显示? 色彩搭配有什么要求?
- 针对每一个用户,界面使用是否方便,是否有提示信息,如何提示? 用户对系统的响应时间有什么要求? 是否有帮助功能? 帮助功能的内容描述是否准确?
- 给用户的输出报告格式是什么? 其内容有什么要求?
- 是否为用户设置了快捷操作,快捷键是什么? 其对应的功能是什么?
- 用户对于输入数据的方式有什么要求,形式是什么?

对于软硬件接口方面的需求,需要考虑如下问题。

- 该功能的运行需要哪些软硬件设备的支持?
- 这些软硬件设备的接口是什么? 输入数据是什么,格式是什么?

- 采用的接口协议是什么？
- 从这些软硬件设备中获取的数据是什么？

通过回答上述问题，但不限于上述问题，测试人员分析每一条开发需求，挖掘隐性需求，对测试需求进行分层描述，形成可测试的软件测试需求。

3）软件测试需求的优先级排序

由于测试时间和资源有限，测试人员不可能在有限的时间内将所有的软件测试需求全部覆盖。所以，只能对软件测试需求进行优先级划分，测试人员根据优先级安排测试工作的先后顺序。一般，可以把软件测试需求的优先级分为高、中、低和建议 4 个等级。高级软件测试需求是指用户经常使用的、系统必须拥有的重要的功能性和非功能性需求；中级软件测试需求是指用户使用频率相对较低，或是为特定用户或特殊的业务流程开发的功能，或边缘功能性需求；低级软件测试需求是指即使软件产品发布时不包括这些功能，也不会影响用户满意度需求，或是可以在后续版本中开发的需求；而建议级软件测试需求是可以使得软件更加完善的需求。根据软件测试需求的优先级，对软件测试需求列表进行排序，形成软件测试需求文档。

4）软件测试需求的评审

一般情况下，测试人员通过相互评审、轮查、走查或小组评审的方式对软件测试需求文档进行评审，主要查看软件测试需求文档的完整性和准确性。完整性是指查看软件测试需求是否覆盖全部的软件需求的各种特征，是否覆盖隐藏需求和开发人员遗漏的需求。准确性是指软件测试需求之间没有矛盾冲突，是一致的，每一项软件测试需求都可以作为设计测试用例的依据。参加评审的人员可以有项目管理人员、测试管理人员、相关测试人员、开发人员，甚至用户。

5）软件测试需求分析示例

现有一段软件需求描述："每一次仓库进货需要将进货的时间、数量、进货人作为一条进货记录进行登记，要求以天为单位，每天生成一个进货记录报告。"这条软件需求涉及进货人、进货记录和进货记录报告。首先，对进货人和进货记录这两个元素进行分析，进货记录除了软件需求中描述的进货时间、数量和进货人外，测试人员还需要了解进货的货品类型、进货的渠道、价格等信息。如果只有进货时间、数量和进货人这些信息，则只能从时间信息上统计出在哪个时间段，谁去进货，进货的数量是多少，很难深入分析哪些货物销量比较好，哪些供应商的价格比较低。所以，这条用户需求隐藏了进货记录内容的详细信息。其次，再看进货记录报告这个元素，报告是一个文件，应该有存放位置、格式、内容、创建时间等属性，而软件需求描述中，只提到每天生成一个进货记录报告，那么这个报告什么时候生成，有没有描述，文件采用什么格式保存、保存在什么位置，报告的内容以什么形式展示一天的进货情况，是二维表格，还是图形，报告的内容有哪些。这些信息都没有进行说明，都属于隐性需求，尤其是进货记录的内容以及报告的内容和形式，直接关系到软件测试输入数据和预期输出结果。

3. 如何进行软件测试需求管理

软件测试需求管理主要是对经过软件测试需求分析所获得的需求进行变更管理、状态管理、文档管理和跟踪管理。

1）变更管理

在软件项目中,软件需求的变更是不可避免的,如用户对功能需求改变、市场的变化等均会引起软件需求的改变,技术或非技术的其他原因也会引起软件需求的改变。当软件需求发生变化时,软件测试需求也相应地发生变化。软件测试需求管理需要考虑的问题是如何将软件测试需求的变更对整个软件测试过程,甚至软件项目的影响降到最小。

首先,测试人员要积极开展软件需求变更的评审,对软件需求变更的合理性和影响做出正确的评估。

其次,对确定需要变更的软件需求,提出软件测试需求变更申请,找到对应的软件测试需求以及与其相关的其他软件测试需求,分析这次变更影响的范围和严重程度,评估可能带来的工作量。

再次,由评审专家对测试需求的变更进行评审。

最后,根据分析和评审结果记录软件测试需求的变更信息,修改软件测试需求文档,更新测试用例等。

2）状态管理

每一条软件测试需求在整个软件测试过程中都处于不同的状态,如图 4-1 所示。

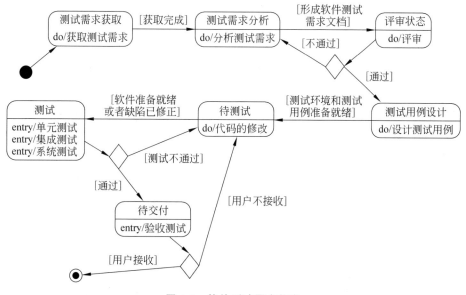

图 4-1　软件测试需求状态

- 测试需求获取状态:测试人员需要与相关人员依据软件需求规格说明书等文档,获取软件测试需求。
- 测试需求分析状态:测试人员对获取的测试需求进行分析,划分优先级,形成测试需求文档。
- 评审状态:测试需求文档形成后,由专家组对测试需求文档进行评审;如果评审不通过,则测试人员重新对测试需求进行分析;如果评审通过,则进入测试用例设计状态。

- 测试用例设计状态：测试设计人员根据测试需求文档，获取测试点，确定测试方法和类型，选取测试用例的设计方法，设计测试用例，准备测试数据。
- 待测试：测试环境准备就绪，等待软件编码完成。
- 测试状态：软件编码完成后，测试人员对待测试软件进行单元测试、集成测试、系统测试等；如果测试不通过，则提交缺陷给开发人员进行修正，进入待测试状态；如果测试通过，则进入准备交付用户状态，也就是待交付状态。
- 待交付状态：用户对软件进行验收，如果用户接受，则该测试需求关闭；如果用户不接受，则将问题反馈给开发人员进行修改，进入待测试状态；
- 变更状态：在任何一个状态，如果软件测试需求发生变更，则进入变更状态，变更评审结束后，重新进入测试用例设计状态，设计相关测试用例。

3）文档管理

文档管理就是对软件测试需求分析后形成的软件测试需求文档进行管理，主要包括对该文档的权限管理、版本管理和团队协作操作管理。不同的人员具有不同的阅读、修改等权限，每次对该文档进行修改编辑时，都应该记录文档的增量，每次文档升级后要做版本管理，必要时可以回滚到某个版本。由于测试需求文档需要在整个测试团队内共享，甚至是不同的团队间共享，所以要做好团队协作同时操作的管理工作，保存必要的操作日志文件。

4）跟踪管理

软件测试需求跟踪是指跟踪一个软件测试需求从创建到关闭的整个过程，分为正向跟踪和反向跟踪。正向跟踪就是指给出任何一个软件需求，都可以在软件测试需求文档中找到一个对应的软件测试需求；任何一个软件测试需求，在测试用例文档中都能找到对应的测试用例。反向跟踪是指给出任何一个测试用例，都可以在软件测试需求中找到对应的测试需求，任何一条测试需求，都可以在软件需求中找到对应的软件需求。通过正向和反向跟踪，可以确保每一个软件需求都被测试，没有遗漏；测试人员所做的所有工作都是有用功，都是为了满足用户需求，从而提高工作效率，提高软件产品质量。

4.1.2 软件测试质量管理

软件质量保证是通过对软件产品和活动进行评审和审计来验证软件是否合乎标准。软件测试质量管理是通过各种手段、方法和技术保证软件测试是合乎要求的，是可以达到目标的。其主要活动包括以下几方面内容。

- 获取和分析软件测试需求，定义整个测试过程和合理配置软件测试环境。
- 复审软件测试各阶段活动，核实整个过程是否符合已经定义好的软件测试过程。
- 检查软件测试过程中所形成的各种文档和报告，是否符合规范，是否具有正确性、完整性等，是否存在偏差。对于存在的偏差需要记录在案，跟踪处理。
- 控制和管理测试过程中需要协调的工作。

通常可以采用缺陷改正百分比、每条基线报告的缺陷、缺陷检测效率、故障密度、测试趋势分析、测试有效性等度量软件测试的质量。

4.1.3　软件测试团队管理

软件测试的团队管理就是解决如何组建测试团队和如何管理测试人员的问题。现实中存在以下情况,有的软件项目由于人力资源和时间有限,由开发人员承担测试人员的职责,这样不利于测试工作的开展;有些测试团队中都是一些毫无测试经验的新手做测试,其原因是新手更能模拟真实用户,殊不知,没有经验的新手无法找到可能出现错误的模块,无法发现更多细致的、微小的错误,导致测试效率低下;也有些测试团队常年处于测试工作压力中,团队死气沉沉,不少测试人员跳槽离职。那么,如何管理软件测试团队呢?

软件测试团队通常是由测试经理和测试工程师组成,测试经理与其他测试工程师不同,除了要完成日常的测试任务,还需要负责测试团队的管理和建设。一个好的团队可以大大提升工作效率,软件测试团队管理需要注意以下方面。

- 制定战略目标,确定团队发展方向,增加团队成员的凝聚力,提升工作效率。
- 明确团队分工,制定团队成员的工作规范。团队内分工合作,责权分明,制定工作考核规范,严格执行,做到考核、奖惩有依据。测试经理需要了解团队成员的优缺点,把合适的人安排在合适的岗位上。
- 根据公司、团队的实际情况,不断优化测试流程。测试经理需要全程监控测试过程,了解测试用例的执行情况、缺陷的发现情况、资源的利用情况等,尽可能多地掌握信息,了解目前测试流程的缺陷,不断优化测试流程,提高测试人员的工作效率,提高软件产品的质量。
- 培养和激励团队。测试人员流动是非常常见的事情,但是测试人员的流动对于软件测试来说却会带来很大的风险,所以,需要给测试人员提供广阔的发展空间和培训学习机会,不断地激励团队成员,多劳多得,减少人员流失。同时,不断培养后备测试人员,快速适应工作。
- 搭建资源共享平台。为团队人员提供一个可以共享资源、经验和交流的平台,从而提高团队成员的凝聚力和工作效率。

4.1.4　软件测试文档管理

软件测试过程中会产生很多文档,如测试计划文档、测试方案、测试需求文档、测试用例文档、测试报告等。这些文档将测试要求、测试过程和测试结果都记录下来,对于提高软件测试过程的透明度、提升测试人员的经验和测试团队成员之间的交流与合作、提高测试效率有着很重要的意义,所以软件测试文档管理是软件测试工作规范化的一个重要组成部分。

测试文档可分为测试计划和测试报告。测试计划是描述测试活动范围、方法、资源和进度的文档。它规定了被测试的项、被测试的特征、应完成的测试任务、负责每项工作的人员以及与本计划有关的风险等。测试报告用来对测试结果分析说明,包括测试证实软件所具有的功能和缺陷等。软件测试文档可以以规范的形式,将软件测试过程中形成的经验成功保留。测试文档贯穿于整个软件测试过程,所以,在测试文档的管理过程中,需要注意以下几个方面。

- 建立测试文档规范,不同的测试文档,其编写的目的和内容各不相同,应该根据国际标准、国家标准、行业标准和公司、项目的特殊情况,制定文档编制规范。
- 建立测试文档的评审制度,文件编写完成后,必须经过专家组评审,评审合格后方可入库。如果不合格,需要对问题进行追踪。
- 加强文档的版本管理,如对文档进行修正时,一定要标注修改内容、修改人、修改时间及其影响,便于后续追踪管理和回溯。
- 创建测试文档库的访问规则,不同的角色,应有不同的权限,保证测试文档的安全性和保密性。
- 使用工具管理文档,对文档进行分类、提高文档管理的效率,如 SVN、Git 等。SVN 是 Subversion 的简称,是一个开源的版本控制系统,SVN 有良好的目录级权限控制系统,操作简单,上手快,但对服务器要求较高,必须联网。Git 是一款免费的、开源的分布式版本控制系统,可以有效、高速地处理从小到大的项目版本管理,可以支持离线工作,速度快、灵活,分支之间可以任意切换。

4.1.5 软件测试缺陷管理

软件测试缺陷管理就是跟踪和管理测试人员在测试过程发现的缺陷,确保这些缺陷以正确的方式传递给开发人员,并且被修正,同时没有引入其他新缺陷。具体地讲,当测试人员通过各种方法、手段、途径,发现软件缺陷后,并不表示测试人员的工作结束,还需要整理软件缺陷的相关信息并形成软件缺陷报告,及时递交给开发人员,并督促开发人员修正软件缺陷。开发人员修正缺陷后,测试人员再进行测试,确保在新版本中该缺陷已经不存在,且没有引入新缺陷。如果缺陷仍然存在,则需要再次递交给开发人员进行修正,如此往复,直到缺陷被关闭。更加详细的内容,请参看 4.2 节。

4.1.6 软件测试环境管理

软件测试环境就是软件测试人员执行测试用例时所需要的一切软件、硬件和网络等基础设施的集合。软件环境是指测试过程中运行被测试软件的操作系统、数据库以及其他应用软件;硬件环境是指测试必需的服务器、客户端、网络连接设备以及打印机、扫描仪等辅助硬件设备所构成的环境;网络环境是指被测试软件运行时所需要的网络系统、网络结构以及其他网络设备构成的环境。一个稳定、可控的测试环境,可以有效地帮助测试人员减少执行测试用例的时间,提升测试过程中发现的有效缺陷数量,保证每一个提交的软件缺陷都可以被重现,从而提高软件测试工作的效率和质量。软件测试环境管理需要注意以下几点,将这几点纳入规范化管理,有利于高效地完成软件测试。

- 注意测试环境的使用和维护要求。
- 明确测试硬件资源的申请、变更、释放等流程,以及具体工作的受理和实施的人员和部门。
- 确定测试环境权限,以及权限的申请流程。

- 确定应用系统的版本部署、流程变更。
- 明确测试数据的处理要求和规范。
- 明确系统备份的流程和说明。

1. 软件测试环境的搭建

软件测试环境要尽可能模拟用户的真实使用环境,选择比较普及的操作系统和软硬件平台,尽量不要安装与被测试软件无关的软件,搭建一个纯净、独立的测试环境。搭建一个好的软件测试环境,需要明确以下问题。

- 确定软件测试所需的计算机数量或手机数量,每台设备的配置要求,如计算机 CPU、内存、硬盘、网卡所支持的速度等,手机的分辨率、型号、内存等。
- 如果软件测试需要服务器,那么确定服务器所需要的操作系统、数据库、中间件等名称、版本以及相关的补丁版本。
- 确定用来保存各种测试工作中生成的文档和数据的服务器所需的操作系统、数据库、中间件等名称、版本以及相关的补丁版本。
- 确定测试中所需要的各种网络环境。
- 确定执行测试所需要的各种文档编写管理工具、测试工具、测试管理工具等软件的名称、版本以及所用到的补丁、插件等。
- 确定测试数据、服务器等是否需要备份和恢复。

2. 软件测试环境的管理

软件测试环境不可能永远都不发生变化,因此,需要对其进行管理,软件测试环境管理需要明确以下内容。

- 设置专门的测试环境管理人员负责管理软件测试环境,包括搭建测试环境、测试环境的备份及恢复、记录测试环境的配置、IP 地址、端口配置、网络环境配置等,记录每个软件所需要的用户名和密码以及权限的管理,对测试资源的分配和管理、记录软件测试环境的变更等。
- 对软件测试环境文档的管理,包括各种软硬件的安装手册、参数说明等、各种配置记录、环境的备份和恢复记录、用户权限管理文档、被测试软件的发布手册等。
- 对测试环境访问权限的管理。访问操作系统、数据库、服务器以及被测试软件等所需要的用户名、密码、权限,由测试环境管理人员统一分配管理。管理员拥有全部的权限,普通测试人员不具有删除权限,其他开发人员只对部分测试环境具有权限,或只具有只读权限。测试环境管理人员对测试环境权限的管理和修改,也需要进行记录归档。
- 对测试环境的变更管理。测试人员提出书面变更申请,测试环境管理员负责执行变更,同时记录变更。
- 测试环境的备份与恢复。

4.1.7 软件测试流程管理

软件测试的工作流程分为制订测试计划、配置软件测试环境、测试设计和开发、测试执行和评审、测试报告和改进 5 个阶段。

- 软件测试计划就是规定整个软件测试过程的目标、范围、方法和进度等,明确软件测试人员需要执行的测试任务、每个人的责任,识别测试过程中可能存在的风险,并提出规避、预防和应对措施等。软件测试计划是整个软件测试过程的指挥棒,负责指引软件测试过程的方向。
- 配置软件测试环境就是根据被测试软件系统的要求,配置软硬件及网络环境,确保被测试软件可以在稳定的环境下正常运行,并完成测试。所以,配置软件测试环境是整个软件测试过程的基础。
- 测试设计和开发就是通过对已获取的相关人员的需求和软件需求规格说明书等文档进行分析,得出软件测试需求,并以此为依据设计开发测试用例,确定测试技术和策略以及测试标准,选择合适的测试脚本和工具,编制测试规范和测试用例,并将测试任务分配给测试程序和人员,所以测试设计和开发是整个软件测试过程的前提条件。
- 测试执行和评审。测试人员根据软件测试计划、测试规范、测试用例执行测试。在测试的过程中,认真、仔细地发现软件缺陷,及时提交软件缺陷报告,反馈给开发人员进行修正。
- 测试报告和改进。测试结束后需要给出测试报告,总结软件缺陷、分析测试结果,并给出改进意见。

4.1.8　软件测试执行管理

测试执行是指在完成测试计划、测试需求分析和测试用例设计之后,使用所有或部分选定的测试用例执行测试,并分析测试结果的过程。测试执行活动是整个测试过程的核心环节。

软件测试执行管理,是将测试用例和待测试软件作为执行测试的主要输入,经过测试启动、选择并分配测试用例、执行测试、及时汇报和监控几个环节,最终完成对软件产品的测试的管理过程。在整个过程中,测试人员需要实时监控测试状态,并根据状态的变化及时调整测试策略、更新测试方案。

1.测试启动

在软件测试过程中,测试人员需要准备测试环境、测试所需人力资源等。但如果启动测试后,由于被测试软件存在重大缺陷,导致软件测试无法进行,或测试失效,那么这些测试资源都将被浪费。所以,为了控制软件版本输入测试阶段的质量,减少前期不成熟的版本对测试资源的浪费,测试人员需要根据测试方案和待测试对象,在正式测试开始之前,评估此次测试是否已满足启动条件。评估的内容主要包括以下几个方面。

- 被测试软件的完成程度以及质量是否达到启动测试的标准。
- 结合测试团队的测试能力,评估在给定的测试时间内,测试所能达到的覆盖度,然后根据所能达到的覆盖度,建立发现缺陷的里程碑。
- 评估各特性用例分配情况是否合理,是否存在极不均衡现象,是否存在过度测试,是否存在部分特性无法完成测试,时间安排是否合理。

2. 选择并分配测试用例

测试启动后,在有限的时间内测试人员不可能将所有的测试用例全部一起执行,这就需要测试经理根据测试的具体情况选择需要执行的测试用例。测试经理需要根据测试执行的目的、任务、测试用例的优先级和项目的时间进度等,选择识别出需要执行的全部或部分测试用例集合。对于存在组合和依赖关系的功能测试用例,在执行测试时,可以将其合并执行,提高测试工作效率,然后根据每个测试人员的特点和职责将测试用例合理分配。

3. 执行测试

测试人员根据测试用例,执行测试。在执行过程中除了按照测试进度完成测试外,还需要关注测试的执行结果,尽可能多地发现软件中存在的缺陷。如果在测试过程中,发现了软件缺陷,需要及时上报,记录原始数据,提交缺陷报告,特别是一些阻碍测试的缺陷需要在第一时间反馈给开发人员,确保开发人员及时修正缺陷。在测试过程中要多思考,避免机械地执行用例,如果发现测试用例不合理,要及时补充、修改和更新测试用例,还需要注意测试用例执行的各种异常现象,如来自告警、日志、维护系统的异常信息。

4. 监控

在监控阶段,测试人员需要根据测试执行情况以及发现的软件缺陷情况,监控软件测试执行的进度是否合理,如果测试过程中遇到问题,则需要及时解决,特别是测试中阻碍测试执行进度的相关问题。

测试人员可以通过测试用例的执行进度,也就是已执行的测试用例数目÷总的测试用例数目,来监控测试执行的进度。如果与预期进度存在偏差,则需要及时分析原因并调整测试计划。测试人员通过分析缺陷的趋势分布,考虑软件测试是否应该结束。如果发现的软件缺陷数量越来越少,趋近于 0,则考虑结束测试;相反,则说明测试工作中可能存在问题,需要分析具体原因,对存在的问题进行改进。如果开发人员在修正缺陷时,引入了新的缺陷,这就需要加大回归测试力度;如果前一版本的测试覆盖率未达到要求,测试人员发现了前一版本中未发现的缺陷,需要重新审视测试用例的覆盖率、选择的测试用例是否合适或者测试人员的测试质量是否存在问题;如果是由于某些缺陷的修改暴露了隐藏的缺陷,就需要加大测试的力度。所以,测试人员需要监控测试的质量和执行效率,在测试过程中观察测试用例的有效性,已有的测试用例是否能发现关键问题、已有的测试用例是否可以全面覆盖所有待测试功能。

测试人员还可以根据缺陷的分布情况、缺陷的修复时间、回归测试发现的缺陷数量等评估开发过程的质量,如果缺陷从发现到最后被修正的时间很短,说明开发人员修正缺陷的效率很高;如果每次修正后,没有引发其他缺陷,说明修正缺陷的质量很高。

5. 及时汇报

测试人员在测试过程中,如果发现了软件缺陷,需要通过缺陷跟踪系统及时反馈给开发人员,以便开发人员在第一时间对缺陷进行修正。同时,测试人员还需要及时向管理层汇报测试进度、发现的缺陷类型和数量、软件版本的质量等,以便管理层掌握目前的测试工作情况,对后续的工作及时做出调整,并对测试人员的工作进行考核。

4.1.9 其他专项测试管理

在整个软件测试过程中,还需要对软件测试成本、软件测试风险等进行管理。

软件测试成本包括实施测试过程成本(预运行启动成本、执行成本、后运行成本)、测试维护成本和测试开发成本。其中,预运行启动成本是指搭建测试环境所需要的时间和人力成本以及确定测试的成本;执行成本是指测试的执行时间成本和所需要的设备以及人力资源成本;后运行成本是指分析测试结果、编制相关报告文档、拆除测试环境以及恢复原有环境所消耗的时间和劳动力成本;测试维护成本是指定期检查所有的测试用例、测试报告和经确认的每一个问题、添加测试的新变化所需要的人力和时间成本;测试开发成本是指建立测试计划、设计测试用例、形成测试报告等所需要的人力、时间和设备成本。

软件测试成本管理就是采用各种方法、手段和工具,减少测试过程成本、测试维护成本和测试开发成本,实现测试产量极大化、测试次数较小化,用最少的人力和资源,在最短的时间内,发现最多的软件缺陷,完成软件测试。

任何工作都存在风险,风险是不可避免的,软件测试也不例外,即使是很小的软件系统都存在用户发现了测试人员没有找出或执行测试用例未发现的缺陷的情况,这就是软件测试风险。软件本身的复杂性和测试本身的特性决定了软件测试过程中存在大量风险,如需求变更风险、人员风险、测试环境风险、代码质量风险等。软件测试风险管理就是在软件测试过程中识别软件测试风险、量化软件测试风险、制订应对软件测试风险的计划以及控制软件测试风险。

- 识别软件测试风险:软件测试风险的识别包括确定风险的来源,辨别风险产生的条件,它贯穿于整个软件测试过程中。测试风险的来源主要有两个方面,一方面是被测试系统的特征和属性失效相关风险,另一方面是测试计划实现相关的风险。分析被测试系统的特征和属性失效相关风险主要为了确定测试的优先级和测试的深度;分析测试计划实现相关的风险主要是为了规避由于测试资源不确定而导致的风险。
- 量化软件测试风险:测试人员需通过确定测试范围的功能点和性能属性,确定风险发生的可能性,确定测试风险发生后可能产生的影响,计算测试风险的优先级,按照优先级重新对功能点和性能属性列表进行组织,量化风险。
- 制订应对软件测试风险的计划以及控制软件测试风险:了解测试风险后,需要制定相应的应对措施,一般常见的计划风险包括原有测试人员不可用(离职、请假等)、预算透支、测试环境未准备就绪、测试工具无法使用、测试范围发生变更和测试需求不明确等。可采取的应急措施有缩小测试范围、推迟实现、增加资源、减少质量工程四种。

所以,软件测试风险管理的目的就是在实施测试前,分析可能存在的缺陷或阻碍测试执行的可能性,合理安排测试资源和活动,避免测试资源和时间的浪费。

4.2　软件缺陷报告与跟踪管理

软件缺陷管理是以软件测试中发现的缺陷为对象,对其进行有效的跟踪和管理,确保发现的每一个软件缺陷都被修正,同时,根据所收集的缺陷数据,分析发生缺陷最多的功能模块,从而有效地发现缺陷、修正缺陷,通过跟踪分析缺陷的修正情况和度量缺陷判断软件质量。

4.2.1　软件缺陷报告

软件缺陷就是被测试软件中存在的某种不符合正常功能运行的问题,当测试人员在测试过程中发现了软件缺陷,测试人员需要以书面报告的形式记录本次测试发现的缺陷,包括缺陷的特征和复现步骤等信息,通过该报告告知开发人员软件存在的缺陷,开发人员以此作为调查缺陷的依据,快速定位问题,日后测试人员也可以以此为依据对缺陷进行回归验收。

软件缺陷的描述是软件缺陷报告的核心部分,简单、准确、清晰地描述软件缺陷,可以帮助开发人员快速地复现软件缺陷,定位和修正软件缺陷,减少开发人员退回的缺陷数量,从而提高软件缺陷修正的速度,提高各个小组的工作质量和效率,加大开发人员对测试人员的信任程度,加强开发人员与测试人员、管理人员之间的协同工作。含糊不清、描述不当的软件缺陷描述可能会对开发人员造成误导。所以,测试人员需要按照一定的格式,准确、清晰地描述缺陷报告的每一个组成部分,尤其是复现软件缺陷的完整步骤、条件和现象等,不需要包含其他冗余信息,使其便于理解。

一般一个缺陷报告需要包含以下几方面内容。

1. 缺陷编号

每个软件缺陷都需要一个唯一的编号,用来标识该软件缺陷,测试人员、开发人员和管理人员可以通过编号查找对应的软件缺陷,了解缺陷的详细信息,跟踪缺陷状态,督促责任人快速处理缺陷。缺陷编号的规则可以根据公司和团队的要求制定,如"2020-07-02-0003"。

2. 缺陷标题

缺陷的标题一定要清晰、简洁、易理解,以最简单的方式将缺陷的信息传递给相关人员,使相关人员一目了然。缺陷标题的描述可以采用"在什么情况下发生了什么问题"的模式来描述,如"登录时用户名无法输入字母"。

3. 缺陷描述

缺陷描述一般是对标题的细化,描述一些标题无法提供的更加详细的信息,包括历史版本是否重现等。

4. 缺陷类型

例如缺陷类型是文档缺陷还是代码缺陷等,代码缺陷也可以分为功能缺陷和界面缺陷。

5. 缺陷的严重程度

软件缺陷严重性就是软件缺陷对软件质量的破坏程度,可以将其划分为 4 级,即致命、严重、一般和轻微。具体内容参见第 3 章 3.1.3 节中软件缺陷级别的相关描述。

6. 缺陷的重现频率

大部分的缺陷是可以 100%重现的,但是也有少数缺陷是在某种特殊条件才能出现的问题,很难重现,它的重现率可能是 50%或更低,此时需要尽可能详细地记录测试环境、测试人员所做的所有操作,包括出现该缺陷之前所做的操作、测试数据等,以便开发人员根据测试人员所提供的信息分析出现缺陷的原因或者缺陷重现的条件,从而进一步构造缺陷出现的环境,使得偶然出现的缺陷变为必然缺陷。

7. 缺陷的优先级

软件缺陷优先级是表示处理和修正软件缺陷的先后顺序的指标,可以将软件缺陷的优先级分为最高优先级、较高优先级、中等优先级和一般优先级。具体内容参见第 3 章 3.1.3 节中软件缺陷级别的描述。

8. 缺陷的状态

缺陷的状态是指缺陷在处理过程中所处的状态。当测试人员发现缺陷,提交缺陷报告给开发人员时,缺陷处于 new 状态;开发人员与测试人员协商判断所提交的缺陷是否是真实缺陷,如果是,则将缺陷状态改为 open 状态;如果不是真实缺陷,则将缺陷状态改为 rejected 状态;如果不是真实缺陷,测试人员确认后,将缺陷状态改为 closed 状态;如果是真实缺陷,开发人员修正缺陷,修正结束后将状态改为 resolved 状态;当缺陷的修正被集成到测试版本后,缺陷的状态改为 fixed 状态;测试人员对该缺陷进行回归测试,如果测试通过,则改为 closed 状态;如果测试失败,则重新改为 open 状态。软件缺陷状态图如图 4-2 所示。

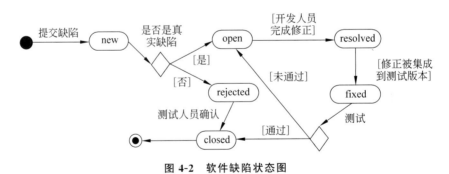

图 4-2　软件缺陷状态图

9. 缺陷相关人员

缺陷报告中需记录缺陷相关人员,如缺陷提交人、指定解决人、验证人以及执行动作的日期等。

10. 缺陷重现步骤

缺陷报告需详细描述测试时出现缺陷的每一个步骤、期望结果和实际结果,每一个步骤所包含的动作不能太多，需要简单明确地进行描述，具体可以参考测试用例中测试步骤的描述。例如，"登录时用户名不允许输入字母"这个缺陷，其重现步骤描述如下。

- 打开登录页面；
- 单击用户名输入框；
- 在输入框中输入 apple；
- 实际结果：用户名输入框中未输入任何字母；
- 期望结果：用户名输入框中可以输入字母。

11. 附件

缺陷报告附件中可以上传在测试过程中出现软件缺陷的界面截图、后台日志、控制台日志、测试数据等，上传的文件格式可以是多种多样的，如图片、视频、日志文件、文本文件等。

12. 环境配置

软件缺陷报告需详细记录测试时环境配置情况，即详细描述被测试软件的版本、操作系统类型和版本，如果通过浏览器测试，则需给出测试时使用的浏览器种类和版本；如果采用手机测试，则需给出手机型号等。

软件缺陷报告经常会出现很多问题，如缺陷报告中对软件缺陷的描述不彻底；缺陷出现次数很少，甚至只出现了一次，但是却引出了重大问题，无法详细描述；开发人员无法重现缺陷，缺陷重复提交等。为了更好地完成测试工作，测试人员可以采用多种方式描述缺陷，如文本、图片甚至视频记录。对于开发人员无法重现的问题，测试人员除了提供足够的测试信息外，还可以帮助开发人员进行重现。对于出现概率很小的缺陷，测试人员可以请求其他测试人员帮助，总结发现出现缺陷的条件，使偶然出现的缺陷变成必然出现的缺陷。对于重复提交的缺陷，可以采用软件缺陷跟踪工具进行标注。总之，完成一个缺陷报告需要注意以下问题。

- 一个报告只提交一个缺陷，严禁一个报告提交多个缺陷问题，这样便于开发人员对缺陷问题进行修正，也有利于后续缺陷的跟踪管理。如果一个报告中含有多个软件缺陷，开发人员目前只能解决其中的一个缺陷问题，那么这个报告将无法反馈给测试人员，测试人员也无法验证开发人员的修正是否正确；
- 对缺陷的描述要清晰、简单、准确，尽量用最简洁的语言描述出最全面的信息。同时，尽可能给出前提条件、操作数据和缺陷截图，甚至在截图上做出注释，指出缺陷位置，这样开发人员一看就懂，还能将缺陷重现。缺陷重现对开发人员解决问题将提供很大帮助，例如，在测试 Microsoft Word 软件时，需要操作"保存"这一动作，那么在步骤描述时，将其描述为"单击 File 菜单后，单击 Save 子菜单项"，要比直接描述为"保存文件"更准确，因为可能开发人员不知道是否使用了其他保存方式，如快捷保存，导致缺陷无法重现。
- 缺陷报告的信息要前后一致，尤其是缺陷描述、重现步骤和附件，否则会给开发人员造成误区，引起误解。
- 在提交缺陷报告之前要认真检查，仔细审核，确保所提交的报告是准确有效的。

因为在实际测试工作中经常发现测试报告描述的缺陷步骤太简单或太复杂。例如,在一个干净的系统里按照缺陷描述步骤重现软件缺陷,可能会发现一些遗漏或毫无关系的步骤。

- 测试人员要客观地针对产品、针对缺陷本身进行描述,不要携带任何个人观点和评论或议论。例如,描述缺陷时可以使用"不正确的 UI"代替"混乱的 UI",表达更加温和,尊重开发人员的劳动成果。

4.2.2 软件缺陷跟踪管理

软件缺陷跟踪管理是软件项目管理中一个重要环节,通过对软件缺陷进行跟踪,可以了解软件缺陷状态,了解软件缺陷的修正情况,从而了解软件对用户需求的满意程度,以此来保证软件质量。

以前软件项目中的缺陷都是依靠 Excel 表格等工具进行记录管理,这种管理方式效率较低,维护和统计也不方便,当测试人员在测试过程中发现某个缺陷,及时将该缺陷形成缺陷报告递交给开发人员时,开发人员可能会因为其他更加紧急的事情,将该缺陷报告束之高阁,那么该缺陷什么时候能被修正将成为未知数,测试人员的工作也将成为无效工作。

很多软件企业建立了软件缺陷跟踪管理机制,启用了软件缺陷跟踪管理系统工具。软件缺陷跟踪管理系统工具有助于项目人员(测试人员、开发人员和管理人员)查找和跟踪软件缺陷,了解软件项目状况,为不同的项目人员协同办公提供一个公共的平台。测试人员可以使用软件缺陷跟踪管理系统提交缺陷,避免相同软件缺陷的重复提交,减少开发人员重复修正缺陷的工作;开发人员可以通过软件缺陷跟踪管理系统实时了解自己所负责模块的软件缺陷情况,查看当前待解决的软件缺陷,并及时处理;项目管理人员可以通过软件缺陷跟踪管理系统管理测试人员所提交的每一个缺陷,了解每一个缺陷的具体信息,当前所处状态、责任人等,可以查看缺陷的处理方法是否得当,也可与责任人沟通了解当前软件缺陷的修正情况,跟踪缺陷,避免不必要的争执,从而进一步了解软件测试情况,更好地控制软件产品的质量;项目管理人员还可以通过软件缺陷跟踪管理系统收集软件缺陷数据、分析数据、形成软件缺陷趋势曲线,以此识别软件测试过程阶段,分析决定测试过程是否可以结束。软件缺陷跟踪管理系统可以确保软件缺陷一旦提交,所有相关人员都立即获知,不会存在因个人疏忽而导致软件缺陷没有被修正的情况。

1. 权限管理

软件缺陷报告是整个软件测试过程的重要成果,是衡量软件质量、测试人员工作效率、开发人员修正效率和质量的一个重要指标,所以软件缺陷报告需要被长久妥善处理,不能被随意更改或删除,因此,软件缺陷跟踪管理系统必须设置严格的管理权限,非相关人员不得进行操作、修改数据。

一个软件缺陷跟踪管理系统所涉及的角色有测试人员、开发人员和项目管理人员,下面分别介绍上述人员的职责。

测试人员包括测试经理、测试工程师和质量保证人员,这 3 类人员在测试活动中均起着重要作用,其职责主要包含以下 3 个方面。

- 测试经理负责选择软件缺陷管理方式和工具,拟定决策评审计划,管理所有缺陷的关闭情况,审核测试人员提交的缺陷质量和信息,最后,对测试人员的工作质量进行跟踪和评价。
- 测试工程师负责发现缺陷,提交缺陷报告,协助开发人员重现缺陷、定位缺陷。缺陷被修正后,测试工程师负责验证缺陷修正情况,是否引入其他问题,填写缺陷记录中的信息,最后,测试工程师还需根据缺陷的发现情况分析被测试软件的质量状况。
- 质量保证人员负责监控整个缺陷管理过程的执行情况。

开发人员负责接收缺陷记录,修正发现的软件缺陷,提交修正后的版本。

项目管理人员负责将缺陷指派给相关责任人,跟踪缺陷状态,督促其他人员工作,促使软件项目按照进度保质保量地完成。

所以,不同的角色应该拥有不同的权限,例如,其他与项目无关的人员对该项目的软件缺陷报告应该没有权限,或者只拥有只读权限;软件缺陷关闭后,只有项目管理人员可以重新打开或对其进行修改,其他人员只能查看等。

2. 过程管理

软件缺陷跟踪管理是一个非常复杂的过程,需要测试工程师、测试经理、项目管理人员和开发人员相互协同工作,其工作过程如图 4-3 所示。

- 当测试工程师在测试过程中发现软件缺陷后,可以通过软件缺陷跟踪管理系统提交和保存软件缺陷报告,软件缺陷跟踪管理系统通知测试经理对该缺陷进行审核;
- 测试经理接收到通知后,可以在软件缺陷跟踪管理系统查询该缺陷,判断该缺陷是否为真实缺陷,如果是,则将该缺陷提交给项目管理人员,系统负责通知项目管理人员处理该缺陷;如果因为信息不全,无法判断,则通知测试工程师重新测试,提供更多测试信息;如果确认该缺陷不是问题,则直接关闭缺陷;
- 项目管理人员接收到提交的缺陷信息后,进入软件缺陷跟踪管理系统,查询并查看该缺陷,将其分配给对应的开发人员;
- 开发人员接收到提交的缺陷通知后,进入软件缺陷跟踪管理系统,查询并查看该缺陷,判断该缺陷是否是有效缺陷,如果不是,则通知测试经理测试无效,测试经理接收到无效通知后,需要对该缺陷重新进行审核;如果是有效缺陷,分析修正该缺陷,如果缺陷无法复现,可以寻求测试工程师的帮助。缺陷修正完成后,通知测试人员缺陷已经修正;
- 测试工程师接收到缺陷已经修正的通知后,在新软件版本上测试该缺陷,查看缺陷是否仍然存在,如果缺陷不存在,则通知测试经理进行审核。如果仍然存在,则通知开发人员重新修正;
- 测试经理对回归问题进行审核,如果确实已经不存在,则关闭该缺陷,如果仍然存在,则通知测试工程师重新进行测试。

软件缺陷跟踪管理的一个目的就是尽力确保每个被开发人员处理的缺陷都是有效的

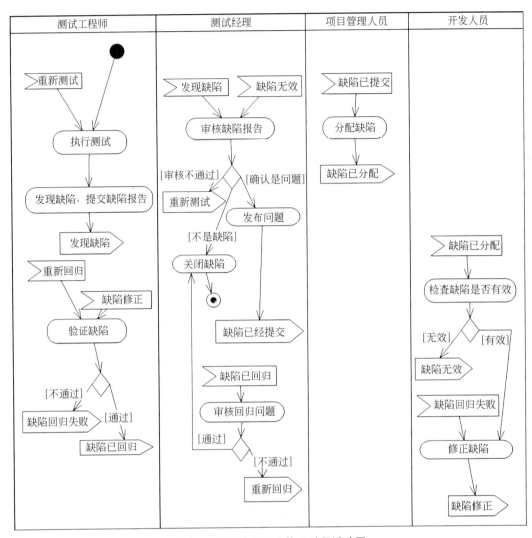

图 4-3 软件缺陷跟踪管理过程活动图

缺陷,每个有效的缺陷都能被及时处理,每个项目人员责任明确、信息沟通顺畅,项目管理人员不断地总结缺陷跟踪管理过程中的问题,不断优化管理流程,促使项目人员更加高效地工作。

3. 现有软件测试缺陷跟踪管理系统

目前,市场上比较流行的缺陷跟踪管理软件较多,包括 Mozilla 的 Bugzilla、淘宝的 BugFree、HP 的 Quality Center、IBM 的 Rational ClearQuest、Seapine 的 TestTrack Pro、TechExcel 的 DevTrack 以及 Atlassian 的 JIRA 等。这些软件缺陷跟踪管理软件的使用有助于项目人员快速查找和跟踪缺陷,有利于保证不同角色的项目人员在共同的平台上协同办公,从而保证软件测试工作的有效性。

1) Bugzilla 工具

Bugzilla 是一个基于 Web 方式的产品缺陷记录和跟踪工具,它能够建立一个完善的

Bug 跟踪体系,包括提交 Bug、查询 Bug 信息、处理解决 Bug 记录和管理员设置 4 个部分,具体使用参见 4.3 节。

2) BugFree 工具

BugFree 借鉴了微软的研发流程和 Bug 管理理念,使用 PHP＋MySQL 语言编写,是一款基于浏览器的、简单易用的免费开源工具。虽然 BugFree 借鉴了微软 Raid 的处理流程和处理方法,但它具有一些独特功能,如当一个 Bug 分配给某一个开发人员时,开发人员将收到邮件通知;BugFree 每日定时以邮件方式通知开发人员待处理的 Bug 数;BugFree 每周还会自动统计 Bug 一周的处理情况以及到目前为止所有 Bug 的统计数据。需要注意的是,安装 BugFree,必须先安装 Apache、PHP、MySQL 支持软件包,其界面如图 4-4 所示。

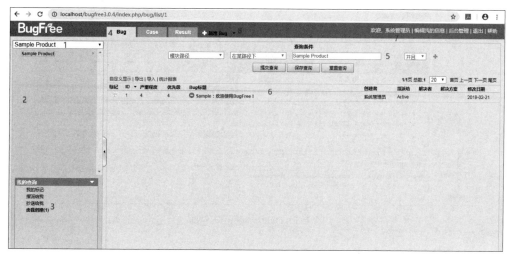

图 4-4　BugFree 界面

BugFree 的界面由 8 大部分组成,图中标注 1 的位置是产品选择框,用来快速切换当前产品;图中标注 2 的位置是产品模块框,用来显示当前产品的模块结构;图中标注 3 的位置是个性显示框,用于显示当前用户标记的 Bug、当前用户拥有的 Bug 和当前用户创建的 Bug;图中标注 4 的位置是"模式切换"标签,用来切换 Bug、Test Case 和 Test Result 模式;图中标注 5 的位置是查询框,用来输入查询条件查询 Bug;图中标注 6 的位置是显示界面,用来显示当前项目所有的 Bug 信息,可以将当前查询结果以报表形式输出,也可以 XML 文件的形式将查询结果按照自定义字段导出;图中标注 7 的位置是导航栏,用来显示当前登录用户的信息;图中标注 8 的位置是用来新建 Bug。

BugFree 中的 Bug 的状态也分为 3 种:一种是 Active(活动)状态;一种是 Resolved(已解决)状态;另一种是 Closed(已关闭)状态。新创建的 Bug 都处于 Active 状态,已经修正的 Bug 都处于 Resolved 状态,经过测试人员验证的 Bug 处于 Closed 状态,表示 Bug 生命周期结束。

BugFree 中 Bug 的严重程度分为紧急、严重、中等和轻微 4 个级别。紧急级为系统崩溃或者数据丢失的问题,严重级为主要功能问题,中等级为次要功能问题,轻微级为最小问题。

Bug 处理的优先级分为高、中、低 3 个等级，其中，高的优先级最高，低的优先级最低。

BugFree 中的角色分为系统管理员、测试人员和开发人员。系统管理员负责配置系统、添加项目、管理成员等；测试人员负责提交、分配、验证和关闭 Bug；开发人员负责解决 Bug。

3）Quality Center 工具

Quality Center 是一个基于 Web 的测试管理工具，可以组织和管理软件测试的所有阶段，不仅有跟踪缺陷功能，还包括指定需求、计划测试和执行测试，其界面如图 4-5 所示。

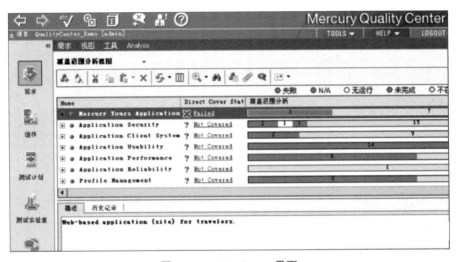

图 4-5　Quality Center 界面

指定需求阶段的主要任务是：首先确定测试目标、目的、策略和范围，接着录入和管理测试需求，创建需求树；然后为需求树中的每个需求主题创建测试需求列表；最后查看需求是否属于测试范围内。

计划测试阶段的主要任务是：首先检查测试环境，确定测试目标，定义测试策略；再创建一个测试计划树，按层次划分软件功能；接着向测试计划树中添加每个测试的定义，并将每个测试与测试需求建立多对多的关系；然后向测试计划树中的测试添加测试步骤；最后检查其与测试目标是否相符。

执行测试阶段的主要任务是：首先定义多组测试，并将任务分配给测试人员；然后手动或自动地执行测试；最后查看测试运行结果，确定是否存在缺陷。

跟踪缺陷阶段的主要任务是：首先报告测试人员、开发人员、项目经理和用户在任何阶段发现的缺陷；接着由开发人员确定要修正的缺陷，并进行修正；然后测试软件新版本；最后分析缺陷修正进度。

Quality Center 软件将 Bug 划分为 New、Open、Repair Ready、Fixed 和 Closed 5 种状态。测试人员发现 Bug 并提交时，Bug 处于 New 状态下的 Unassigned 子状态；如果项目经理审批未通过该 Bug，则该 Bug 处于 Rejected 状态；如果项目经理审批通过了该 Bug，则需要将该 Bug 分配给开发人员，并设置其优先级，该 Bug 处于 New 状态下的 Assigned 子状态；开发人员确认该 Bug 是否需要解决,如果需要解决,则该 Bug 处于 Open 状态的 Active 子状态;如果开发人员认为解决该缺陷需要更多的测试信息,则该 Bug 的状态改为 Open 状态的 Need More Information 子状态;开发人员将 Bug 修正后,则该 Bug 处于 Repair Ready 状态;如果开发人员的修正已经合入软件版本中,则将该 Bug 的状态改为 Fixed 状态;测试人员重新测试该 Bug,确保该 Bug 不再出现,则该 Bug 处于 Closed 状态。如果测试失败,则项目经理将其状态修改为 Open 状态,子状态为 Re-Open 状态。

Quality Center 中 Bug 的严重程度分为 4 级:Urgent(紧急)、High(高级)、Medium(中级)、Low(低级)。Urgent 级是指那些阻碍测试或影响系统的 Bug;High 级是指那些影响测试或系统的 Bug,但是不会阻碍测试;Medium 级是指那些不影响测试的次要 Bug;Low 级是指那些不影响测试的建议性 Bug。

Quality Center 最大的优势是可以将软件缺陷直接与测试用例、测试计划、测试需求关联起来,为测试管理人员提供方便。

4) Rational ClearQuest 工具

ClearQuest 是 IBM 公司提供的一款缺陷跟踪和变更管理工具,可实现流程自定义、查询自定义,用户权限分级管理等功能,也实现了更加灵活的报表自定义功能。ClearQuest 可以与 Rational 的其他产品结合使用。

ClearQuest 分为服务器端、客户端和 Web 端 3 个部分,服务器端的主要任务是创建模式库,一般服务器也是 Bug 的数据库服务器。客户端是指连接服务器端创建的模式库,也就是提交 Bug 的软件。Web 端不需要安装客户端,直接使用浏览器提交 Bug。ClearQuest 包括用户管理、查询缺陷、跟踪管理缺陷、生成缺陷报告等功能,其界面如图 4-6 所示。

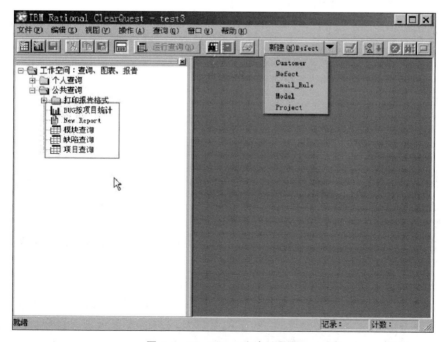

图 4-6 ClearQuest 客户端界面

ClearQuest 将 Bug 所处的状态分为 Submitted、Assigned、Opened、Resolved、Closed、Duplicated 和 Postponed 7 种。测试人员在测试过程中发现软件 Bug,提交到缺陷跟踪管理系统中,此时 Bug 处于 Submitted 状态,如果该 Bug 的信息不足,还需要继续测试并补充相关信息,则执行 Postpone 操作,此时 Bug 处于 Postponed 状态;如果缺陷信息充足,确实是需要解决的 Bug,则分配给开发人员进行修正,此时 Bug 处于 Assigned 状态;当处于 Postponed 状态的 Bug 被测试人员补充充足信息后,将此 Bug 分配给开发人员进行修正,Bug 处于 Assigned 状态;开发人员接收到待解决 Bug 后,首先判断该缺陷是否是问题,如果确定是问题,则进行修正,此时 Bug 处于 Opened 状态;如果开发人员已经修正了 Bug,则将 Bug 状态修改为 Resolved 状态;如果开发人员仍然认为是无效 Bug,则拒绝修改,将 Bug 状态改为 Submitted 状态;被拒绝的 Bug 需要测试人员再次确认,如果测试人员也认为是无效 Bug,那么将 Bug 状态改为 Closed 状态;如果测试人员认为该 Bug 属于问题,则重新将 Bug 状态改为 Assigned 状态;测试人员对已经修正的 Bug 进行验证,如果验证通过,则执行 Validate 操作,将 Bug 状态改为 Closed 状态;如果软件中仍然存在该 Bug,则执行 reopen 操作,将 Bug 状态改为 Opened 状态。ClearQuest 缺陷状态转换图如图 4-7 所示。

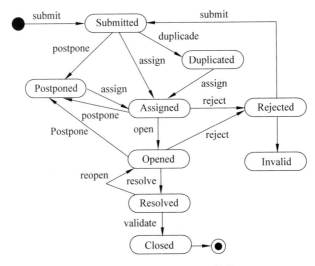

图 4-7　ClearQuest 缺陷状态转换图

ClearQuest 按照 Bug 的严重程度分为致命错误、严重错误、一般错误、轻微错误和建议错误 5 个等级。致命错误是指导致系统崩溃的 Bug;严重错误包括数据丢失、数据损坏、功能未实现等;一般错误包括操作错误等;轻微错误包括错别字、UI 布局错误等;建议错误是软件中需要改进的地方。Bug 的优先级分为应该修复、必须修复、考虑修复、立即修复 4 个等级。

5) Seapine 的 TestTrack Pro 工具

Seapine 的 TestTrack Pro 支持 ODBC 数据库,可以以 XML 的方式导入导出数据,可以自定义工作流程、数据关键字、关键字关系以及用户的安全级别,可以将相关的 Bug 进行关联,其操作方法如图 4-8 所示。

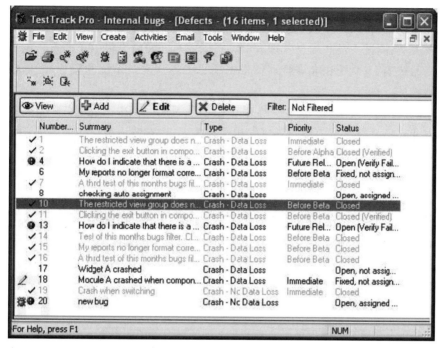

图 4-8　ClearQuest 导入/导出数据图

4.3　基于 Bugzilla 软件缺陷报告与跟踪管理案例实践

4.3.1　Bugzilla 概述

Bugzilla 是一个免费开源的、拥有强大功能的缺陷跟踪管理系统,它具有面向工业应用的特性。它可以使测试人员更好地在软件开发过程中跟踪软件缺陷的处理过程,为开发和测试工作以及产品质量的度量提供数据支持,从而有效地保证软件产品的质量。

1. Bugzilla 的优势

Bugzilla 软件系统不仅可以管理软件缺陷,还可以管理新需求开发、系统功能优化等。它的主要功能是能够对缺陷进行优先排序并将其分配给开发人员,可以根据任意数量的参数搜索查询缺陷,以及利用集成的电子邮件功能,通知相关人员相关信息。其具有的优势具体表现在以下几个方面。

- 系统采用基于 B/S 架构的 Web 方式,安装简单,客户端无须安装其他软件,只需浏览器,运行方便快捷、安全性高。
- 系统拥有强大的检索功能,提供了非常灵活的自定义查询方式。
- 系统提供了非常灵活的系统配置,允许管理员为软件项目设定不同的功能模块,针对不同的功能模块设定默认接收任务的开发人员和测试人员;系统允许管理员对人员进行管理,按组分配权限;系统允许测试人员提交 Bug 时根据 Bug 的影响程度设置 Bug 的严重程度,开发人员根据开发情况设置 Bug 的优先级,从而使开发人员、测试人员和项目管理人员将有限的时间和精力集中在严重程度和优先级高的缺陷上;系统还允许管理员根据项目实际情况对系统的流程、界面、字段、规则等进行自定义配置。

- 系统提供了邮件提醒功能。当 Bug 在生命周期中发生变化时,系统将 Bug 的动态变化信息以电子邮件的形式发送给相关人员,有效地帮助相关人员进行沟通。
- 系统使用数据库管理 Bug,可以提供详细的报告输入项,产生标准的 Bug 报告。

2. Bug 状态管理

从 Bug 角度看,Bugzilla 系统是一个收集 Bug 的数据库,可以用于管理软件开发中 Bug 的提交(New),修复(Resolved),关闭(Closed)等整个生命周期。该系统将 Bug 报告状态划分为待确认的(Unconfirmed)、新提交的(New)、已分配的(Assigned)、问题未解决的(Reopened)、待返测的(Resolved)、待归档的(Verified)和已归档的(Closed)7 个状态。从初始报告到关闭缺陷的生命周期如图 4-9 所示。

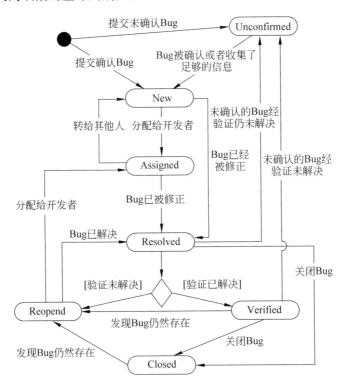

图 4-9　从初始报告到关闭缺陷的生命周期图

Bug 从提交到关闭的整个生命周期中所经历的过程如下。

- 提交 Bug:测试人员在测试中发现问题后,在 Bugzilla 系统中提交 Bug,此时 Bug 处于 New 状态,但如果 Bug 信息未确认,则 Bug 处于 Unconfirmed 状态。
- 分配 Bug:对于处于 New 状态和 Reopened 状态的 Bug,如果测试人员明确指定修正 Bug 的开发人员,则将此 Bug 直接指定给处理人,Bug 处于 Assigned 状态,如果不明确,则指定给管理员。管理员查看最新版本系统中是否存在该 Bug,如果已经被修正,或是无效 Bug,或因为时间、资源等限制,暂时无须修改,或相同 Bug 在系统中已经提交,则管理人员将 Bug 状态改为 Resolved 状态。如果 Bug 是有效的,则将此 Bug 分配给相关开发人员进行修正,Bug 处于 Assigned 状态。

- 修正 Bug:对于处于 Assigned 状态的 Bug,如果开发人员发现 Bug 不属于自己负责的模块,则将此 Bug 转还给管理人员,Bug 状态改为 New 状态。如果开发人员修正了该 Bug,则 Bug 处于 Resolved 状态。

- 验证 Bug:对于处于 Resolved 状态的 Bug,如果测试人员确认该 Bug 是无效 Bug,则将 Bug 状态改为 Closed;如果测试人员验证 Bug 已被解决,则将 Bug 状态改为 Verified 状态;对于处于 Resolved 状态和 Verified 状态的 Bug,如果测试人员在新版本中仍然发现了该 Bug,则 Bug 状态改为 Reopened 状态;如果测试人员仍然未能确认 Bug 信息,则将该 Bug 状态改为 Unconfirmed 状态。如果软件产品已经发布,则将 Bug 状态改为 Closed 状态。

在 Resolved、Verified、Closed 状态,根据 Bug 的不同情况,可以对 Bug 做出不同的处理意见(Resolution),也称为子状态,包括已修改的(Fixed)、不是问题(Invalid)、无法修改(Wontfix)、重复(Duplicated)、无法重现(Worksforme)。

3. Bug 的严重程度和优先级管理

Bugzilla 系统根据 Bug 对整个软件的影响程度,将 Bug 的严重程度分为 Blocker、Critical、Major、Normal、Minor、Trivial、Enhancement。Blocker 级别是导致系统无法执行、崩溃或资源严重不足、功能模块无法运行或频繁异常退出造成系统不稳定,无法测试的 Bug,如内存泄漏、严重花屏、用户数据丢失或破坏等。Critical 级别是主要功能存在严重缺陷,影响系统运行的 Bug,但不会影响测试的进行,如某些小功能未实现、安全性问题、功能错误、系统刷新错误等。Major 级别是界面、性能、主要功能方面的 Bug,如边界条件下的错误、提示信息错误、系统未优化、兼容性问题等。Normal 级别是次要功能方面的 Bug。Minor 级别是易用性方面的 Bug,如界面格式不规范、操作未给用户提示、文字排列不整齐等。Trivial 级别是不重要的、琐碎的 Bug,如页面展示问题、输入边框粗细问题等。Enhancement 级别是要求新增加的功能,或者测试建议。

Bug 的优先级分为 5 种,即 Highest、High、Normal、Low 和 Lowest。最高级别是 Highest,最低级别是 Lowest。

不管是严重程度还是优先级,Bugzilla 系统都允许管理员进行自定义设置,例如,可以根据项目情况,设置 Bug 严重程度级别为 Blocker、Major、Minor 和 Trivial 4 个级别。同样,优先级也可根据项目情况设置为 High、Normal 和 Low 3 个级别。

4. Bug 存储库示例

以下是软件行业中实际项目的实际缺陷存储库示例,通过这些示例,可以学习其他有经验的测试人员是如何编写缺陷报告的。

- https://bugzilla.mozilla.org

- http：//bugzilla.kernel.org
- https：//issues.apache.org/bugzilla
- http：//www.openoffice.org/issues/query.cgi
- https：//bugs.eclipse.org/bugs

4.3.2　Bugzilla 系统安装

用户可从官网 https：//www.bugzilla.org/下载 Bugzilla 的安装软件，下载完成后双击进行安装。安装成功后，打开浏览器加载主页面 http：//localhost/，如图 4-10 所示。

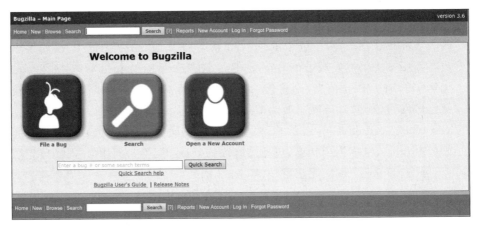

图 4-10　Bugzilla 主页面

这里以在 Windows 操作系统中安装 Bugzilla 3.6 版本为例，安装过程中有几个需要用户设置的界面，这里做出特殊说明。

1. 安装目录

Bugzilla 系统的安装目录选择界面如图 4-11 所示，默认安装在 C：\Program Files\Bugzilla 目录下，也可根据用户硬盘的实际情况进行配置，改为其他路径。

2. 服务器设置

服务器设置界面如图 4-12 所示，可以设置服务器和数据库使用端口，默认服务器端口是 80，数据库端口是 3306，确保 Windows 中这些端口是可用的。同时设置 root 账户和 Bug 账户密码，这两个密码不允许相同。这两个账户可用于操作与 Bugzilla 关联的数据库，如手动备份 Bug 数据信息。

3. 管理员设置

在安装过程中需要创建一个管理员账户，其界面如图 4-13 所示。Bugzilla 系统中任意一个账户都是以 E-mail 为基础进行创建的，因为在 Bug 状态变更时，系统需要发送 E-mail 通知相关人员。所以需要在 E-mail 中添加管理员真实有效的 E-mail 地址。同时为管理员设置密码，为 Bugzilla 系统设置 SMTP 服务器。

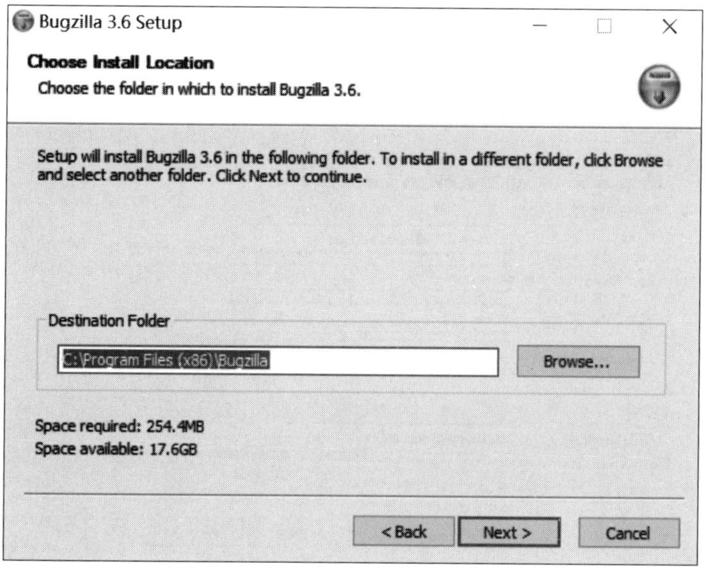

图 4-11　选择安装目录

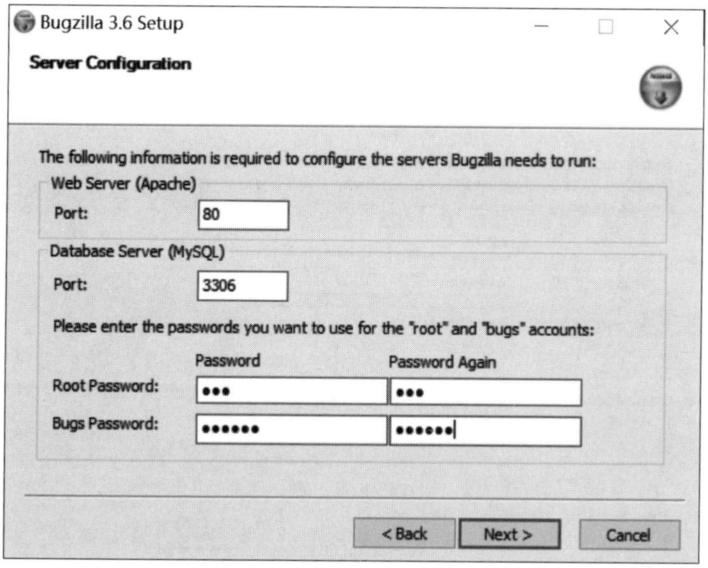

图 4-12　服务器设置

4. 操作系统用户信息设置

Bugzilla 系统需要调用访问 Windows 的功能，所以需要设置 Windows 登录用户的信息，如图 4-14 所示。

4.3.3　Bugzilla 系统操作流程

Bugzilla 系统能够建立一个完善的 Bug 跟踪体系，包括管理系统初始化和设置、创建

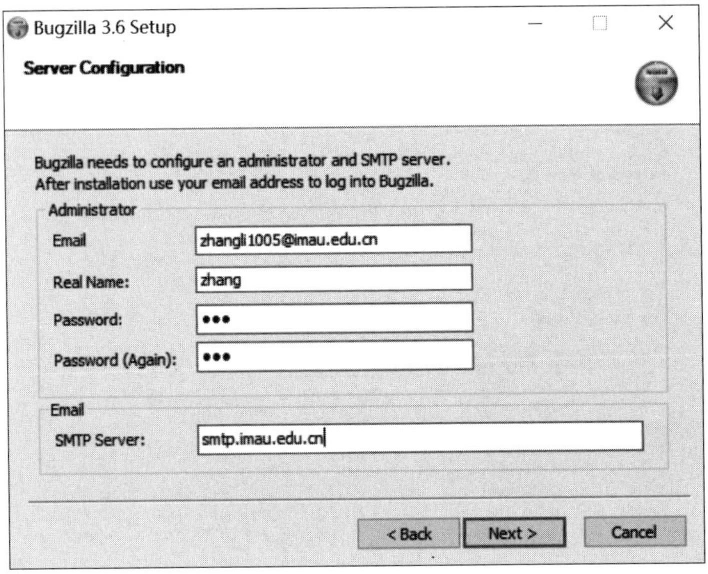

图 4-13　管理员设置

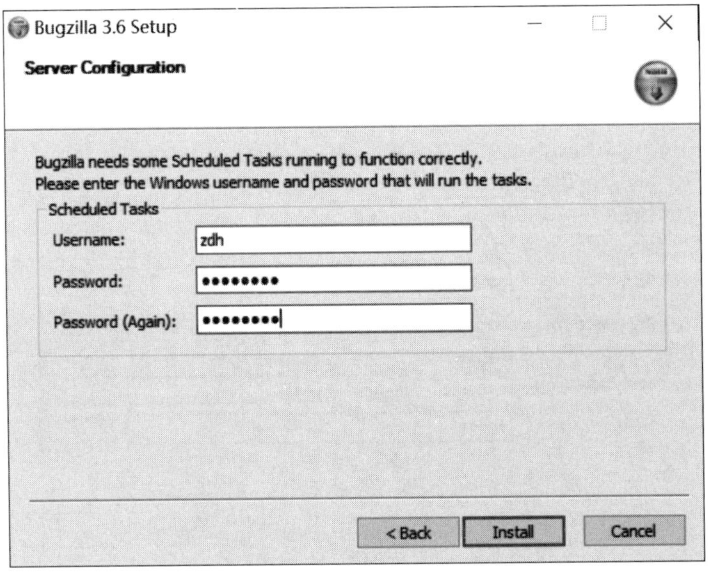

图 4-14　设置 Windows 登录用户的信息

账号、报告 Bug、查询 Bug 记录并产生报表和处理解决 Bug 5 个部分。

1. 系统初始化和设置

　　管理员具有一些特殊权限,可以更改用户设置和模块设置,如增加项目、增加功能模块等。使用安装时输入的管理员账号和密码登录系统,进入管理界面,如图 4-15 所示。

　　Parameters 用于设置系统安装的核心参数,如设置访问 URL、用户身份验证方式、Bug 显示字段、E-mail 传输代理、使用图表和共享查询的用户组等。

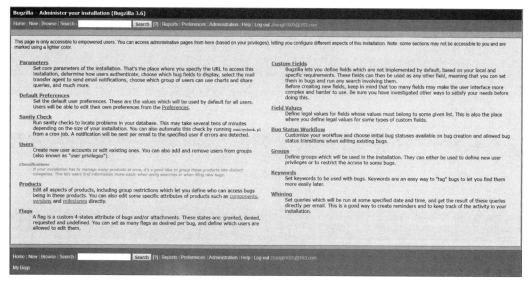

图 4-15　管理员设置界面

Default Preferences 用于设置默认用户首选项。

Sanity Check 用于系统检查，如果检测到错误，将通过 E-mail 向指定用户发送通知。

Users 用于设置用户，创建新用户账户或编辑现有账户，也可在组中添加和删除用户。

Products 用于设置产品，如编辑产品信息、定义访问产品 Bug 的权限范围、直接编辑产品的某些特定属性，如组件、版本和里程碑。

Flags 用于管理标记，如为每个 Bug 设置任意数量的标志（批准、拒绝、请求和不确定）、设置编辑标记权限范围。

Custom Fields 用于自定义字段，如自定义特定要求的默认字段，通过这些字段搜索 Bug。

Field Values 用于定义某类型自定义字段的合法值。

Bug Status Workflow 用于自定义 Bug 的工作流程，选择创建 Bug 时可用的初始状态，编辑现有 Bug 状态允许的状态转换。

Groups 用于管理分组，如创建用户组、定义用户权限、限制 Bug 的访问权限。

Keywords 用于为 Bug 设置关键字，以便更快地查找。

Whining 用于在指定日期和时间运行某些查询，将查询结果通过 E-mail 通知相关人员。这是创建提醒和跟踪安装活动的好方法。

Preferences 用于设置参数，包括 General Preferences 设置一般参数，如 Bug 查看顺序、CVS 文件分隔等，E-mail Preferences 设置 E-mail 收发，选择在什么情况下会收到 E-mail 通知，Assignee 表示分配人，也就是当前的责任人，Reporter 表示报告者，也就是发现 Bug 的人员，CCed 表示抄送人，Saved searches 查看保存的查询，Permissions 查看所拥有的权限。

这里重点讲解用户权限的设置和项目设置。

（1）用户权限设置。

用户权限的设置有两种方式，一种是设置单个用户权限，另一种是将用户设置为用户组，分组设置权限。

单个用户设置权限，可以单击 Users，进入查找、增加用户界面，如图 4-16 所示，在 matching 中输入某用户的用户名，然后单击 Search 进行搜索查找用户，打开用户列表窗口，可查看用户信息。

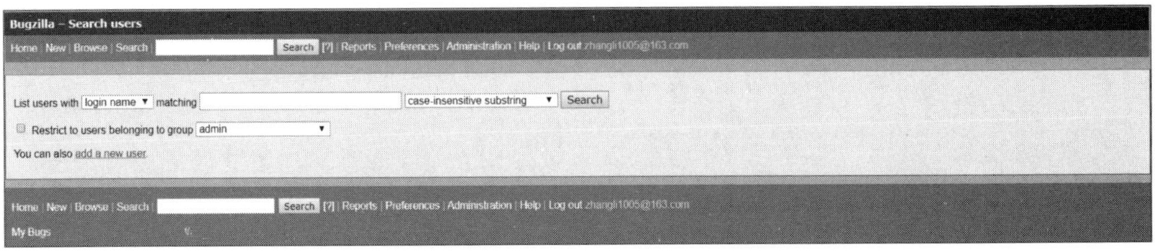

图 4-16　配置用户界面

也可单击 Add a New User，添加一个新用户，提供新用户 E-mail 信息，为其设置登录密码，Bugmail Disabled 表示如果有用户提交新 Bug，是否自动给该用户发送 E-mail 信息，如果 Disable text 不为空，则用户账号将被禁用，如图 4-17 所示，添加后可在权限设置页码为用户分配权限。

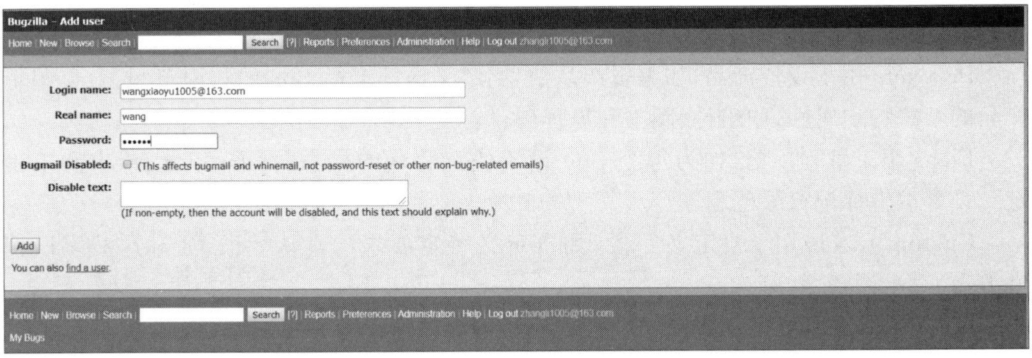

图 4-17　添加新用户

分组设置权限需先创建一个群组，然后根据项目人员的角色不同，设置不同的权限。采用分组设置，可以统一管理用户权限，无须单个用户逐一设置。默认已有的权限组有：admin 负责管理整个系统，bz_canusewhineatothers 为其他用户配置订阅报告，bz_canusewhines 用户自行配置订阅报告，bz_sudoers 可以像其他用户一样执行操作，bz_sudo_protect 不能被其他用户所模拟，canconfirm 可以确认缺陷或标记某一缺陷是重复缺陷，creategroups 可以创建或删除组，editbugs 可以编辑所有 Bug 区域，editclassifications 可以创建、删除和编辑分类，editcomponents 可以创建、删除和编辑模块，editkeywords 可以创建、删除和编辑关键字，editusers 可以编辑和禁止用户，tweakparams 可以改变参数。

（2）项目设置。

管理员打开管理界面后，单击 Products，打开项目列表窗口，该窗口显示该管理员管理的所有项目，选择某一项目，对其进行操作，如查看、删除等。单击 Add a Product 创建新项目，如图 4-18 所示。

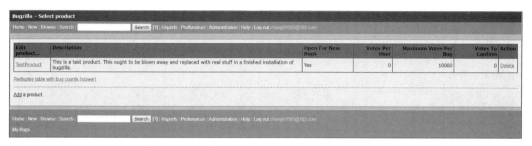

图 4-18　设置 Products

在添加新项目页面，输入项目名称和描述，单击 Add 进入详细信息设置页面，为软件项目添加功能模块、版本信息和项目组。这里以 ATM 模拟系统软件项目为例，添加功能模块登录、存款、取款、查询和转账 5 个部分，版本号可以添加 0.9、1.0 和 1.1，如图 4-19 所示。

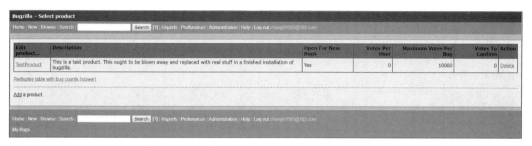

图 4-19　创建项目

项目创建成功后，测试人员便可直接在 Bugzilla 系统中选择该项目，提交缺陷。

2.创建 Bugzilla 系统账号

Bugzilla 系统中除了管理员可以添加新用户外，用户也可以自行创建 Bugzilla 系统账号，其具体方法如下。

（1）创建新账号。

打开 Bugzilla 系统主界面，单击 Open a New Account 图标，创建新账户。在创建新账户界面中输入真实存在的、合法的 E-mail 地址,单击 Send 按钮,系统通过管理员邮箱,发送一封 E-mail 到新账号邮箱中,如图 4-20 所示。

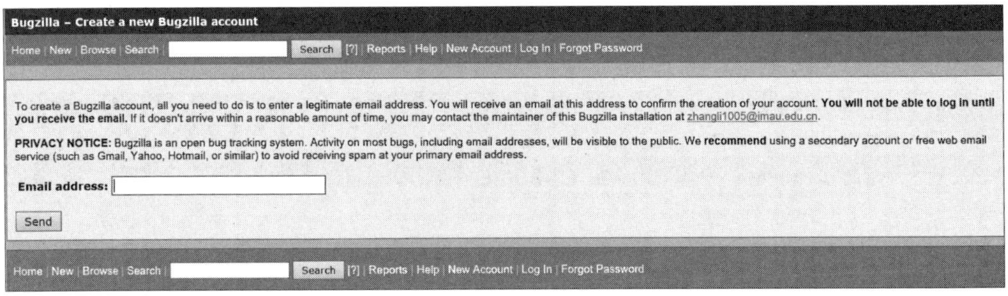

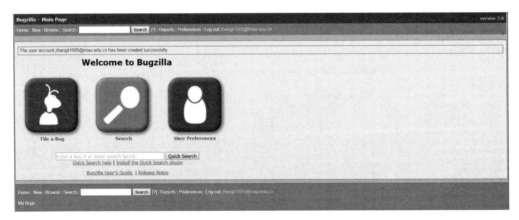

图 4-20　创建新账户

用户打开 E-mail,将 E-mail 中的"token.cgi? t＝j35cRzN987&a＝request_new_account"链接复制添加到 Bugzilla 系统的主页面网址后,重新输入密码,确认开通新账户。也可由管理员在管理用户界面直接为用户开通账户。

(2)登录系统管理缺陷。

在 Bugzilla 系统主页面单击 Log In 按钮,输入 E-mail 账号和密码,登录 Bugzilla 系统,登录后即可跟踪管理软件缺陷,登录后进入的主页面如图 4-21 所示。用户可以提交缺陷报告、搜索缺陷、查看个人参数信息等。

图 4-21　登录后进入的主页面

3. 报告 Bug

以 ATM 模拟系统为例介绍如何报告 Bug,ATM 案例界面具体如图 4-22 所示。

测试人员单击 ON 按钮开机,输入 ATM 中预置钱数,单击 Click to insert card 按钮,输入 1,表示插入卡 1。通过界面中的软键盘输入 PIN 码,正确 PIN 码是 42,但是当输入 23 时,系统仍然可以登录成功,这就是一个 Bug。现需要将这一 Bug 提交到 Bugzilla 系统中。

首先测试人员登录 Bugzilla 系统,在主界面上单击 New,或单击 File a Bug,选择需

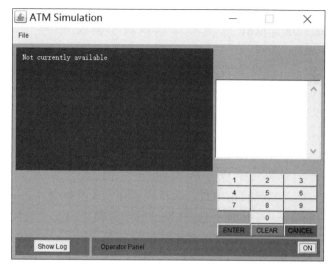

图 4-22　ATM 模拟系统

要提交 Bug 的软件项目，一个测试人员可能会同时处理多个软件项目缺陷，这里选择 ATM 模拟系统。进入 Bug 设置界面，单击 Show Advanced Fields，显示全部 Bug 设置区域，如图 4-23 所示。

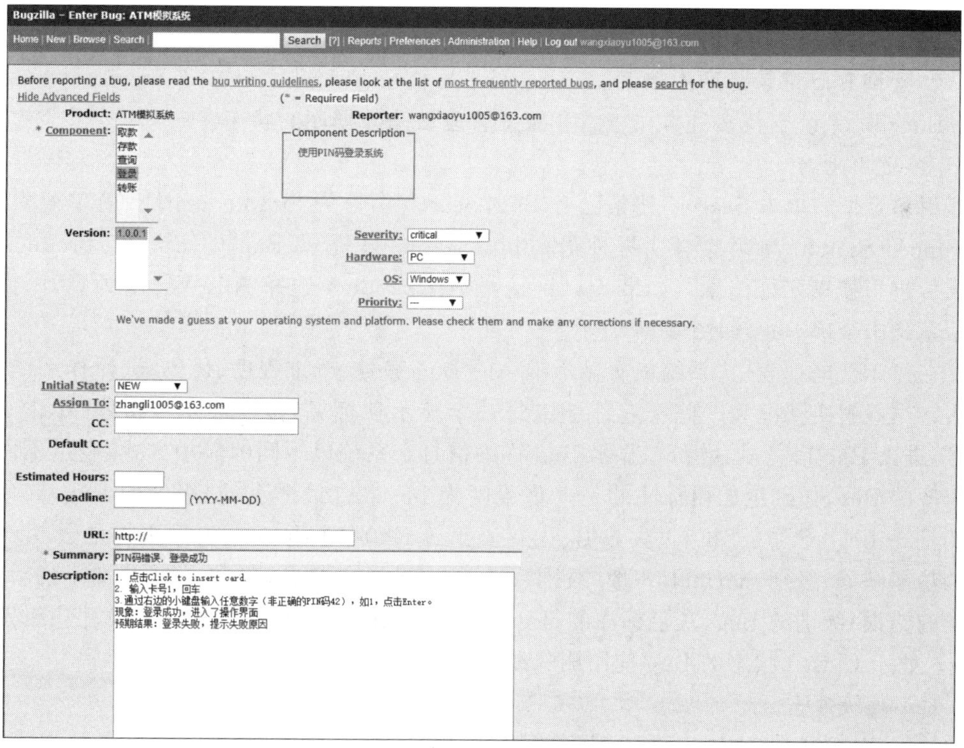

图 4-23　提交 Bug 页面

Product——产品名称,默认显示创建 Bug 时选择的项目名称。Reporter——发现缺陷提交报告的人。Component——选择缺陷所属功能模块,候选项由管理员加入 Products 中,Component Description——功能模块的描述,这里选择"登录",因为该缺陷发生在登录模块。Version——软件项目版本,由管理员在管理界面添加软件版本,测试人员根据当前测试版本选择填写。Severity——Bug 严重程度,虽然 PIN 码错误,测试人员能够成功登录,不影响登录后功能测试,但是该 Bug 仍然是一个很严重的问题,直接影响账户安全性,所以将其设置为 Critical。Hardware——硬件,候选项为 All、PC、Macintosh 和 Other,这里采用 PC 进行测试。OS——操作系统,候选项为 All、Windows、Mac OS、Linux、Other,这里是在 Windows 操作系统中运行的 ATM 模拟系统,所以选择 Windows。Priority——优先级,由项目管理者或者开发人员设置。Initial State——初始状态为 New。Assign To——此 Bug 提交的目标对象,如果测试人员无法确认该 Bug 由哪位开发人员负责,则可以提交给项目管理员进行分配。CC——抄送人员,将 Bug 信息和状态及时通知抄送人员。URL——在线产品网址。Summary——提交缺陷标题,标题要简单易懂,突出主题,如这里选用的标题是"PIN 码错误,登录成功",直接描述问题和结果,让开发人员一目了然。Description——缺陷详细信息,包括重现步骤、现象和预期结果等。Attachment——重现缺陷所需要的数据信息或缺陷出现时界面截图等。

最后单击 Submit Bug 提交 Bug,Bug 提交后,系统会按照提交顺序自动为该 Bug 添加一个唯一的编号,此时 Bug 处于 New 状态,其他相关人员可在系统中查看和处理该 Bug。

4. 查询 Bug 记录并产生报表

Bugzilla 系统支持多种方法查看和跟踪管理缺陷数据库的状态。

(1) 简单搜索。

用户登录后单击 Search,搜索已有 Bug,Search 中分为 Simple Search(简单搜索)和 Advanced Search(高级搜索)两种,Simple Search 只提供 Bug 的 Status、Product 和 Words 进行模糊匹配搜索。如果 Status 选择 All,Product 选择 All,Words 为空,则搜索显示系统中全部 Bug,如图 4-24 所示。

在显示缺陷列表中,系统依次显示唯一的 Bug 编号、严重程度、优先级、操作系统、责任人、专题、解决情况和缺陷标题。单击每一个显示项标题,按照显示项排序;单击 Bug 编号,进入 Bug 信息显示窗口,显示 Bug 详细信息。系统以不同的显示方式,表示不同严重程度的 Bug,如红色加粗标注的是严重程度为 blocker(最严重的)级别的 Bug,红色标注的是 critical(严重、死机、丢失数据、内存溢出等)级别的 Bug,黑色标注的是 major(较大的功能缺陷)级别、normal(一般)级别、minor(较小的功能缺陷)和 trivial(细小拼写、对齐类的错误)级别的 Bug,灰色标注的是 enhancement(最轻微的需要改进的缺陷)级别的 Bug。处于 Closed 状态的 Bug 使用删除线标记。

(2) 高级搜索。

Bugzilla 还支持对 Bug 更加精确的搜索,例如,将各种条件组合后的高级搜索,如图 4-25 所示。

选择产品项目、模块、版本、Bug 状态、严重程度、优先级、硬件、操作系统、缺陷标题、

ID ▲	Sev	Pri	OS	Assignee	Status	Resolution	Summary
1	cri	---	Wind	1974620749@qq.com	RESO	FIXE	卡号为1时，密码不起作用，输入任意数字均可进入。
2	cri	---	Wind	1974620749@qq.com	RESO	FIXE	输入不合法账号，密码不正确也可以进入系统
3	cri	---	Wind	1974620749@qq.com	RESO	WONT	第一次输入错误账号密码后，要连续输入两次正确账号密码才能进入系统
4	blo	---	Wind	1974620749@qq.com	RESO	FIXE	当输入账号错误的时候，输入密码后系统卡死
5	maj	---	Wind	1974620749@qq.com	RESO	WONT	进入系统后，界面提示输入选项1、2、3、4，但是输入别的数字，系统会显示¥20
6	maj	---	Wind	2411241409@qq.com	RESO	WONT	转账后账户余额显示错误
7	maj	---	Wind	2411241409@qq.com	RESO	WONT	转账实际金额与输入金额不符
8	blo	---	Wind	1605019794@qq.com	RESO	FIXE	查询界面只显示支票账户和货币市场
9	cri	---	Wind	1605019794@qq.com	RESO	FIXE	卡1用户查询货币市场显示未知错误
10	cri	---	Wind	18347401308@163.com	RESO	FIXE	卡2查询货币市场显示Invalid account type
11	blo	---	Wind	1605019794@qq.com	RESO	WONT	1.1版本卡1用户查询存储账户时显示未知错误并吐出500块钱但余额可以正常输出
12	maj	---	Wind	1125833810@qq.com	RESO	FIXE	累计取款金额达200后，继续取款就会提示可用余额不足。
13	maj	---	Wind	1125833810@qq.com	RESO	WONT	在对账户中的钱进行转账或取款时，只能使用账户中原有的钱，而对新存进去的钱无法进行操作（累计金额超出账户中原有金额就会提示可用余额不足）。
14	maj	---	Wind	1125833810@qq.com	RESO	FIXE	1.0取款时，选取取款金额为任意金额，都只能取出20。
15	maj	---	Wind	1125833810@qq.com	RESO	FIXE	取款时，取款金额小于ATM里的金额总数，也会提示可用余额不足。
16	cri	---	Wind	2972428236@qq.com	RESO	WONT	可用金额与账户总金额不符合
17	enh	---	Wind	2972428236@qq.com	RESO	WONT	存入金额不符
18	enh	---	Wind	2972428236@qq.com	RESO	WONT	存入金额不正确
19	cri	---	Wind	2972428236@qq.com	RESO	WONT	存款数额较大导致系统卡死
20	cri	---	Wind	18347401308@163.com	RESO	INVA	余额充足时，取款显示余额不足
21	enh	---	Wind	18347401308@163.com	RESO	INVA	无返回
22	enh	---	Wind	18347401308@163.com	RESO	INVA	查询基金显示未知账户类型

图 4-24 简单搜索图

图 4-25 高级搜索

评论、URL 和 E-mail 等进行组合搜索，可以把搜索组合条件保存起来，便于以后搜索。单击某一搜索结果中的 Bug 后，显示 Bug 的详细信息，如图 4-26 所示。

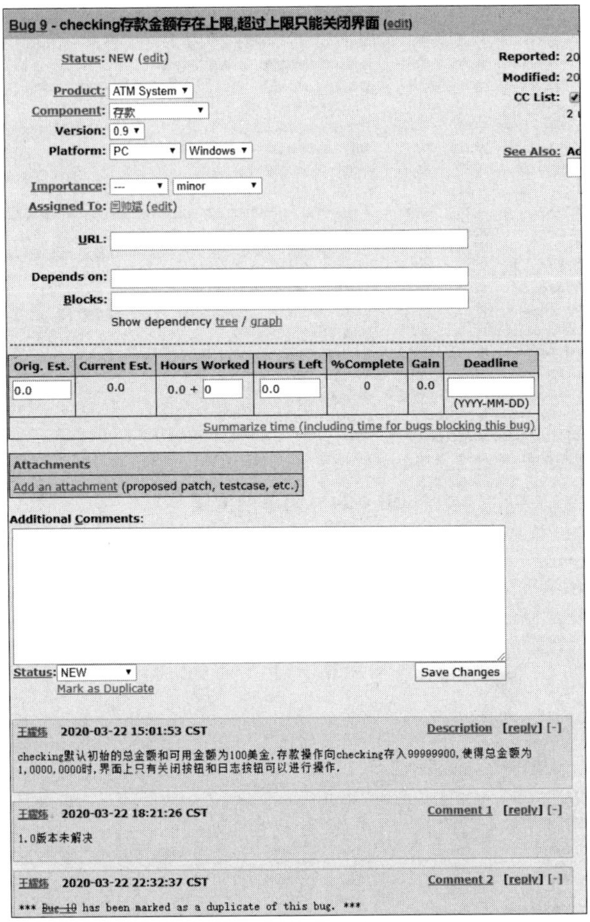

图 4-26　Bug 详细信息

需要注意 Bug 的报告日期和严重程度，这些都是控制测试进度的重要参数。Bug 的全部信息可以打印输出，也可以转为 XML 格式文件。

(3) 表格报告。

在 Bugzilla 系统主页面，单击 Reports，可以生成 Bug 报告，如以表格形式输出报告，如图 4-27 所示。

Severity / Component

	minor	trivial	Total
存款	.	1	1
登录	1	.	1
Total	1	1	2

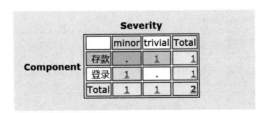

图 4-27　Bug 表格报告

如果 Bug 数较多,可以分析各个模块的 Bug 数量分布情况,进行评估。图 4-27 中的横、纵坐标都可以根据实际需要更换,这里使用模块作为纵坐标,使用严重程度作为横坐标,可以看出,该系统共有 2 个 Bug,其中,登录模块有一个 minor 级别 Bug,存款模块有一个 trivial 级别 Bug,报告也可以以 CSV 格式导出到文件中。

（4）图形状报告。

Bugzilla 系统支持以折线图、条形图或饼状图的形式输出 Bug 图形报告,如图 4-28 所示。

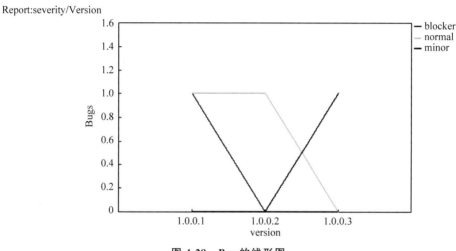

图 4-28　Bug 的线形图

5. 处理解决 Bug

Bug 提交后,由开发人员、项目管理人员和测试人员协同处理 Bug,具体处理内容和步骤介绍如下。

（1）项目管理人员处理属于自己的 Bug,包括以下几种情况。

- 有效 Bug：项目管理人员初步判断测试人员提交的 Bug 是否是有效 Bug,如果是,则将 Bug 分发给开发人员,Bug 状态改为 Assigned,然后在 Assigned To 中输入被指定开发人员的账号。如果该 Bug 描述的问题不属于当前版本需要解决的问题,则将状态改为 Resolved 状态中的 Wontfix 状态,并在 Additional Comments 给出做出此判断的理由。

- 无效 Bug：项目管理人员通过阅读 Bug 报告中 Bug 的详细描述,确定该 Bug 不是问题,将 Bug 状态改为 Resolved 中 Invalid,指出该 Bug 不是问题,请测试人员关闭或重新测试给出更详细的信息。

- 重复 Bug：项目管理人员在查看 Bug 时,发现该问题已经在 Bugzilla 系统中存在,项目管理人员需要在 Bugzilla 系统中找到已经存在的 Bug,并记录其编号,将新的 Bug 状态改为 Resolved 中的 Duplicated,并填写已存在的 Bug 编号。

（2）开发人员处理属于自己的 Bug,包括以下几种情况。

- 有效 Bug：开发人员需要仔细阅读 Bug 发生的步骤和现象,如果可以从测试人员的描述中确定 Bug 原因,或者通过重现 Bug 找到原因,则可直接修正,修正后,将 Bug 状态改为 Resolved 中的 Fixed,同时需要在 Additional Comments 中填写该 Bug 发生的原因和解决方法;如果无法确认原因,但也无法重现,则可以寻求测试人员的帮助,也就是 Bug 提出者的帮助。如果该 Bug 出现概率很低,无法重现,也无法从现有数据中分析原因,则需要测试人员提供更多信息,则可以将此 Bug 的状态改为 Resolved 中的 Worksforme,并在 Additional Comments 中添加开发人员需要的信息。如果该 Bug 描述的问题不属于用户需求,暂时不解决,则将状态改为 Resolved 中的 Wontfix,并在 Additional Comments 给出做出此判断的理由。

- 无效 Bug:开发人员通过阅读 Bug 报告中的详细描述,确定该 Bug 不是问题,将状态改为 Resolved 中的 Invalid,指出该 Bug 不是问题,请测试人员关闭。
- 重复 Bug:开发人员在查看 Bug 时,发现该问题已经在 Bugzilla 系统中存在,则开发人员需要在 Bugzilla 系统中找到已经存在的 Bug 编号,将新 Bug 状态改为 Resolved 中的 Duplicated,并填写已存在的 Bug 编号。
- 不属于自己范围的 Bug:经过分析,开发人员发现该 Bug 不属于自己的范围,如果开发人员了解该问题的所属范围,则可以直接在 Assigned To 中输入被指定人的账号,在 Additional Comments 中输入分析结果和判断依据。如果开发人员不了解,则可以重新将状态改为 New,输入管理人员邮箱,由管理人员重新分配。

(3) 测试人员处理属于自己的 Bug,包括以下几种情况。

- 已经解决的 Bug:测试人员查询开发者已经修改的 Bug,也就是处于 Resolved 中的 Fixed 子状态的 Bug,在修改了该问题的软件版本上进行回归测试。验证无误后,修改状态为 Verified,标注在哪个软件版本中测试通过,待整个产品发布后,修改状态为 Closed。如果还存在问题,则将状态改为 New,在 Additional Comments 添加更多测试信息。
- 无效 Bug:对于开发人员或项目管理人员退回的无效 Bug,测试人员重新进行测试,如果是与用户需求有关的 Bug,则需要和需求管理人员进行确认。经过测试和确认,如果发现该问题确实是无效 Bug,则直接关闭 Bug,如果发现该问题仍然是一个缺陷,则提供更多信息,将状态改为 Reopened,也可与开发人员确认后,重新提交。
- 需要更多信息的 Bug:测试人员重新测试该 Bug,如果能重现,则提供更多重现信息,将 Bug 状态改为 Reopened。如果不能,则请求其他测试人员帮忙寻找 Bug 的必现条件。

4.4　习题

1. 软件测试管理分为哪几类?
2. 一份软件缺陷报告需要包含哪些内容?
3. 列举出几种软件缺陷跟踪管理系统工具。

第5章

常用黑盒测试方法

本章学习目标
- 理解黑盒测试的常用方法
- 掌握黑盒测试方法的原理
- 理解各种黑盒测试方法的优缺点
- 熟练运用黑盒测试法开展软件测试

本章重点介绍黑盒测试常用方法的基本概念、基本原理,每种测试方法均结合相关案例展开,以便读者更好地将测试方法与测试实践应用相结合,深刻理解相关概念,掌握应用方法。

5.1　Ad-hoc 测试和 ALAC 测试

5.1.1　Ad-hoc 测试

Ad-hoc 测试,又叫随机测试,"随机"意味着没有计划、没有目的地随意测试。大多数软件从业人员认为 Ad-hoc 测试是在浪费时间和资源,实际上,Ad-hoc 测试在软件测试的生命周期里扮演着非常重要的角色,利用它可以快速地发现一些严重缺陷,审查测试用例是否完备,所以,Ad-hoc 测试是其他有计划、有目的测试的一种必要补充,是保证测试覆盖完整性的有效方式和过程。

1. 什么是 Ad-hoc 测试

Ad-hoc 测试是一种在没有测试计划和文档的情况下,由测试人员根据经验采用尽可能合适的方法随机地对软件进行测试的一种方法。所以,Ad-hoc 测试是非结构化的探究性测试,是最小形式的测试方法。例如,使用 Ad-hoc 测试方法测试某一函数时,可以采用随机生成的函数参数作为输入数据;当使用 Ad-hoc 测试方法测试某个 API 接口时,可以采用随机生成的请求信息作为输入请求;当使用 Ad-hoc 测试方法测试用户界面时,可以采用随机生成的操作序列作为测试输入。

理论上,在整个测试过程中,每一个软件只需要进行一次随机测试,除非发现缺陷。

实际上,Ad-hoc 测试适用于许多情况。

1)项目早期需使用 Ad-hoc 测试

在项目早期,测试人员需要通过软件需求规格说明书等获取软件测试需求,但这不足以使其完全弄清楚一个软件系统的实际行为,还需要亲自感受、测试、使用软件。这时,Ad-hoc 测试就是一种最好的发现探索的方法,它可以帮助测试人员理解被测试软件,获取测试需求,编写更有效、质量更高的测试用例。

2)项目中期需使用 Ad-hoc 测试

在项目中期,Ad-hoc 测试所获得的数据可以帮助测试人员发现测试策略的漏洞,找到本来没有明显关系的子系统之间的关系,发现漏掉的测试用例,帮助设定测试用例的优先级以及应用软件的发布日期。这时,Ad-hoc 测试是一种检验测试完整性的工具。如果测试人员对软件进行 Ad-hoc 测试后,仍没有发现任何现有测试用例之外的问题,说明当前的测试用例比较完备。

3)项目晚期需使用 Ad-hoc 测试

在项目晚期,如果一个软件已经完成测试文档里规定的全部测试,进入由用户或产品管理团队验收测试阶段,Ad-hoc 测试可以帮助检查应用软件质量,此时 Ad-hoc 测试是能够执行的唯一一种测试方式。

4)Ad-hoc 测试是常规测试的必要补充

在常规测试中,当测试人员发现某一软件问题后,可以使用 Ad-hoc 测试方法探索是否存在相关问题,相关模块是否存在相似问题。

5)Ad-hoc 测试与回归测试互补使用

当测试人员在回归测试中发现问题时,需要通过 Ad-hoc 测试方法分析和定位缺陷,反复尝试,确定问题复现步骤;测试人员在 Ad-hoc 测试中发现问题时,需要在缺陷跟踪系统中记录问题,开发人员将问题修正后,测试人员需要通过回归测试验证该问题。

在 Ad-hoc 测试过程中,测试人员不需要执行任何测试用例,不与任何分配的测试任务绑定,所以,一般情况下,测试人员不会花费很多时间进行 Ad-hoc 测试,主要针对被测试软件的一些重要功能点、新增加的功能点、特殊情况点、特殊使用环境、并发性等情况,尤其是当前测试用例没有覆盖的部分,凭借他们的直觉和经验寻找 Bug。因此,Ad-hoc 测试最好由经验丰富并且熟悉被测试软件的测试人员开展,发现常规测试中没有发现的 Bug。

假设一个求和函数 int sum(int a,int b),接收两个输入参数 a 和 b,将两个参数相加后,结果作为返回值返回。如果这一函数在 16 位系统中运行,那么 a、b 的取值范围是 $-32768\sim32767$。两个输入参数的取值范围形成一个矩形,测试人员可以凭借经验在这个矩形中任意取一点作为 sum 函数的输入进行测试。又如,测试一个画图软件,打开画图软件后,测试人员使用鼠标拖曳的方式,在画图窗口中任意绘制不同的图形进行测试。

2. Ad-hoc 测试方法

Ad-hoc 测试的形式多种多样:可以由开发人员和测试人员共同在同一个模块中发

现 Bug,这有助于开发人员及早发现问题,更改设计,也有助于测试人员发现更好的测试用例;可以由两个测试人员分享测试想法共同测试同一模块,一人负责执行测试,一人负责记录上报 Bug;还可以像猴子、猩猩一样随机执行测试,没有模块分配,没有步骤,随意操作,以便破坏系统,寻找缺陷等。总之,能找到 Bug 的 Ad-hoc 测试就是好的 Ad-hoc 测试。Ad-hoc 测试不仅可以应用到手工测试过程中,也可以应用到自动化测试中,比较经典的有效的自动化 Ad-hoc 测试主要有 Fuzzing 测试、Monkey 测试、混沌测试和基于属性的测试。

1) Fuzzing 测试

Fuzzing 测试,即模糊测试,是针对一个被测试对象,不做任何假设,随机生成无数个合法和非法的输入数据,输入到程序中,然后观察被测试对象行为的测试,如崩溃、断言失败、内存泄漏等。通常,Fuzzing 测试发现的问题是严重的、容易被黑客攻击的错误,所以,它常被用来做可靠性和安全测试。但是 Fuzzing 测试无法全面了解整个安全威胁或Bug,效率比较低,一个 Fuzzing 任务可能会执行几天几夜。为了提高 Fuzzing 测试的有效性和效率,AFL(american fuzzy lop)、libFuzzer、Honggfuzz 等操作简单友好的工具相继出现,极大地降低了门槛。

2) Monkey 测试

Monkey 测试是 Android 应用程序自动化测试的一种,它通过产生随机用户事件和系统事件,模拟用户按键输入、触摸屏输入、手势输入等,对设备上的程序进行测试,观察应用是否发生崩溃或抛出未处理的异常以及多长时间发生,从而检查程序长时间运行时的稳定性。从本质上说,Fuzzing 测试和 Monkey 测试是相同的,只是 Fuzzing 测试强调的是随机产生测试数据(data),而 Monkey 测试强调的是随机产生测试动作(action)。

3) 混沌测试

混沌测试(chaos testing)是通过人为地故意向系统注入错误、故障,测试系统是否发生崩溃,从而检测系统对故障的处理能力和恢复能力。在混沌测试鼻祖 Netflix 的工具箱中,有许多基于随机算法生成各种异常和错误的 Monkey 工具。例如,Latency Monkey可以通过随机化服务器端的响应时延来模拟服务器死机、服务降级等异常现象。

4) 基于属性的测试

在功能测试中,被测试对象不随测试输入(外部条件)变化而发生改变的性质,称为对象的属性。如一个字符串拼接函数,对于任何输入字符串 a 和 b,拼接结果一定包含字符串 b,这一性质是字符串拼接函数的属性;在一个编解码模块中,给定任意输入 X,对其编码结果进行解码,结果一定是 X,这一性质是编解码模块的属性。基于属性的测试(property-based testing)就是使用自动化工具随机生成测试输入,观察程序接受输入后,对象属性是否保持不变。如果某个输入导致对象违反其中一条属性,则说明程序中存在错误。

3. 如何进行 Ad-hoc 测试

由于不考虑任何其他信息,所以 Ad-hoc 测试的错误检测效率较低,测试人员需要在进行测试之前做足准备,如熟悉软件产品的各项功能和正常输出,选择测试重点等,一般需要重点关注以下几个方面。

（1）选择常规测试缺陷集中点开展测试。

在常规测试阶段，发现缺陷最多的功能模块被称为缺陷集中点。根据 80-20 原则，80％的缺陷集中在 20％的模块中，测试人员需要找到程序最复杂、最薄弱的功能模块，也就是缺陷集中点，构建粗略想法，开展 Ad-hoc 测试。

为了更快地找到缺陷集中点，可以采用自适应 Ad-hoc 测试方法。如前面所述的求和函数 sum，如果输入的两个数 a 与 b 的和超出系统可以表示的最大范围，系统会溢出，这样的数据全部集中在输入矩阵的左下角和右上角。科学家对这一现象进行了总结，认为能够导致程序出错的测试用例通常会呈现出矩形状分布、条带状分布以及散点状分布。也就是说，如果某一条测试用例运行通过，那么与它相关的其他测试用例运行通过的概率会比较大；如果某一条测试用例运行失败，那么与它相关的其他测试用例运行失败的概率也会比较大。所以，Ad-hoc 测试选择测试用例时，可以根据测试结果决定下一条测试用例的选择情况。比如在一个输入域中，选择一条测试用例，如果这条测试用例运行通过，那么就定义一个距离 D1 选择下一条测试用例；如果第二条测试用例运行仍然通过，那么就定义一个更大的距离 D2 选择第三条测试用例。以此类推，直到找到一条运行无法通过的测试用例。这种方法称为自适应 Ad-hoc 测试方法。

（2）选择常规测试中缺陷概率低的功能点进行测试。

在测试过程中，可以选择在常规测试中发现的出现概率比较低的缺陷涉及的功能点进行测试，因为重现率比较低的缺陷是隐藏得比较深的缺陷，通常是 Ad-hoc 测试的重点。

（3）针对测试用例未覆盖范围进行测试。

在测试过程中，测试人员可以针对设计测试用例未涵盖的范围进行重点测试，以求发现更多的问题。

（4）在容易犯错的地方进行测试。

测试人员可以与开发人员进行沟通，从而了解开发人员容易犯错、容易忽略的地方，这也是 Ad-hoc 测试的重点。

（5）根据经验选取重点测试。

测试人员可以根据自身测试经验选择重点测试的功能点进行测试。

Ad-hoc 测试就是结合这些重点测试功能，随机选取其他功能点，通过各种工具，逐步测试软件。在测试的过程中，尽量记录偏差，如果发现缺陷，则上报缺陷，创建相应的测试用例，协助测试人员重现测试场景。

4．Ad-hoc 测试特点

Ad-hoc 测试可以帮助测试人员检查现有测试用例是否完备，当发现新的测试用例时，测试人员需要考虑测试策略、测试用例设计是否存在漏洞，是否需要修改或重新制定；自动化 Ad-hoc 测试可以使用各种编程语言自带的伪随机数生成器生成各种符合规则的输入数据。理想情况下，随机产生的数据可以覆盖整个输入空间，但从实际情况看，由于时间和资源有限，在 Ad-hoc 测试中不会花费大量时间，所以 Ad-hoc 测试覆盖率并不高。总之，Ad-hoc 测试主要具有如下优点：

- 能够帮助测试人员更好地理解应用软件的行为或者应用软件的某一特性。

- 能够帮助测试人员设置测试的优先级。如果在某个功能点没有发现任何缺陷,那么可以将该功能点的优先级降低;如果在某个功能点发现了重大问题,或者发现了很多问题,则应该将该功能点的优先级提高。
- 有经验的测试人员可以发现重要的 Bug,通过这些 Bug 可以帮助测试团队更新测试用例,并将这些漏洞添加到初始的测试策略中。
- 不需要做详细的测试计划,不需要设计测试用例,随时可以开始执行测试,容易上手,节省大量时间。

因此,Ad-hoc 测试能否成功在很大程度上取决于测试人员的能力。测试人员必须依靠自己的直觉,在没有任何合适的计划和文档的情况下找到 Bug。如果测试人员非常有经验,可能测试几个小时就能找到很多严重的 Bug;如果测试人员是新手,可能测试一天都没有发现任何问题。

5.1.2　ALAC 测试

ALAC 是 act-like-a-customer 的简写,是一种基于客户使用产品的知识开发出来的测试方法。其测试原则如下。

- 一个软件产品或系统中全部功能的 20％是常用功能,用户 80％的时间都在使用这 20％的功能,而软件产品或系统中剩余 80％的功能不是经常使用的功能,用户只有 20％的时间在使用剩余的 80％的功能。
- 测试发现的所有错误的 80％很可能都集中在 20％的程序模块中,另外 20％的错误很可能集中在其他 80％的程序模块中。

ALAC 测试主要针对客户经常使用的模块进行测试,查找和修正客户最容易遇到的错误,所以它的成本低,测试时间短,最大的受益者是用户。ALAC 测试适合于演示版产品和开发预算很低、测试时间不充足、开发计划日程表很紧的项目。

5.2　等价类划分法

假设现有一个编辑框,只允许输入至多 6 个英文字母或数字,如果采用穷举法的思想设计测试用例,则英文字母共有 26 个小写字母和 26 个大小字母,数字有 10 个。所以,如果只输入 1 个英文字母或数字,共有 26×2＋10＝62 种取值;如果输入 2 个英文字母或数字,则有 62×62＝3844 种取值;如果输入 3 个,4 个呢? 这里仅考虑了正常范围取值,如果考虑不合法取值呢? 可以看出,穷举测试工作量很大,根本无法完成,穷举测试是不可行的。

5.2.1　等价类划分法概述

等价类划分法是一种常见的黑盒测试方法,它把所有可能的输入数据,即程序的输入域,划分成若干部分(子集),然后从每一个子集中选取少数具有代表性的数据作为测试用例。在每一个子集中,各个输入数据对于发现程序中的缺陷是等价的,也就是测试同一个子集中的代表数据相当于测试了这一子集的其他所有数据,如果这一子集中代表数据能发现软件中的缺陷,那么这一子集中其他数据也能发现同样的缺陷;反之,如果这一子集中的代表数据没有发现软件中的缺陷,那么这一子集中的其他数据也不会查出缺陷,这些输入域的子集合就被称为等价类。

等价类分为有效等价类和无效等价类。有效等价类是由对于程序的规格说明来说合理的、有效的输入数据构成的集合,用来验证软件实现的需求规格说明书中规定的功能和性能。无效等价类是由对于程序规格说明来说不合理的、无效的输入数据构成的集合,用来检查软件异常情况。在软件测试中,软件既要能接收有效数据的输入,也要能接收无效数据的输入考验,因此,使用等价类划分法设计测试用例时,既需要考虑有效等价类,又需要考虑无效等价类。

使用等价类划分法测试程序有两个主要的步骤:划分等价类和设计测试用例。

1. 划分等价类

在测试过程中,即使一个很小的程序,它的输入数据域也是非常大、非常广泛的,如输入参数、公共变量、用户级输入、读文件、读其他的 I/O 等,所以划分等价类是一个非常必要的步骤。划分等价类就是将输入域划分成若干个子集,每一个子集应该是互不相交的,这样可以保证通过等价类选取的测试用例能够使程序进行无冗余的测试;所有子集的并集应该是整个输入数据域,这样才可以保证通过等价类选取的测试用例能够对程序进行完备的测试。通常,划分等价类需要遵循以下原则。

(1) 如果输入条件规定了一个取值范围(例如,数量可以是 1～999),那么可以确定出一个有效等价类(1≤数量≤999),以及两个无效等价类(数量<1,数量>999)。例如,输入值是学生成绩,范围是 0～100,可以将整个输入域分成三部分,如图 5-1 所示,0～100 的成绩为有效等价类,小于 0 和大于 100 的成绩构成了两个无效等价类;

图 5-1　学生成绩等价类划分

(2) 如果输入条件是一个布尔量,则可确定一个有效等价类(满足条件)和一个无效等价类(不满足条件);

(3) 如果输入条件规定了输入值的集合或规定了"必须如何",例如,"标识符的第一个字符必须是字母",那么就可以确定一个有效等价类(首字符是字母)和一个无效等价类(首字符不是字母);

(4) 如果规定了输入数据的一组值(假定有 n 个值),并且程序要对每个输入值分别处理(例如,交通工具的类型必须是公共汽车、卡车、出租车、火车或摩托车),可以为每个输入值确定一个有效等价类(如公共汽车类、卡车类、出租车类、火车类或摩托车类),不属于输入值的其他所有数据构成一个无效等价类(如拖车类);

(5) 如果规定了输入数据必须遵守规则,则可以确定一个有效等价类(符合规则)和

若干个无效等价类(从不同角度违反规则);

(6) 如果在已划分的同一个等价类中存在两个以上的元素在程序处理中的方式不同,则应将该等价类进一步划分为更小的等价类。

常见的等价类划分法有两种:一种是基于接口的,另一种是基于功能的。基于接口的划分是对接口的每一个输入参数的输入特征进行划分,测试人员并不关心整个系统实际功能;基于功能的划分需要测试人员了解整个系统或者这一模块的具体功能,根据功能进行划分。

- 基于接口的划分法通常把所有的输入参数作为独立个体看待,不关心数据之间的相互关系,采用基于某种语法或者某种数学特征划分等价类。例如,某程序规定:"输入 3 个整数 a、b、c 作为边长构成三角形。通过程序判定所构成的三角形的类型,当此三角形为一般三角形、等腰三角形及等边三角形时,分别作计算……"。该程序有 3 个输入参数 a、b、c,要求都是大于零的整数,根据第 1 条和第 3 条等价类划分原则,可以将每个参数的输入域划分为 3 个等价类,分别为 b_1、b_2、b_3,即大于零、小于或等于零、非整型数。因此,存在 $3\times3\times3$ 个组合输入数据,即需要进行 27 次测试;

- 基于功能的划分法需要测试人员确定模块或者系统功能,理解程序的隐义或者业务逻辑,考虑不同输入参数之间的关系。以判断三角形类型程序为例,此时考虑的不是输入参数的数据特征,而是将 3 个参数关联起来,根据共同特征规则,判断形成三角形的类型。三角形的类型可以划分为 4 种,即一般三角形、等腰三角形、等边三角形和非三角形,也可以将第 2 种等腰三角形细分为等腰不等边三角形,保证三角形的第 2 种和第 3 种类型不重合,形成 4 种等价类划分,分别为 b_1、b_2、b_3、b_4,即一般三角形、等腰不等边三角形、等边三角形和非三角形。根据这 4 个划分,可以产生 4 个具有代表性的测试数据,如 $a=4$、$b=5$、$c=6$ 是一般三角形,$a=3$、$b=3$、$c=4$ 是等腰不等边三角形,$a=3$、$b=3$、$c=3$ 是等边三角形和 $a=3$、$b=4$、$c=8$ 是一个非三角形。

在实际应用中,可以将这两种方法结合起来,确定划分等价类。仍然以判断三角形类型程序为例,分析题目中所给出的条件以及隐含条件,它们分别如下。

(1) 整数　　(2) 三个数　　(3) 非零数　　(4) 正数

(5) 两边之和大于第三边　　(6) 等腰不等边　　(7) 等边

如果输入参数 a、b、c 满足条件(1)~(4),则输出下列 4 种情况之一。

- 如果不满足条件(5),则程序输出"非三角形";
- 如果三条边相等即满足条件(7),则程序输出"等边三角形";
- 如果只有两条边相等即满足条件(6),则程序输出"等腰三角形";
- 如果三条边都不相等,则程序输出"一般三角形"。

2. 设计测试用例

确立等价类后,可建立等价类表,列出每一个输入条件对应的有效等价类和无效等价类,并为每个等价类设置唯一的编号,如表 5-1 所示。

表 5-1　判断三角形类型的等价类表

输入条件		有效等价类	编码	无效等价类	编码
输入条件	输入 3 个整数	整数	1	a 为非整数	12
				b 为非整数	13
				c 为非整数	14
				a、b 为非整数	15
				b、c 为非整数	16
				a、c 为非整数	17
				a、b、c 均为非整数	18
		3 个数	2	只有 a	19
				只有 b	20
				只有 c	21
				给出 a、b	22
				给出 b、c	23
				给出 a、c	24
				给出 3 个以上	25
		非零数	3	a 为 0	26
				b 为 0	27
				c 为 0	28
				a、b 为 0	29
				b、c 为 0	30
				a、c 为 0	31
				a、b、c 均为 0	32
		正数	4	$a<0$	33
				$b<0$	34
				$c<0$	35
				$a<0$ 且 $b<0$	36
				$a<0$ 且 $c<0$	37
				$b<0$ 且 $c<0$	38
				$a<0$、$b<0$、$c<0$	39

续表

输出条件	构成一般三角形	$a+b>c$	5	$a+b<c$	40
				$a+b=c$	41
		$b+c>a$	6	$b+c<a$	42
				$b+c=a$	43
		$a+c>b$	7	$a+c<b$	44
				$a+c=b$	45
	构成等腰三角形	$a=b$	8		
		$b=c$	9		
		$a=c$ 且两边之和大于第三边	10		
	构成等边三角形	$a=b$ 且 $b=c$ 且 $a=c$	11		

创建等价类表后,利用等价类表生成测试用例,其过程如下。

- 为每一个等价类规定一个唯一的编号;
- 设计一个新的测试用例,使其尽可能多地覆盖尚未被覆盖的有效等价类,重复这一步,直到所有的有效等价类都被覆盖为止;
- 设计一个新的测试用例,使其仅覆盖一个尚未被覆盖的无效等价类,重复这一步,直到所有的无效等价类都被覆盖为止。因为某些特定的输入错误检查可能会屏蔽或忽略掉其他输入的错误检查。

仍然以表 5-1 为例,从等价类表中生成覆盖有效等价类的测试用例如表 5-2 所示,覆盖无效等价类的测试用例如表 5-3 所示。

表 5-2　判断三角形类型的有效等价类测试用例

a	b	c	覆盖等价类编码
3	4	5	(1)～(7)
4	4	5	(1)～(7),(8)
4	5	5	(1)～(7),(9)
5	4	5	(1)～(7),(10)
4	4	4	(1)～(7),(11)

表 5-3　判断三角形类型的无效等价类测试用例

a	b	c	覆盖等价类编码	a	b	c	覆盖等价类编码
2.1	4	5	12	0	0	5	29
3	4.1	5	13	3	0	0	30
3	4	5.1	14	0	4	0	31

a	b	c	覆盖等价类编码	a	b	c	覆盖等价类编码
3.1	4.1	5	15	0	0	0	32
3	4.1	5.1	16	-3	4	5	33
3.1	4	5.1	17	3	-4	5	34
4.1	4.1	5.1	18	3	4	-5	35
3			19	-3	-4	5	36
	4		20	-3	4	-5	37
		5	21	3	-3	-5	38
3	4		22	-3	-4	-5	39
	4	5	23	3	1	5	40
3		5	24	3	2	5	41
3	4	5	25	3	1	1	42
0	4	5	26	3	2	1	43
3	0	5	27	1	4	2	44
3	4	0	28	3	4	1	45

等价类划分的测试用例设计方法减少了穷举法带来的大量测试用例,保证了测试的效果和效率。

5.2.2 等价类划分法案例

1. 档案管理系统案例

现有一个档案管理系统,要求用户输入以年月表示的日期。假设日期限定在 1990 年 1 月～2049 年 12 月,并规定日期由 6 位数字字符组成,前 4 位表示年,后 2 位表示月。现用等价类划分法设计测试用例,测试程序的"日期检查功能"。

该程序要求输入的日期数据是 6 位数字字符,且限制在 1990 年 1 月～2049 年 12 月,如果条件满足,则认为日期输入有效,否则认为输入无效。按照下列步骤将输入情况划分为不同的等价类。

(1) 判断是否输入 6 位数字字符,可以将输入情况划分为 1 个有效等价类和 3 个无效等价类。

- 有效等价类:输入 6 位数字字符;
- 无效等价类:输入的数据中包含非数字字符;
- 无效等价类:输入少于 6 位数字字符;
- 无效等价类:输入多于 6 位数字字符。

(2) 在输入 6 位数字字符的基础上,判断年份是否在 1990～2049,可以将输入情况划分为 1 个有效等价类和 2 个无效等价类。

- 有效等价类：输入 6 位数字字符，前 4 位为 1990～2049；
- 无效等价类：输入 6 位数字字符，前 4 位数字字符小于 1990；
- 无效等价类：输入 6 位数字字符，前 4 位数字字符大于 2049。

（3）在输入 6 位数字字符，前 4 位为 1990～2049 的基础上，判断月份是否为 1～12，可以将输入情况划分为 1 个有效等价类和 2 个无效等价类：

- 有效等价类：输入 6 位数字字符，前 4 位为 1990～2049，后 2 位为 1～12；
- 无效等价类：输入 6 位数字字符，前 4 位为 1990～2049，后 2 位为 00；
- 无效等价类：输入 6 位数字字符，前 4 位为 1990～2049，后 2 位数字字符大于 12。

通过以上分析，将日期输入划分为 10 个等价类，为其确定编号，并建立等价类表，如表 5-4 所示。

表 5-4　日期检查等价类表

要　　　求	有效等价类	编号	无效等价类	编号
日期的类型及长度	6 位数字字符	1	有非数字字符	2
			少于 6 位数字字符	3
			多于 6 位数字字符	4
年份范围	1990～2049	5	小于 1990	6
			大于 2049	7
月份范围	01～12	8	等于 00	9
			大于 12	10

对于有效等价类，测试用例的设计原则是用尽可能少的测试用例覆盖尽可能多的有效等价类，根据表 5-4 中的有效等价类设计测试用例，如输入日期为 200211，则该输入数据覆盖了所有有效等价类 1、5、8。无效等价类的设计原则是需要为每一个无效等价类设计一个测试用例，因此，无效等价类的测试用例如表 5-5 所示。

表 5-5　无效等价类的测试用例

测 试 数 据	期 望 结 果	覆盖的无效等价类编号
95June	无效输入	2
20036	无效输入	3
2001006	无效输入	4
198912	无效输入	6
205001	无效输入	7
200100	无效输入	9
200113	无效输入	10

由表 5-5 可知,共设计了 7 个测试用例覆盖全部无效等价类。用户在测试日期检查功能时,使用上述 8 个测试用例(7 个覆盖无效等价类的测试用例和 1 个覆盖有效等价类的测试用例)可最大程度地检测出程序中的缺陷和不足。

2. 机票预订案例

在日常生活中,用户经常需要从机票预订系统中预订一张单程机票,此时需要用户提供出发城市、到达城市、出发日期、出行人数、乘客类型、舱位等信息。使用等价类划分法设计机票预订的测试用例,首先,需要将所有的输入数据域划分为不同的等价类。

(1)通过对案例分析,发现预订一张单程机票,需要提供出发城市和到达城市,而出发城市和到达城市必须在候选集中已经存在的城市列表中选择,并且对于候选集中的所有城市,程序的软件处理方法均是相同的,所以,将出发城市和到达城市的输入集划分为一个有效等价类和一个无效等价类。

- 有效等价类:输入正确的城市名称。
- 无效等价类:输入不存在的城市名称。

(2)在出发城市和到达城市确定的基础上,出发日期应该是比今天晚的日期,假如今天是 2020 年 8 月 26 日。输入的日期是一个 8 位数字,前 4 位表示年,中间两位表示月,后两位表示日,月份范围必须是 1～12,日期范围必须是 1～31。可以把出发日期划分为 4 个有效等价类和 8 个无效等价类。

- 有效等价类:输入 8 位合法数字。
- 无效等价类:输入小于 8 位的数字。
- 无效等价类:输入大于 8 位的数字。
- 无效等价类:输入 8 位含有非数字字符。
- 有效等价类:输入 8 位数字,中间两位取值范围为 1～12。
- 无效等价类:输入 8 位数字,中间两位为 00。
- 无效等价类:输入 8 位数字,中间两位为大于 12 的两位数。
- 有效等价类:输入 8 位数字,后两位取值范围为 1～31。
- 无效等价类:输入 8 位数字,后两位为 00。
- 无效等价类:输入 8 位数字,后两位为大于 31 的两位数。
- 有效等价类:输入 8 位数字,中间两位取值范围为 1～12,后两位取值范围为 1～31,且大于 20200826。
- 无效等价类:输入 8 位数字,中间两位取值范围为 1～12,后两位取值范围为 1～31,且小于等于 20200826。

(3)在出发城市、到达城市和出行日期确定的基础上,出行人数是大于等于 1,小于剩余机票数的整数,将出行人数的输入集划分为 1 个有效等价类和 3 个无效等价类。

- 有效等价类:输入大于等于 1,小于剩余机票数的整数。
- 无效等价类:输入小于 1 的整数。
- 无效等价类:输入大于剩余机票数的整数。
- 无效等价类:输入非数字字符。

(4)在出发城市、到达城市、出行日期和出行人数确定的基础上,乘客类型可以分为成人和儿童,针对成人和儿童的机票预订程序不同,将乘客类型的输入数据集分为 2 个有效等价类和 1 个无效等价类。

- 有效等价类:输入成人。
- 有效等价类:输入儿童。
- 无效等价类:输入除成人、儿童之外的其他任意符号。

(5) 在出发城市、到达城市、出行日期、出行人数和乘客类型确定的基础上,舱位信息分为头等舱(F 舱)、公务舱(C 舱)和经济舱(Y 舱),不同的舱位,票价不同。可以将舱位信息的输入数据集分为 3 个有效等价类和 1 个无效等价类。

- 有效等价类:输入头等舱(F 舱)。
- 有效等价类:输入公务舱(C 舱)。
- 有效等价类:输入经济舱(Y 舱)。
- 无效等价类:输入除头等舱、公务舱和经济舱之外的其他任意符号。

经过对每一个输入参数进行分析,将输入数据集共划分为 12 个有效等价类和 15 个无效等价类。最后为其建立等价类划分表,对其进行编号,如表 5-6 所示。

表 5-6　等价类划分表

要求	有效等价类	编号	无效等价类	编号
出发城市	存在的城市名称	1	不存在的城市名称	13
到达城市	存在的城市名称	2	不存在的城市名称	14
出发日期	8 位数字	3	小于 8 位的数字	15
			大于 8 位的数字	16
			含有非数字字符	17
	中间两位取值范围为 1~12	4	中间两位为 00	18
			中间两位大于 12	19
	后两位取值范围为 1~31	5	后两位为 00	20
			后两位大于 31	21
	大于 20200826	6	小于等于 20200826	22
出行人数	输入大于等于 1,小于剩余机票数的整数	7	输入小于 1 的整数	23
			输入大于剩余机票数的整数	24
			输入非数字字符	25
乘客类型	成人	8	其他	26
	儿童	9		
舱位信息	头等舱	10	其他	27
	公务舱	11		
	经济舱	12		

根据测试用例的设计原则,首先为有效等价类设计测试用例,如表 5-7 所示。

表 5-7　有效等价类测试用例

输入数据						预期输出	覆盖的等价类编号
出发城市	到达城市	出发日期	出行人数	乘客类型	舱位信息		
呼和浩特	北京	20200901	1	成人	经济舱	预订成功	1～7、8、12
呼和浩特	北京	20200901	1	儿童	头等舱	预订成功	1～7、9、10
呼和浩特	北京	20200901	1	成人	公务舱	预订成功	1～7、8、11

从表 5-7 可知,使用 3 条测试用例,可以覆盖全部有效等价类。

根据无效等价类测试用例规则,为无效等价类设计测试用例,如表 5-8 所示。

表 5-8　无效等价类测试用例

输入数据						预期输出	覆盖的等价类编号
出发城市	到达城市	出发日期	出行人数	乘客类型	舱位信息		
呼和浩特	北京	20200901	1	成人	经济舱	预订失败	13
呼和浩特	北京	20200901	1	成人	经济舱	预订失败	14
呼和浩特	北京	2020091	1	成人	经济舱	预订失败	15
呼和浩特	北京	202009001	1	成人	经济舱	预订失败	16
呼和浩特	北京	2020Se01	1	成人	经济舱	预订失败	17
呼和浩特	北京	20200001	1	成人	经济舱	预订失败	18
呼和浩特	北京	20201501	1	成人	经济舱	预订失败	19
呼和浩特	北京	20200900	1	成人	经济舱	预订失败	20
呼和浩特	北京	20200933	1	成人	经济舱	预订失败	21
呼和浩特	北京	20200318	1	成人	经济舱	预订失败	22
呼和浩特	北京	20200901	0	成人	经济舱	预订失败	23
呼和浩特	北京	20200901	10000	成人	经济舱	预订失败	24
呼和浩特	北京	20200901	one	成人	经济舱	预订失败	25
呼和浩特	北京	20200901	1	老人	经济舱	预订失败	26
呼和浩特	北京	20200901	1	成人	普通舱	预订失败	27

3 个有效等价类测试用例和 15 个无效等价类测试用例覆盖了全部等价类,基本可检测出机票预订功能所存在的缺陷。

3．网易邮箱注册案例

在日常工作和学习中,人们经常使用电子邮箱发送邮件,采用等价类划分法对其进行测试,网易邮箱注册界面如图 5-2 所示。

图 5-2　网易邮箱注册

网易邮箱注册界面包括邮箱地址、密码、手机号码和是否同意《服务条款》4 项输入数据,其中:邮箱地址必须为 6～18 个字符,可以使用数字、字母、下画线,必须以字母开头;密码必须为 6～16 个字符,区分大小写;手机号码必须是中国大陆手机,即 11 位数字,开头两位是 13～19 的数字。首先,划分等价类。

（1）邮箱地址的输入数据可以划分为 4 个有效等价类和 5 个无效等价类。

- 有效等价类:邮箱地址长度为 6～18 位。
- 无效等价类:邮箱地址长度小于 6 位。
- 无效等价类:邮箱地址长度大于 18 位。
- 有效等价类:邮箱地址由字母、数字、下画线组成。
- 无效等价类:邮箱地址包含字母、数字、下画线之外的字符。
- 有效等价类:第一个字符是字母。
- 无效等价类:第一个字符不是字母。
- 有效等价类:必填。
- 无效等价类:空。

（2）密码的输入数据可以划分为 3 个有效等价类和 4 个无效等价类。

- 有效等价类:密码长度为 6～16 位。
- 无效等价类:密码长度小于 6 位。
- 无效等价类:密码长度大于 16 位。
- 有效等价类:区分大小写。
- 无效等价类:不区分大小写。
- 有效等价类:必填。

- 无效等价类：空。

（3）手机号码的输入数据可以划分为 3 个有效等价类和 5 个无效等价类。

- 有效等价类：手机号码长度为 11 位数字。
- 无效等价类：手机号码长度小于 11 位数字。
- 无效等价类：手机号码长度大于 11 位数字。
- 有效等价类：手机号码开头两位为 13～19。
- 无效等价类：手机号码开头两位小于 13。
- 无效等价类：手机号码开头两位大于 19。
- 有效等价类：必填。
- 无效等价类：空。

（4）是否同意《服务条款》的输入数据可划分为 1 个有效等价类和 1 个无效等价类。

- 有效等价类：同意《服务条款》。
- 无效等价类：不同意《服务条款》。

综上分析，可以形成 11 个有效等价类和 15 个无效等价类，如表 5-9 所示。

表 5-9　等价类表

要　　　求	有效等价类	编号	无效等价类	编号
邮箱地址	长度为 6～18 位	1	小于 6 位	12
			大于 18 位	13
	由字母、数字、下画线组成	2	包含字母、数字、下画线之外的字符	14
	第一个字符是字母	3	第一个字符不是字母	15
	必填	4	空	16
密码	6～16 位	5	小于 6 位	17
			大于 16 位	18
	区分大小写	6	不区分大小写	19
	必填	7	空	20
手机号码	长度为 11 位数字	8	小于 11 位数字	21
			大于 11 位数字	22
	开头两位为 13～19	9	开头两位小于 13	23
			开头两位大于 19	24
	必填	10	空	25
是否同意《服务条款》	同意《服务条款》	11	不同意《服务条款》	26

按照表 5-9 划分的等价类，可以为其设计测试用例，如表 5-10 所示。

表 5-10　等价类划分测试用例

输入数据				预期输出	覆盖的等价类编号
邮箱地址	密码	手机号码	是否同意《服务条款》		
zhangli1005	z23456	13967355776	是	注册成功	1～11
zhang	z23456	13967355776	是	邮箱地址错误	12
zhangli1005 123456789	z23456	13967355776	是	邮箱地址错误	13
zhangli-1005	z23456	13967355776	是	邮箱地址错误	14
1hangli1005	z23456	13967355776	是	邮箱地址错误	15
	z23456	13967355776	是	邮箱地址错误	16
zhangli1005	z2345	13967355776	是	密码错误	17
zhangli1005	z2345678901234567	13967355776	是	密码错误	18
zhangli1005	Z23456	13967355776	是	注册成功	19
zhangli1005		13967355776	是	密码错误	20
zhangli1005	z23456	1396735577	是	手机号码错误	21
zhangli1005	z23456	1396735577689	是	手机号码错误	22
zhangli1005	z23456	10967355776	是	手机号码错误	23
zhangli1005	z23456	20967355776	是	手机号码错误	24
zhangli1005	z23456		是	手机号码错误	25
zhangli1005	z23456	13967355776	否	注册失败	26

等价类划分的适用范围非常广泛,它可以用于单元测试、集成测试、系统测试等。传统等价类划分用于非自动化测试,现在也可以用于自动化测试。等价类划分也很容易扩展,可以根据实际情况调整测试用例的数目,可以多,也可以少。

5.3　边界值分析法

现在有这样一个程序,如果 x<0,输出正常结果,否则输出出错信息。但是如果程序员错误地将 x<0 写成 x≤0,导致当 x 为 0 时,程序输出正常结果,而不是出错信息。如果采用等价类划分法来测试这段代码,根据 x≤0 这个输入条件,可以将输入数据域划分为 1 个有效等价类和 1 个无效等价类。有效等价类是 x≤0,无效等价类是 x>0。然后为这两个等价类设计测试用例,随机选取 x 的值,假如选取 x=−1 和 x=1 这两个测试数据,当将这两个数据输入程序时,程序运行结果与预期结果相同,无法找到软件缺陷。现在,考虑两个等价类的边界:对于第一个等价类,它的边界是 x=0 和一个非常小的负数 −Max;第二个等价类的边界是 x=0 和一个非常大的正数 Max。如果既考虑这两个等价类，又考虑两个等价类的边界，就可以设计出 5 条测试用例：x 取值分别为负数、一个非常接近 0 的负数、0，一个非常接近 0 的正数、正数。这 5 条测试用例一方面覆盖了两种等价类，另一方面考虑了两个等价类之间可能的边界，还保证了能够检测出刚才所提到的错误。又如，在写程序时，经常使用 for(int i＝0；i＜n；＋＋i)控制循环，这意味着循环体需要运行 n 次，但是在写这样的程序时，程序员们往往会犯一些错误，比如将 i＜n 错误地写成 i≤n 或者将 i＝0 错误地写成 i＝1，这样循环体运行的次数就不再是 n 次。又如一个绘图程序，当鼠标出现在窗口边界时容易导致程序崩溃。这些案例说明，在进行软件测试时，单独使用等价类划分法进行测试，可能无法发现软件中存在的缺陷，必须时刻注意可能引起程序错误的边界值问题。所以，边界值分析法是对等价类划分法的必要补充。

5.3.1 边界值分析法概述

顾名思义，边界值分析法就是对输入或输出的边界值进行测试的一种黑盒测试方法。大量测试数据表明，由于人们的忽视，在输入或输出的边界上很容易发生大量的错误，比如，成年人是指年龄在 18 周岁以上的人，但是人们常常忽略或者忘记了 18 周岁也属于成年人的情况，从而导致统计错误。边界值分析法大胆假设大多数错误发生在各种输入条件的边界上，如果边界附近的取值都不会引出程序错误，那么其他的取值引起程序出错的可能性就很小。与等价类划分法相比，边界值分析法不再是从等价类中挑选代表全部等价类数据的测试数据，而是从等价类的每个边界挑选测试数据；等价类划分法在进行等价类划分时大多考虑的是输入域，而边界值分析法，不仅要考虑输入数据，还要考虑输出空间可能产生的测试情况。所以，测试人员通常在等价类划分的基础上进行边界值分析。

使用边界值分析法进行测试，首先需要确定边界的情况，然后选取正好等于、刚刚大于、刚刚小于边界的值作为测试数据，执行测试。

1. 确定边界值

对于一个有符号的 16 位的整数而言，32767 和 −32768 是它的边界；对于屏幕来说，最左上角和最右下角是它的边界；对于一个表格来说，第一行和最后一行是它的边界；对于数组子元素来说，第一个和最后一个是它的边界；对于循环来说，第 0 次、第 1 次和倒数第 2 次、最后 1 次是它的边界。那么究竟什么是边界值呢？

首先介绍边界点的概念。边界点就是两个范围的分界点，如果这个范围是闭合区间，则边界点属于范围之内；如果这个范围是开区间，则边界点属于范围之外，例如 5≥x≥3，此时 3 和 5 就是两个边界点，它们属于[3,5]的范围之内。离边界点最近的点通常被称为外点，2.9 和 5.1 就是区间[3,5]的两个外点。在范围之内的点，通常被称为内点，4 就是区间[3,5]的一个内点，如图 5-3 所示。

图 5-3　边界点

外点一定是在范围之外吗？答案是否定的。

- 如果取值范围是一个闭区间，如[3,5]，那么外点就在这个范围之外，如 2.9 和 5.1 就是两个外点。

- 如果取值范围是一个半开半闭的区间，如(3,5]，那么边界点和内点的定义不变，而外点就是开区间一侧边界点内部范围内紧邻的点和闭区间一侧边界点外部范围内紧邻的点。所以，5.1 和 3.1 就是两个外点，其中 5.1 在范围之外，而 3.1 在范围之内。

- 如果取值范围是一个开区间，如(3,5)，那么边界点和内点的定义不变，而外点就是边界点内部范围紧邻的点，如 3.1 和 4.9 就是外点，这两个点都在范围之内。

那么究竟该如何选取外点呢？外点和边界点的距离是多少合适呢？通常情况下，软件测试所包含的边界检验有几种类型的数据：数字、字符、位置、速度、方位、尺寸、空间、重量等，相应的，这些类型的边界值应该在最大/最小、首位/末尾、上/下、最快/最慢、最高/最低、最短/最长、空/满等处取值，而不同的边界类型，选取外点时的间隔也不尽不同。

- 字符，通常选取起始值－1 个字符和结束值＋1 个字符。例如，注册网易邮箱时，邮箱地址通常要求允许输入 6 到 18 个字符，那么边界值就是 6 个字符和 18 个字符，外点就可以选取 5 个字符和 19 个字符；再比如一个程序要求输入的字符串长度为 1～255 的字符，那么 1 和 255 就是边界值，而 0 和 256 就是外点。

- 数字，通常选取起始位数－1 和结束位数＋1。例如，注册网易邮箱时，手机号码要求是 11 位数字，那么边界值就是 11 位数字，外点就是 10 位数字和 12 位数字。

- 方向，通常选取刚刚超过一点或刚刚差一点，例如，超级玛丽游戏中，玛丽在蘑菇下方时进行跳动可以顶出蘑菇，向前一步和向后一步都不可以，那么当前的位置就是一个边界点，向前一步和向后一步就是外点。

- 空间，通常选取小于空余空间一点或大于满空间一点。例如，用 U 盘存储数据时，使用比最小剩余空间大一点（几 KB）和比最小剩余空间小一点的文件作为外点。

- 位置，通常需求左/上移一点或右/下移一点。例如，当鼠标移动到某应用程序中的某快捷图标时，图标会呈现被选中的状态，此时图标的 4 个边框——上、下、左、右边框就是边界点，外点就是上边框往上一点、下边框往下一点、左边框往左一点、右边框往右一点。

在实际项目中，选取外点需要根据具体内容灵活掌握。在测试用例测试过程中，测试人员不仅要设计软件需求规格说明书中规定的应用程序的功能所涉及的边界问题，还需要考虑一些不需要呈现给用户，或者用户很难发现的边界，这种边界，通常被称为内部边界。常用的内部边界检验有数值边界值检验、字符边界值检验和其他边界值检验。在计算机中有字长的限制，例如，一位二进制数，它的取值是 0 或者 1，取值不能超出这个边界；一个字节是 8 位，它的取值范围是 0～255；一个 16 位的字，它的取值范围是 0～65535，而一个 32 位的数，它的取值范围要更大一些。字符也是有边界的，在 ASCII 码值中，不同类型的数据，它们的 ASCII 码值范围也是不一样的。例如，小写英文字母的 ASCII 码值是 97～122；大写英文字母的 ASCII 码值是 65～90。手机锂电池工作电压是 3.6～4.2V

等。人的听觉范围是 20～20 000 Hz。在这些边界范围中,有的是计算机内部本身具有的规定,有的是专业行业领域特定的边界值范围。这些数据虽然不在软件需求规格说明书中明确说明,但是测试时测试人员需要考虑这些边界值。例如,如果测试某一个功能需要输入文本,文本框中只接收用户输入字符 a～z,那么测试人员就需要找到 a 的 ASCII 码 97 减 1 后对应的字符"`"和 z 的 ASCII 码 122 加 1 对应的字符"{"作为测试数据。又如,一个函数要求输入一个整数,虽然函数本身对这个整数没有任何明显的限制,但是在计算机中,这个整数的存储本身拥有取值范围,在范围之内取值就是合法的取值,而超出取值的边界,就是非法的取值。对于一个 16 位的无符号整型数,当取值小于 0 或者大于 65 535 时,就是错误的输入。所以,使用边界值分析法进行软件测试,也需要测试人员具有一些基本的专业知识。

2. 基于边界点选择测试用例的原则

使用边界值分析法进行测试还需要测试人员具有一定的创造性,因为无法给出如何进行边界值分析的具体说明。这里只能给出一些选择测试用例时应遵循的原则。

(1) 如果输入条件规定了一个输入值范围,那么应针对这个范围的边界值设计测试用例,可以将刚刚越界的值作为无效测试数据进行输入。例如,重量在 10～50 斤的快递,应选取 9.99、10、50 和 50.01 的数据设计测试用例。

(2) 如果输入条件规定了输入值的数量,那么应针对最小数量输入值、最大数量输入值、比最小数量少一个、比最大数量多一个的数据设计测试用例。例如,某个文件可容纳 1～255 条记录,那么应选取 0、1、255 和 256 条记录数据设计测试用例。

(3) 根据需求规格说明书对每个输出条件使用原则(1),获取输入值的测试用例。例如,某个程序按月计算收入税的扣除额,最小扣除金额是 0,最大扣除金额是 1165.25,那么需要设计输入数据,使得扣除的收入税等于 0 和 1165.25。除此之外,还需要设计输入数据,使得收入税扣除额为负数或超过 1165.25 的数。

(4) 根据需求规格说明书对每个输出条件使用原则(2),获取输入值的测试用例。例如,在某个信息搜索系统中搜索信息,要求搜索的结果记录不能超过 10 条,那么需要设计输入数据,使得搜索的结果为 0 条、1 条、10 条和超出 10 条的信息数据。

(5) 如果程序的输入或输出是一个有序集合,则应该选取这个集合的第一个和最后一个元素作为测试数据。例如,输入一个出勤表,则可以将表格的第一行和最后一行数据作为测试数据进行测试。

(6) 如果程序中使用了一个内部数据结构,则应当选择这个内部数据结构的边界上的值作为测试数据。

(7) 分析需求规格说明书,找出其他边界条件。

边界值分析法只在边界上考虑测试的有效性,相对于等价类划分法来说,它的执行更加简单,但是不能全面充分地测试软件,所以通常都是作为等价类划分法的必要补充。

5.3.2 边界值分析法案例

1. 档案管理系统案例

在 5.2.2 节中,介绍了档案管理系统的等价类划分法设计测试用例。在等价类划分法中,可以划分出 10 个等价类,如表 5-4 所示,下面详细分析这 10 个等价类的边界值。

（1）判断是否输入了 6 位数字字符,这里存在一个边界值 6,在设计测试用例时,可以分别选取 5、6、7 这 3 个值作为测试数据。

（2）在输入 6 位数字字符的基础上,判断年份是否为 1990～2049,这里给出年份的闭合区间,所以,在设计测试用例时,分别选取 1989、1990、2000、2049、2050 这 5 个值作为测试数据。

（3）在输入 6 位数字字符,且前 4 位为 1990～2049 的基础上,判断月份是否为 1～12。这里给出月份的闭合区间,所以,在设计测试用例时,分别选取 0、1、6、12、13 这 5 个值作为测试数据。

那么,所形成的档案管理系统检查日期有效性的边界值分析测试用例如表 5-11 所示。

表 5-11　档案管理系统边界值分析测试用例

测 试 数 据	期 望 结 果	被 测 边 界
19998	无效输入	6 位
199908	输入正确	
1999008	无效输入	
198909	无效输入	1990
199009	输入正确	
200009	输入正确	
204909	输入正确	2049
205009	无效输入	
199900	无效输入	1
199901	输入正确	
199906	输入正确	
199912	输入正确	12
199913	无效输入	

使用这几组数据可以检测出档案管理系统日期检查边界存在的缺陷。

2. 机票预订案例

在 5.2.2 节中,学习了机票预订系统的等价类划分法,在等价类划分中,共划分了 27 个等价类,如表 5-6 所示,下面详细分析其边界值。

（1）对案例进行分析,预订一张单程机票,需要提供出发城市和到达城市,出发城市和到达城市必须存在于候选集中,设计测试用例时,可以选择城市候选集中的第一个城市阿里和最后一个城市张家口作为测试数据,这里还存在一个隐藏的边界就是出发城市和到达城市相同,也可以选取作为测试数据。

（2）在出发城市和到达城市确定的基础上，出发日期选取比今天晚的日期，假如今天的日期是 2020 年 8 月 26 日，输入的日期是一个 8 位数字，前 4 位表示年，中间两位表示月，后两位表示日期，月份必须是 1～12，日期必须是 1～31。所以，在设计测试用例时，可以按照 8 位数字、大于 20200826、月份 1～12、日期 1～31 获取边界值。

- 要求输入 8 位合法数字，边界值是 8，设计测试用例时，分别选 7、8、9 这 3 个值作为测试数据。
- 要求输入数据大于 20200826，边界值是 20200826，设计测试用例时，分别选 20200825、20200826、20200827 这 3 个值作为测试数据。
- 要求输入月份为 1～12，边界值是 1 和 12，设计测试用例时，分别选 0、1、12、13 这 4 个值作为测试数据。
- 要求日期为 1～31，边界值是 1 和 31，设计测试用例时，分别选 0、1、31、32 这 4 个值作为测试数据。
- 除了等价类划分的边界值之外，根据常识可以了解到 4、6、9、11 月份中每个月最多只有 30 天，2 月份，如果是闰年最多有 29 天，如果是平年最多有 28 天。在设计测试用例时，针对这个需求规格说明书中没有的功能，分别选 4 月 31 日、6 月 31 日、9 月 31 日、11 月 31 日、2024 年 2 月 29 日、2024 年 2 月 30 日、2021 年 2 月 29 日这 7 个值作为测试数据。

（3）在出发城市、到达城市和出行日期确定的基础上，出行人数应该是大于等于 1，小于剩余机票数的整数，边界值为 1 和剩余机票数。假如剩余机票数为 50，则可以分别选 0、1、50、51 这 4 个值作为测试数据。

（4）在出发城市、到达城市、出行日期和出行人数确定的基础上，乘客类型可以分为成人和儿童，针对成人和儿童的机票预订程序不同，这里所选取的测试用例与等价类划分法所选取的测试用例相同。

（5）在出发城市、到达城市、出行日期、出行人数和乘客类型确定的基础上，舱位信息分为头等舱（F 舱）、公务舱（C 舱）、经济舱（Y 舱），不同的舱位，票价不同。同样，这里所选取的测试用例与等价类划分法所选取的测试用例相同。

综上所述，飞机票预订的边界值分析法的测试用例如表 5-12 所示。

表 5-12　飞机票预订边界值分析法测试用例

输入数据						预期输出	被测边界
出发城市	到达城市	出发日期	出行人数	乘客类型	舱位信息		
阿里	张家口	20200901	1	成人	经济舱	预订成功	出发城市 到达城市
张家口	阿里	20200901	1	成人	经济舱	预订成功	
张家口	张家口	20200901	1	成人	经济舱	预订失败	
阿里	张家口	2020091	1	成人	经济舱	预订失败	出发日期 8 位
阿里	张家口	20200901	1	成人	经济舱	预订成功	
阿里	张家口	202009001	1	成人	经济舱	预订失败	

续表

输 入 数 据						预期输出	被测边界
出发城市	到达城市	出发日期	出行人数	乘客类型	舱位信息		
阿里	张家口	20200825	1	成人	经济舱	预订失败	
阿里	张家口	20200826	1	成人	经济舱	预订成功	20200826
阿里	张家口	20200827	1	成人	经济舱	预订成功	
阿里	张家口	20210027	1	成人	经济舱	预订失败	
阿里	张家口	20210127	1	成人	经济舱	预订成功	月份 1
阿里	张家口	20201227	1	成人	经济舱	预订成功	
阿里	张家口	20201327	1	成人	经济舱	预订失败	月份 12
阿里	张家口	20201000	1	成人	经济舱	预订失败	
阿里	张家口	20201001	1	成人	经济舱	预订成功	日期 1
阿里	张家口	20201031	1	成人	经济舱	预订成功	
阿里	张家口	20201032	1	成人	经济舱	预订失败	日期 31
阿里	张家口	20200431	1	成人	经济舱	预订失败	
阿里	张家口	20200631	1	成人	经济舱	预订失败	
阿里	张家口	20200931	1	成人	经济舱	预订失败	
阿里	张家口	20201131	1	成人	经济舱	预订失败	特殊数据
阿里	张家口	20240229	1	成人	经济舱	预订成功	
阿里	张家口	20240230	1	成人	经济舱	预订失败	
阿里	张家口	20210229	1	成人	经济舱	预订失败	
阿里	张家口	20210220	0	成人	经济舱	预订失败	
阿里	张家口	20210220	1	成人	经济舱	预订成功	出行人数 1
阿里	张家口	20210220	50	成人	经济舱	预订成功	
阿里	张家口	20210220	51	成人	经济舱	预订失败	出行人数 50

3. 网易邮箱注册案例

在 5.2.2 节中，介绍了网易邮箱注册的等价类划分法，在等价类划分法中，共划分了 26 个等价类，如表 5-9 所示，下面详细分析其边界值。

（1）邮箱地址的输入数据要求邮箱地址长度为 6～18 位，边界值是 6 和 18，设计测试用例时，分别将 5、6、18、19 这 4 个数作为测试数据；邮箱地址可以由数字、字母和下画线组成，必须以字母开头，在设计测试用例时，可以设计邮箱地址全是字母、除第一个字母外全是数字、除第一个字母外全是下画线这 3 个数据作为测试数据。这里还有一个特殊的边界测试用例就是空，在等价类划分法中已经使用。

（2）密码的输入数据要求密码长度为 6～16 位,边界值是 6 和 16,设计测试用例时,分别将 5、6、16、17 这 4 个数作为测试数据;密码区分大小写,在设计测试用例时,可以设计密码全部为小写字母和密码全部为大写字母这 2 个数据作为测试用例。这里还有一个特殊的边界测试用例就是空,在等价类划分法中已经使用。

（3）手机号码的输入数据要求手机号码长度为 11 位数字,并且开头两位为 13～19,边界值为 11 位,设计测试用例时,分别选择 10、11、12 这 3 个数作为测试数据;边界值为 13 和 19,设计测试用例时,分别选择 12、13、19、20 这 4 个数据作为测试数据。这里还有一个特殊的边界测试用例就是空,在等价类划分法中已经使用。

综上分析,网页邮箱注册系统的边界值分析法测试用例如表 5-13 所示。

表 5-13　网页邮箱注册系统的边界值分析法测试用例

输 入 数 据				预期输出	被测边界
邮箱地址	密码	手机号码	是否同意《服务条款》		
zhang	z23456	13967355776	是	注册失败	邮箱地址 6 位
zhangl	z23456	13967355776	是	注册成功	
zhangli10052345678	z23456	13967355776	是	注册成功	邮箱地址 18 位
zhangli100512345678	z23456	13967355776	是	注册失败	
zhangli	z23456	13967355776	是	注册成功	特殊数据
z12345	z23456	13967355776	是	注册成功	
z _____	z23456	13967355776	是	注册成功	
zhangli	12345	13967355776	是	注册失败	密码 6 位
zhangli	123456	13967355776	是	注册成功	
zhangli	1234567890123456	13967355776	是	注册成功	密码 16 位
zhangli	12345678901234567	13967355776	是	注册失败	
zhangli	abcdefg	13967355776	是	注册成功	特殊数据
zhangli	ABCDEFG	13967355776	是	注册成功	
zhangli	abcdefg	1396735577	是	注册失败	手机号码 11 位
zhangli	abcdefg	13967355776	是	注册成功	
zhangli	abcdefg	139673557764	是	注册失败	
zhangli	abcdefg	12967355776	是	注册失败	手机号码 13 开头
zhangli	abcdefg	13967355776	是	注册成功	
zhangli	abcdefg	19967355776	是	注册成功	手机号码 19 开头
zhangli	abcdefg	20967355776	是	注册失败	

5.4 判定表法

当一个程序需要输入数据,并且输入的数据或输入条件是相互独立的,此时设计测试用例的方法可以采用等价类划分法,并辅以边界值分析法,找到合适的测试数据,实现用最少的测试用例查找尽可能多的软件缺陷的目的。但是如果输入变量或各输入条件之间相互依赖、相互制约,程序所执行的操作依赖于输入数据或输入条件的不同组合,此时仍然采用等价类划分法和边界值分析法就可能无法满足需求,而判定表法可以很清晰地描述在不同的条件组合下采取行动的若干组合的情况。

5.4.1 判定表法概述

判定表又称决策表,是所有黑盒测试方法中最严格、最具有逻辑性的测试方法之一,判定表借助表格形式,把作为条件的所有输入的各种组合值以及对应的输出值都罗列出来,从而达到覆盖要求。它能够将复杂的逻辑关系和多种条件组合情况表达得既具体又明确,能够将复杂的问题按照各种可能情况全部列举出来,简明并避免遗漏。因此,判定表很适合处理那些操作实施依赖于多个逻辑条件组合的情况,不同的逻辑组合值,分别执行不同的操作。如表 5-14 所示,银行发放贷款指南指明了银行发放贷款时可能出现的状况,以及针对各种情况给出的建议。在银行发放贷款过程中可能出现 3 种情况:贷款是否超过限额、还贷记录是否良好、本次贷款是否大于 2 万元。如果回答是肯定的,则使用"Y"标记;如果回答是否定的,则使用"N"标记。这 3 种情况有 $2 \times 2 \times 2 = 8$ 种组合,针对这 8 种组合,银行发放贷款指南提供了 3 种建议:允许立即贷款、拒绝贷款和可做出贷款安排。

表 5-14 银行发放贷款指南决策表

	ID		R1	R2	R3	R4	R5	R6	R7	R8
条件	C1	贷款是否超过限额	N	N	N	N	Y	Y	Y	Y
	C2	还贷记录是否良好	N	N	Y	Y	N	N	Y	Y
	C3	本次贷款是否大于 2 万元	N	Y	N	Y	N	Y	N	Y
动作	A1	允许立即贷款	1	1	1	1				
	A2	拒绝贷款					1	1		1
	A3	可做出贷款安排							1	

表 5-14 就是一个判定表,使银行发放贷款的各种情况一目了然,简洁高效。对于贷款未超过限额的客户,允许立即贷款;对于贷款超过限额的客户,如果过去还款记录良好且本次贷款在 2 万元以下,可做出贷款安排,否则一律拒绝贷款。

1.判定表组成

判定表通常由 5 个部分组成:条件桩、动作桩、条件项、动作项、规则,如图 5-4 所示。

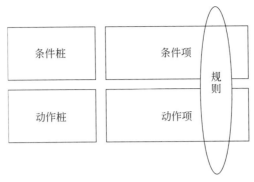

图 5-4 判定表组成

- 条件桩(condition stub)：列举问题可能拥有的所有条件,条件之间不考虑次序关系。
- 动作桩(action stub)：列举满足条件后可能采取的操作序列,同样不考虑先后顺序。
- 条件项(condition entry)：针对条件桩给出的条件,列举所有条件的可能取值组合。
- 动作项(action entry)：列举在每一个条件项的可能取值组合的情况下应该采取的动作桩中的动作。
- 规则(rule)：一个条件项组合的特定取值和其对应的执行的动作称为一条规则。在判定表中贯穿条件项和动作项的一列就是一条规则,所以,判定表中有多少个条件取值组合,就有多少条规则。

这 5 部分对应表 5-14 中,条件桩包括贷款是否超过限额、还贷记录是否良好、本次贷款是否大于 2 万元;条件项包括针对条件桩中每一个条件的回答,即"Y"和"N";动作桩包括允许立即贷款、拒绝贷款和可做出贷款安排;动作项是在条件项综合考虑的情况下,所采取的动作。动作项与条件项紧密相关,在满足一定条件的情况下所执行的动作,用"1"表示执行所对应的动作桩中的动作,即规则。表 5-14 中有 8 条规则,例如,一条规则是如果贷款超过限额、还款记录不好并且本次贷款的额度大于 2 万元,那么银行拒绝贷款。

2. 判定表的建立步骤

在实际测试中,往往存在很多条件桩和动作,如何从软件需求规格说明书中建立判定表呢? 常用的判定表建立步骤如下。

第 1 步：确定规则个数。假设有 n 个条件,每个条件可能有两个取值("Y"和"N"),那么整个判定表有 $2n$ 种规则。

第 2 步：按照从上到下的顺序,依次列出所有的条件桩,并为其编号。

第 3 步：按照从上到下的顺序,在条件桩的下面依次列出所有的动作桩,并为其编号。

第 4 步：按照条件的各种取值组合,依次填入条件项。

第 5 步：根据需求规则,按照每一列条件的取值情况,填入相应的动作项,从而制定出初始判定表。

第 6 步：对初始判定表进行简化，合并相似规则或者相同动作。

通过检查订购单案例，使用上述 6 个步骤介绍判定表的构建过程。检查订购单的规则是：如果订购单金额超过 500 元，又未过期，则发出批准单和提货单；如果订购单金额超过 500 元，但过期了，则不发批准单；如果订购单金额低于 500 元，则不论是否过期都发出批准单和提货单，在过期的情况下还需要发出通知单。

第 1 步，确定规则个数。通过分析案例，发现订购单的检查需要判定两个条件：金额是否超过 500 元和是否过期。每一个条件都有两种不同的取值，所以这两个条件所形成的组合共有 $2 \times 2 = 4$ 种，因此，检查订购单的判定表共有 4 个规则。

第 2 步，确定条件桩。根据第 1 步分析结果可知条件桩中可以设置两个条件，即金额是否超过 500 元和是否过期，并为其进行编号 C1 和 C2。

第 3 步，确定动作桩。进一步分析案例，确定动作桩中可以设置 3 个动作，即发出批准单、发出提货单、发出通知单，并为其进行编号 A1、A2、A3。

第 4 步，填写条件项。第 2 步中的条件的取值分别是"Y"和"N"，如表 5-15 所示。

表 5-15　订购单的检查判定表的条件项

ID			R1	R2	R3	R4
条件	C1	金额是否超过 500 元	Y	Y	N	N
	C2	是否过期	Y	N	Y	N

第 5 步，根据条件项的不同取值组合，确定其动作，填入相应的动作项中，如表 5-16 所示，初步的判定表形成。

表 5-16　订购单的检查判定表

ID			R1	R2	R3	R4
条件	C1	金额是否超过 500 元	Y	Y	N	N
	C2	是否过期	Y	N	Y	N
动作	A1	发出批准单		1	1	1
	A2	发出提货单		1	1	1
	A3	发出通知单	1		1	

详细分析表 5-16 中第 R2 和 R4 条规则发现：第 R2 条规则中，C1 条件取值为"Y"，C2 条件取值为"N"，执行结果为"发出批准单和发出提货单"；第 R4 条规则中，C1 条件取值为"N"，C2 条件取值为"N"，执行结果也为"发出批准单和发出提货单"。对比这两条规则，第二个条件 C2 的取值相同，都是"N"，第一个条件 C1 无论取何值，所执行的动作都是一样的，因此，第一个条件 C1 的取值对结果并无影响，可以将这两个规则进行合并，也就是对判定表进行进一步简化。

第 6 步，简化。在很多情况下，形成的判定表可能很复杂，需要对其进行进一步的化简,将相似的关系进行合并。判定表的简化主要包括合并和包含两个方面。

- 合并：如果多条规则产生的动作项相同，且这些规则中某一个条件的取值为其全值，其他条件取值相同，则可以将这些规则合并，合并后这个条件项用符号"-"表示，说明执行的动作与该条件的取值无关，其余保持不变。
- 包含：无关条件项"-"在逻辑上可包含条件的其他取值，所以，具有相同动作的规则还可以进一步合并。

根据以上规则简化判定表，如图5-5所示。规则1与规则2中第1个条件和第2个条件取值相同，第3个条件在规则1中取值"Y"，在规则2中取值"N"，而它们的动作相同，按照合并规则，可以将其合并为一条新规则。规则1和规则3中第1个条件和第2个条件取值相同，第3个条件在规则1中可以取任意值，在规则3中取"N"，规则1中的第3个条件的取值包含了规则3中第3个条件的取值，而它们的动作相同，所以规则1包含了规则3，可以将其合并为规则1。规则1和规则4中第1个条件和第2个条件取值相同，第3个条件在规则1中可以取任意值，在规则4中取"Y"，规则1中的第3个条件的取值包含了规则4中第3个条件的取值，而它们的动作相同，所以，规则1包含规则4，可以将其合并为规则1。

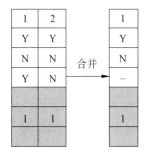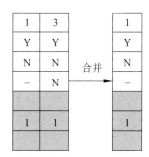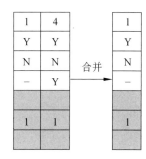

图 5-5　简化判定表

订购单检查判定表最初有4条规则，进行合并之后，剩余3条规则，简化后的订购单检查判定表如表5-17所示。通过将规则进行合并，简化判定表，有效减少重复规则，从而减少使用判定表法产生的测试用例，降低测试人员的工作量。

表 5-17　简化后的订购单检查判定表

	ID		R1	R2	R3
条件	C1	金额是否超过 500 元	Y	—	N
	C2	是否过期	Y	N	Y
动作	A1	发出批准单		1	1
	A2	发出提货单		1	1
	A3	发出通知单	1		1

3. 从判定表中生成测试用例
条件为输入数据，动作为预期结果，所产生的测试用例如表5-18所示。

表 5-18　订购单检查的测试用例

ID	输入数据	预期输出
1	金额超过 500 元,且已过期	发出通知单
2	未过期	发出批准单和提货单
3	金额未超过 500 元,且已过期	发出批准单、提货单、通知单

5.4.2　判定表法案例

1. 交通卡自动充值系统

现有一个交通卡自动充值软件系统,该系统只接收 50 元和 100 元的纸币,一次只能使用一张纸币,所以,一次的充值金额只能是 50 元或 100 元。如果用户选择充值 50 元,并投入 50 元纸币,则完成充值后退卡,提示充值成功;如果用户选择充值 50 元,但投入 100 元纸币,则完成充值后退卡,提示充值成功,并找零 50 元;如果用户选择充值 100 元,但只投入 50 元纸币,则退卡,提示金额不足,并退回 50 元;如果用户选择充值 100 元,并投入 100 元纸币,则完成充值后退卡,提示充值成功;如果选择充值金额后,在规定时间内未投入纸币,则提示错误。

现采用判定表法为该系统设计测试用例。首先确认规则数目,通过分析案例,确定该系统共有 5 个条件:投入 50 元纸币、投入 100 元纸币、选择充值 50 元、选择充值 100 元、是否在规定时间内。每一个条件都有"Y"和"N"两种取值,所以该系统的判定表规则共有 2×2×2×2×2＝32 种,条件桩中的条件共有 5 个:投入 50 元纸币、投入 100 元纸币、选择充值 50 元、选择充值 100 元、是否在规定时间内。动作桩中的动作有 6 个:充值、退卡、提示充值成功、提示金额不足、提示错误、找零。根据案例规则,给出相应的条件组合,选择相应的动作,建立初级判定表如表 5-19 所示。

表 5-19　交通卡自动充值系统初级判定表

	ID	1	2	3	4	5	6	7	8	9	10	11	12	13	14	15	16	17
条件	C1 投入 50 元纸币	Y	Y	Y	Y	Y	Y	Y	Y	Y	Y	Y	Y	Y	Y	Y	Y	N
	C2 投入 100 元纸币	Y	Y	Y	Y	Y	Y	Y	N	N	N	N	N	N	N	N	N	Y
	C3 选择充值 50 元	Y	Y	Y	Y	N	N	N	N	Y	Y	Y	Y	N	N	N	N	Y
	C4 选择充值 100 元	Y	Y	N	N	Y	Y	Y	Y	N	N	Y	Y	N	N	Y	N	Y
	C5 是否在规定时间内	Y	N	N	Y	N	Y	N	Y	N	Y	Y	N	Y	N	Y	N	Y
动作	A1 充值											1						
	A2 退卡											1	1	1	1		1	
	A3 提示充值成功											1						
	A4 提示金额不足													1				

续表

	ID	1	2	3	4	5	6	7	8	9	10	11	12	13	14	15	16	17
动作	A5 提示错误												1		1		1	
	A6 找零												1	1		1	1	

表 5-19　交通卡自动充值系统初级判定表（续表）

		ID	18	19	20	21	22	23	24	25	26	27	28	29	30	31	32
条件	C1	投入 50 元纸币	N	N	N	N	N	N	N	N	N	N	N	N	N	N	N
	C2	投入 100 元纸币	Y	Y	Y	Y	Y	Y	Y	N	N	N	N	N	N	N	N
	C3	选择充值 50 元	Y	Y	Y	N	N	N	N	Y	Y	Y	Y	N	N	N	N
	C4	选择充值 100 元	Y	N	N	Y	Y	N	N	Y	Y	N	N	Y	Y	N	N
	C5	是否在规定时间内	N	Y	N	Y	N	Y	N	Y	N	Y	N	Y	N	Y	N
动作	A1	充值		1		1											
	A2	退卡		1	1	1			1				1		1		
	A3	提示充值成功		1		1											
	A4	提示金额不足															
	A5	提示错误			1		1		1				1		1		
	A6	找零		1	1		1		1								

　　分析表 5-19，投入 50 元纸币和投入 100 元纸币不可能同时成立，系统要求一次只能使用一张纸币，所以删除规则 1～8。选择充值 50 元和选择充值 100 元不可能同时成立，系统要求一次只能选择一个功能，所以删除规则 9～10、17～18、25～26。这里只关心不在规定时间内是否只选择了充值金额，或者只进行了投币，所以删除规则 7、15、23、25、27、29、31；如果投入纸币，选择充值额度，则不可能出现不在规定时间内的情况，所以删除规则 12、14、20、22。通过上述分析，重新生成判定表，将规则简化为 8 条，剩余规则中已经不存在合并或包含关系，如表 5-20 所示。

表 5-20　交通卡自动充值系统简化判定表

		ID	11	13	16	19	21	24	28	30
条件	C1	投入 50 元纸币	Y	Y	Y	N	N	N	N	N
	C2	投入 100 元纸币	N	N	N	Y	Y	Y	N	N
	C3	选择充值 50 元	Y	N	N	Y	N	N	Y	N
	C4	选择充值 100 元	N	Y	N	N	Y	N	N	Y
	C5	是否在规定时间内	Y	Y	N	Y	Y	N	N	N

续表

	ID		11	13	16	19	21	24	28	30
动作	A1	充值	1			1	1			
	A2	退卡	1	1	1	1	1	1	1	1
	A3	提示充值成功	1			1	1			
	A4	提示金额不足		1						
	A5	提示错误			1			1	1	1
	A6	找零		1	1	1		1		

条件为输入数据,动作为预期输出,所产生的测试用例如表 5-21 所示。

表 5-21　交通卡自动充值系统测试用例

ID	输 入 数 据	预 期 输 出
1	在规定的时间内,投入 50 元纸币,选择充值 50 元	充值,退卡,提示充值成功
2	在规定的时间内,投入 50 元纸币,选择充值 100 元	退卡,提示金额不足并找零
3	投入 50 元,但超时	退卡,提示错误并找零
4	在规定的时间内投入 100 元,选择充值 50 元	充值,退卡,提示充值成功并找零
5	在规定时间内投入 100 元纸币,选择充值 100 元	充值,退卡,提示充值成功
6	投入 100 元纸币,但是超时	退卡,提示错误并找零
7	选择充值 50 元,但超时	退卡,提示错误
8	选择充值 100 元,但超时	退卡,提示错误

设计判定表时,选择不同的条件和动作,所产生的判定表的复杂程度可能不同。如上述系统中,将条件选择为 3 种:投币、选择充值、是否超时。投币取值有 3 种:"50""100"和"N";选择充值取值为"50""100"和"N";是否超时取值为"Y"和"N"。该系统的判定表规则有 3×3×2=18 条,所形成的初始判定表如表 5-22 所示。

表 5-22　初始判定表

	ID		1	2	3	4	5	6	7	8	9
条件	C1	投入纸币	50	50	50	50	50	50	100	100	100
	C2	选择充值	50	50	100	100	N	N	50	50	100
	C3	是否在规定时间内	Y	N	Y	N	Y	N	Y	N	Y
动作	A1	充值	1						1		1
	A2	退卡	1		1		1	1	1		1
	A3	提示充值成功	1						1		1

续表

	ID	1	2	3	4	5	6	7	8	9
动作	A4 提示金额不足			1						
	A5 提示错误						1			
	A6 找零			1				1	1	

表 5-22 初始判定表（续表）

	ID	10	11	12	13	14	15	16	17	18
条件	C1 投入纸币	100	100	100	N	N	N	N	N	N
	C2 选择充值	100	N	N	50	50	100	100	N	N
	C3 是否在规定时间内	N	Y	N	Y	N	Y	N	Y	N
动作	A1 充值									
	A2 退卡			1		1		1		
	A3 提示充值成功									
	A4 提示金额不足									
	A5 提示错误			1		1		1		
	A6 找零			1						

删除不合理规则 2、4、5、8、10、11、13、15、17、18，形成简化判定表，如表 5-23 所示。

表 5-23 简化后的判定表

	ID	1	3	6	7	9	12	14	16
条件	C1 投入纸币	50	50	50	100	100	100	N	N
	C2 选择充值	50	100	N	50	100	N	50	100
	C3 是否在规定时间内	Y	Y	N	Y	Y	N	N	N
动作	A1 充值	1			1	1			
	A2 退卡	1	1	1	1	1	1	1	1
	A3 提示充值成功	1			1	1			
	A4 提示金额不足			1					
	A5 提示错误				1			1	1
	A6 找零	1	1	1			1		

2. 航空公司案例

某航空公司现有如下规定。

- 中国去欧美的航线中所有舱位都应有食物供应，每个座位都可以播放电影。

- 中国去非欧美的国外航线所有舱位都应有食物供应,但是只有商务舱可以播放电影。
- 中国国内航班的所有航线只有商务舱有食物供应,全程均不可以播放电影。
- 中国国内航班的所有航线,经济舱中的旅客只有飞行时间大于 2 小时才有食物供应,全程都不可以播放电影。

采用判定表法分析航空公司规定,可以找到航空公司规定中的 3 个条件:航线、舱位和飞行时间。航线有 3 种取值:国外欧美航线记为 A1,国外非欧美航线记为 A2,国内航线记为 A3。舱位有 2 种取值:商务舱记为 P1,经济舱记为 P2。飞行时间有 2 种取值:大于 2 小时记为 T1,小于或等于 2 小时记为 T2。所以,航空公司规定的规则共有 3×2×2=12 种。与条件组合值相对应的动作有 2 个:播放电影和提供食物。根据案例规则,给相应的条件组合选取相应的动作,形成的初始判定表如表 5-24 所示。

表 5-24　航空公司规定初始判定表

	ID		1	2	3	4	5	6	7	8	9	10	11	12
条件	C1	航线	A1	A1	A1	A1	A2	A2	A2	A2	A3	A3	A3	A3
	C2	舱位	P1	P1	P2	P2	P1	P1	P2	P2	P1	P1	P2	P2
	C3	飞行时间	T1	T2	T1	T2	T1	T2	T1	T2	T1	T2	T1	T2
动作	A1	播放电影	1	1	1	1	1	1						
	A2	提供食物	1	1	1	1	1	1	1	1	1	1	1	

分析表 5-24,规则 1 和规则 2、规则 3 和规则 4、规则 5 和规则 6、规则 7 和规则 8、规则 9 和规则 10 中条件 C1 和条件 C2 的取值相同,动作相同,而条件 C3 的取值是全值,也就是覆盖了条件 C3 的全部可能取值,所以可以将规则 1 和规则 2 合并,规则 3 和规则 4 合并,规则 5 和规则 6 合并,规则 7 和规则 8 合并,规则 9 和规则 10 合并,规则 12 中不执行任何动作,可以去掉。简化后的判定表如表 5-25 所示。

表 5-25　航空公司规定判定表

	ID		1	3	5	7	9	11
条件	C1	航线	A1	A1	A2	A2	A3	A3
	C2	舱位	P1	P2	P1	P2	P1	P2
	C3	飞行时间	—	—	—	—	—	T1
动作	A1	播放电影	1	1	1			
	A2	提供食物	1	1	1	1	1	1

分析表 5-25,发现规则 1 和规则 3 中条件 C1 取值相同,条件 C3 是无关条件,动作相同,条件 C2 取全值,所以,可以将规则 1 和规则 3 合并,形成航空公司规定简化判定表,规则只有 5 条,如表 5-26 所示。

表 5-26 航空公司规定简化判定表

	ID		1	2	3	4	5
条件	C1	航线	A1	A2	A2	A3	A3
	C2	舱位	—	P1	P2	P1	P2
	C3	飞行时间	—	—	—	—	T1
动作	A1	播放电影	1	1			
	A2	提供食物	1	1	1	1	1

根据表 5-26，为航空公司规定设计测试用例，如表 5-27 所示。

表 5-27 航空公司规定的测试用例

ID	输 入 数 据	预 期 输 出
1	欧美航线	播放电影，提供食物
2	非欧美国外航线、商务舱	播放电影，提供食物
3	非欧美国外航线、经济舱	提供食物
4	国内航线、商务舱	提供食物
5	国内航线、经济舱、飞行大于 2 小时	提供食物

5.5 因果图法

测试人员使用判定表显示输入条件之间的组合关系。输入条件和动作之间的关系相当于编程语言中的 if-else 语句，但是 if 条件中可能存在各种组合约束条件，如与、或、非等，可以借助因果图，方便地表示各种输入条件之间的组合约束关系。

5.5.1 因果图法概述

因果图法(cause-effect diagram)是从自然语言书写的软件需求程序规格说明书的描述中找到原因(输入条件)和结果(输出或程序状态的改变)，以及原因与原因之间的约束关系，借助图形分析输入条件的各种组合情况，设计测试用例的方法。因果图法最终可以生成判定表，通过判定表帮助测试人员按照一定的步骤设计高效的测试用例，同时，也可以指出软件需求规格说明书中存在的不完整性和二义性需求。

1. 因果图中的符号

因果图中 c_i 表示原因，e_i 表示结果，各节点表示状态，每一个节点可以取值"0"和"1"，"0"表示某状态不出现，"1"表示某状态出现。因果图中描述输入条件和输出结果之间的基本因果关系共有 4 种，其基本符号如图 5-6 所示。

- 恒等表示如果原因出现，即 c1＝1，则结果也出现，即 e1＝1；如果原因不出现，即

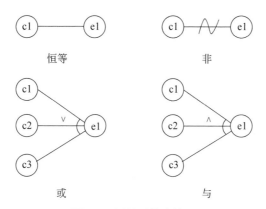

图 5-6　因果图基本符号

c1＝0,则结果也不出现,即 e1＝0。

- 非(¬)表示如果原因出现,即 c1＝1,则结果不出现,即 e1＝0;如果原因不出现,即 c1＝0,则结果出现,即 e1＝1。
- 或(∨)表示如果几个原因中有一个出现,即 c1＝1 或 c2＝1 或 c3＝1,则结果出现,即 e1＝1;如果几个原因都不出现,即 c1＝0、c2＝0 且 c3＝0,则结果也不出现,即 e1＝0。
- 与(∧)表示如果几个原因都出现,即 c1＝1、c2＝1 且 c3＝1,则结果才出现,即 e1＝1;如果其中一个原因不出现,即 c1＝0 或 c2＝0 或 c3＝0,则结果不出现,即 e1＝0。

假如规格说明书中有这样一段描述:如果输入的第一个字符必须是♯或 ∗ ,第二个字符必须是一个数字,则修改文件;如果第一个字符不是♯或 ∗ ,则输出信息 N;如果第二个字符不是数字,则输出信息 M。

首先,给出 3 个原因。

- c1:第一个字符是♯。
- c2:第一个字符是 ∗ 。
- c3:第二个字符是数字。

然后,给出 3 个结果。

- e1:修改文件。
- e2:输出信息 N。
- e3:输出信息 M。

将原因和结果使用因果图的基本符号连接起来,如图 5-7 所示。其中 t1 是一个中间结果,表示 c1 或 c2 成立。图 5-7 很好地描述了规格说明书中的需求,但是第一个字符是♯或者是 ∗ ,二者不能同时出现。

为了更进一步地表示原因和原因之间、结果和结果之间的约束关系,在因果图中附加一些表示约束的符号,如图 5-8 所示。

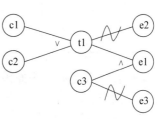

图 5-7　因果图基本符号案例

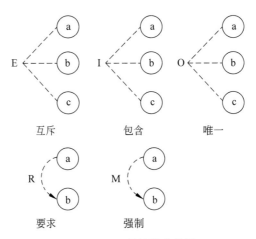

图 5-8　因果图的约束符号

- 互斥 E 是指 a、b、c 3 个原因(结果)不能同时成立,最多只有一个原因(结果)可能成立,如表 5-28 所示。

表 5-28　互斥

a	0	1	0	0
b	0	0	1	0
c	0	0	0	1

- 包含 I 是指 a、b、c 3 个原因(结果)中至少有一个原因(结果)必须成立,如表 5-29 所示。

表 5-29　包含

a	1	1	1	1	0	0	0
b	1	1	0	0	1	1	0
c	1	0	1	0	1	0	1

- 唯一 O 是指 a、b、c 3 个原因(结果)中有且仅有一个成立,如表 5-30 所示。

表 5-30　唯一

a	1	0	0
b	0	1	0
c	0	0	1

- 要求 R 是指一个原因(结果)a 出现时,则另一个原因(结果)b 一定出现;当一个原因(结果)a 出现时,不可能另一个原因(结果)b 不出现,如表 5-31 所示。

表 5-31　要求

a	1	0	0
b	1	0	1

- 强制 M 是指当原因(结果)a 出现时,另一个原因(结果)b 必须不出现;而当原因(结果)a 不出现时,另一个原因(结果)b 的值不定,如表 5-32 所示。

表 5-32　强制

a	1	0	0
b	0	0	1

图 5-7 中第一个字符为♯或 * ,但二者不能同时出现的情况可使用因果图的约束符号表示,形成新的因果图如图 5-9 所示。

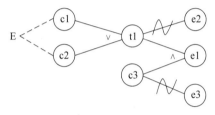

图 5-9　因果图中约束符号的使用

2.因果图法的基本步骤

一般情况下,使用因果图法导出测试用例需要经过以下几个步骤。

(1)分析软件需求规格说明书,找出所有原因,原因是输入或输入条件的等价类。

(2)分析软件需求规格说明书,找出所有结果,结果是输出条件。

(3)给每个原因和结果赋予一个标识符,根据软件需求规格说明书中描述的原因和结果的关系,画出因果图。

(4)明确所有输入条件之间的制约关系以及组合关系,使用约束符号表示输入条件之间的关系。

(5)明确所有输出条件之间的制约关系以及组合关系,使用约束符号表示输出条件之间的关系。

(6)把因果图转换成判定表,因果图中的原因是判定表的条件,因果图中的结果是判定表的动作。

(7)将判定表的每一列作为依据,设计测试用例。

例如,某软件的一个模块的需求规格说明书中这样描述:年薪制的员工如果在工作中出现严重过失,则扣除年终风险金的 4%;如果在工作中只是出现一般过失,则扣除年终风险金的 2%。而非年薪制的员工如果在工作中出现严重过失,则扣除月薪资的 8%;如果在工作中出现一般过失,则扣除月薪资的 4%。

第 1 步,找到原因。分析案例,输入条件有年薪制员工、严重过失、一般过失。

第 2 步,找到结果。分析案例,输出条件有扣除年终风险金的 4%、扣除年终风险金的 2%、扣除月薪资的 8%、扣除月薪资的 4%。

第 3 步,为原因和结果建立标识,做出因果图,如图 5-10 所示。这里假设如下。

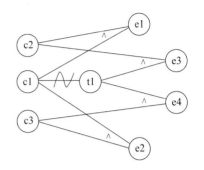

图 5-10 初步因果图

- c1:年薪制员工。
- c2:严重过失。
- c3:一般过失。
- t1:非年薪制员工。
- e1:扣除年终风险金的 4%。
- e2:扣除年终风险金的 2%。
- e3:扣除月薪资的 8%。
- e4:扣除月薪资的 4%。

第 4、5 步,确定条件之间、结果之间的约束关系。c2 和 c3 最多只能出现其中的一种,e1、e2、e3、e4 只能出现其中的一种结果,如图 5-11 所示。

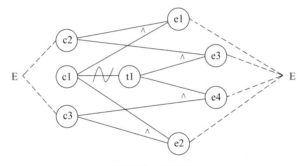

图 5-11 因果图

第 6 步,将因果图转换为判定表。因果图中有 3 个原因 c1、c2、c3,由于 c2 和 c3 不能同时存在,所以判定表中的规则有 4 条,条件有 3 个,即 c1、c2、c3,结果有 4 个,即 e1、e2、e3、e4,如表 5-33 所示。

表 5-33 因果图转变为判定表

ID		1	2	3	4
条件	c1	0	0	1	1
	c2	0	1	0	1
	c3	1	0	1	0
动作	e1				1
	e2			1	
	e3		1		
	e4	1			

第 7 步,设计测试用例。根据判定表方法,可以为其设计测试用例,如表 5-34 所示。

表 5-34 从判定表中识别测试用例

ID	输 入 条 件	预 期 输 出
1	非年薪制员工,发生一般过失	扣除月薪资的 4%
2	非年薪制员工,发生严重过失	扣除月薪资的 8%
3	年薪制员工,发生一般过失	扣除年终风险金的 2%
4	年薪制员工,发生严重过失	扣除年终风险金的 4%

5.5.2 因果图法案例

1. 交通卡自动充值系统

为了方便对比,本节仍采取 5.4 节的案例,根据 5.4.2 小节判定表法案例中描述交通卡自动充值系统的案例,首先,找出原因有 5 个。

- $c1$:投入 50 元纸币。
- $c2$:投入 100 元纸币。
- $c3$:选择充值 50 元。
- $c4$:选择充值 100 元。
- $c5$:在规定时间内。

接着,找出结果有 6 个。

- $e1$:充值。
- $e2$:退卡。
- $e3$:提示充值成功。
- $e4$:提示金额不足。
- $e5$:提示错误。
- $e6$:找零。

然后,分析原因与原因之间、结果和结果之间的约束关系。

- $c1$ 和 $c2$ 两个原因不能同时出现。
- $c3$ 和 $c4$ 两个原因不能同时出现。
- 如果 $c1$、$c3$ 出现,则 $c5$ 也一定出现。
- 如果 $c1$、$c4$ 出现,则 $c5$ 也一定出现。
- 如果 $c2$、$c3$ 出现,则 $c5$ 也一定出现。
- 如果 $c2$、$c4$ 出现,则 $c5$ 也一定出现。
- $e3$、$e4$、$e5$ 三个结果不能同时出现。
- $e1$ 和 $e4$,$e1$ 和 $e5$ 不能同时出现。
- $e1$、$e3$ 必须组合出现。

由于该因果图比较复杂,为了更加清晰地展示因果图,特将因果图分成 5 个部分。

第 1 部分:原因和原因之间、结果和结果之间的约束关系,如图 5-12 所示。

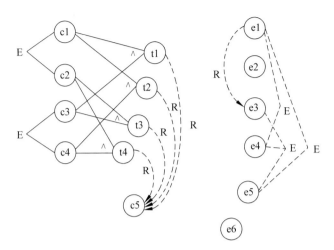

图 5-12　交通卡自动充值因果图（1）

第 2 部分：超时因果图如图 5-13 所示。如果只有 c1（投入 50 元纸币）、c2（投入 100 元纸币）、c3（选择充值 50 元）、c4（选择充值 100 元）中的一个原因出现并且超时（c5 取非），则有 e2（退卡）、e5（提示错误）的结果，如果 c1 或者 c2 出现，则还需要将用户放入的纸币退出，即 e6（找零）发生。

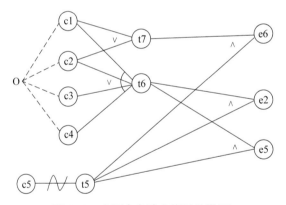

图 5-13　交通卡自动充值因果图（2）

第 3 部分：余额不足因果图如图 5-14 所示，只要完成投币和选择充值操作，必然在规定时间范围内，所以条件 c5 在图 5-12 中已经约束，这里不再画出 c5。当 c1（投入 50 元纸币）和 c4（选择充值 100 元）同时发生时，则发生 e2（退卡）、e4（提示金额不足）、e6（找零）。

第 4 部分：在规定时间内完成充值且不找零因果图如图 5-15 所示。当 c1（投入 50 元纸币）和 c3（选择充值 50 元）都发生时，或者当 c2（投入 100 元纸币）和 c4（选择充值 100 元）都发生时，结果 e1（充值）、e2（退卡）、e3（提示充值成功）也都会发生。

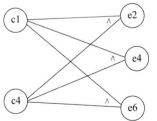

图 5-14　交通卡自动充值
因果图（3）

第 5 部分：在规定时间完成充值且需要找零因果图如图 5-16 所示。当 c2（投入 100 元纸币）和 c3（选择充值 50 元）时，结果 e1（充值）、e2（退卡）、e3（提示充值成功）、e6（找零）都会发生。

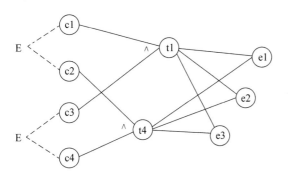 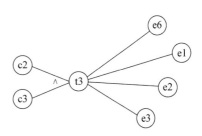

图 5-15　交通卡自动充值因果图（4）　　　图 5-16　交通卡自动充值因果图（5）

利用因果图转换为判定表，如表 5-20 所示，而产生的测试用例如表 5-21 所示。

2. 航空公司案例

分析 5.4.2 所描述的航空公司案例。

- 中国去欧美的航线中所有舱位都有食物供应，每个座位都可以播放电影。
- 中国去非欧美的国外航线所有舱位都应有食物供应，但是只有商务舱可以播放电影。
- 中国国内航班的所有航线只有商务舱有食物供应，全程均不可以播放电影。
- 中国国内航班的所有航线，经济舱中的旅客只有飞行时间大于 2 小时才有食物供应，全程都不可以播放电影。

首先，找出原因和结果。

- c1：欧美的国际航线。
- c2：非欧美的国际航线。
- c3：商务舱。
- c4：飞行时间大于 2 小时。
- t1：既不是去欧美的国际航线，也不是去非欧美的国际航线，那么一定是国内航线。
- t2：不是商务舱，就是经济舱。
- e1：播放电影。
- e2：供应食物。

接着，找出原因和原因之间、结果和结果之间的约束关系，这里的原因和结果比较简单，只有 c1 和 c2 不可能同时出现。所以，它们之间存在互斥关系。为了清晰地展示因果图，将其分成 3 个部分。

第 1 部分：展示国际航线所形成的因果图如图 5-17 所示，如果原因 c1（欧美的国际航线）出现，则结果 e1（播放电影）和 e2（供应食物）都将出现；如果原因 c2（非欧美国际航线）和 c3（商务舱）都出现，则结果 e1（播放电影）将出现；如果原因 c2（非欧美国际航线）出现,则结果 e2(供应食物)将出现。

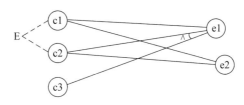

图 5-17　航空公司因果图(1)

第 2 部分:展示国内航线商务舱所形成的因果图如图 5-18 所示,只有原因 t1(国内航线)和 c3(商务舱)同时出现,结果 e2(供应食物)才将出现。

第 3 部分:展示国内航线经济舱所形成的因果图如图 5-19 所示,只有原因 t1(国内航线)、t2(经济舱)和 c4(飞行时间大于 2 小时)出现,结果 e2(供应食物)才将出现。

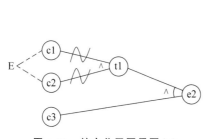

图 5-18　航空公司因果图(2)

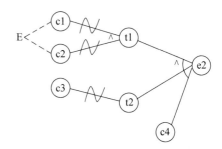

图 5-19　航空公司因果图(3)

通过因果图转换为判定表如表 5-26 所示,所形成的测试用例如表 5-27 所示。

对比交通卡自动充值系统案例和航空公司案例,分别采用判定表法和因果图法设计测试用例,因果图比判定表更加直观、快速、准确地表示出输入条件和输出条件的关系,并且这两种方法殊途同归,最终都形成了最简判定表,并根据判定表设计测试用例。

3. 中国象棋

下面给出中国象棋中走马规则。

- 如果落点在棋盘外,则不移动棋子。
- 如果落点与起点不构成日字形,则不移动棋子。
- 如果落点处有同一方的棋子,则不移动棋子。
- 如果落点方向的邻近交叉点有棋子(绊马腿),则不移动棋子。
- 如果不属于以上几条规则,且落点处没有棋子,则移动棋子到落点。
- 如果不属于前 4 条规则,且落点处有对方棋子(非老将),则移动棋子并除去(吃)对方棋子。
- 如果不属于前 4 条规则,且落点处有对方老将,则移动棋子,并提示战胜对方,游戏结束。

(1) 创建因果图。分析上述案例,从中找到走马规则中的原因和结果。

c1:落点在棋盘外。

c2：落点与起点不构成日字形。

c3：落点处有同一方的棋子。

c4：落点方向的邻近交叉点有棋子。

c5：落点处没有棋子。

c6：落点处有对方棋子(非老将)。

c7：落点处有对方老将。

e1：不移动棋子。

e2：移动棋子到落点。

e3：移动棋子并除去(吃)对方棋子。

e4：移动棋子,并提示战胜对方,游戏结束。

原因 c5、c6、c7 不能同时出现,c1、c2、c3、c4 不能同时出现,它们之间是互斥关系,结果 e1、e2、e3、e4 中有且仅有一个出现,它们之间有唯一约束。为了简化因果图,引入临时原因 t1,表示不是前 4 项原因。如果是前 4 项中的一个,则都不移动棋子,即结果 e1 出现。如果不是前 4 项原因,即 t1 出现,则 c5 出现时,结果 e2 出现;c6 出现时,结果 e3 出现;c7 出现时,结果 e4 出现。所形成的因果图如图 5-20 所示。

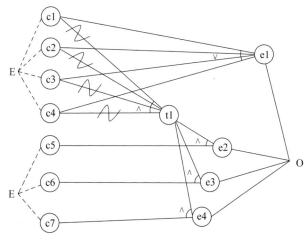

图 5-20 走马因果图

(2) 转换为判定表。

将图 5-20 转换为判定表,因果图中的原因转变为判定表的条件,因果图中的结果转变为判定表中的动作。因果图中的约束转变为判定表中的规则。产生的判定表如表 5-35 所示。

表 5-35 走马判定表

	ID		1	2	3	4	5	6	7
条件	c1	落点在棋盘外	Y	N	N	N	N	N	N
	c2	落点与起点不构成日字形	N	Y	N	N	N	N	N

ID			1	2	3	4	5	6	7
条件	c3	落点处有同一方的棋子	N	N	Y	N	N	N	N
	c4	落点方向的邻近交叉点有棋子	N	N	N	Y	N	N	N
	c5	落点处没有棋子	—	—	—	—	Y	N	N
	c6	落点处有对方棋子(非老将)	—	—	—	—	N	Y	N
	c7	落点处有对方老将	—	—	—	—	N	N	Y
动作	a1	不移动棋子	1	1	1	1			
	a2	移动棋子到落点					1		
	a3	移动棋子并除去(吃)对方棋子						1	
	a4	移动棋子,并提示战胜对方,游戏结束							1

（3）设计测试用例。

为表 5-35 设计测试用例，如表 5-36 所示。

表 5-36　走马测试用例

ID	输 入 条 件	预 期 输 出
1	落点在棋盘外	不移动棋子
2	落点与起点不构成日字形	不移动棋子
3	落点处有同一方的棋子	不移动棋子
4	落点方向的邻近交叉点有棋子	不移动棋子
5	落点处没有棋子,落点不在棋盘外,落点与起点可以构成日字形,落点方向的邻近交叉点没有棋子	移动棋子到落点
6	落点处有对方棋子(非老将),落点不在棋盘外,落点与起点可以构成日字形,落点方向的邻近交叉点没有棋子	移动棋子并除去(吃)对方棋子
7	落点处有对方老将,落点不在棋盘外,落点与起点可以构成日字形,落点方向的邻近交叉点没有棋子	移动棋子,并提示战胜对方,游戏结束

5.6　基于组合优化的正交实验法

在实际软件测试项目中,软件需求往往非常复杂,即使是中、小规模软件,也很难从需求规格说明书中分离出对应的输入条件、输出条件,以及它们之间的关系,基本无法划分等价类。如果使用因果图法设计测试用例,则关系往往非常庞大,设计的测试用例数据量相当多,给软件测试带来很大的负担。为了更加合理有效地进行软件测试,减少测试的人力和经济成本,本节将利用基于组合优化的正交实验法设计测试用例。

5.6.1 基于组合优化的正交实验法概述

正交实验法(orthogonal experimental design)是依据 Galois 理论,从大量的(实验)数据(测试用例)中挑选适量的、有代表性的点,使用已经制好的表格——正交表来合理地安排实验(测试)并进行数据分析,找出最优水平组合的一种科学实验设计方法。正交实验法是研究多因素、多水平组合的一种实验法,在软件测试中,对软件组件的集成测试和配置选项组合测试的作用尤为突出。

1. 正交表

正交表是一种特制的二维数字表格,是日本著名的统计学家将正交实验选择的水平组合形成的表格。它是由次数、因素数和水平数 3 个要素所组成。正交表的次数(runs)是正交表中行的个数,即实验的次数,也是使用正交实验法设计的测试用例的个数。正交表的因素数(factors)是正交表中列的个数,是影响实验结果的量,即需要测试的功能点,也是使用正交实验法设计测试用例时变量的最大个数。如果把实验结果看成因素的函数,那么因素就是实验过程的自变量。正交表的水平数(levels)是任何单个因素能够取得值的最大个数,把每个因素所处的状态或状况称为水平,也就是正交表中的值,即需要测试的功能点的输入条件,正交表中包含的值为 0~水平数-1,或 1~水平数。通常可以把正交表表示为 L 次数(水平数因素数),如 L4(23),表示需要 4 个测试用例,最多可观察 3 个因素,每个因素均为 2 水平,其正交表如表 5-37 所示。

表 5-37 L4(23)正交表

序 号	性 别	班 级	成 绩
1	女	1 班	及格
2	女	2 班	不及格
3	男	1 班	不及格
4	男	2 班	及格

表 5-37 描述的是某所大学某系共有 2 个班级,通过"性别""班级"和"成绩"这 3 个条件查询某系某门课程的成绩分布、男女比例或班级比例。这里有 3 个因素:性别、班级和成绩。每个因素都有两个取值(水平):性别的取值是男或女;班级的取值是 1 班或 2 班;成绩的取值是及格或不及格。通过正交表可以推出共需测试 4 次。

从上面的例子可以看出来,正交表具有两个特性。
- 每列中不同数字出现的次数相等。例如在 L4(23)中,每一个水平值在每列中出现的次数是相同的,"男""女""1 班""2 班""及格""不及格"都出现了 2 次。这一特点表明每个因素的每个水平与其他因素的每个水平参与实验的概率是完全相同的,保证了在各个水平中最大限度地排除了其他因素水平的干扰,能有效地比较实验结果并找出最优的实验条件。
- 在任意两列的水平搭配,即横向形成的数字对中,每种数字对出现的次数相等。

在表 5-37 中，任意取两列，如性别和班级两列，横向形成的数字对有（女，1 班）、（女，2 班）、（男，1 班）、（男，2 班），每个只出现 1 次。这个特点保证了实验点均匀地分散在因素与水平的完全组合之中，因此具有很强的代表性，这种正交表称为单一水平正交表，就是各因素的水平数相同。但有时，也可能影响功能的因素并不一定都具有相同的水平数，这种各因素的水平数不完全相同的正交表称为混合水平正交表。如 L8(4124) 表中有 1 个因素的水平数是 4，有 4 个因素的水平数是 2。

正交表必须满足以上两个特性，有一条不满足就不是正交表。上述某大学学生成绩，如果采用全面测试，必须进行 $2 \times 2 \times 2 = 8$ 次组合测试。若按照 L4(23) 正交表安排测试，则只需要做 4 次测试。显然正交实验法大大减少了测试工作量。

2. 正交实验法的基本步骤

一般来讲，正交实验法包含以下基本步骤。

（1）分析软件需求规格说明书，确定软件需求规格说明书中的影响因素，也就是确定因素数；确定每个因素的取值，也就是确定水平数，其中，因素可以取值的最大个数就是水平数。

（2）根据因素数和水平数确定次数。如果是单一水平正交表 $Ln(mk)$，$n = k \times (m-1) + 1$，其中 n 是次数、m 是水平数、k 是因素数。如果是混合水平正交表 $Ln(m1k1m2k2)$，$n = k1 \times (m1-1) + k2 \times (m2-1) + \cdots kx \times (mx-1) + 1$。

（3）选择合适的正交表。首先从网址 http://www.york.ac.uk/depts/maths/tables/orthogonal.htm 中查找已有的正交表，根据第 2 步中得到的次数、因素数和水平数，选择合适的正交表。如果选择单一水平正交表，当找到实验次数等于 n、水平数大于等于 m、因素数大于等于 k 的正交表时，可以直接套用。但是如果无法找到这样的正交表，那么只能找实验次数大于 n、水平数大于等于 m、因素数大于等于 k 的正交表来使用。如果选择混合水平正交表，当找到实验次数等于 n、水平数大于等于所有因素的水平数、因素数大于等于所有因素数的正交表，可以直接套用，但是如果无法找到这样的正交表，那么使用实验次数大于 n、水平数大于等于所有因素的水平数、因素数大于等于所有因素数的正交表。但是如果有多个正交表满足条件，那么需要选取实验次数最少的那个正交表。总的来说，在选取正交表时需要考虑因素的个数、因素水平的个数和正交表的行数，选取最适合的、行数最少的正交表。

（4）把因素和值映射到选择的正交表中，每一行各因素的取值组合作为一个测试用例。

分析案例：某所大学某系共有 2 个班级："1 班"和"2 班"，学生刚考完某一门课程，教师想通过"性别""班级"和"成绩"这 3 个查询条件对某系这门课程的成绩分布、男女比例或班级比例进行人员查询，以便完成课程总结，教师所给出的成绩只有"及格"和"不及格"两种。

第 1 步，通过分析，发现案例中共有 3 个被测元素，即因素，分别是性别、班级和成绩，每一个因素有两个取值，即水平值。因此，在案例描述中有 3 个独立变量且每个变量都有 2 个取值：性别（男，女），班级（1 班，2 班），成绩（及格，不及格）。

第 2 步,确定次数,所有因素都具有相同的水平数,所以建立的正交表是单一水平的水平正交表,也就是在该正交表中 $m=2$,$k=3$,$n=3\times(2-1)+1=4$。

第 3 步,查找 $n=4$,$m\geqslant2$,$k\geqslant3$ 的正交表,首先在 http://www.york.ac.uk/depts/ maths/tables/orthogonal. htm 中查看是否有符合要求的正交表,找到如图 5-21 所示的正交表。

第 4 步,将因素值和水平值映射到正交表中。第 1 列中的"1"对应性别中的"女","2"对应性别中的"男";第 2 列中的"1"对应班级中的"1 班","2"对应班级中的"2

Experiment Number	Column		
	1	2	3
1	1	1	1
2	2	2	2
3	3	1	2
4	4	2	1

图 5-21 次数为 4 的正交表

班";第 3 列中的"1"对应成绩的"及格";"2"对应成绩的"不及格";从而形成表 5-38 的成绩正交表(对比表 5-37 和表 5-38)。

表 5-38 成绩正交表

Experiment Number	Column		
	1	2	3
1	女	1 班	及格
2	女	2 班	不及格
3	男	1 班	及格
4	男	2 班	不及格

将表 5-38 中每一行的数据转换成一个测试用例,从而得到表 5-39 中的前 4 条测试用例。根据实际情况可以在用正交实验法设计测试用例的基础上补充一些测试用例(非常重要),比如选择性别="男"、班级="1 班"、成绩="不及格"是实际最常用的查询场景,则需要添加补充查询,形成表 5-39 中第 5 条测试用例。

表 5-39 成绩的测试用例

ID	输 入 数 据	预 期 输 出
1	选择性别="男"、班级="1 班"、成绩="及格",查询	输出符合条件的数据
2	选择性别="男"、班级="2 班"、成绩="不及格",查询	输出符合条件的数据
3	选择性别="女"、班级="1 班"、成绩="不及格",查询	输出符合条件的数据
4	选择性别="女"、班级="2 班"、成绩="及格",查询	输出符合条件的数据
5	选择性别="男"、班级="1 班"、成绩="不及格",查询	输出符合条件的数据

正交实验法作为设计测试用例的方法之一,是一种高效率、快速、经济的实验设计方法,它根据正交性从全面实验中挑选出部分均分分散的、有代表性的点进行实验,从而减少测试用例的数量,提高测试用例的有效性。但是正交实验法对每个状态点都同等对待,重点不突出,容易造成在用户不常用的功能或场景中,花费不少时间进行测试,而没有重点测试重要的功能和路径。

5.6.2 基于组合优化的正交实验法案例

使用正交实验法设计测试用例通常会遇到 3 种情况：因素数、水平数相符，因素数不相同和水平数不相同。下面分别给出案例说明。

1. 手机照相机案例（因素数相同，水平数也相同）

手机照相机的拍摄模式是普通模式，针对对比度（正常，低，高）、色彩效果（黑白，棕褐色，水绿色）、感光度（自动，100，300）、白平衡（自动，日光，阴光）各个值用正交实验法设计测试用例。分析案例，发现存在 4 个因素，分别是对比度、色彩效果、感光度和白平衡，每个因素都有 3 个值，也就是 3 个水平值，可以建立单一水平正交表，所以该案例中因素数 $k=4$，水平数 $m=3$。通过计算可以得到次数 $n=4\times(3-1)+1=9$。所以，从 http://www.york.ac.uk/depts/maths/tables/orthogonal.htm 找到次数为 9 的正交表，如图 5-22 所示，正交表中因素数是 4，水平数是 3，与案例完全相符。

Experiment Number	Column			
	1	2	3	4
1	1	1	1	1
2	1	2	2	2
3	1	3	3	3
4	2	1	2	3
5	2	2	3	1
6	2	3	1	2
7	3	1	3	2
8	3	2	1	3
9	3	3	2	1

图 5-22 次数为 9 的正交表

现将手机照相机案例中的因素数和水平数映射到图 5-22 所示的正交表中。第 1 列与对比度相映射，"1"映射为"正常"，"2"映射为"低"，"3"映射为"高"；第 2 列与色彩效果相映射，"1"映射为"黑白"，"2"映射为"棕褐色"，"3"映射为"水绿色"；第 3 列与感光度相映射，"1"映射为"自动"，"2"映射为"100"，"3"映射为"300"；第 4 列与白平衡相映射，"1"映射为"自动"，"2"映射为"日光"，"3"映射为"阴光"。形成的正交表如表 5-40 所示。

表 5-40 手机照相机正交表

Experiment Number	Column			
	对比度	色彩效果	感光度	白平衡
1	正常	黑白	自动	自动
2	正常	棕褐色	100	日光
3	正常	水绿色	300	阴光
4	低	黑白	100	阴光
5	低	棕褐色	300	自动

Experiment Number	Column			
	对比度	色彩效果	感光度	白平衡
6	低	水绿色	自动	日光
7	高	黑白	300	日光
8	高	棕褐色	自动	阴光
9	高	水绿色	100	自动

根据表 5-40 所形成的正交表，为其设计测试用例，如表 5-41 所示。

表 5-41　手机照相机测试用例

ID	输 入 数 据	预 期 输 出
1	对比度设置为正常，色彩效果设置为黑白，感光度设置为自动，白平衡设置为自动	效果符合预期
2	对比度设置为正常，色彩效果设置为棕褐色，感光度设置为100，白平衡设置为日光	效果符合预期
3	对比度设置为正常，色彩效果设置为水绿色，感光度设置为300，白平衡设置为阴光	效果符合预期
4	对比度设置为低，色彩效果设置为黑白，感光度设置为100，白平衡设置为阴光	效果符合预期
5	对比度设置为低，色彩效果设置为棕褐色，感光度设置为300，白平衡设置为自动	效果符合预期
6	对比度设置为低，色彩效果设置为水绿色，感光度设置为自动，白平衡设置为日光	效果符合预期
7	对比度设置为高，色彩效果设置为黑白，感光度设置为300，白平衡设置为日光	效果符合预期
8	对比度设置为高，色彩效果设置为棕褐色，感光度设置为自动，白平衡设置为阴光	效果符合预期
9	对比度设置为高，色彩效果设置为水绿色，感光度设置为100，白平衡设置为自动	效果符合预期

如果使用全测试为手机照相机设计测试用例需要 $3 \times 3 \times 3 \times 3 = 81$ 个测试用例，而采用正交实验法，则只需要 9 个测试用例，大大减少了测试人员的工作量。

2. 网易邮箱注册案例（因素数不同，水平数相同）

网易邮箱的注册界面如图 5-2 所示，包括邮箱地址、密码、手机号码和是否同意《服务条款》4 项输入数据，将这 4 项数据作为正交表的因素，每一项输入数据共有两种取值，邮箱地址、密码和手机号码的两种取值是"填"和"空"，是否同意《服务条款》的两种取值是"是"和"否"。因此，正交表因素的水平数是 2，建立单一水平正交表。$m=2,k=4,n=4 \times (2-1)+1=5$。从网址 http://www.york.ac.uk/depts/maths/tables/orthogonal.htm 中查看是否有符合要求的正交表，发现并没有 $n=5$ 的正交表，只能选择最接近但略大于 5 的正交表，通过对比找到了如图 5-23 所示的正交表，该正交表中次数为 8，水平数为 2，因素数是 7。

Experiment Number	Column						
	1	2	3	4	5	6	7
1	1	1	1	1	1	1	1
2	1	1	1	2	2	2	2
3	1	2	2	1	2	2	2
4	1	2	2	2	1	1	1
5	2	1	2	1	1	1	2
6	2	1	2	2	2	2	1
7	2	2	1	1	2	2	1
8	2	2	1	2	1	1	2

图 5-23　次数为 8 的正交表

由于案例因素数是 4,所以去掉后 3 列,将因素值和水平值映射到正交表中。第 1 列中的"1"映射为邮箱地址的"填","2"映射为"空";第 2 列中的"1"映射为密码的"填","2"映射为"空";第 3 列中的"1"映射为手机号码的"填","2"映射为"空";第 4 列的"1"映射为是否同意《服务条款》的"是","2"映射为"否"。此案例形成的正交表如表 5-42 所示。

表 5-42　网易邮箱注册的正交表

Experiment Number	Column			
	邮箱地址	密码	手机号码	是否同意《服务条款》
1	填	填	填	是
2	填	填	填	否
3	填	空	空	是
4	填	空	空	否
5	空	填	空	是
6	空	填	空	否
7	空	空	填	是
8	空	空	填	否

由于经常出现邮箱地址为"空"、密码为"空"和手机号码为"空",是否同意《服务条款》为"否"的情况,所以多添加一条测试用例,形成测试用例如表 5-43 所示。

表 5-43　网易邮箱注册的测试用例

ID	输　入　数　据	预　期　输　出
1	填写正确的邮箱地址、密码和手机号,并同意《服务条款》	注册成功
2	填写正确的邮箱地址、密码和手机号,但不同意《服务条款》	注册失败
3	填写正确的邮箱地址,密码和手机号为空,并同意《服务条款》	注册失败
4	填写正确的邮箱地址,密码和手机号为空,但不同意《服务条款》	注册失败

ID	输 入 数 据	预 期 输 出
5	邮箱地址和手机号码为空,填写正确的密码,并同意《服务条款》	注册失败
6	邮箱地址和手机号码为空,填写正确的密码,但不同意《服务条款》	注册失败
7	邮箱地址和密码为空,填写正确的手机号码,并同意《服务条款》	注册失败
8	邮箱地址和密码为空,填写正确的手机号码,但不同意《服务条款》	注册失败
9	邮箱地址、密码、手机号码都为空,也不同意《服务条款》	注册失败

如果采用全测试需要 $2 \times 2 \times 2 \times 2 = 16$ 条测试用例,这里采用正交实验法,只需要 9 条测试用例即可。

3. Word 菜单案例(因素数相同,水平数不同)

Microsoft Word 中有多个标签页如文件、开始、插入、页面布局、引用等。在"文件"标签中,可以进行"保存""打开""打印";在"开始"标签中,可以进行"字体""段落""样式"设置;在"插入"标签中,可以插入"表格""图片""链接";在"页面布局"标签中,可以进行"主题""页面""稿纸"设置;在"引用"标签中可以进行"目录""脚注""题注"设置。针对 Word 中标签页,用正交实验法设计测试用例。

通过分析案例,了解到该案例中存在 5 个因素:文件、开始、插入、页面布局、引用,每个因素都有 3 个水平值,可以建立单一水平正交表。已知 $m=3$,$k=5$,$n=5 \times (3-1)+1=11$。从 http://www.york.ac.uk/depts/maths/tables/ orthogonal.htm 中寻找次数为 11 的正交表,但是在该网址中不存在次数为 11 的正交表,只能选择次数略大于 11 的正交表,在该网址中发现有 L12,可是 L12 中的水平数是 2,无法满足需求,所以只能选择 L16b,因素数是 5,水平数是 4 的正交表,如表 5-44 所示。

表 5-44　次数为 16 的正交表

Experiment Number	Column				
	X1	X2	X3	X4	X5
1	1	1	1	1	1
2	1	2	2	2	2
3	1	3	3	3	3
4	1	4	4	4	4
5	2	1	2	3	4
6	2	2	1	4	3
7	2	3	4	1	2
8	2	4	3	2	1
9	3	1	3	4	2

Experiment Number	Column				
	X1	X2	X3	X4	X5
10	3	2	4	3	1
11	3	3	1	2	4
12	3	4	2	1	3
13	4	1	4	2	3
14	4	2	3	1	4
15	4	3	2	4	1
16	4	4	1	3	2

表 5-44 中正交表的因素数与案例中的因素数相同,都是 5,但是水平数不相同,该正交表的水平数比案例中的水平数大 1,所以可以进行如下映射。X1 映射到"文件","1"映射到"保存","2"映射到"打开","3"映射到"打印";X2 映射到"开始","1"映射到"字体","2"映射到"段落","3"映射到"样式";X3 映射到"插入","1"映射到"表格","2"映射到"图片","3"映射到"链接";X4 映射到"页面布局","1"映射到"主题","2"映射到"页面","3"映射到"稿纸";X5 映射到"引用","1"映射到"目录","2"映射到"脚注","3"映射到"题注"。各个因素的水平值"4"按顺序依次使用"1""2""3"替代,其中第 4 行与第 1 行重复,所以去除第 4 行,形成 15 行的正交表。如表 5-45 所示。

表 5-45 Word 正交表

Experiment Number	Column				
	文件	开始	插入	页面布局	引用
1	保存	字体	表格	主题	目录
2	保存	段落	图片	页面	脚注
3	保存	样式	链接	稿纸	题注
4	打开	字体	图片	稿纸	目录
5	打开	段落	表格	主题	题注
6	打开	样式	表格	主题	脚注
7	打开	字体	链接	页面	目录
8	打印	字体	链接	页面	脚注
9	打印	段落	图片	稿纸	目录
10	打印	样式	表格	页面	脚注
11	打印	段落	图片	主题	题注
12	保存	字体	链接	页面	题注

Experiment Number	Column				
	文件	开始	插入	页面布局	引用
13	打开	段落	链接	主题	题注
14	打印	样式	图片	稿纸	目录
15	保存	样式	表格	稿纸	脚注

根据表 5-45,可以设计出 15 个测试用例,如表 5-46 所示。

表 5-46　Word 测试用例

ID	输　入　数　据	预 期 输 出
1	用户在"开始"标签页设置字体,在"插入"标签页插入表格,在"页面布局"标签页设置主题,在"引用"标签页设置目录,在"文件"标签页单击保存	设置生效
2	用户在"开始"标签页设置段落,在"插入"标签页插入图片,在"页面布局"标签页设置页面,在"引用"标签页设置脚注,在"文件"标签页单击保存。	设置生效
3	用户在"开始"标签页设置样式,在"插入"标签页插入链接,在"页面布局"标签页设置稿纸,在"引用"标签页设置题注,在"文件"标签页单击保存	设置生效
4	用户在"文件"标签页单击打开,在"开始"标签页设置字体,在"插入"标签页插入图片,在"页面布局"标签页设置稿纸,在"引用"标签页设置目录	设置生效
5	用户在"文件"标签页单击打开,在"开始"标签页设置段落,在"插入"标签页插入表格,在"页面布局"标签页设置主题,在"引用"标签页设置题注	设置生效
6	用户在"文件"标签页单击打开,在"开始"标签页设置样式,在"插入"标签页插入表格,在"页面布局"标签页设置主题,在"引用"标签页设置脚注	设置生效
7	用户在"文件"标签页单击打开,在"开始"标签页设置字体,在"插入"标签页插入链接,在"页面布局"标签页设置页面,在"引用"标签页设置目录	设置生效
8	用户在"开始"标签页设置字体,在"插入"标签页插入链接,在"页面布局"标签页设置页面,在"引用"标签页设置脚注,在"文件"标签页单击打印	设置生效
9	用户在"开始"标签页设置段落,在"插入"标签页插入图片,在"页面布局"标签页设置稿纸,在"引用"标签页设置目录,在"文件"标签页单击打印	设置生效
10	用户在"开始"标签页设置样式,在"插入"标签页插入表格,在"页面布局"标签页设置页面,在"引用"标签页设置脚注,在"文件"标签页单击打印	设置生效
11	用户在"开始"标签页设置字体,在"插入"标签页插入图片,在"页面布局"标签页设置主题,在"引用"标签页设置题注,在"文件"标签页单击打印	设置生效
12	用户在"开始"标签页设置字体,在"插入"标签页插入链接,在"页面布局"标签页设置页面,在"引用"标签页设置题注,在"文件"标签页单击保存	设置生效
13	用户在"文件"标签页单击打开,在"开始"标签页设置链接,在"插入"标签页插入样式,在"页面布局"标签页设置主题,在"引用"标签页设置题注	设置生效
14	用户在"开始"标签页设置样式,在"插入"标签页插入图片,在"页面布局"标签页设置稿纸,在"引用"标签页设置目录,在"文件"标签页单击打印	设置生效
15	用户在"开始"标签页设置样式,在"插入"标签页插入表格,在"页面布局"标签页设置稿纸,在"引用"标签页设置脚注,在"文件"标签页单击保存	设置生效

5.7　基于组合优化的 Pair-wise 法

在测试工作中,为了使测试用例尽可能覆盖更多的路径和场景,测试人员会使用各种设计方法和策略。但是在复杂的测试问题场景中,一个软件功能可能有多个输入项,每个输入项有多个可选项;一个接口有多个参数,每个参数有多个值。如果完全按照排列组合设计测试用例,那么测试用例的数量将非常庞大。测试人员面对这种情况时,可以尝试测试所有的输入组合,但测试时间和资源有限并不允许;也可以选择部分容易设计和测试的测试用例,或者随机抽取部分测试用例进行测试,但是可能会带来很大的风险,产品质量无法得到保证。因此,采用排列组合输入条件的方法设计测试用例,严重降低了测试效率,所形成的测试用例并不是好的测试用例。好的测试用例应该是用尽可能少的测试用例覆盖更多的程序路径和功能场景。基于组合优化的 Pair-wise 法就是这样一种特殊的测试技术。

5.7.1　基于组合优化的 Pair-wise 法概述

1. Pair-wise 法概述

Pair-wise 法,也称"成对组合测试"或"两两组合测试",是在 1927 年由美国的一位心理统计学家 L.L.Thurstone 首先提出的,它并不是测试所有输入值的所有组合,而是将众多输入值两两组合起来进行测试,从而显著地减少测试用例的数目,保证了较高的测试质量。如果一个接口有 4 个不同的输入参数,每个参数有 3 个不同的值,采用完全组合的方法,设计的测试用例数是 $3 \times 3 \times 3 \times 3 = 81$;如果采用 Pair-wise 法生成测试用例,则只需要 9 个测试用例即可覆盖所有参数的两两组合。如果一个接口有 13 个不同的输入参数,每个参数有 3 个不同的值,采用完全组合的方法,设计的测试用例数是 3^{13},等于 1594323;如果采用 Pair-wise 法生成测试用例,则只需要 15 个测试用例即可覆盖所有参数的两两组合。如果一个接口有 20 个不同的输入参数,每个参数有 10 个不同的输入值,采用完全组合的方法,设计的测试用例数等于 10^{20};如果采用 Pair-wise 法生成测试用例,只需要 180 个测试用例即可覆盖所有参数的两两组合。可见 Pair-wise 法的测试效率要高很多。更有实践数据证明,根据 AT&T 在对其基于局域网的邮件系统进行的测试中,采用 Pair-wise 法生成测试用例得到的 1 000 条测试用例比其原有的 1 500 条测试用例多发现了 20% 的缺陷,测试工作量减少了 50%。National Institute of Standards and Technology 在一项对医疗设备测试所进行的 15 年追踪中发现,有 98% 的软件缺陷可以通过采用 Pair-wise 法生成的测试用例发现。根据对 Mozilla 网页浏览器的缺陷分析显示,76% 的缺陷可以通过采用 Pair-wise 法生成的测试用例发现。

有人可能会问,为什么 Pair-wise 是成对组合测试,而不是 3 个组合测试呢? 据数学统计分析,73% 的缺陷(单因子是 35%,双因子是 38%)是由单因子或 2 个因子相互作用产生的,19% 的缺陷是由 3 个因子相互作用产生的。因此,Pair-wise 法是基于覆盖所有 2 因子的交互作用而产生用例集合的。

2. 采用 Pair-wise 法设计测试用例

Pair-wise 法规定每一个输入参数都是正交的,即每一个输入参数互相之间都没有交集。

假设某一软件有 3 个输入参数:浏览器、操作平台和语言,每一个输入参数都有不同的取值,浏览器可以支持"Mozilla""Opera"和"QQ";操作平台可以支持"Windows""Linux"和"iOS";语言支持"中文"和"英文"。现使用 Pair-wise 法来为其设计测试用例。

(1)列出所有可能的测试用例集,这里共有 $3 \times 3 \times 2 = 18$ 个测试用例,如表 5-47 所示。

表 5-47　全测试用例集

ID	浏 览 器	操 作 平 台	语 言
1	Mozilla	Windows	中文
2	Mozilla	Windows	英文
3	Mozilla	Linux	中文
4	Mozilla	Linux	英文
5	Mozilla	iOS	中文
6	Mozilla	iOS	英文
7	Opera	Windows	中文
8	Opera	Windows	英文
9	Opera	Linux	中文
10	Opera	Linux	英文
11	Opera	iOS	中文
12	Opera	iOS	英文
13	QQ	Windows	中文
14	QQ	Windows	英文
15	QQ	Linux	中文
16	QQ	Linux	英文
17	QQ	iOS	中文
18	QQ	iOS	英文

(2)去掉重复行。从表的最后一行开始,如果这行的两两组合值能够在上面的行或此表中找到,那么从用例集中删除该行。

第 18 行的 3 个值的两两组合是:(QQ,iOS),(QQ,英文)和(iOS,英文)。(QQ,iOS)在第 17 行中出现,(QQ,英文)在第 16 行出现,(iOS,英文)在第 12 行出现,所以删除第 18 行。第 17 行中(QQ,iOS)在其他行中并没有出现过,所以第 17 行保留。第 16 行中(QQ,Linux)在第 15 行出现,(QQ,英文)在第 14 行出现,(Linux,英文)在第 10 行出现,所以删除第 16 行。第 15 行中(QQ,Linux)在其他行中没有出现,所以第 15 行保留。第 14 行中(QQ,Windows)在第 13 行中出现,(QQ,英文)在其他行中没有出现过,所以保留第 14 行。第 13 行中(QQ,Windows)在第 14 行出现,(QQ,中文)在第 15 行中出现,(Windows,中文)在第 7 行中出现,所以删除第 13 行。第 12 行中(Opera,iOS)在第 11 行中出现,(Opera,英文)在第 10 行中出现,(iOS,英文)在第 6 行中出现,所以删除第 12 行。第 11 行中(Opera,iOS)在其他行没有出现,所以第 11 行保留。第 10 行中(Opera,Linux)在第 9 行中出现,(Opera,英文)在第 8 行中出现,(Linux,英文)在第 4 行中出现,所以删除第 10 行。第 9 行中(Opera,Linux)在其他行中没有出现,所以第 9 行保留。第 8 行中(Opera,Windows)在第 7 行中出现,(Opera,英文)在其他行中没有出现过,所以第 8 行保留。第 7 行中(Opera,Windows)在第 8 行中出现,(Opera,中文)在第 9 行中出现,(Windows,中文)在第 1 行中出现,所以删除第 7 行。第 6 行中(Mozilla,iOS)在第 5 行中出现,(Mozilla,英文)在第 4 行中出现,(iOS,英文)在其他行中没有出现,所以第 6 行保留。第 5 行中(Mozilla,iOS)在第 6 行中出现,(Mozilla,中文)在第 3 行中出现,(iOS,中文)在第 17 行中出现,所以删除第 5 行。第 4 行中(Mozilla,Linux)在第 3 行中出现,(Mozilla,英文)在第 2 行中出现,(Linux,英文)在其他行没有出现,所以第 4 行保留。第 3 行中(Mozilla,Linux)在第 4 行中出现,(Mozilla,中文)在第 1 行中出现,(Linux,中文)在第 15 行中出现,所以删除第 3 行。第 2 行中(Mozilla,Windows)在第 1 行中出现,(Mozilla,英文)在第 4 行中出现,(Windows,英文)在第 14 行中出现,所以删除第 2 行。第 1 行中(Mozilla,Windows)在其他行没有出现,所以第 1 行保留。

最后得到的测试用例集如表 5-48 所示,很明显减少了一半的测试用例数,如果采用上述方法,从表的第一行开始计算,也同样剩余 9 个测试用例,但是所剩的测试用例与现在所剩的测试用例可能不同,所以,Pair-wise 法所生成的测试用例数是相同的,内容可以不相同。

表 5-48 Pair-wise 法所生成的测试用例集

ID	浏 览 器	操 作 平 台	语 言
1	Mozilla	Windows	中文
2	Mozilla	Linux	英文
3	Mozilla	iOS	英文
4	Opera	Windows	英文
5	Opera	Linux	中文
6	Opera	iOS	中文
7	QQ	Windows	英文
8	QQ	Linux	中文
9	QQ	iOS	中文

如果每次生成测试用例都需要手工完成,那么这将是一件非常浪费时间的事情,也非

常容易出现错误,特别是如果输入条件和取值比较多时,手工就无能为力。所以,市面上出现了能够自动输出结果的工具,那就是 PICT 工具。

3. 正交表生成工具 PICT

PICT(pairwise independent combinatorial testing)是一款免费软件,它原是微软公司内部使用的一款自动生成 Pair-wise 法的测试用例的命令行工具,该工具根据输入自动给出推荐的测试组合,支持将测试用例结果导出到 Excel 文件中,提高测试效率。下面介绍如何配置和使用该工具。

(1) 下载:该工具可以从互联网上下载。打开网页 https://jaccz.github.io/pairwise/tools.html,单击 PICT 下载即可。

(2) 使用:可以按照以下步骤生成测试用例。

第 1 步,配置环境变量,在 Windows 的环境变量 path 变量中,添加 PICT 的安装目录(即 pict.exe 文件所在路径),以便在任意路径下均可以运行 PICT 工具。

第 2 步,在 PICT 的安装目录下(如果执行了第 1 步,则可以在任意目录下),创建一个 txt 文件,将测试输入数据以"输入条件:输入值 1,输入值 2"的形式保存在 txt 文件中,需要注意的是冒号和逗号都要使用英文符号。例如,可以将下面登录的输入数据保存在 test.txt 文件中,注意如果使用中文,保存在 txt 文件中时,选择编码方式为 ANSI 编码,否则中文可能是乱码。

```
username: 手机号,邮箱,昵称,非空字符,空
password: 正确密码,错误密码,空
captcha: 正确验证码,错误验证码,超时正确验证码,空
save_password: 是,否
```

第 3 步,执行 PICT 工具。在命令行窗口中输入"pict test.txt",PICT 工具会将 test.txt 中的输入条件按照 Pair-wise 法生成测试用例。所生成的结果显示在命令行窗口中,如果需要保存在文件中,请执行"pict test.txt > result.xls"命令。表 5-49 为上述登录输入数据所形成的测试用例集。

表 5-49　登录的 PICT 测试用例集

username	password	captcha	save_password
非空字符	错误密码	空	是
邮箱	正确密码	正确验证码	否
昵称	空	超时正确验证码	否
邮箱	空	错误验证码	是
非空字符	正确密码	错误验证码	否
非空字符	空	正确验证码	是
邮箱	正确密码	超时正确验证码	是
空	错误密码	正确验证码	否

username	password	captcha	save_password
昵称	正确密码	空	是
非空字符	错误密码	超时正确验证码	是
空	空	超时正确验证码	是
手机号	错误密码	错误验证码	是
昵称	错误密码	正确验证码	是
空	正确密码	错误验证码	否
手机号	正确密码	正确验证码	否
空	空	空	否
手机号	空	超时正确验证码	是
昵称	错误密码	错误验证码	否
手机号	空	空	否
邮箱	错误密码	空	是

如果要求用户名、密码和验证码最多只有一个为空,那么在 txt 文件中增加参数的约束条件。{Para1,Para2,Para3}@2 表示必须覆盖任意的两两参数组合情况,常用的约束关系符有:＝(等于),＜＞(不等于),＞(大于),＞＝(大于或等于),＜(小于),＜＝(小于或等于)和 LIKE(模糊匹配),必须以分号结束。使用 LIKE 进行模糊匹配时需要使用到如下通配符。

- ＊:任意长度字符;
- ?:一个字符。

如[username]＜＞"空";表示用户名不能为空。[File system] LIKE "FAT ＊ ";表示 File system 是以 FAT 开头的字符串。

条件约束(LIKE,IN,AND,OR,NOT)和通用的符号的含义相同,也可以使用 IF-THEN-ELSE 的结构。IF [username]＝"空"THEN NOT [password]＝"空";表示如果 username 为空,则 password 不为空。

所以为了满足用户名、密码、验证码最多只有一个可以为空的需求,可以将 txt 文件中的内容修改如下。

```
username: 手机号,邮箱, 昵称, 非空字符, 空
password: 正确密码, 错误密码, 空
captcha: 正确验证码, 错误验证码, 超时正确验证码, 空
save_password: 是, 否
IF [username]="空" THEN [password] <> "空" AND [captcha] <> "空";
IF [password]="空" THEN [username] <> "空" AND [captcha] <> "空";
IF [captcha]="空" THEN [password] <> "空" AND [username] <> "空";
```

所生成的用例集如表 5-50 所示。

表 5-50 登录的 PICT 测试用例集（约束条件）

username	password	captcha	save_password
手机号	错误密码	正确验证码	是
非空字符	正确密码	空	否
昵称	空	正确验证码	否
空	正确密码	正确验证码	是
手机号	错误密码	空	是
非空字符	空	正确验证码	是
非空字符	错误密码	超时正确验证码	否
空	错误密码	错误验证码	否
邮箱	空	超时正确验证码	是
手机号	正确密码	超时正确验证码	否
邮箱	错误密码	正确验证码	否
邮箱	正确密码	空	否
昵称	正确密码	错误验证码	是
昵称	错误密码	空	是
邮箱	空	错误验证码	是
空	正确密码	超时正确验证码	否
手机号	空	错误验证码	是
昵称	空	超时正确验证码	是
非空字符	错误密码	错误验证码	否

5.7.2 基于组合优化的 Pair-wise 法案例

1. 手机照相机案例

手机照相机的拍摄模式是普通模式，针对对比度（正常,低,高）、色彩效果（黑白,棕褐色,水绿色）、感光度（自动,100,300）、白平衡（自动,日光,阴光），使用 PICT 工具为其生成基于 Pair-wise 法的测试用例。

首先为其设计测试的输入文件如下。

对比度：正常,低,高
色彩效果：黑白,棕褐色,水绿色
感光度：自动,100,300
白平衡：自动,日光,阴光

PICT 工具通过执行该输入文件得到测试用例集如表 5-51 所示。

表 5-51　手机照相机测试用例集

对 比 度	色 彩 效 果	感 光 度	白 平 衡
低	水绿色	自动	阴光
高	黑白	100	自动
低	黑白	300	日光
高	棕褐色	自动	日光
正常	棕褐色	300	自动
正常	水绿色	自动	自动
正常	棕褐色	100	阴光
高	水绿色	300	日光
低	水绿色	100	自动
正常	黑白	自动	阴光
正常	水绿色	100	日光
低	棕褐色	300	阴光
高	棕褐色	自动	阴光

通过 PICT 工具共形成 13 个测试用例,比全组合测试(即 $3\times3\times3\times3=81$)少了 68 个测试用例。

2. 交通卡自动充值案例

交通卡自动充值系统只接收 50 元和 100 元的纸币,一次只能使用一张纸币,所以,一次的充值金额只能是 50 元或 100 元。如果用户选择充值 50 元,并投入 50 元纸币,则完成充值后退卡,提示充值成功;如果用户选择充值 50 元,但投入 100 元纸币,则完成充值后退卡,提示充值成功,并找零 50 元;如果用户选择充值 100 元,但只投入 50 元纸币,则退卡,提示金额不足,并退回 50 元;如果用户选择充值 100 元,并投入 100 元纸币,则完成充值后退卡,提示充值成功;如果选择充值金额后,在规定的时间内未投入纸币,则提示错误。使用 PICT 工具为其生成基于 Pair-wise 法的测试用例。

该系统的输入数据如下。

- 投入纸币:50,100,空。
- 选择充值:50,100,空。
- 在规定时间内:是,否。

输入数据中要求投入纸币和选择充值不能同时为空,投入 50 元纸币和投入 100 元纸币不能同时共存,选择充值 50 元和选择充值 100 元不能共存;如果既投入了纸币,又选择了充值,则不会出现超时情况。所以为其设计测试的输入文件如下。

投入纸币：50,100,空

选择充值：50,100,空

在规定时间内：是,否

IF [投入纸币] = "空" THEN [选择充值] <> "空";

IF [选择充值] = "空" THEN [投入纸币] <> "空";

IF [投入纸币] = "50" THEN [投入纸币] <> "100";

IF [选择充值] = "50" THEN [选择充值] <> "100";

IF [投入纸币] IN {"50","100"} AND [选择充值] IN {"50","100"} THEN [在规定时间内] <> "否";

PICT 工具通过执行该输入文件得到的测试用例集如表 5-52 所示。

表 5-52 交通卡自动充值系统测试用例集（1）

投 入 纸 币	选 择 充 值	在规定时间内
100	空	否
50	50	是
空	50	否
100	50	是
50	100	是
50	空	否
空	100	否
100	空	是
100	100	是
空	50	是

如果想增加更多的测试用例，要求每一种两两组合都出现，可以将输入修改如下。

投入纸币：50,100,空

选择充值：50,100,空

在规定时间内：是,否

{投入纸币,选择充值,在规定时间内}@3

IF [投入纸币] = "空" THEN [选择充值] <> "空";

IF [选择充值] = "空" THEN [投入纸币] <> "空";

IF [投入纸币] = "50" THEN [投入纸币] <> "100";

IF [选择充值] = "50" THEN [选择充值] <> "100";

IF [投入纸币] IN {"50","100"} AND [选择充值] IN {"50","100"} THEN [在规定时间内] <> "否";

所产生的测试用例集如表 5-53 所示。

表 5-53　交通卡自动充值系统测试用例集（2）

投 入 纸 币	选 择 充 值	在规定时间内
50	50	是
50	100	是
50	空	否
50	空	是
100	50	是
100	100	是
100	空	否
100	空	是
空	50	是
空	50	否
空	100	否
空	100	是

3. 反垃圾邮件设置

某邮箱的反垃圾设置界面如图 5-24 所示，在反垃圾设置界面设置垃圾邮件的处理方式以及邮件拦截通知。垃圾邮件处理方式包括接收和拒绝两种，邮件拦截通知可以关闭或开启，开启后可以设置通知的频率是每天通知、每 7 天通知，或是每 30 天通知。

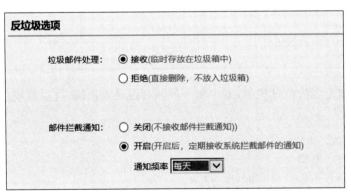

图 5-24　某邮箱的反垃圾设置界面

使用 PICT 工具为其生成基于 Pair-wise 法的测试用例。该系统的输入数据如下。

- 垃圾邮件处理：接收、拒绝。
- 邮件拦截通知：关闭、开启。
- 通知频率：每天、每 7 天、每 30 天、忽略。

其中，通知频率在邮件拦截通知开启后方可生效。当邮件拦截通知关闭，则通知频率被忽略，当邮件拦截通知被开启，则可以设置是每天、每 7 天，还是每 30 天通知一次。所以需要添加约束条件,所生成的输入文件如下。

> 垃圾邮件处理:接收,拒绝
>
> 邮件拦截通知:关闭,开启
>
> 通知频率:每天,每 7 天,每 30 天,忽略
>
> IF [邮件拦截通知]="开启" THEN [通知频率] IN{"每天","每 7 天","每 30 天"};
>
> IF [邮件拦截通知]="关闭" THEN [通知频率] IN{"忽略"};

PICT 工具通过执行该输入文件得到的测试用例集如表 5-54 所示。

表 5-54　反垃圾邮件设置测试用例集

垃圾邮件处理	邮件拦截通知	通 知 频 率
接收	关闭	忽略
拒绝	开启	每 30 天
接收	开启	每 30 天
接收	开启	每 7 天
拒绝	关闭	忽略
拒绝	开启	每天
拒绝	开启	每 7 天
接收	开启	每天

反垃圾邮件设置的案例,可以生成 8 条测试用例,如果采用全组合测试,则需要 16 条测试用例,使用 PICT 工具减少了一半的工作量。

5.8　基于 JUnit 黑盒单元测试案例实践

类 Caculator 用来实现两个数的相加和相减,先对其进行单元测试,该类的源代码如图 5-25 所示。

```java
public class Caculator {
    public static int add(int num1, int num2){
        int result = num1+num2;
        return result;
    }

    public static int sub(int num1, int num2){
        int result = num1 - num2;
        return result;
    }
}
```

图 5-25　Caculator 类(1)

该类有两个方法:一个是 add()用来实现两个数相加,一个是 sub()用来实现两个数

相减,它们都需要两个输入参数,返回一个运行结果。尝试在 Caculator 类中添加 main()方法,在 main()方法中调用 add()和 sub()方法,检查返回值和预期值是否相同,并给出提示,如图 5-26 所示。

```java
public class Caculator {
    public static int add(int num1, int num2){
        int result = num1+num2;
        return result;
    }

    public static int sub(int num1, int num2){
        int result = num1 - num2;
        return result;
    }

    public static void main(String[] args){

        if(add(4,5) == 9){
            System.out.println("add test is ok");
        }else{
            System.out.println("add test is not ok");
        }

        if(sub(11,2) == 9){
            System.out.println("sub test is ok");
        }else{
            System.out.println("sub test is not ok");
        }

    }
}
```

图 5-26   Caculator 类(2)

图 5-26 中产品代码和测试代码混在一起,如果业务逻辑比较复杂,则代码量将非常庞大,而且测试代码是不需要发布给用户的,JUnit 很好地解决了这一问题,它将测试代码和产品代码分离,使得代码更加清晰,同时也提供了更好的方法来进行单元测试。

5.8.1   JUnit 概述

JUnit 是 xUnit 家族中最为成功的一个子集,它是一个非常强大的 Java 编程语言的单元测试框架,用于编写和运行可重复的测试。它由两个大名鼎鼎的人物所创造:第一个是设计模式的作者之一 Erich Gamma;第二个是极限编程的创始人 Kent Beck。JUnit 可以用于整个对象的测试,也可以用于对象的一部分测试,还可以用于几个对象之间的交互测试。多数 Java 开发环境都集成了 JUnit 作为单元测试工具。

JUnit 设计小巧,但功能非常强大,具有以下特点。

- JUnit 提供了可以写出测试结果明确的可重复运行的单元测试用例的 API。
- JUnit 提供了多种方式显示测试结果,如在一个进度条中显示完成度。如果运行良好则是绿色;如果运行失败,则变成红色。
- JUnit 提供了单元测试批量运行功能,与 Ant 相结合,可以自动运行并且检查自身结果,提供即时反馈。
- JUnit 提供了用于测试预期结果的断言。
- JUnit 是一个开放的资源框架,用于编写和运行测试,也可以进行二次开发。
- JUnit 测试可以被组织为测试套件,使测试代码和产品代码分开,便于管理。

1. JUnit 的下载和安装

很多 Java 开发环境都集成了 JUnit,无须用户专门下载安装。如果您的环境中没有,可以从 www.junit.org 中选择合适版本下载安装包。JUnit 提供两个包:一个是基本的 JUnit 包;通常只使用这个包;另外一个是用来提高编写和维护断言的增强包。下载后直接解压即可。最主要的是在操作系统的环境变量 Path 变量中添加 JUnit jar 包的位置。

2. JUnit 的基本测试类

自 JUnit 4.0 之后的版本,编写 JUnit 测试代码不再需要继承 TestCase 类,但是需要 import org.junit.Assert 来实现断言。Caculator 测试类代码如图 5-27 所示。

这里有几个特殊的点需要特别说明。

- @BeforeClass 修饰的方法必须是静态方法,表示全局只执行一次,且第一个运行。
- @Before 修饰的方法是在测试方法运行之前运行。注意,所有测试方法运行之前都需要运行该方法。
- @Test 用来修饰测试方法,每一个测试方法必须使用 public void 修饰,不带任何参数。每一个测试方法都是独立的,所有测试方法之间不存在任何依赖关系。
- @After 修饰的方法是在测试方法运行之后运行。注意,所有测试方法运行之后都需要运行该方法。
- @AfterClass 修饰的方法必须是静态的,全局只执行一次,且最后一个运行。
- @Ignore 修饰暂时不运行的方法。

从图 5-27 可以看出,使用 JUnit 测试不需要创建 main() 方法,每一个测试方法与产品方法一一对应,逻辑非常清晰。对所有测试方法来说,JUnit 的执行顺序是首先实例化

```java
import static org.junit.Assert.*;
import org.junit.After;
import org.junit.AfterClass;
import org.junit.Before;
import org.junit.BeforeClass;
import org.junit.Test;

public class CaculatorTest {
    @BeforeClass
    public static void setUpBeforeClass() throws Exception {
    }
    @AfterClass
    public static void tearDownAfterClass() throws Exception {
    }
    @Before
    public void setUp() throws Exception {
    }
    @After
    public void tearDown() throws Exception {
    }
    @Test
    public void test() {
    }
    @Test
    public void testAdd() {
        //断言计算结果与10是否相等
        assertEquals(9, Caculator.add(4, 5));
    }
    @Test
    public void sub() {
        //断言计算结果与2是否相等
        assertEquals(9, Caculator.sub(11, 2));
    }
}
```

图 5-27　Caculator 测试类

测试类的一个实例；接着调用测试类实例的 setup()方法；然后调用测试类；最后调用测试类实例的 teardown()方法。

3. JUnit 的断言

断言是编程术语，其实质是在代码中捕获开发人员所做的假设。如当需要在值为 false 时中断当前操作，就可以使用断言。断言有一个非常大的好处是它可以随时启用或者静止，可以在测试时启用断言，在发布部署产品时禁用断言。

断言可用来检查两个对象是否相等，对象引用是否为 null，条件是 true 还是 false 等。常用的断言有以下几种。

- assertEquals(期望值，实际值)：检查两个值是否相等。
- assertEquals(期望对象，实际对象)：利用对象的 equals()方法检查两个对象是否相等。
- assertSame(期望对象，实际对象)：利用内存地址检查具有相同内存地址的两个对象是否相等，注意和 assertEquals 方法的区别。
- assertNotSame(期望对象，实际对象)：检查两个对象是否不相等，是否指向不同的实例。
- assertNull(对象 1，对象 2)：检查一个对象是否为空。
- assertNotNull(对象 1，对象 2)：检查一个对象是否不为空。
- assertTrue(布尔条件)：检查布尔条件是否为真。
- assertFalse(布尔条件)：检查布尔条件是否为假。

5.8.2 Eclipse 中的 JUnit 应用实例

JUnit 可以和 Eclipse 开发环境无缝集成。JUnit 框架允许开发人员快速、轻松地创建单元测试和测试套件。这里以 JFreeChart 为例，介绍如何在 Eclipse 中使用 JUnit 进行黑盒单元测试。

1. JFreeChart 加载

JFreeChart 是一个用于图表计算、创建和显示的开源 Java 框架。此框架支持许多不同的图表类型，包括饼图、条形图、折线图、直方图和其他几种图表类型。该框架作为向其他 Java 应用程序添加图表功能的快速而简单的方法，旨在集成到其他系统中。所以，JFreeChart 的 API 相对容易理解，许多开发人员将它作为一个开源的现成的框架来使用。图 5-28 显示了使用 JFreeChart 绘制的 4 种不同类型的图表。

虽然 JFreeChart 系统在技术上不是一个独立的应用程序，但 JFreeChart 的开发人员可以创建演示类，通知运行这些演示类来显示各种图形。通常把这些演示类称为 Demo 类。那么如何在 Eclipse 中导入 JFreeChart 呢？

(1) 下载 JFreeChart 的.zip 版本文件，并将其解压到相应的位置上。

(2) 打开 Eclipse，通过选择菜单 File→New→Project…，打开 New Project 对话框。

(3) 选择 Java Project 并单击 Next 按钮，创建 Java 项目。

(4) 在创建 Java 项目的对话框中的 Project name 字段中输入 JFreeChart 作为项目

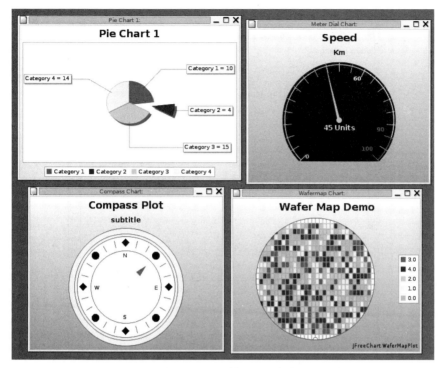

图 5-28　JFreeChart 绘制的 4 种不同类型的图表

名称,然后单击 Next 按钮。

(5)在 Java 设置对话框中,有 4 个选项卡:Source、Projects、Libraries 和 Order and Export。选择 Libraries 选项卡,单击 Add External JARs…。

(6)从第(1)步解压的文件夹中选择 jfreechart.jar,然后单击"打开"按钮。再次单击 Add External JARs…按钮,从解压 JFreeChart 的 lib 目录中添加所有.jar 文件,如图 5-29 所示。

(7)单击 Finish 按钮,完成设置。如果需要运行演示类,可在 Package Explorer 中展开新创建的 JFreeChart 项目中的 Referenced Libraries 项,右击 jfreechart.jar,选择 Run As→Java Application,如图 5-30 所示。

(8)因为在 Demo 的 jar 包中包含多个可以运行的 Demo 类,所以需要在 Select Java Application 对话框中选择演示应用程序中的任意一个,单击 OK 按钮,如图 5-31 所示。

2. 构建单元测试

JFreeChart 框架包含两大部分,一部分是 org.jfree.data,另一部分是 org.jfree.chart。本节以 org.jfree.data 为例。在 JUnit 中创建包含单个单元测试的测试套件,需要执行以下步骤。

(1)在 Package Explorer 中展开新创建的 JFreeChart 项目中的 Referenced Libraries 项,单击 jfreechart.jar,展开 jfreechart 中包含的所有包。

(2)单击 org.jfree.data 展开该包中包含的所有.class 文件。

图 5-29　Java 设置对话框

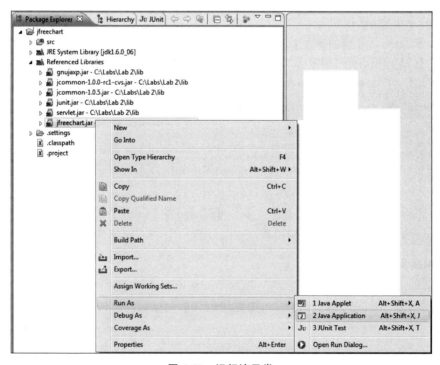

图 5-30　运行演示类

图 5-31　选择演示应用程序

（3）单击 Range.class 展开，选中 Range 类（左边有一个绿色的 C 图标），右击 Range 类，选择 New→JUnit Test Case。打开 New JUnit Test Case 窗口，选择需要创建的 JUnit 版本 New JUnit4 test，在 Name 字段中输入 RangeTest 作为测试类名称，并在默认 包末尾的 Package 字段中输入.test，为测试用例创建一个新包，确保测试类在一个单独的 包中，这样更容易保持测试类和产品类两者的分离。去掉 Superclass 字段中的内容，如果 选择 JUnit3 进行测试，则需要在 Superclass 字段中添加 junit.framework.TestCase，作为 测试类的父类，TestCase 类是一个 JUnit 类，为测试用例和套件提供统一的接口。选择 测试类中需要使用的方法，选中 setUp() 和 tearDown() 方法，单击 Finish 按钮，如图 5-32 所示。

测试一个类的相关函数的一组测试用例可能都希望初始化该类的一个实例，并以相 同的方式为测试用例做准备。JUnit 通过方法 setUp() 和 tearDown() 实现这一点，如图 5-33 所示。

（4）JUnit 中的测试用例是单独方法，通常以单词"test"作为前缀，如 testCentralValue()。这些测试用例可以执行任意数量的步骤，并且遵循 4 个阶段的测试 （setup、exercise、verify 和 teardown）。代码的执行可以看作是任何特定测试的输入。这 里以 CentralValue() 方法为例，为其建立测试用例，其代码如图 5-34 所示。

代码中使用 assertEquals() 断言判断测试结果，第 1 个参数"The central value of -1 and 1 should be 0"是发生断言时，给出的提示信息；第 2 个参数是预期输出结果 0；第 3 个参数是需要执行的测试方法 testRange.getCentralValue()；第 4 个参数是实际输出与 预期输出之间允许的误差值，如果在这个范围内，则测试通过，否则发生断言，该测试用例 不能通过。

（5）右击 Package Explorer 中的 Rangetest 类并选择 Run as→JUnit Test。

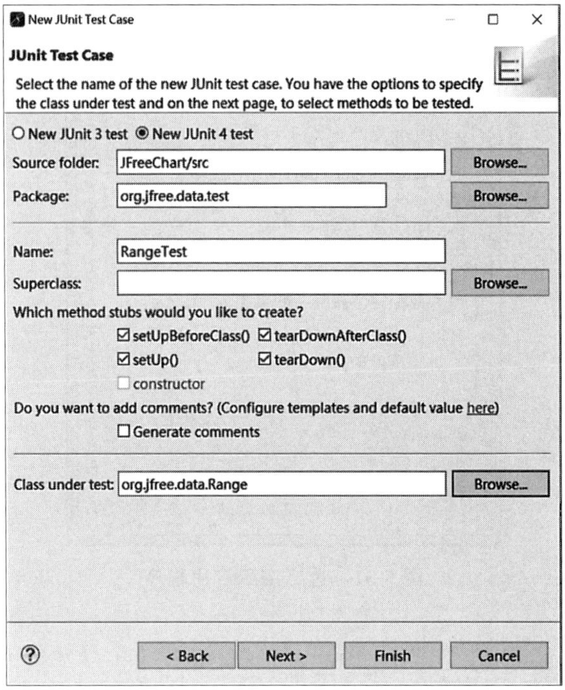

图 5-32　创建测试类

```java
public class RangeTest{
    @Before
    public void setUp() throws Exception{
        testRange = new Range(-1,1);
    }
    @After
    public void tearDown() throws Exception{
        testRange = null;
    }
    @Test
    public void test(){
        fail("Not yet implemented");
    }
    private Range testRange;
}
```

图 5-33　RangeTest 类(1)

（6）打开 JUnit 视图,显示如图 5-35 所示。在 JUnit 中,失败和错误是相似的,但略有不同。如果出现错误,则表示测试方法没有按预期执行(即未捕获的异常),但失败意味着执行如预期,但断言失败。测试用例全部通过,在右上方显示绿色进度条。如果将 testCentralValue 中的 assertEquals() 的第 2 个参数改为 1,也就是预期结果是 1,但是实际结果是 0,不在误差范围内,测试不通过,其结果如图 5-36 所示。

同样,测试 Range 类的其他方法,图 5-37 使用了 JUnit 3 测试 Range 类中的 15 个方法,并且全部通过。

```
public class RangeTest {
    @Before
    public void setUp() throws Exception {
        testRange = new Range(-1,1);
    }
    @After
    public void tearDown() throws Exception {
        testRange = null;
    }
    @Test
    public void testCentralValue() {
        assertEquals("The central value of -1 and 1 should be 0",0,
                testRange.getCentralValue(),0.00000001d);
    }
    private Range testRange;
}
```

图 5-34　RangeTest 类（2）

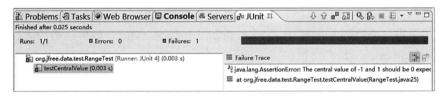

图 5-35　测试通过的 JUnit 视图

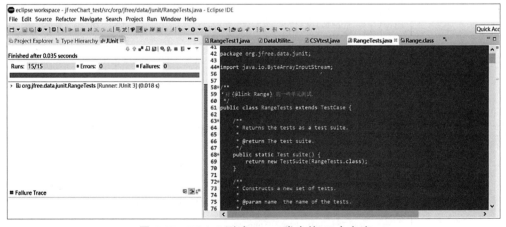

图 5-36　测试未通过的 JUnit 试图

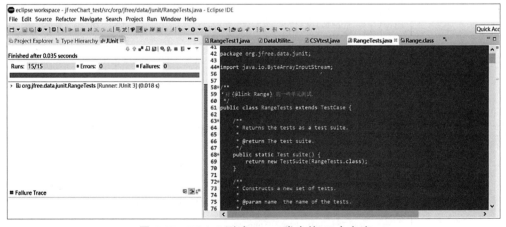

图 5-37　JUnit 3 测试 Range 类中的 15 个方法

5.8.3　JUnit＋Ant 构建自动单元测试

Apache Ant 是一个将软件编译、测试、部署等步骤联系在一起的自动化工具,大多用于 Java 环境中的软件开发,由 Apache 软件基金会所提供。Eclipse 中已经集成了 Ant 和 JUnit,可以直接在 Eclipse 上运行。这里以判断三角形类型为例,讲解如何在 Eclipse 中使用 JUnit 和 Ant 实现自动的单元测试。

（1）实现判断三角形类型的代码如图 5-38 所示。

```java
public class Triangle {
    public int judgeTrangle(int a, int b, int c){
        //非法输入
        if (a<0 || b<0 || c<0) return -1;
        if (a>100 || b>100 || c>100) return -1;

        if ( a==b && b==c) return 3; //等边三角形返回3
        else if ( a==b || b==c || a==c) return 2; //等腰三角形返回2
        else if (a+b>c && b+c>a && a+c>b) return 1;  //三角形返回1
        else return 0; //非三角形返回0
    }
}
```

图 5-38　判断三角形类型

Triangle 类中提供了 judgeTrangle()方法,该方法有 3 个参数,分别用于接收三角形的 3 条边,要求三角形的 3 条边必须在 0~100,如果不符合要求,则返回−1;如果三条边都相等,则返回 3,表示这是等边三角形;如果只有两条边相等,则返回是 2,表示这是等腰三角形;如果每一条边都不相等,则返回 1,表示这是普通三角形;如果三条边无法构成三角形,则返回 0,表示不是三角形。

（2）为其建立 JUnit 单元测试类,使用方法同 5.8.2 节中讲述,这里给出所创建的单元测试类的代码,如图 5-39 所示。

```java
import static org.junit.Assert.*;
import org.junit.After;
import org.junit.Before;
import org.junit.Test;

public class TriangleTest {
    @Before
    public void setUp() throws Exception {
        testTriangle = new Triangle();
    }

    @After
    public void tearDown() throws Exception {
        testTriangle = null;
    }

    @Test
    public void testJudgeTrangle() {
        assertEquals(1,testTriangle.judgeTrangle(3, 4, 5));
    }
    private Triangle testTriangle;
}
```

图 5-39　判断三角形类型测试类

运行 JUnit Test，其结果如图 5-40 所示。

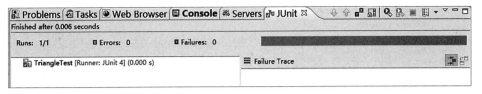

图 5-40　三角形判定单元测试

（3）为项目添加 Ant 脚本。在 Eclipse 中，通过选择菜单 File→Export，打开 Export 对话框，在 General 下选择 Ant Buildfiles，单击 Next 按钮，选择测试项目，如图 5-41 所示。单击 Finish 按钮，系统自动在项目根目录下生成 build.xml 文件。

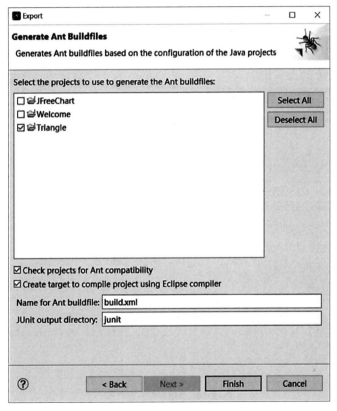

图 5-41　生成 build.xml 文件

（4）选中 build.xml 文件，右键选择 Run As→Ant Build…，打开 Ant 配置窗口，选择测试类，这里选择 TriangleTest，单击 Run 按钮即可运行。设计窗口如图 5-42 所示，运行结果如图 5-43 所示。

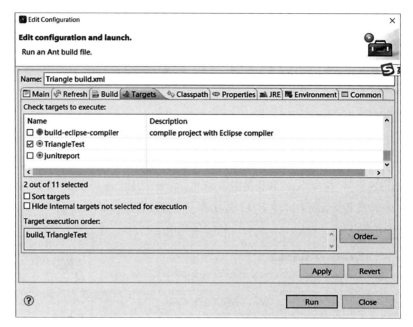

图 5-42　运行 Ant 文件的配置窗口

图 5-43　Ant 的运行结果

5.9　习题

1. 常用的黑盒测试方法有哪些？

2. 什么情况适合使用随机测试？

3. 现有一个小程序，能够求出 3 个 -1000~1000 整数中的最大者，用等价类划分法设计测试用例。

第 6 章

基于逻辑覆盖的白盒测试方法

本章学习目标

- 理解白盒测试的基本概念
- 掌握静态白盒测试和动态白盒测试的基本原理
- 掌握白盒测试的各种方法
- 熟练运用白盒测试法开展软件测试

本章重点介绍白盒测试的基本概念、基本原理,在引入白盒测试概念后,重点介绍静态白盒测试和动态白盒测试方法,每种测试方法均结合相关案例展开,以便读者能更好地将测试方法与测试实践应用相结合,深刻理解相关概念,掌握其应用方法。

6.1 白盒测试概述

白盒测试是一种重要的软件测试方法,它将被测试软件视为白盒。测试人员通过揭开该软件实现程序细节,依据被测试软件的结构和流程,对软件内部结构展开测试。根据软件实现细节,如编程语言、逻辑和样式,制订测试计划。测试方法的制订来自程序结构,因此,白盒测试也被称为基于设计的测试或逻辑驱动测试。

白盒测试关注程序的两个方面,即源代码与程序结构。前者属于静态测试,后者属于动态测试。关注源代码的白盒测试通过直接查看程序源代码,包括查看其编程风格与规范,或与函数功能对照查看程序代码中的逻辑、内存管理和数据定义,从而发现设计缺陷,因此被称为静态白盒测试。关注程序结构的白盒测试主要通过设计测试用例,对程序中的分支结构、程序执行路径和循环结构等进行某种程度的逻辑覆盖,该方法的目的在于发现潜在的程序设计缺陷,从而对程序结构进行优化,因此被称为动态白盒测试。

6.2 静态白盒测试

静态白盒测试是指以不运行被测试软件的方式完成程序源代码测试任务的过程。静态结构分析和变量的数据流测试都是典型的静态白盒测试方法。

6.2.1 静态结构分析

静态结构分析借助图表从源代码提取程序的结构并进行分析。常用的图表有函数调用关系图和函数控制流图。

1. 函数调用关系图

函数调用关系图是将每个函数看作独立的节点,将函数之间的调用关系使用边表示,将函数之间的关系使用树形结构图展示。它从外部描述函数之间的关系,借助函数调用关系图可以做以下静态分析。

- 函数之间的调用关系是否符合程序设计要求,即程序的代码实现是否与当初的程序设计一致。
- 是否存在内存消耗过大的递归调用问题,或存在程序不能停止的情况。在程序结构优化方面考虑能否使用循环代替递归调用。
- 是否存在过多的函数调用导致程序运行效率瓶颈问题,即是否存在影响程序运行速度的情况。考虑对程序结构进行升级,能否使用增加单个函数的复杂度换取多个函数之间的深层次调用问题。
- 在图中是否存在孤立节点,即该节点表示的函数与其他函数之间不存在相互调用或被调用关系。在此情况下,需要考虑程序设计或者代码实现中的不合理原因。

函数调用关系图不仅可以发现潜在的程序设计或者代码实现问题,还可以通过量化函数优先级的方式指导测试工作。函数调用关系图中以下节点通常被认为优先级较高。

- 处于根节点的函数。该函数为整个函数调用关系图的开端,是最高层次函数。该函数的正确设计与代码实现关系到全部函数的正常调用和运行结果。
- 处于叶子节点的函数。该函数是整个函数调用关系图的末端,对应结果输出、提示等功能模块,因此对该函数的测试至关重要。因为叶子节点的正确运行直接决定被测试程序或代码运行结果的合理性。
- 包含较多边的节点对应的函数。这些函数都在函数调用关系图的中层部分,在图中为重要的连接节点,或调用多个函数或被多个函数调用,或者两者兼有。该函数由于其承上启下的连接节点的重要作用,其测试优先级较高。

图 6-1 所示函数调用关系图有 28 个独立函数,节点 2 为根节点,即从该函数开始运行整个程序,因此,对其进行优先测试。处于叶子节点的,即末端的函数较多,这些函数可能跟程序的输出有密切关系,因此也应该对此进行重点测试。图 6-1 中的叶子节点有节点 3,4,5,15,16,17,18,19,20,21,22,23,24,25,26 和 27。其中,节点 23 为递归调用节点,为了提高运行效率,可以考虑使用循环结构代替该节点的递归调用。值得注意的是,节点 28 为孤立节点,因此,对应的函数没有与其他函数发生调用或被调用关系,可以认为该节点对应的函数在设计或代码实现上存在问题。

2. 函数控制流图

函数控制流图是从内部观察函数的信息和数据走向,借助于有向边图刻画函数内部关系。节点表示一条或者多条语句,有向边表示语句执行或控制走向。通过函数控制流

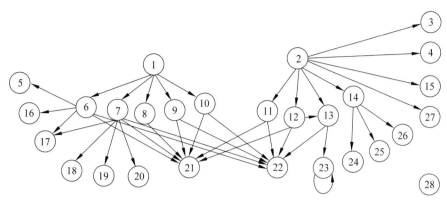

图 6-1 函数调用关系图

图展示函数内部的逻辑结构,从而发现函数内部设计或实现的潜在缺陷或错误。在函数控制流图的基础上查找程序中是否存在以下情况。

- 函数是否存在多个程序结束出口。每增加一个结束出口意味着增加了函数的复杂度,在某些程序设计语言中还会导致空指针或申请内存尚未释放等问题。
- 与函数调用关系图类似,在函数内部通过函数控制流图查看是否存在孤立语句,即在程序设计或代码实现中是否带入不能被访问或不能达到的语句或语句块。
- 非结构化设计问题。在函数控制流图中出现非结构化设计的特征为某个结束节点只包含一个进入边和一个退出边,或者某个判定分支不存在自己的结束节点,只能靠其他语句或结构的结束节点终结该分支。
- 通过函数控制流图检查该函数的环复杂度是否过高(通常认为如果单个函数的环复杂度高于 10,则被认为该函数的环复杂度值过高,需要进行结构调整或优化)。

上述内容中涉及的环复杂度是一种程序复杂度度量方法,常用的计算方式有 3 种,分别为直观观察法、公式计算法和判定节点法。

(1)直观观察法。

直观观察法认为程序图将所在的平面划分为封闭区域和非封闭区域,通过对程序图中节点和边构成的封闭与非封闭区域进行计数来计算环复杂度。也就是使用判定节点构成的封闭区域个数表示程序的复杂度,环复杂度的值等于封闭区域和非封闭区域个数之和。

图 6-2 程序图中节点 A~G 表示一条或者多条串行执行语句。边 e1~e10 表示程序走向,其中循环也使用一条边表示。节点 A 属于判定节点,该节点有两个分支,分别为 e1 和 e2。节点 A、节点 B、节点 C 和节点 E 构成封闭区域①,节点 B、节点 D、节点 E、节点 F 和节点 G 构成封闭环②,节点 C、节点 E 和节点 F 构成封闭环③,节点 C 和节点 F 构成封闭区域④。此外,去除上述全部封闭空间得到由外部空间组成的非封闭区域⑤。因此,图 6-2 中的程

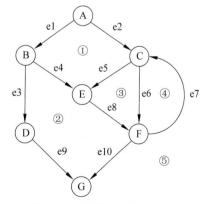

图 6-2 程序图中的环复杂度

序图的环复杂度为 5。

（2）公式计算法。

使用公式计算法计算环复杂度需要满足以下前提条件。第一，程序图中不能存在孤立节点，即不能存在不可到达的语句或语句块。第二，保证程序图中任何两个节点之间存在可达路径，即满足任何两点之间的双向连通。对图 6-2 中的程序图进行分析，可以得出以下结论。

该程序图不存在孤立节点。节点 C 和节点 F 为双向连通，节点 C 到节点 F 的边为 e6，节点 F 到节点 C 的边为 e7。同样，节点 C 与节点 E 也为双向连通节点对。节点 B 与节点 E 属于单向连通，因为只有节点 B 到节点 E 的边 e4，但不存在节点 E 到节点 B 的边。节点 B 和节点 C 之间不存在连通的边。为了使图 6-2 中的程序图满足公式计算法的前提条件，对其进行修改，即增加从程序的出口到程序入口的一个有向边，如图 6-3 所示，添加一条用虚线表示的有向边 e11。

从节点 E 到节点 B 的连通路径集合为 e8、e10、e11、e1。节点 B 到节点 C 的连通路径集合为 e4、e8、e10、e11、e2。同样，节点 C 到节点 D 的连通路径集合为 e6、e10、e11、e1、e3。因此，修改后的图 6-3 已经满足两个前提条件，使用以下公式计算法获得程序的环复杂度。

$$环复杂度＝边数量－节点数量＋1$$

其中，边数量为修改后的程序图中的边的总数，而非原图中的数量。图 6-3 中边的总数为 11，节点总数为 7，使用公式计算法计算环复杂度为 5，即 $11-7+1$。

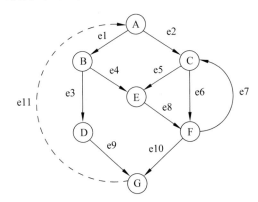

图 6-3　修改后的程序图

（3）判定节点法。

使用程序中的独立判定节点计算程序的环复杂度，其计算公式如下。

$$环复杂度＝独立判断节点数＋1$$

图 6-2 的程序图中包含的独立判定节点为节点 A、节点 B、节点 C 和节点 F。通过公式计算出该程序的环复杂度为 5，即 $4+1$。值得注意的是，上述公式中的独立判定节点是指拥有两个分支的判定表达式语句。当判定分支个数 n 大于 2 时，则将其认为包含 $n-1$ 个独立判定节点。以 switch 结构的程序为例，如图 6-4 所示。

该 switch 语句有 5 个分支结构，将程序代码转换成程序图如图 6-5 所示，在节点 2 处有 5 个分支结构。

```
private Triangle testTriangle;
int function_1(int flag)
{
    int result = 0;
    switch(flag){ // switch 判断语句
        case 1: result =0; break;
        case 2: result =1; break;
        case 3: result=2; break;
        case 4: result=3; break;
        default:
    }
    return result;
}
```

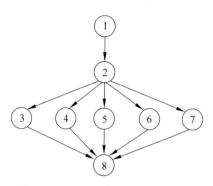

图 6-4 switch 结构的程序   图 6-5 switch 语句对应的分支结构

由于存在分支大于 2 的情况,因此,将多分支 switch 结构转换成 if-else 结构语句对应的分支结构如图 6-6 所示。

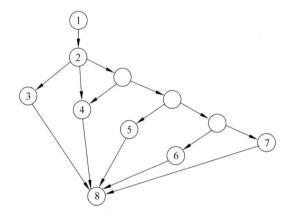

图 6-6 转换后的 if-else 语句分支结构

图 6-6 中将 switch 分支结构中拥有的 5 个分支结构的判定节点转换为 4 个判定节点,每个判定节点拥有 2 个分支。通过判定节点法计算出该程序的环复杂度为 5,即 4+1,其中,4 为判定节点数。

通过函数控制流图检查出的函数问题,可以采取如下解决思路。

- 对于函数中存在的程序结束的多出口问题,该问题多由 return 语句引起,因此,力争做到在函数内部控制多个 return 语句的出现。
- 对发现的孤立语句,即不可达语句,应该从函数的设计和实现角度定位并进行修正。
- 将可分离的具有单一功能模块的语句改成函数调用模式,从而尽量减少函数的环复杂度。
- 尽量不使用函数的强制结束或跳转语句,即尽量减少使用 break、goto 等语句。函数主要用来做业务逻辑处理,应该将传递参数的有效性验证部分放在函数调用之前进行处理,从而避免函数运行过程中的强制退出或结束等情况。

6.2.2 变量的数据流测试

重要变量是指在复杂计算中涉及的变量、影响函数返回值的变量或最有可能出现错误的变量。对变量进行数据流测试的目的在于发现潜在的定义/引用异常缺陷。该缺陷分为以下 3 种情况。

- 使用未定义的变量。这种情况无法通过编译,通常被认为是语法错误,可以从编译器发现该问题。
- 定义的变量未被使用。这种情况虽然可以通过编译,但通常是编译器的警告对象。可以不进行修改,但有时会降低代码可读性和理解性。
- 变量在使用之前被多次定义(赋值)。如果除了使用变量判断、赋值和输出之外,还对该变量进行了多次定义或赋值,则该变量被认为存在定义/引用异常缺陷。该现象是编译器无法直接发现的,需要借助变量的数据流测试法发现该变量的使用路径,从而对该路径进行重点测试。

6.3 动态白盒测试

动态白盒测试是依据某种测试覆盖准则对判定表达式、程序执行路径或循环结构等关键程序结构设计测试用例,并进行测试的过程。其侧重点在于被测试程序的结构,目的在于达到某种测试覆盖,从而保证测试工作的完备性和无冗余性。典型的动态白盒测试方法包括基于逻辑覆盖的测试、基于路径覆盖的测试和针对循环结构的测试方法。

6.3.1 基于逻辑覆盖的测试

基于逻辑覆盖的测试主要用于测试判定表达式。判定表达式是指分支语句中的判断条件或者循环语句中的循环条件。判定表达式使用与、或、非等逻辑运算符将关系表达式进行拼接构成,程序通过判定表达式的结果为真值或假值控制走向。对判定表达式的测试按照其逻辑覆盖准则和覆盖程度分为语句覆盖、判定覆盖、条件覆盖、判定/条件覆盖、条件组合覆盖和修正的判定/条件覆盖。为了介绍 6 种逻辑覆盖测试方法,引入一个被测试程序代码,如图 6-7 所示。

```c
int function_1(int x, int y) {
    int z = 0;
    if ((x >= 1) && (y <= 8)) { // 判定表达式①
        z = x + 1; // 语句①
    }
    if ((x == 4) || (y > 5)) { // 判定表达式②
        z = z + y; // 语句②
    }
    return z;
}
```

图 6-7　被测试程序代码

首先,为被测试程序画出其流程图,如图 6-8 所示。

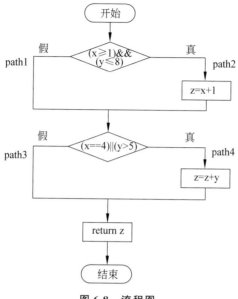

图 6-8 流程图

该被测试程序包含两个判定表达式,分别为(x>=1)&&(y<=8)和(x==4)‖(y>5),将其进一步划分为 4 个条件运算表达式,分别为 x>=1、y<=8、x==4 和 y>5,分别记作 T1、T2、T3 和 T4。由于有两个判定表达式,因此包含 4 个可能执行路径,分别记为 path1、path2、path3 和 path4,其中 path1 和 path3 没有相应的执行语句,为隐式路径,即属于不包含语句的路径。

1. 语句覆盖

语句覆盖是指设计的测试用例要达到执行被测试程序中的每条语句,并且至少执行一次的要求,即要做到对语句的全覆盖。

从图 6-8 分析可知,要为源程序设计实现语句覆盖的测试用例,需要满足覆盖路径 path2 和 path4,而不需要覆盖路径 path1 和 path3,因为该路径不存在语句。按照上述要求设计测试用例如表 6-1 所示。

表 6-1 语句覆盖测试用例

测试用例编号	输入变量		结果	执行路径	语句覆盖情况
	x	y	z		
1	4	1	6	path2,path4	100%全覆盖
2	6	7	14	path2,path4	100%全覆盖

表 6-1 中的两个语句覆盖测试用例对程序中的语句达到 100%全覆盖。但是当判定表达式(x>=1)&&(y<=8)中的"&&"错写成"‖"时,上述两个语句覆盖测试用例的结果仍为 6 和 14,表明该方法不能发现程序中的错误。其原因为语句覆盖仅保证执行每

个语句,对判定表达式本身未能做到完备性测试。

对于分支语句的隐式部分,语句覆盖测试方法也可能会产生测试无效的情况,例如,被测试程序如图 6-9 所示。

```
void function_2 (boolean isFlag) {
    int[] pointer = null;
    if(isFlag){          // 第一个if 语句
            pointer = new int[2];   // 用于分配内存空间
    }                        //if语句结束
    int x = 1;
    int y = 1;
    pointer[0] = x;          // 发生错误的语句
    pointer[1] = y;          // 发生错误的语句
    if (pointer != null) {
            pointer = null;
    }
}
```

图 6-9　function_2 被测试程序

当测试用例中条件 isFlag 的值为 true 时,可以执行被测试程序中的每一条语句,即满足语句覆盖测试的要求。但是当 isFlag 的值为 false 时,pointer ＝ new int[2]语句无法执行,转而执行第一个 if 语句的隐式分支部分,导致没有创建数组空间,但是却对数组进行了赋值操作 pointer[0]＝x 和 pointer[1]＝y,这样,程序就会出现错误。该例说明,实现语句覆盖的测试用例有时无法发现程序中由于隐式分支语句导入的程序错误。

值得一提的是,对于顺序结构的程序而言,进行语句覆盖就是要求对程序从头到尾执行测试,从而可以达到对整个程序语句的全覆盖。

2. 判定覆盖

判定覆盖是指通过设计测试用例使得每个判定节点至少取真值和假值各一次的测试方法,即对每个判定的各分支至少要执行一次,所以也称为分支覆盖。表 6-2 中的测试用例满足对上述被测试程序的判定覆盖准则。

表 6-2　判定覆盖测试用例

测试用例编号	输入变量		结果	执行路径	判定覆盖情况
	x	y	z		
1	3	6	10	path2,path4	100%全覆盖
2	0	4	0	path1,path3	
3	2	2	3	path2,path3	100%全覆盖
4	0	6	6	path1，path4	

表 6-2 中的测试用例 1、2 构成的测试组或者测试用例 3、4 构成的测试组可以达到对被测试程序中判定表达式的全覆盖这一测试目的。判定覆盖同时也满足语句覆盖准则。因为与语句覆盖相比较,判定覆盖通过对各个分支进行覆盖的方式,可以达到对隐式分支

语句的覆盖。

由于判定覆盖的测试重点在于判定表达式本身,所以在构成判定表达式中的条件运算表达式或者逻辑运算符出现错误时,该测试方法可能会失效。例如,测试用例 1、2 构成的测试组在第一个判定表达式(x>=1)&&(y<=8)被错写成(x>=1)‖(y<=8)时,其输出结果和执行路径都不会改变,因此判定覆盖有时候只关注判定结果本身,而不对判定表达式本身进行测试。

3. 条件覆盖

条件覆盖是指通过设计测试用例使得每个判定节点中的各条件运算表达式至少取真值和假值各一次的测试方法,即每个判定中的每个条件的可能取值至少满足一次。表 6-3 中的测试用例满足上述被测试程序的条件覆盖准则。

表 6-3　条件覆盖测试用例

| 测试用例编号 | 输入变量 | | 结果 | 条件运算表达式取值/通过路径 | 条件覆盖/判定覆盖情况 |
	x	y	z		
1	4	9	9	T1＝真,T2＝假,T3＝真,T4＝真/path1,path4	100％条件全覆盖/75％判定覆盖
2	0	5	0	T1＝假,T2＝真,T3＝假,T4＝假/path1,path3	

对表 6-3 进行分析发现,当测试用例满足条件覆盖时有可能不满足判定覆盖准则,对于此情况,可以重新设计测试用例或者增加设计测试用例,使其同时满足条件覆盖和判定覆盖,从而避免只关注条件覆盖而忽略对判定覆盖进行测试的情况。

4. 判定/条件覆盖

判定/条件覆盖是指通过设计测试用例使得判定覆盖和条件覆盖同时满足的测试过程,是判定和条件覆盖的交集,即对每个判定节点中的各条件运算表达式取真值和假值至少一次的同时,也使得每个判定节点的可能结果至少执行一次。

表 6-3 中的测试用例对 T1、T2、T3 和 T4 的真值和假值各取一次,而且对两个判定表达式的 path1、path3 和 path4 分支进行了覆盖,但未能执行第一个判定表达式的 path2 分支,即对第一个判定表达式未能取到真值。因此,在表 6-3 已有的测试用例基础上增加 T1 和 T2 都为真的测试用例,如表 6-4 所示,对 path2 分支进行覆盖,因此,表 6-4 的测试用例作为对表 6-3 的测试用例的补充满足判定/条件覆盖准则要求。

表 6-4　为判定/条件覆盖增加的测试用例

| 测试用例编号 | 输入变量 | | 结果 | 条件运算表达式取值情况 | 通过路径 |
	x	y	z		
1	2	6	9	T1＝真,T2＝真,T3＝假,T4＝真	path2,path4

判定/条件覆盖测试同时考虑判定表达式取值和构成判定的条件运算表达式取值,因为同时考虑了全局和局部情况,与语句覆盖、判定覆盖和条件覆盖相比较,判定/条件覆盖

是较为完善的测试方法。

5.条件组合覆盖

条件组合覆盖是指通过设计测试用例对每个判定中的条件表达式的所有可能取值组合情况至少执行一次的测试方法。对所有条件表达式的真值与假值的组合情况可以借助于真值表列出。

被测试程序代码包含 4 个条件运算表达式 $x\geqslant 1$、$y\leqslant 8$、$x==4$ 和 $y>5$，记作 T1、T2、T3 和 T4。每个条件运算符可取真值和假值，4 个条件运算符表达式的不同取值组合得到 $2\times 2\times 2\times 2=16$，即满足条件组合覆盖的测试用例理论上有 16 种。

对条件组合覆盖的真值表进行分析，该测试用例组具有完备性特点。它包含了所有条件运算表达式的所有可能值，同时满足条件覆盖和判定覆盖准则。然而，在实际运用中随着程序中的判定表达式个数和判定中包含的条件表达式个数的增加，满足条件组合覆盖的测试用例的规模也会爆炸性增加。另一个值得注意的是，由于多个判定中包含相同变量，因此相互之间存在约束关系，导致测试用例个数会小于理论测试用例个数。例如，表 6-5 中编号为 1、3、4、7、8、9 和 11 的测试用例属于上述情况。由于判定中条件表达式相同变量的约束关系，不能出现编号为 1、3、4、7、8、9 和 11 的测试用例情况。

表 6-5　条件组合覆盖的测试用例

测试用例编号	输入变量		结果	条件运算表达式取值				通过路径	备注
	x	y	z	T1	T2	T3	T4		
1	/	/	/	假	假	假	假	/	不存在
2	0	9	9	假	假	假	真	path1,4	
3	/	/	/	假	假	真	假		不存在
4	/	/	/	假	假	真	真	/	不存在
5	0	4	0	假	真	假	假	path1,3	
6	0	6	6	假	真	假	真	path1,4	
7	/	/	/	假	真	真	假		不存在
8	/	/	/	假	真	真	真		不存在
9	/	/	/	真	假	假	假		不存在
10	2	9	9	真	假	假	真	path1,4	
11	/	/	/	真	假	真	假	/	不存在
12	4	9	9	真	假	真	真	path1,4	
13	2	4	3	真	真	假	假	Path2,3	
14	2	4	真	真	假	真	Path2,4	
15	4	4	9	真	真	真	假	Path2,4	
16	4	6	11	真	真	真	真	Path2,4	

6. 修正的判定/条件覆盖

修正的判定/条件覆盖是在条件组合覆盖的基础上,使用判定条件的独立性有效控制测试用例数量,消除测试中的冗余问题。使用独立性影响筛选和确定测试用例的方法,具体做法如下。

(1) 使用条件组合方式列出所有条件运算表达式构成的测试用例真值表。

(2) 依次对每个条件运算表达式寻找能独立影响整个判定表达式结果的测试用例。对当前选择的条件运算表达式以外的条件运算表达式进行固定,并观察该条件运算表达式的真值是否影响到整个判定表达式的真值,即观察条件运算表达式是否影响整个表达式的结果与其发生相同的变化,如果相同则选择该测试用例为备选测试用例。

(3) 通过步骤(2)得到备选测试用例之后,对步骤(2)中的备选测试用例取并集作为最终的修正的判定/条件覆盖测试用例。

例如,对 A‖B 表达式,A 和 B 为条件运算表达式,其真值表构成的测试用例如表 6-6 所示。

表 6-6 A‖B 测试用例

测试用例编号	A	B	A‖B
1	假	假	假
2	假	真	真
3	真	假	真
4	真	真	真

对表 6-6 分析发现,在测试用例 1、3 和 4 中,当 A 为假时,A‖B 也为假;当 A 为真时,A‖B 也为真。同理,测试用例 1、2 和 4 中,当 B 为假时,A‖B 也为假;当 B 为真时,A‖B 也为真。其中,测试用例 1 和 4 包含了判定表达式 A‖B 的真假两种结果。因此,测试用例 1 和 4 作为上述两种分析情况的并集满足修正的判定/条件覆盖准则。

6.3.2 基本路径覆盖测试

基本路径覆盖测试与基于逻辑的覆盖测试不同,后者以程序或系统的内部逻辑结构为基础,而前者在程序或业务控制流程的基础上,分析控制构造的环路复杂性,导出基本可执行路径集合,从而设计测试用例。因此,基本路径覆盖就是通过设计测试用例对可能的程序执行路径进行全覆盖。

基本路径覆盖测试用例的设计过程的具体步骤如下。

(1) 首先根据程序代码获取程序流程图,并对其进行简化。

(2) 在步骤(1)获得的程序流程图上确定该程序的环复杂度,通过环复杂度确定独立路径集合(理论上,独立路径集合个数=环复杂度)。

(3) 以最复杂的路径(一般包括全部的判定节点的路径)为起始点,并以每次覆盖各判定节点的备选路径的方式生成新的独立路径。

（4）在步骤（3）中得到的全部路径中去除不可达或不可行路径，并必要时补充其他路径。

（5）判断路径之间的线性关系，最终确定非线性相关的独立路径的基本集合，即确定独立基本路径集合。

（6）依照步骤（5）设计出符合路径覆盖准则的测试用例。

假设函数 calculateNextDate() 以指定日期（由年、月、日 3 个部分数据构成）为输入，计算并输出该日的下一天日期（同样由年、月、日 3 个部分数据构成），其代码如图 6-10所示。

```
int nextYear;
int nextMonth;
int nextDay;

void calculateNextDate (int year, int month, int day)
{
    nextYear = year;
    nextMonth = month;
    nextDay = day;
    int totalDay;  // 记录当前月有多少天
    if(month ==1 || month ==3 || month ==5 || month ==7|| month ==8 || month ==10 || month ==12){// 判定表达式①
        totalDay = 31;
    } else if (month ==4 || month ==6 || month ==9 || month ==11){ // 判定表达式②
        totalDay = 30;
    } else {
        if((year%4 ==0 && year%100 !=0) || year%400 ==0) {// 判定表达式③
            totalDay = 29;
        }else{
            totalDay = 28;
        }
    }
    if(day==totalDay){ //判定表达式④
        nextDay = 1;
        if (month ==12) {//判定表达式⑤
            nextMonth = 1;
            nextYear ++;
        }else{
            nextMonth++;
        }
    }else{
        nextDay ++;
    }
    System.out.printf("%d,%d,%d",nextYear,nextMonth,nextDay);
}
```

图 6-10　函数 calculateNextDate()

将被测试程序转化为程序图，如图 6-11 所示，其中，节点 1～5 分别对应程序中的判定表达式，A～K 编号的节点对应程序中的一条语句或连续多条语句，e1～e20 的 20 条边表示程序的走向。

对该程序代码设计基本路径覆盖测试用例的步骤如下。

（1）计算环复杂度：该程序图包含 5 个具有两个分支的判定表达式，通过判定表达式个数计算该图的环复杂度为 6，即 5+1，因此，理论上应该有 6 条独立路径集合。

（2）列出基本路径：首先选择确定包含全部判定节点的路径，即包含节点 1～5 的路径。

路径 p1：A，1，2，3，D，F，4，G，5，I，K。备注：路径 p1 包含所有判定表达式。

路径 p2：A，1，B，F，4，G，5，I，K。备注：与路径 p1 比较，在节点 1 处选择另一个分支。

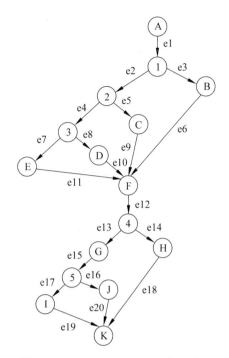

图 6-11　calculateNextDate 函数程序图

路径 p3：A,1,2,C,F,4,G,5,I,K。备注：与路径 p1 比较,在节点 2 处选择另一个分支。

路径 p4：A,1,2,3,E,F,4,G,5,I,K。备注：与路径 p1 比较,在节点 3 处选择另一个分支。

路径 p5：A,1,2,3,D,F,4,H,K。备注：与路径 p1 比较,在节点 4 处选择另一个分支。

路径 p6：A,1,2,3,D,F,4,G,5,J,K。备注：与路径 p1 比较,在节点 5 处选择另一个分支。

对上述 6 条路径可以使用通过的节点序列进行表示,1 表示通过该节点,0 表示不通过该节点。例如,路径 p1 分别通过节点 A、D、F、G、I、K、1、2、3、4 和 5,如表 6-7 所示。

表 6-7　独立路径的节点表示

	A	B	C	D	E	F	G	H	I	J	K	1	2	3	4	5
p1	1	0	0	1	0	1	1	0	1	0	1	1	1	1	1	1
p2	1	**1**	0	0	0	1	1	0	1	0	1	1	0	0	0	1
p3	1	0	**1**	0	0	1	1	0	1	0	1	1	1	0	0	1
p4	0	0	0	0	**1**	1	1	0	1	0	1	1	1	1	1	1
p5	1	0	0	1	0	1	0	**1**	0	0	1	1	1	1	1	0
p6	1	0	0	1	0	1	1	0	0	**1**	1	1	1	1	1	1

表 6-7 中使用加粗的 1 表示对应路径唯一通过的节点,例如,将路径 p2 与其他路径对比,发现该路径是唯一通过节点 B 的路径。因此,p2、p3、p4、p5 和 p6 是彼此独立的,即者是线性无关的,即彼此之间不能线性表示。再考虑路径 p1 虽然不存在通过的唯一节点,但是也不能通过使用 p2、p3、p4、p5 和 p6 的线性组合进行表示,因此,上述 6 条路径是彼此独立的(或可认为是线性无关路径),从而构成了独立路径集合。

路径之间是否独立或线性相关也可以使用如下方式进行判断,首先将路径使用通过的节点进行线性表示,然后查看表达式之间通过线性变换的方式能否进行相互消除,若不能消除,则表明彼此间相互独立,可构成独立路径集合。

① p1＝节点 A＋节点 1＋节点 2＋节点 3＋节点 D＋节点 F＋节点 4＋节点 G＋节点 5＋节点 I＋节点 K

② p2＝节点 A＋节点 1＋节点 B＋节点 F＋节点 4＋节点 G＋节点 5＋节点 I＋节点 K

③ p3＝节点 A＋节点 1＋节点 2＋节点 C＋节点 F＋节点 4＋节点 G＋节点 5＋节点 I＋节点 K

④ p4＝节点 A＋节点 1＋节点 2＋节点 3＋节点 E＋节点 F＋节点 4＋节点 G＋节点 5＋节点 I＋节点 K

⑤ p5＝节点 A＋节点 1＋节点 2＋节点 3＋节点 D＋节点 F＋节点 4＋节点 I＋节点 K

⑥ p6＝节点 A＋节点 1＋节点 2＋节点 3＋节点 D＋节点 F＋节点 4＋节点 G＋节点 5＋节点 J＋节点 K

在表达式①～⑥之间不存在通过线性变换达到彼此之间相互消除的目的,因此,它们满足独立路径的条件,也证明列出基本路径的方式是一种找出独立路径的有效方法。

不管使用如表 6-7 所示的表格方式还是使用表达式①～⑥的线性表达式方式,判断路径是否为独立路径要至少满足以下条件之一。

条件一:如果唯一包含程序图中的某个分支路径,则被考察路径被认为是独立路径。换句话说,如果删除该路径,那么将不能对唯一包含的某个分支进行测试,从而测试不具备完备性。

条件二:如果无法使用已存在的路径对该路径进行线性表示,被考察路径被认为是独立路径。

(3) 通过第(2)步,列出表达式①～⑥的基本路径,就已经证明项目彼此独立。但是结合被测试程序发现,在编号为①～⑤的判断表达式之间,由于存在相同的变量作为条件表达式,因此可能存在判断表达式之间的相互约束关系。例如,当判定表达式①不成立,即 month ＝＝1 ‖ month ＝＝3 ‖ month ＝＝5 ‖ month ＝＝7 ‖ month ＝＝8 ‖ month ＝＝10 ‖ month ＝＝12 为假时,表明 month 变量只能取值为 2、4、6、9 或 11,判定表达式⑤(month ＝＝12)也不会成立。因此,在路径中出现节点 1、2 时将不会出现判定表达式⑤为真的路径,即程序图中不会出现节点 I(假设节点 I 为表达式⑤为真时的执行语句块),因此,路径 p1、p2 和 p3 为不可达或不可行路径,应该从路径集合中剔除。

（4）路径的补充：当从原有的路径集合中剔除上述 3 条路径时，独立路径个数小于环复杂度，因此，为了测试拥有完备性，需要进行路径补充。修改基本路径是一种获得有效独立路径的方法之一。

新路径 p1：A，1，2，3，D，F，4，G，5，J，K。注意：与原来的路径 p1 比较，在节点 5 处选择了另一个分支，判定表达式为假值的路径，路径从节点 5 到节点 J。

新路径 p2：A，1，B，F，4，G，5，J，K。注意：与原来的路径 p2 比较，在节点 5 处选择了另一个分支。

新路径 p3：A，1，2，C，F，4，G，5，J，K。注意：与原来的路径 p3 比较，在节点 5 处选择另一个分支。

新路径 p4：A，1，2，3，E，F，4，G，5，J，K。注意：与原来的路径 p4 比较，在节点 5 处选择另一个分支。

新路径 p5：A，1，2，3，D，F，4，H，K。注意：与原来的路径 p5 比较，在判定表达式④处选择另一个分支。

由于在不同的判定表达式之间存在相互制约关系，因此，最终得到的基本独立路径集合个数小于环复杂度（在本测试程序中，5＜6）。该现象表明，依据该路径集合设计的测试用例对被测试程序不能进行完备性测试，如果再引入新的测试路径，将可能会导致与现有的路径间产生彼此不独立现象。在这种情况下，补充的路径将依据以下几点的一种或多种。

- 在现有的测试路径基础上添加执行概率较高的路径。
- 补充新的测试路径，该路径将对可能存在严重缺陷的程序块进行测试。
- 补充新的测试路径，该路径将对涉及复杂算法的程序块进行测试。

在本测试程序中不包含复杂算法的程序模块，也不包含可能引入程序严重错误的程序块，因此，可以从路径的执行概率的优先级选择补充测试路径。以判定节点 1 为例，当结果为真值时，选择 e3 路径；当结果为假值时，选择 e2 路径。选择 e3 的执行概率取决于判定表达式的取真值的概率，即 month ＝＝1 ‖ month ＝＝3 ‖ month ＝＝5 ‖ month ＝＝7 ‖ month ＝＝8 ‖ month ＝＝10 ‖ month ＝＝12 为真的情况。结合题目意义，取真值的概率为 7/12，取假值的概率为 5/12。对一个路径的执行概率等于其通过节点分支对应的执行概率的乘积。补充新的路径 p6：A，1，B，F，4，H，K。该路径的执行概率取决于 e3 和 e14 分支路径的执行概率。已知 e3 的执行概率为 7/12＝58.3％，e14 的执行概率为判定表达式④（day＝＝totalDay）为假值时，即 29/30＝96.7％，表示当前日为非月末时的概率。因此，新路径 p6 的执行概率为 58.3％×96.7％＝56.38％。使用同样方法可以对已有的 5 个独立路径计算其执行概率。通过比较发现，新路径 p6 的执行概率远远高于已经获得的 5 个独立路径，因此，可以将新路径 p6 视为新的测试路径加入到独立路径集合当中。

（5）依据获得的路径集合设计满足基本路径覆盖的测试用例，如表 6-8 所示。

表 6-8　基本路径覆盖的测试用例

测试用例编号	测试用例输入 （year, month, day）	测试用例输出	说明与备注
1	2020,12,31	2021,1,1	执行新路径 p1
2	2020,7,31	2020,8,1	执行新路径 p2
3	2020,6,30	2020,7,1	执行新路径 p3
4	2011,2,28	2011,3,1	执行新路径 p4
5	2020,2,15	2020,2,16	执行新路径 p5
6	2020,7,15	2020,7,16	执行新路径 p6

6.4　基于 JUnit 白盒单元测试案例实践

被测试程序 MyDate 类源代码如图 6-12 所示。该类包括 4 个静态方法 isYear()、isMonth()、isDate() 和 isLeap()，前两个函数分别用于判断输入的参数是否为有效的年和月，第 3 个函数用于判断输入的日期是否有效，最后一个函数用于判断输入的参数是否为闰年。

```java
public class MyDate{
    int mon[] = {0, 31, 28, 31, 30, 31, 30, 31, 31, 30, 31, 30, 31};
    public static boolean isYear(int n) { // 判断是否为有效年
        if(n > 0)
            return true;
        else
            return false;
    }
    public static boolean isLeap(int n) {//判断是否为闰年
        if((n%4 == 0 && n%100 != 0) || (n%400 == 0))
            return true;
        else
            return false;
    }
    public static boolean isMonth(int n) {//判断是否为有效月份
        if((n > 0) && (n < 13))
            return true;
        else
            return false;
    }
    public String isDate (int n, int m, int d) {//判断是否为有效日期
        if(isYear(n)&&isLeap(n))
            mon[2]=29;
        else
            mon[2]=28;
        if(isYear(n) && isMonth(m) && (d > 0 && d <= mon[m]))
            return "有效日期！";
        else
            return "无效日期！";
    }
}
```

图 6-12　MyDate 类源代码

首先为其建立一个测试类,命名为 MyDateTest,其中有 4 个测试方法,testIsYear()、testIsLeap()、testIsMonth()、testIsDate(),分别与需要测试的 MyDate 类中的 4 个方法一一对应,在测试中可以测试出这 4 种方法是否按程序设计需求实现了其对应功能。在测试函数中使用断言判断测试用例的输入是否与其输出一致。

(1) 语句覆盖:使得每一条可执行语句至少执行一次。语句覆盖是最弱的逻辑覆盖准则。满足语句覆盖准则的测试类如图 6-13 所示。

```java
import static org.junit.Assert.*;
import org.junit.Test;

public class MyDateTest {

    @Test
    void testIsYear() {
        assertEquals(true,MyDate.isYear(2000));
    }
    /**
     * Test method for {@link MyDate#isLeap(int)}.
     */
    @Test
    void testIsLeap() {
        assertTrue(MyDate.isLeap(2000));
    }
    /**
     * Test method for {@link MyDate#isMonth(int)}.
     */
    @Test
    void testIsMonth() {
        assertTrue(MyDate.isMonth(9));
    }
    /**
     * Test method for {@link MyDate#isDate(int, int, int)}.
     */
    @Test
    void testIsDate() {
        MyDate date2 = new MyDate();
        String str2 = date2.isDate(2000,2,29);
        assertEquals(29,date2.mon[2]);
        assertEquals("有效日期! ",str2);
    }
}
```

图 6-13　MyDate 类语句覆盖

在 testIsYear()中,使用断言 assertEquals 测试 MyDate 类中的方法 isYear()。使用语句 assertEquals(true,MyDate.isYear(2000))判断 2000 年是否为有效年份,断言中的第一个参数表示预期结果为 true。在 testIsLeap()中,使用断言 assertTrue(判断断言表达式结果是否为 true),测试 MyDate 类中的 isLeap()函数,assertTrue(MyDate.Leap(2000))判断 2000 年是否为闰年,并判断预期结果为 true。在 testIsMonth()中,使用断言 assertTrue 测试 MyDate 类中的方法 isMonth(),assertTrue(MyDate.isMonth(9))判断输入值 9 是否为有效月份,预期结果为 true。在 testIsDate()中,使用断言 assertEquals 测试 MyDate 类中的方法 isDate()。首先,建立一个新的 MyDate 对象 date2,并调用 isDate()方法输入参数。assertEquals(29,date2.mon[2])判断 date2.Date(2000,2,29),是否正确执行 2 月的天数的初始化,预期结果为 29。assertEquals("有效日期!",str2);因 2000 年为闰年,2 月有 29 号,预期返回的字符串为"有效日期!"。显而易见,通过以上测试用例达到对程序的语句覆盖目的。

(2) 判定覆盖:也称分支覆盖,使程序中每个判断的取真值分支和取假值分支至少执

行一次;不能对判断表达式中的条件表达式进行检查。满足判定覆盖的测试类如图 6-14
所示。

```java
import static org.junit.Assert.*;
import org.junit.Test;
public class MyDateTest {
    @Test
    public void testIsYear() {
        assertEquals(true,MyDate.isYear(2000)); //判断表达式为真值
        assertEquals(false,MyDate.isYear(0)); //判断表达式为假值
    }
    /**
     * Test method for {@link MyDate#isLeap(int)}.
     */
    @Test
    public void testIsLeap() {
        assertTrue(MyDate.isLeap(2000)); //判断表达式为真值
        assertFalse(MyDate.isLeap(2001)); //判断表达式为假值
    }
    /**
     * Test method for {@link MyDate#isMonth(int)}.
     */
    @Test
    public void testIsMonth() {
        assertTrue(MyDate.isMonth(9)); //判断表达式为真值
        assertFalse(MyDate.isMonth(20)); //判断表达式为假值
    }
    /**
     * Test method for {@link MyDate#isDate(int, int, int)}.
     */
    @Test
    public void testIsDate() {
        MyDate date1 = new MyDate();
        MyDate date2 = new MyDate();
        String str1 = date1.isDate(2001,2,29);
        String str2 = date2.isDate(2000,2,29);
        assertEquals(28,date1.mon[2]); //判断表达式为真值
        assertEquals(29,date2.mon[2]); //判断表达式为假值
        assertEquals("无效日期！",str1); //判断表达式为真值
        assertEquals("有效日期！",str2); //判断表达式为假值
    }
}
```

图 6-14　MyDate 类判定覆盖

在 testIsYear()中,使用断言 assertEquals,测试 MyDate 类中的方法 isYear()中判断
表达式分别取真假值时的两个分支。assertEquals(true,MyDate.isYear(2000)) 判断
2000 年是否为有效年份,预期结果为 true;assertEquals(false,MyDate.isYear(0)) 判断 0
年是否为有效年份,预期结果为 false。在 testIsLeap()中,分别使用断言 assertTrue 和
assertFalse(断言条件为假),测试 MyDate 类中的方法 isLeap(),assertTrue(MyDate.
isLeap(2000)) 判断 2000 年是否为闰年的结果是否为 true;assertFalse(MyDate.isLeap
(2001)) 判断 2001 年是否为闰年的结果是否为 false。分别取函数 isLeap()判断表达式
的真值与假值。在 testIsMonth()中,分别使用断言 assertTrue 和 assertFalse 测试
MyDate 类中的方法 isMonth()。assertTrue(MyDate.isMonth(9)) 判断 9 是否为有效月
份,预期结果为 true;assertFalse(MyDate.isMonth(20)) 判断 20 是否为有效月份,预期
结果为 false。两个测试用例分别取函数 isMonth()中的判断表达式的真值与假值。在
testIsDate()中,使用断言 assertEquals 测试 MyDate 类中的方法 isDate()。首先建立两
个 MyDate 对象,分别为 date1 和 date2,并调用 isDate()方法输入参数。其中,
assertEquals(28,date1.mon[2]) 判断 date1.isDate(2001,2,29),是否正确执行 2 月份的
天数的初始化,预期结果为 28;assertEquals(29,date2.mon[2]) 判断 date2.isDate(2000,
2,29),是否正确执行 2 月份天数的初始化,预期结果为 29。因此,assertEquals(28,
date1.mon[2]) 和 assertEquals(29,date2.mon[2]) 用于对 isDate()函数中第一个判断表

达式(isYear(n)&&isLeap(n))的取真值与取假值都分别进行了测试。assertEquals
("无效日期!",str1)因为 2001 年为平年,2 月没有 29 号,所以预期返回的字符串为"无
效日期!"。assertEquals("有效日期!",str2);因为 2000 年为闰年,2 月有 29 号,所以预
期返回的字符串为"有效日期!"。同样,assertEquals("无效日期!",str1)和 assertEquals
("有效日期!",str2)对 isDate()函数中第 2 个判断表达式的(isYear(n)&&isMonth(m)
&&(d>0&&d<=mon[m]))的取真值与取假值情况都分别进行了测试。

从以上分析发现,通过对各个判断表达式中的各个分支的覆盖达到对被测试程序的
判定覆盖目的。

(3)条件覆盖:使程序中每个判断的每个条件的每个可能取值至少执行一次。满足
条件覆盖的测试类如图 6-15 所示。

```java
import static org.junit.Assert.*;
import org.junit.Test;
public class MyDateTest {
    @Test
    public void testIsYear() {
        assertEquals(true,MyDate.isYear(2000));
        assertEquals(false,MyDate.isYear(0));
    }
    /**
     * Test method for {@link MyDate#isLeap(int)}.
     */
    @Test
    public void testIsLeap() {
        assertTrue(MyDate.isLeap(2000));
        assertTrue(MyDate.isLeap(2004));
        assertFalse(MyDate.isLeap(2001));
    }
    /**
     * Test method for {@link MyDate#isMonth(int)}.
     */
    @Test
    public void testIsMonth() {
        assertTrue(MyDate.isMonth(9));
        assertFalse(MyDate.isMonth(-3));
        assertFalse(MyDate.isMonth(20));
    }
    /*
     * Test method for {@link MyDate#isDate(int, int, int)}.
     */
    @Test
    public void testIsDate() {
        MyDate date1 = new MyDate();
        MyDate date2 = new MyDate();
        String str1 = date1.isDate(2001,2,29);
        String str2 = date2.isDate(2000,2,29);
        String str3 = date1.isDate(0,20,-1);
        assertEquals(28,date1.mon[2]);
        assertEquals(29,date2.mon[2]);
        assertEquals("无效日期! ",str1);
        assertEquals("有效日期! ",str2);
        assertEquals("无效日期! ",str3);
    }
}
```

图 6-15 MyDate 类条件覆盖

在 testIsYear()中,使用断言 assertEquals 测试了 MyDate 类中的方法 isYear()。
assertEquals(true,MyDate. Year(2000))判断 2000 年是否为有效年份,预期结果为
true,assertEquals(false,MyDate. Year(0))判断 0 年是否为有效年份,预期结果为 false。
上述两个测试方法包含对 isYear()函数中的条件表达式(也为判断表达式)$n>0$ 取真值
和假值情况的测试。在 testIsLeap()中,使用断言 assertTrue 和 assertFalse,测试
MyDate 类中的方法 isLeap()。assertTrue(MyDate.isLeap(2000))判断 2000 年是否为

闰年,其预期结果为 true;assertTrue(MyDate.isLeap(2004))判断 2004 年是否为闰年,其预期结果为 true;assertFalse(MyDate.isLeap(2001))判断 2001 年是否为闰年,其预期结果为 false。当测试用例中的输入值分别为 2000、2004 和 2001 时,函数 isLeap()中的 3 个条件表达式 n%4==0、n%100! =0 和 n%400==0 都分别能取真值和假值。因此,通过上述测试用例达到了对该判定表达式的条件覆盖要求。在 testIsMonth()中,使用断言 assertTrue 和 assertFalse 测试 MyDate 类中的方法 isMonth()。assertTrue(MyDate.Month(9))判断 9 是否为有效月份,预期结果为 true;assertFalse(MyDate.isMonth(−3))判断−3 是否为有效月份,预期结果为 false;assertFalse(MyDate.Month(20))判断 20 是否为有效月份,预期结果为 false。当输入为 9、−3 和 20 时,isMonth()函数的两个条件表达式 $n>0$ 和 $n<13$ 分别可取到真值和假值,因此符合条件覆盖准则要求。在 testIsDate()中,使用断言 assertEquals 测试 MyDate 类中的方法 isDate()。首先,建立两个新的 MyDate 对象,分别为 date1 和 date2,并调用其 isDate()方法。assertEquals(28,date1.mon[2])判断 date1.isDate(0,20,−1)是否执行 2 月天数的初始化,预期结果为 28。assertEquals(29,date2.mon[2])判断 date2.isDate(2000,2,29)是否执行 2 月天数的初始化,预期结果为 29。assertEquals("无效日期!",str1)判断 2001.2.29 是否存在,预期返回的字符串为"无效日期!"。assertEquals("有效日期!",str2);判断 2000.2.29 是否存在,预期返回的字符串为"有效日期!"。assertEquals("无效日期!",str3);判断 0.20.−1 构成的年月日是否存在,预期返回的字符串为"无效日期!"。通过 testIsDate()中 5 个断言中的测试用例分别取 isYear(n)、isLeap(n)、isMonth(m)、d>0 和 d<=mon[m] 等 5 个条件表达式的真值和假值,因此达到了条件覆盖目的。

(4)判定/条件覆盖:使程序中每个判断的每个条件的所有可能取值至少执行一次,并且每个可能的判断结果也至少执行一次。满足判定/条件覆盖的测试类如图 6-16 所示。

在 testIsYear()中,使用断言 assertEquals 测试 MyDate 类中的方法 isYear()。assertEquals(true,MyDate.isYear(2000))判断 2000 年是否为有效年份,预期结果为 true;assertEquals(false,MyDate.isYear(0))判断 0 年是否为有效年份,预期结果为 false。由于在 isYear()函数包含的判断表达式只包含一个条件表达式,因此,上述两个测试用例对 isYear()函数达到了判定和条件的同时覆盖测试要求。在 testIsLeap()中,使用断言 assertTrue 和 assertFalse 测试 MyDate 类中的方法 isLeap()。assertTrue(MyDate.isLeap(2000))判断 2000 年是否为闰年,即输出结果是否为 true;assertTrue(MyDate.isLeap(2004))判断 2004 年是否为闰年,即输出结果是否为 true;assertFalse(MyDate.isLeap(2001))判断 2001 年是否为闰年,即输出结果是否为 false。以上 3 个测试用例对 isLeap()函数中的判断表达式(n%4==0&&,&&n%100! =0) ‖ (n%400==0)和其 3 个条件表达式 n%4==0、n%100! =0 和 n%400==0 同时达到判定覆盖和条件覆盖的测试要求。在 testIsMonth()中,使用断言 assertTrue 和 assertFalse 测试 MyDate 类中的方法 isMonth()。assertTrue(MyDate.isMonth(9))判断 9 是否为有效月份,预期结果为 true;assertFalse(MyDate.isMonth(−3))判断−3 是否为有效月份,预期结果为 false;assertFalse(MyDate.isMonth(20))判断 20 是否为有效月份,预期结果为

```java
import static org.junit.Assert.*;
import org.junit.Test;
public class MyDateTest {
    @Test
    public void testIsYear() {
        assertEquals(true,MyDate.isYear(2000));
        assertEquals(false,MyDate.isYear(0));
    }
    /**
     * Test method for {@link MyDate#isLeap(int)}.
     */
    @Test
    public void testIsLeap() {
        assertTrue(MyDate.isLeap(2000));
        assertTrue(MyDate.isLeap(2004));
        assertFalse(MyDate.isLeap(2001));
    }
    /**
     * Test method for {@link MyDate#isMonth(int)}.
     */
    @Test
    public void testMonth() {
        assertTrue(MyDate.isMonth(9));
        assertFalse(MyDate.isMonth(-3));
        assertFalse(MyDate.isMonth(20));
    }
    /**
     * Test method for {@link MyDate#isDate(int, int, int)}.
     */
    @Test
    public void testIsDate() {
        MyDate date1 = new MyDate();
        MyDate date2 = new MyDate();
        String str1 = date1.isDate(2001,2,29);
        String str2 = date2.isDate(2000,2,29);
        String str3 = date1.isDate(0,20,-1);
        assertEquals(28,date1.mon[2]);
        assertEquals(29,date2.mon[2]);
        assertEquals("无效日期！",str1);
        assertEquals("有效日期！",str2);
        assertEquals("无效日期！",str3);
    }
}
```

图 6-16　MyDate 类判定/条件覆盖

false。对 isMonth()函数输入值为 9、-3 和 20 时,判断表达式(n>0)&&(n<13)和其条件表达式 n>0 与 n<13 都能取真值和假值,因此,符合判定条件覆盖准则。在 testIsDate()中,使用断言 assertEquals 测试 MyDate 类中的方法 isDate(),建立了两个 MyDate 对象,分别为 date1、date2,并调用 isDate()方法输入参数。assertEquals(28, date1.mon[2])判断 date1.isDate(0,20,-1)是否正确执行 2 月份天数的初始化,预期结果为 28。assertEquals(29,date2.mon[2])判断 date2.Date(2000,2,29)是否正确执行 2 月份天数的初始化,预期结果为 29。assertEquals("无效日期！",str1)判断 2001.2.29 构成的日期是否存在,预期返回的字符串为"无效日期！"。assertEquals("有效日期！", str2);判断 2000.2.29 构成的日期是否存在,预期返回的字符串为"有效日期！"。assertEquals("无效日期！",str3);判断 0.20.-1 构成的日期是否存在,预期返回的字符串为"无效日期！"。通过 testIsDate()中的 5 个断言中的测试用例分别取了 isYear(n)、isLeap(n)、isMonth(m)、d>0 和 d<=mon[m] 等 5 个条件表达式和由它们组成的判定表达式 isYear(n)&&isLeap(n) 和 isYear(n)&&isMonth(m)&&(d>0&&d<=mon[m])的真值与假值,从而达到了判定/条件覆盖准则要求。

（5）条件组合覆盖：使程序中每个判断的所有可能的条件取值组合至少执行一次。满足条件组合覆盖的测试类如图 6-17 所示。

```
import static org.junit.Assert.*;
import org.junit.Test;
public class MyDateTest {
    @Test
    public void testIsYear() {
        assertEquals(true,MyDate.isYear(2000));
        assertEquals(false,MyDate.isYear(0));
    }
    /**
     * Test method for {@link MyDate#isLeap(int)}.
     */
    @Test
    public void testIsLeap() {
        assertTrue(MyDate.isLeap(2000));
        assertTrue(MyDate.isLeap(2004));
        assertFalse(MyDate.isLeap(2001));
    }
    /**
     * Test method for {@link MyDate#isMonth(int)}.
     */
    @Test
    public void testIsMonth() {
        assertTrue(MyDate.isMonth(9));
        assertFalse(MyDate.isMonth(-3));
        assertFalse(MyDate.isMonth(20));
    }
    /**
     * Test method for {@link MyDate#isDate(int, int, int)}.
     */
    @Test
    public void testIsDate() {
        MyDate date1 = new MyDate();
        MyDate date2 = new MyDate();
        String str0 = date2.isDate(0,20,-1);
        String str1 = date2.isDate(0,20,1);
        String str2 = date2.isDate(-1,2,-1);
        String str3 = date2.isDate(0,2,1);
        String str4 = date2.isDate(2003,20,-1);
        String str5 = date2.isDate(2003,20,1);
        String str6 = date1.isDate(2001,2,29);
        String str7 = date2.isDate(2000,2,29);
        assertEquals(28,date1.mon[2]);
        assertEquals(29,date2.mon[2]);
        assertEquals("无效日期！",str0);
        assertEquals("无效日期！",str1);
        assertEquals("无效日期！",str2);
        assertEquals("无效日期！",str3);
        assertEquals("无效日期！",str4);
        assertEquals("无效日期！",str5);
        assertEquals("无效日期！",str6);
        assertEquals("有效日期！",str7);
    }
}
```

图 6-17　MyDate 类条件组合覆盖

在 testIsYear( )中,使用断言 assertEquals 测试 MyDate 类中的方法 isYear( ),
assertEquals(true,MyDate.isYear(2000))判断 2000 年是否为有效年份,预期结果为
true;assertEquals(false,MyDate.Year(0))判断 0 年是否为有效年份,预期结果为 false。
因为只有一个判断条件 n＞0,对单个函数 isYear( )满足条件组合覆盖要求。在
testIsLeap()中,使用断言 assertTrue 和 assertFalse 测试 MyDate 类中的方法 isLeap()。
assertTrue(MyDate.isLeap(2000))判断 2000 年是否为闰年,其预期结果为 true;
assertTrue(MyDate.isLeap(2004))判断 2004 年是否为闰年,其预期结果为 true;
assertFalse(MyDate.isLeap(2001))判断 2001 年是否为闰年,,其预期结果为 false。
isLeap()函数中判断表达式只涉及一个表示年份的参数,因此只能做分支覆盖。在
testIsMonth()中,使用断言 assertTrue 和 assertFalse 测试 MyDate 类中的方法 isMonth()。
assertTrue(MyDate.isMonth(9))判断 9 是否为月份,预期结果为 true;assertFalse
(MyDate.isMonth(－3))判断－3 是否为月份,预期结果为 false;assertFalse(MyDate.
isMonth(20))判断 20 是否为月份,预期结果为 false。因为只包含对输入月份值的判断,
所以能做到判定/条件覆盖准则要求。在 testIsDate( )中,用断言 assertEquals 测试
MyDate 类中的方法 isDate(),分别建立了两个 MyDate 对象,分别为 date1、date2,并调

用 isDate()方法输入参数。assertEquals("日期为假",str0);判断 0.20.－1 构成的日期是否存在,预期返回的字符串为"无效日期!"。assertEquals("无效日期!",str1);判断 0.20.1 构成的日期是否存在,预期返回字符串为"无效日期!"。assertEquals("无效日期!",str2);判断－1.2.－1 构成的日期是否存在,预期返回的字符串为"无效日期!"。assertEquals("无效日期!",str3);判断 0.2.1 构成的日期是否存在,预期返回的字符串为"无效日期!"。assertEquals("无效日期!",str4);判断 2003.20.－1 构成的日期是否存在,预期返回的字符串为"无效日期!"。assertEquals("无效日期!",str5);判断 2003.20.1 构成的日期是否存在,预期返回的字符串为"无效日期!"。assertEquals("无效日期!",str6);判断 2001.2.29 构成的日期是否存在,预期返回的字符串为"无效日期!"。assertEquals("有效日期!",str7);判断 2000.2.29 构成的日期是否存在,预期返回的字符串为"有效日期!"。assertEquals(28,MyDate.mon[2]);判断为 MyDate.Date(2001,2,29)能否正确执行 2 月天数的初始化,预期结果为 28。assertEquals(29,date2.mon[2]);判断为 date2.Date(2000,2,29)能否执行 2 月天数的初始化,预期结果为 29。testIsDate()中对函数 isDate()的条件表达式 Year(n)、Leap(n)、Month(m)、d$>$0 和 d$<=$mon[m]的真假值组合情况达到了覆盖测试要求。

6.5 习题

1. 什么是静态白盒测试,其方法有哪些?
2. 什么是动态白盒测试,其方法有哪些?
3. 如何使用基本路径覆盖的方法设计测试用例?

第 7 章

性 能 测 试

本章学习目标
- 了解软件性能测试的基本概念
- 理解软件性能测试指标和流程
- 掌握软件性能测试的原则和方法
- 熟练应用软件性能测试工具完成软件性能测试

本章在介绍软件性能测试的基本概念、各项指标后，重点介绍软件性能测试类型、测试流程、测试原则和方法，最后，在介绍性能测试工具后，重点介绍基于 JMeter 的软件性能测试案例，以便读者更好地理解性能测试概念，熟练应用工具完成性能测试。

7.1 性能测试概述

在 2008 年北京奥运会门票面向境内公众启动第二阶段预售时，不到半小时，网站系统便陷入瘫痪。官方票务网站只是显示"系统繁忙，请稍后再访问，不便之处敬请原谅。"的提示信息。当天，官方网站发布如下致歉消息："上午 9 时至 10 时，官方票务网站的浏览量达到 800 万次，每秒钟从网上提交的门票申请超过 20 万张，票务呼叫中心热线从 9 时至 10 时的呼入量超过 380 万人次。由于瞬间访问数量过大，技术系统应对不畅，造成很多申购者无法及时提交申请，为此，北京奥组委票务中心对广大公众未能及时、便捷地实现奥运门票的预订表示歉意。"事故发生后，北京歌华特玛捷票务有限公司副经理杨力对新京报记者透露，此次票务官网的流量容量是每小时 100 万次，但承受了每小时 800 万次的流量压力，所以系统在启动不久就出现了处理能力不足的问题。从上面的典型事例不难发现，即使软件满足用户的功能需求，也未必能达到用户的期望，仍然可能发生用户不能忍受软件运行过程或结果的情况，即无法满足性能需求。

软件性能测试，顾名思义，测试的内容就是软件的性能。性能和功能是相对应的，都是软件能力的不同表现。如果将软件看作一个人，那么软件功能就是这个人能够做什么事情，而软件性能则是这个人完成这件事情的效率如何。所以在软件功能相同的情况下，软件性能就成为衡量一个软件好坏的重要指标。

7.1.1　软件性能

软件性能是软件的一种非功能特性，它不是软件是否能够完成特定功能，而是在完成该功能时所展示出来的及时性等。软件性能覆盖面很广，包括执行效率、资源占用率、稳定性、安全性、兼容性、可扩展性、可靠性等。通常，对于不同类型的系统，软件性能的关注点各不相同，如 Web 应用和手机端应用，一般以用户的响应时间来描述系统的性能，而非交互式的应用，则更多关注的是事件处理的速度和单位时间内事件的吞吐量。同样地，不同对象群体的教育背景、知识体系、所处的角色等不同，对同一个事物或问题的看法不尽相同；不同的对象群体所关心的软件性能的视角和期望不同，对同样的软件也会有不同的主观感受。这里不同的对象群体包括终端用户、系统运维人员、软件设计开发人员和性能测试人员等，下面从不同的对象群体角度介绍不同的关注者所关注的性能有什么不同。

1.终端用户角度

终端用户是指实际使用系统功能的人员，是软件系统的最终使用者，他们对软件系统的满意度直接决定了系统的应用前景。即便如此，仍然经常会听到用户抱怨说"还要我等多久，怎么这么慢"，可以看出，这是由于软件系统对用户操作的响应时间太长了。对用户而言，软件性能就是用户进行业务操作时系统的响应时间。具体来讲，就是当用户执行一个查询操作、打开一个 Web 页面链接、单击一个按钮等操作开始计时，到系统把本次操作结果以用户可以察觉的方式展示出来为止所花费的全部时间就是响应时间。用户在使用软件系统时，只关心他们操作系统花费了多少时间，而不会关心软件系统响应慢是由哪些软件部件所造成的，或是由哪些硬件所造成的。所以，响应时间是用户对软件系统性能最直观的感受，对用户来说，这个时间越短，体验越好。

事实上，用户感受到的响应时间既有客观成分，也有主观成分，甚至还有心理因素。比如用户执行了某个操作，系统需要返回大量数据，并显示在客户端。如果系统将所有的数据都接收以后，再一次性地将所有数据加载显示，用户可能会觉得这个软件系统的性能不好，也就是前面所讲的用户会抱怨，因为用户等待的时间较长。但是如果更换一种方式，不是等待服务器返回所有的显示数据，而是当部分数据返回时，立刻将数据显示在客户端，那么用户可能就会认为这个软件系统的性能较好，因为用户感受到的响应时间远远小于真实的响应时间。用户感受到的响应时间包括系统响应时间和客户端呈现时间，系统响应时间真实反映了系统服务器的能力，而客户端的呈现时间则取决于客户端的处理能力。所以，在进行软件性能测试时常分为服务器端的性能测试和客户端的性能测试。

另外，可能也会经常听到用户这样抱怨"为什么总是失败"，从软件角度看，这属于业务可用度问题，或者说是系统的服务水平问题，这也是用户感受到软件性能的另一个方面。所以，服务水平也是用户关注的软件的重要性能指标之一。

2.系统运维人员角度

系统运维人员是指软件系统运行维护的工作人员。他们需要使用软件提供的管理功能提升软件的可用性，从而使普通用户更加方便地使用软件，所以系统运维人员也是一种特殊的用户。和普通用户相同，他们也会通过系统的响应时间来衡量软件的性能，也希望系统的响应速度尽可能快。但是除了普通用户的体验外,系统运维人员还需要进一步关注如何利用管理功能对软件进行性能调优。通常,系统运维人员需要关注的问题有:当系统达到最大并发用户数时,服务器资源的使用是否合理? 数据库使用是否合理? 更换哪些设备,添加哪些设备可以提高系统性能? 系统还有哪些潜在瓶颈? 保证系统稳定运行和良好性能的措施还有哪些? 除了这些基本问题外,系统运维人员还关心系统最多支撑多少用户访问? 最大业务处理量是多少? 系统是否能实现扩展? 所以,对系统运维人员来说,软件的性能不再只有响应时间,更重要的是关注大量用户并发访问时的负载、在可能的更大负载情况下系统的健康状态、系统的并发处理能力、当前部署的系统容量、系统可能的瓶颈、系统配置层面的调优、数据库调优以及长时间运行的稳定性和可扩展性等。尤其是当响应时间和并发处理能力等指标不能兼容时,系统运维人员必须权衡各指标后选择最优方案。例如,有两套软件配置方案:方案 A 可以提供 100 万数量级用户并发访问能力,此时用户的登录响应时间为 3 秒;方案 B 可以提供 300 万数量级用户并发访问能力,此时用户的登录响应时间为 8 秒。目前有些系统为了能够承载更多的并发用户,往往会牺牲用户的响应时间,即引入预期的等待机制,比如排队机制,提高系统容量,同时增加了用户实际感受的响应时间。

3. 开发人员角度

系统开发人员是指系统软件的设计和开发人员,开发人员的视角与管理员的视角基本一致,但开发人员需要更深入地关注软件性能,包括性能相关的设计和实现细节,这几乎涵盖了软件设计和开发的全过程。开发人员既要关注用户感受到的响应时间,又要关注管理员所专注的扩展性、占用率等问题,更要关注在开发过程中,如何尽可能地开发出高性能软件,例如,如何通过调整设计、优化代码等手段实现软件性能的提升,解决相关的软件性能缺陷问题。所以,开发人员重点关注的是软件系统的性能瓶颈和系统中存在大量用户访问时表现出的缺陷。

4. 测试人员角度

测试人员在软件性能方面的关注更加全面,从用户、管理员、开发人员的不同视角出发,既要关注软件性能的表面现象,如响应时间,又要关注软件性能的本质,只有这样才能够准确地把握软件的性能需求,才能找出更多的 Bug,定位"不好"的性能表现的制约因素和根源,提出解决方案,对整个软件的质量负责。

总之,软件性能越好,软件的处理能力就越大,单位时间内处理的业务量就越多,软件的执行速度就越快,用户等待时间就越少,用户使用软件的体验就越好。

7.1.2　性能测试

软件性能测试(performance testing)是通过自动化的测试工具模拟多种正常、峰值以及异常负载条件对系统的各项性能指标进行测试。软件性能测试用来验证软件的性能是否符合软件需求规格说明文档中的性能指标要求,是否符合预定的设计目标;也可用来发现系统中存在的性能瓶颈,从而进一步优化系统。所以,软件性能测试在软件质量保证活动中起着非常重要的作用。

针对不同的测试对象,性能测试的关注点不同,度量方法也不同,比如针对服务器端软件,更多关注的是服务器端 CPU、内存使用率等指标,而针对客户端软件,则更多关注的是用户的感受或响应时间等。所以,中国软件评测中心将性能测试概括为 3 个方面:应用在客户端的性能测试、应用在网络上的性能测试和应用在服务器端的性能测试。

1. 应用在客户端的性能测试

应用在客户端的性能测试是考察客户端应用软件的性能。其测试入口是客户端,测试内容主要包括并发性能测试、疲劳强度测试、大数据量测试和失效恢复测试等,其中,并发性能测试包括负载测试和压力测试,这是对客户端应用软件进行性能测试的重点。所以,客户端的性能测试也是进行负载测试和压力测试的过程,即逐渐增加并发虚拟用户数负载,直到系统的瓶颈或者不能接收的性能点,通过综合分析交互执行指标和资源监控指标等来确定系统并发时的性能状况。需要强调的是,各种性能测试方法之间是相互关联的,并不是完全独立的。

2. 应用在网络上的性能测试

应用在网络上的性能测试的重点是利用成熟先进的自动化技术进行网络应用性能监控、网络应用性能分析和网络预测。网络应用性能监控是指在系统试运行之后,及时准确地了解网络上正在发生的事情。例如,什么应用软件正在运行,如何运行;多少 PC 正在访问 LAN 或 WAN;哪些应用程序导致系统瓶颈或资源竞争。然后通过监控网络的可用性、响应时间、抖动、吞吐量和带宽传输量,及时为网络应用性能分析提供数据。网络应用性能分析是指测试网络带宽、延迟、负载和 TCP 端口的变化对用户响应时间的影响,发现应用瓶颈,定位影响性能的根源。网络预测是指使用分布式和压力负载手段,根据规划数据预测网络流量的变化、网络结构的变化对用户系统的影响,及时提供网络性能预测数据。因此,应用在网络上的性能测试实际上就是通过测试优化性能、预测系统响应时间、确定网络带宽需求、定位应用程序和网络故障。

3. 应用在服务器端的性能测试

应用在服务器端的性能测试是采用监控工具,或使用系统本身的监控命令,监控资源的使用情况。其目的是实现对服务器设备、服务器操作系统、数据库系统以及应用软件在服务器上性能的全面监控。但是一般系统都具有多台服务器,服务器类型越多,管理起来越困难,服务器的性能问题也越难诊断,而一个没有被发现的简单问题也可能会引起许多用户的巨大问题,所以应用在服务器端的性能测试非常重要。一般情况下,可以通过测试工具监控服务器端 CPU、内存和 SWAP、磁盘管理、网络、文件系统、活动进程的状态,或监控数据库系统中关键的资源、读写页面的使用情况、超出共享内存缓冲区的操作数、上一轮询期间作业等待缓冲区的时间,跟踪共享内存中物理日志和逻辑日志的缓冲区的使用率、磁盘的数据块使用情况以及被频繁读写的热点区域、SQL 执行情况等,从而了解服务器端性能瓶颈并进行优化。

软件性能测试的目的是评价软件系统的当前性能,判断系统能否达到用户提出的性能指标,同时寻找软件系统可能存在的性能问题,定位软件系统中存在的性能瓶颈并解决,进一步优化软件性能。软件性能测试还可以判断软件系统的性能表现,预见系统负载压力,在应用部署之前,评估系统性能,从而最小化软件系统成本,降低软件系统风险,交付高质量的软件系统。

7.1.3 软件性能测试团队

要顺利开展软件性能测试,必须组建一个合适的性能测试团队,一个优秀的性能测试团队应该包括以下角色。

- 测试负责人,主要负责和用户等项目相关人员沟通交流,协调在测试过程遇到的各种问题,确保软件性能测试的外部环境稳定,同时,测试负责人需要制订性能测试计划,在测试过程中需要监控测试实时进度,及时发现和处理测试过程中存在的风险。所以,测试负责人需要具有计划执行和监控能力、风险意识能力、协调沟通能力和灵活变通能力。
- 性能测试设计人员,主要负责设计测试方案和测试用例。性能测试设计人员应该具备较强的业务把握能力和性能需求分析和识别能力,能够在软件需求规格说明书中,从业务的角度分析和整理典型的测试场景,识别性能需求,并设计合理可行的测试方案和测试用例。
- 性能测试配置人员,主要负责部署性能测试环境,管理系统版本,维护性能测试过程中所产生的文档。所以,性能测试配置人员需要具备配置平台使用能力、版本管理能力和环境部署能力。
- 性能测试脚本开发人员,主要负责实现性能测试设计人员已经设计好的性能场景、方案和用例,负责录制、开发和调试性能测试脚本,确定测试时需要监控的性能指标。所以,性能测试脚本开发人员需要具备一定的脚本编程和调试能力,以及理解性能指标的能力。
- 性能测试执行人员,主要负责按照测试方案和用例,使用测试工具组织和执行测试脚本,根据监控要求记录测试结果和相关的性能指标。所以,性能测试执行人员需要具备搭建测试环境的能力、测试工具的使用能力、性能指标和性能计数器获取和记录的能力。
- 性能测试分析人员,主要负责根据测试执行人员的测试结果、性能指标的数值、性能计数器值,对照测试目标,应用系统性能领域相关知识,理解所采用的架构,分析测试数据和测试过程中所获取的性能指标,找到性能瓶颈,并给出优化建议。所以,性能测试分析人员需要掌握性能测试工具的使用方法,熟悉常用的性能分析方法,具有一定的编程经验。
- 支持人员,主要包括系统工程师、网络工程师和数据库工程师。系统工程师主要负责协助解决测试工程师无法解决的系统问题,如与环境有关的问题;网络工程师主要负责协助测试工程师解决网络方面的问题,保证网络环境的稳定,在必要时提供对测试结果网络方面的分析支持;数据库工程师负责数据方面的支持,保证测试环境中数据库环境的相关内容,并在必要时提供数据库方面的分析支持。

7.2 性能测试指标

软件性能测试指标是对软件性能需求的一个测试和评估,通常用来检验和评估软件达到的性能程度。例如,某个软件具备搜索功能,对其进行功能测试是指测试该功能是否被实现,对其进行性能测试是指测试搜索是否足够准确、足够迅速。如何评价搜索是否足够准确、足够迅速呢? 这就需要性能测试指标。软件性能测试指标可以分为两个方面:一方面是与用户场景和需求相关的系统性能指标;另一方面是与硬件资源消耗相关的资源性能指标。

7.2.1 系统性能指标

系统性能指标有很多,这里以常见的并发用户数、响应时间、吞吐量和资源占用率为例进行阐述。

1. 并发用户数

并发用户数是指系统可以同时承载的正常使用系统功能的用户数量,也就是同一时间段内访问系统的用户数量,体现的是业务并发用户数。现在,绝大多数应用都不是纯单机版应用,需要通过后台服务器响应并处理客户端请求,从后台服务器承受压力方面考虑,越多的客户端发送请求给服务器,服务器承受的压力就越大,系统性能表现也就越差,甚至出现资源争用等问题。此时,并发用户数是指服务器端的并发用户数,它决定了服务器端的性能,服务器端的性能直接决定了整个软件系统的性能表现。同样地,从数据库承受压力方面考虑,存在数据库并发用户数。所以,并发用户数需要在指定的业务场景中,采用特定的计算方法计算。

通常,与并发用户数相关的概念还有用户数和同时在线用户数。用户数是指所有使用系统的总人数,同时在线用户数是指当前时间正在使用系统的人数,所以对于系统来说,并发用户数通常使用同时在线用户数衡量。需要注意的是,很多用户同时在线,并不代表对服务器端或整个应用系统的某一部分产生压力,比如当前在线用户数中,有些用户在浏览当前页面,仅仅只是停留在页面上,没有对服务器产生任何压力,所以不计入服务器的并发用户数中;有些用户虽然有动作,通过客户端向服务器发送请求,进行交互,但是没有涉及数据库,在计算数据库的并发用户数时,这部分用户也是不需要计算在内的。所以,在确定并发用户数时,一定要明确所针对的对象。有时还会使用最佳并发用户数和最大并发用户数来衡量软件系统的性能。最佳并发用户数是指在系统正常访问量的情况下的并发用户数,它只是反映某个时刻用户访问的情况;最大并发用户数是指在系统响应时间达到峰值响应时间、系统服务器资源利用率达到上限或者系统请求成功率较低的情况下的并发用户数。《LoadRunner 没有告诉你的》一书中提出了理发店模式,对平均并发用户数和最大并发用户数给出了很好的解释。

所谓理发店模式就是一个理发店有 3 个理发师,当客户数量小于 3 时,必然有几个理发师资源被闲置浪费;当客户数量等于 3 时,3 个理发师的资源能够得到有效的、充分的利用,这时 3 个用户数即为最佳并发用户数;当有 9 个客户同时来到理发店时,3 个客户进行理发,其他 6 个用户必须处于等待状态,其中 3 个客户的等待时间为 1 个小时(一个客户的理发时间为 1 小时),另外 3 个客户的等待时间为 2 小时,而客户的最大忍受时间为 3 个小时(包括理发的 1 个小时),所以,这 6 个客户的等待时间都在客户的可以承受范围内,因此,9 个客户是该理发店的最大并发用户数。

从理发店模式可以看出,当系统的负载小于最佳并发用户数时,系统的部分资源存在浪费情况;当系统的负载等于最佳并发用户数时,系统整体的效率是最高的,没有出现资源浪费情况,用户也不需要等待,也就是用户感受到的响应时间是很快的;当系统负载处于最佳并发用户数和最大并发用户数之间时,系统可以继续工作,但是用户等待的时间相对延长,用户的满意度可能会下降;当系统负载大于最大并发用户数时,必然有一些用户无法忍受等待时间,最终选择放弃。所以,最大并发用户数常被作为一项重要的性能指标在需求分析时进行定义。一般情况下,衡量一个软件系统的并发用户数,通常选择高吞吐量、高数据库 I/O、高商业风险的业务功能进行测试。

2. 响应时间

响应时间是指系统对客户端请求做出响应所需要的时间,又称为请求响应时间,是从客户端发出请求开始计时,到客户端得到从服务器端返回的响应结果为止,计时结束。如果从用户角度看,响应时间就是从用户单击某个链接后开始计时,到链接的整个页面都显示出来为止,计时结束。但是用户的一次请求可能是由一系列客户端向服务器发出请求所构成,也可能是由客户端的一次请求响应时间和客户端的呈现时间所构成,所以用户所感受到的响应时间和客户端的一次请求响应时间是不同的,通常将用户感受到的响应时间称为事务响应时间。在本文中,请求响应时间和事务响应时间统称为响应时间,不做区分。当然也可以根据上下文辨别到底指的是哪一种响应时间。事务响应时间中的呈现时间取决于客户端的性能,包括客户端计算机的软硬件性能,一台内存不足的客户端机器在处理复杂页面时,其呈现时间较长,所以软件性能测试一般更关心客户端的一次请求响应时间。一次客户端的请求响应时间又可分为网络传输时间和应用延迟时间。网络传输时间是指数据在客户端和服务器之间传输的时间,或者是 Web 服务器和数据库之间的传输时间。应用延迟时间可分为数据库延迟时间和服务器延迟时间。数据库延迟时间是指与数据库交互的时间,包括存储、查询数据库时间。服务器延迟时间是指服务器处理请求时间。具体如图 7-1 所示。

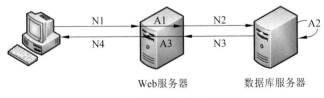

图 7-1　响应时间

一次客户端的请求响应时间等于 N1+N2+N3+N4+A1+A2+A3,其中 N1 表示一次 HTTP 请求经过网络发送到 Web 服务器上所花费的时间,A1 表示 Web 服务器处理该请求的时间,N2 表示该请求需要进行数据库存储,由 Web 服务器将请求转发给数据库服务器所花费的传输时间,A2 表示从数据库获取数据,或保存数据到数据库中所花费的时间,N3 表示数据库服务器通过网络将返回值传输给 Web 服务器所花费的时间,A3 表示 Web 服务器对数据库返回值进行加工处理的时间,N4 表示 Web 服务器把最后的数据通过网络返回给客户端所花费的时间。所以,系统响应时间既包括网络传输时间,又包括服务器处理数据时间。进行软件性能测试时,可以将响应时间尽可能细化,响应时间划分得越细小,在性能测试中发现性能瓶颈后越容易定位问题,从而找出解决方案。

衡量系统响应时间时还需要考虑很多因素,如在同一个系统的不同功能模块中,响应时间也不尽相同,甚至同一个功能模块在不同时间段,输入数据不同时,其响应时间也可能不相同。所以,一般情况下,系统的响应时间可以分为 3 种:闲时响应时间、忙时响应时间和峰时响应时间。闲时响应时间就是在访问系统的用户数量较少的情况下,用户访问系统的响应时间,此时,系统具有很好的性能,用户可以得到最佳的性能服务,也是用户能够获得的最短响应时间。忙时响应时间是指在正常用户访问量的情况下,用户访问系统所需要的时间。峰时响应时间是指系统在最大用户并发的情况下,用户访问系统所需要的时间,也是用户可能获得的最长响应时间。有时,也使用平均响应时间或最大响应时间来衡量一个系统的响应时间,例如,有 100 个请求,其中 98 个耗时 1ms,其他两个耗时 100ms,那么平均响应时间就是$(98 \times 1 + 2 \times 100)/100 = 2.98$ms。

不同行业不同业务可接受的响应时间也可能是不同的,如对于一个电子商务网站,用户普遍能接受的响应时间标准是 2/5/8s,即用户认为在 2s 内能接收到响应的是"非常好"的,在 5s 内能接收到响应的是"一般"的,在 8s 内能接收到响应的是"接受的界限";对于一个游戏来说,小于 100ms 的响应时间是不错的,1s 左右的响应时间是接受的界限,而 3s 的响应时间就是忍无可忍;对于一个编译系统来说,几十分钟甚至更长的时间用户都是可以接受的,因为一个大规模的软件系统,其代码量是相当可观的。所以,需要根据不同的测试对象,确定不同的性能标准。

这里给出一些行业标准可供参考。

- 互联网企业:500ms 以下,例如,淘宝业务为 10ms 左右。
- 金融企业:1s 以下为佳,部分复杂业务 3s 以下。
- 保险企业:3s 以下为佳。
- 制造业:5s 以下为佳。
- 时间窗口:不同数据量,结果是不一样的。大数据量的情况下,2 小时内完成。

总之,用户的业务响应时间是用户最直接的感受,也是用户最关心的,在进行性能测试时,合理的响应时间取决于实际的用户需求,而不是测试人员的设想。

3. 吞吐量

对于软件系统来说,吞进去的是请求,吐出来的是结果,吞吐量反映的就是软件系统的饭量,也就是系统的处理能力,是最直接体现系统性能的一个指标。具体来说,吞吐量是指单位时间内系统处理的客户请求的数量。所谓单位时间,可以是天、小时、秒,也可以是更短或更长的时间。对于一个 Web 应用系统来说,吞吐量可以使用每秒的请求数或者每秒的页面数来衡量;对于一个银行的业务前台来说,吞吐量可以使用每小时处理的业务数来衡量;对于网络来说,吞吐量可以使用每天网络流程的字节数来衡量。总之,不同的业务场景,需要采用不同的方式衡量吞吐量。衡量吞吐量的常用指标有:RPS(请求数/秒)表示系统每秒能够处理的最大请求数量,PPS(页面数/秒)表示系统每秒能够显示的页面数量,PV(页面访问量)表示系统每天页面浏览数,TPS(事务/秒)表示系统每秒能够处理的事务数量,QPS(查询/秒)表示系统每秒能够处理的查询请求数量。

对于非并发系统来说,通常吞吐量和响应时间成反比关系。吞吐量越大,响应时间越短;吞吐量越小,响应时间越长。所以响应时间可以很好地度量非并发系统的性能。对于并发系统来说,如果一个用户使用系统的平均响应时间是 t,那么 n 个用户同时使用系统时,其平均响应时间不是 $n×t$,因为每个请求的处理过程中有许多步骤是难以并发执行的。系统在处理单个请求时,每个时间点都可能有许多资源被闲置;但当处理多个请求时,如果资源配置合理,每个用户看到的平均响应时间不会随着用户数的增加而线性增加。所以,对于并发系统来说,与响应时间相比,吞吐量可以更好地度量系统的性能。

4. 资源占用率

经常会看到这样的性能测试报告,某系统在承受 20 000 个用户同时访问时,服务器的 CPU 占用率是 70%,平均内存的占用率是 60%……其中 70% 和 60% 就是典型的资源占用率。资源占用率是针对 Web 应用服务器、操作系统、数据库服务器、网络等提出的,是指在一段时间内不同系统资源的使用程度,它能够直观地反映系统当前的运行情况,是分析系统性能指标进而改善性能的主要依据。比如,在测试中发现某资源的使用率接近100%,而其他资源的使用率却很低,说明该资源很有可能就是系统性能的一个瓶颈。通常对于数量为 1 的资源,资源占用率可以使用资源被占用的时间与整段时间的比例来衡量;对于数量不为 1 的资源,资源占用率则需要使用资源实际使用量和总的资源可用量的比例来衡量。

7.2.2 资源性能指标

在性能测试过程中,需要关注的服务器资源有 CPU、内存、磁盘 I/O、网络带宽。CPU 就像人的大脑,负责相关事情的判断以及实际处理机制。内存是记忆块区,将眼睛、皮肤等收集的信息暂时记录起来。磁盘 I/O 也是大脑的记忆区块,是将重要的信息长久保存起来的地方。网络是与外界交互的通道。

1. CPU 利用率

CPU 又称中央处理器,是一台计算机的运算核心和控制核心,主要用来解释计算机指令以及处理计算机软件中的数据。CPU 指标主要指 CPU 的利用率,包括用户态、系统态、等待态和空闲态 4 种状态下的使用情况。CPU 利用率要低于业界警戒值范围之内,即 CPU 用户态的利用率应该小于或者等于 75%,CPU 系统态的利用率应该小于或者等于 30%,CPU 等待态的利用率应该小于或者等于 5%。如果在过高的 CPU 利用率情况下进行性能测试,那么所获得的性能数据可能会产生变形;而在过低的 CPU 利用率情况下进行性能测试,所获得的性能数据会因为操作系统和系统本身对 CPU 的消耗占比比较大,致使均摊到每笔业务上的 CPU 消耗不太准确。所以在进行性能测试时,一般将

CPU 利用率控制在 70% 左右。

判断 CPU 是否存在瓶颈，需要在 CPU 空闲或运行队列大于 CPU 核数的情况下，查看 CPU 的高消耗主要是由什么所引起的，可能是应用程序的设计不合理造成的，也可能是硬件资源不足导致的，需要具体问题具体分析。

2. 内存利用率

计算机中所有程序的运行都在内存中，因此内存的性能对计算机影响非常大。内存分为物理内存、页面交换和虚拟内存。内存的性能分析是通过可用内存与页面交换来进行分析的，一般可用内存的使用以 70%~80% 为上限，当超出这个数值时，需要特别关注内存的性能情况，即使可用内存使用不超过 80% 时，如果页面交换比较频繁，也需要特别关注内存情况。当物理内存存满时，系统会将物理内存中不常用的进程调出，并存储到虚拟内存中以缓解物理内存空间的压力，所以即使物理内存已经存满，也不一定代表内存出现问题。衡量系统内存是否存在问题，还要看虚拟内存交换空间的利用率是否达到上限。一般情况，虚拟内存交换空间利用率要低于 70%，如果出现高于 70% 的情况，空闲内存过小可能就是内存不足或内存泄漏所引起的，需要根据实际情况进行监控分析。

3. 磁盘 I/O

针对磁盘存在两种 I/O 操作，一种是存储数据时需要对磁盘进行写操作，另一种是读取数据时需要对磁盘进行读操作。由于磁盘的存储能力会根据 I/O 模型的不同而差异较大，所以 I/O 的主要指标有 3 个：IOPS、带宽和响应时间。

- IOPS 是指每秒钟可以处理的 I/O 的个数，主要用来衡量存储系统的 I/O 处理能力。在数据库联机事务处理业务场景中，通常以 IOPS 来衡量系统性能。
- 带宽是指每秒钟可以处理的数据量，用来衡量存储系统的吞吐量。在数据库的联机分析处理业务、媒资业务、视频监控业务等应用场景中，通常以带宽衡量系统性能。
- 响应时间是指发起 I/O 请求到 I/O 处理完成的时间间隔。

磁盘 I/O 对于数据库服务器、文件服务器和流媒体服务器系统来说，更容易成为瓶颈。一般通过计算每磁盘 I/O 数和监控磁盘读写来分析判断磁盘 I/O 是否存在瓶颈。如果经过计算得到的每磁盘 I/O 数超过了磁盘的 I/O 能力，则说明存在磁盘的性能瓶颈；如果磁盘长时间进行大数据量读写操作，且 CPU 等待超过 20%，说明磁盘 I/O 存在问题。

4. 网络带宽

网络带宽是衡量网络特征的一个重要指标，是指在单位时间内网络上能传输的数据量。带宽越大，其通行能力越强。判断网络带宽是否是系统运行性能瓶颈的首要条件是网络带宽是否会影响系统交易执行的性能。例如，减小网络带宽，并发用户数、响应时间与事务通过率等性能指标是否不能接受；或者增加网络带宽，并发用户数、响应时间与事务通过率等性能指标是否会得到明显提高。

资源性能的 4 个指标互相依赖，不能孤立地从某个指标排查系统性能瓶颈。当一个指标出现性能问题时，其他指标往往也会出现性能问题。例如，当进行大量的磁盘读写时,一定会消耗 CPU 和磁盘 I/O 资源;当内存不足时,势必会导致频繁地进行内存页写入磁盘和磁盘写回内存页的操作,从而造成磁盘 I/O 瓶颈。同时,大量的网络流量也会造成 CPU 过载,所以,在分析性能问题时,需要将各个性能指标结合起来共同考虑。

7.2.3 稳定性指标

稳定性指标就是指测试系统的长期稳定运行能力。一般来说,对于每日工作 8 小时的运行系统,需要至少保证系统稳定运行 8 小时以上。对于 7×24 小时运行的系统,需要至少保证系统稳定运行 24 小时以上。如果系统不能稳定运行,产品上线后,随着业务量的增加和长时间的运行,系统将可能出现性能下降,甚至崩溃的风险。所以,在软件性能测试过程中,需要通过测试了解软件的最短稳定时间。

7.3 性能测试类型

性能测试是一个统称,它包含多种类型,主要有基准测试、压力测试、负载测试、并发测试、疲劳测试、大数据量测试、配置测试、失效恢复测试等。这些测试各有侧重点,有些性能测试是同时完成的,不是独立进行的。下面对这几个主要的性能测试分别进行介绍。

1. 基准测试

基准测试是指通过设计科学的测试方法、测试工具和测试系统,实现对一类测试对象的某种性能指标进行定量的和可对比的测试。其具体做法是首先运行一系列测试程序,保存性能计数器结果,完成基准测试。然后根据测试结果对服务器进行修改,再对系统运行一系列的基准测试程序,保存性能计数器结果,对比两次结果,判断此次修改对系统性能的影响是正面的,还是负面的,其中第一次所建立的性能水平,称为基准线。如度量查询时间,如果修改前进行基准测试得到的结果是 14 秒,修改后进行基准测试得到的结果是 5 秒,说明这次修改对系统查询速度有很大的提升。建议一次只修改一处,因为有些修改可能会造成正面影响,有些修改可能会造成负面影响,如果一次修改多处,进行基准测试就无法分辨哪些修改产生的是正面影响,需要保留,哪些修改产生的是负面影响,需要去除。

基准测试在很多领域都是非常重要的,如可以从不同层次对数据库服务器进行基准测试,最常见的是对数据库模式的改动进行基准测试,通过创建多个数据库模式进行基准测试,确定哪套模式更适合应用。

2. 压力测试

压力测试就是对软件系统不断施加压力,强制其在极限情况下运行,观察系统可以运行到何种程度,识别系统性能拐点,从而获得系统提供的最大服务级别的测试活动。通常要进行软件压力测试的资源包括内存、CPU 利用率、磁盘空间和网络带宽等。其具体做法是搭建与实际环境相似的测试环境,在同一时间内或某一段时间内,向系统发送预期数量的请求,测试系统在不同压力情况下的效率状况,以及系统可以承受的压力情况;然后对测试结果进行分析,找到影响系统性能的瓶颈,评估系统在实际使用环境下可能的效率情况,评价系统性能以及判断是否需要对应用系统进行优化处理或结构调整,对系统资源进行优化。

压力测试分为稳定性压力测试和破坏性压力测试。稳定性压力测试是指在选定压力值(高负载)的情况下,长时间(如 24 小时以上)持续运行系统,一般用于考察系统的各项性能指标是否在指定范围内,有无内存泄漏、有无功能性故障等。破坏性压力测试是指针对稳定性压力测试中可能出现的一些问题,如系统性能明显降低,但是无法定位,通过破坏性手段,不断加压,快速造成系统崩溃或让问题明显暴露。

压力测试是为了发现在什么条件下,软件程序的性能会变得不可接受。它往往关注的性能行为比较特殊,是最有可能出现某种 Bug 的,比如出现同步问题、内存问题等。进行压力测试时,可以逐渐增加压力,使得相应的性能指标下降,甚至下降得很快。如果此时并不希望系统崩溃,可以在系统中添加一些应对措施,比如允许用户响应变慢,但不至于服务器崩溃。也可以当到达一个临界点时,不再施压,并且将用户数或者一些事务数下降,以便系统能够恢复到正常的性能行为。

因此,在产品上线之前,都需要完成压力测试,例如,在一个购物网站上线前,3 000 个用户同时购物,查看这些用户打开页面的速度是否变慢,或者网站是否崩溃。提前预估网站的抗压能力,了解系统能承担多少并发访问。如果不做压力测试,当产品上线后,一旦出现大访问量时,网站可能会崩溃。

3. 负载测试

负载测试是指在正常负载条件下,逐渐增加系统负载,通过观察系统性能的变化,确定在满足性能指标的情况下,系统能承受的最大负载量的测试。增加系统负载的方式有多种,可以以迅速的方式到达一个负载,比如增加并发用户数或事务数等;也可以逐步增加,如需要 10 万,可以先设置为 1000,然后 1 万、3 万、5 万、7 万、8 万、9 万,一直增加到10 万。例如,一个软件的最大响应时间是 2s,在这个前提下,不断加大用户并发量,如将并发用户数加到 2 万,此时软件的响应时间就会变慢,甚至超过 2s,从而确定该系统在最大响应时间是 2s 的情况下,并发用户数最多不超过 2 万。也可以将服务器的 CPU 平均利用率不低于 65% 作为预期性能指标,计算某系统 1 小时内处理的最大业务数量等。所以,负载测试的目标是确定系统的性能容量(如系统在保证一定响应时间的情况下能够允许多少并发用户的访问)和系统各项指标(如吞吐量、响应时间、CPU 负载、内存使用等)如何决定系统性能,可以通过负载测试了解系统的性能容量或配合性能调优。

通常,压力测试侧重于测试系统在不同压力下的表现,重点关注压力的大小;负载测试侧重于测试系统在较大压力下长时间进行加压的表现,重点关注加压的时间。在实际工作中,压力测试和负载测试不进行严格区分,可以同时完成。

4. 并发测试

并发测试主要指当测试多用户并发访问同一应用、模块、数据时,是否产生隐藏的并发问题,如内存泄漏、线程锁、资源争用等。为了更好地评价当前系统性能,并发性测试通常以真实的业务数据为依据,选择有代表性的、关键的业务操作来设计测试用例;当扩展应用程序的功能或者部署新的应用程序时,并发测试帮助确定系统是否能够处理期望的用户负载,并预测系统的未来性能;并发测试通过模拟成百上千个用户,重复执行和运行测试,确认性能瓶颈并优化和调整应用程序。

众所周知,每年双"十一"是各大购物网站的购物高峰期,全国几亿人同一时间在淘宝、天猫等网站购买商品。对于一个用户来说,购买商品的过程比较简单,首先选择商品,接着加入购物车,然后付款结账。但是,如果成千上万的人通过浏览器,同时执行这样的操作,对应用程序、操作系统、中心数据库服务器、中间件服务器、网络设备的承受力都是一个严峻的考验。购物网站的决策者不可能在发生问题后(如响应慢,系统崩溃等)才考虑系统的可承受力,必须在软件测试阶段预见软件的并发承受力,但是测试人员不可能雇佣成千上万的人在同一时刻完成购物操作,这样既浪费时间又浪费资源,测试结果也可能并不准确。通常,测试人员通过测试工具在一台或几台 PC 上模拟众多虚拟用户同时执行业务的情景对应用程序进行测试,同时记录每一项事务处理的时间、中间件服务器峰值数据、数据库状态等。通过可重复的、真实的测试能够彻底度量应用的可扩展性和性能,确定问题所在以及优化系统性能。

5. 疲劳强度测试

疲劳强度测试属于可靠性测试范畴,它是指软件系统在稳定运行的情况下(保证总业务量),持续运行一定时间,以检验系统性能在多长时间后出现明显下降的测试。其目标是通过综合分析交易执行指标和资源监控指标来测试系统长时间无故障稳定运行的能力,所以持续时间一般在 1 小时以上。例如,可以使 CPU 一直保持 70%~90% 的利用率,进行持续 7×24 小时的测试。根据测试结果分析系统是否出现明显的性能下降,以及是否可以稳定运行。

疲劳强度测试可以采用工具自动化的方式进行测试,也可以手工编写程序测试,其中,后者占的比例较大。疲劳强度测试分为两种情况,一种情况是服务器在承载最大并发用户数并且能够正常稳定响应请求时,进行一定时间的疲劳测试,获取交易执行指标数据和系统资源监控数据。在测试过程中,如果出现错误导致测试不能继续执行,则需要及时调整测试性能指标,如降低用户数或缩短测试时间等。另一种情况是在系统承载正常业务时的并发用户数的情况下,进行一定时间的疲劳测试,从而评估当前系统的性能。比如,一个人可以轻松背 1 袋米,最多背 3 袋米,那么疲劳测试就是该人背一袋米时跑圈,测试多久累倒和他的身体状况,或者该人背 3 袋米跑圈,查看整个跑圈过程中的身体状况。

总之,疲劳测试需要在测试过程中不断地关注系统的内存使用情况、其他资源以及响应时间有无明显变化。如果在测试过程中发现有明显变化,则可能是系统不稳定的征兆。所以疲劳测试是一种可靠性测试。

6. 大数据量测试

大数据量测试是指通过测试软件在承载各种不同数据量时的性能表现,确定支持系统正常工作的数据量极限。例如,有些系统在少量用户使用时,可以保持良好的运行状态,但在大量用户使用时,由于存在资源竞争,可能导致系统崩溃,所以凡是拥有大量用户的软件(如一个商城系统、一个论坛、一个培训教育网站等)都需要进行大数据量测试。大数据量测试还适合于对数据库有特殊要求的系统,例如,电信业务系统的手机短信业务,数据库中的短信息表可以保存所有不能及时发送的短信息,用户上线后又能及时发送已经保存的所有信息。

大数据量测试可以分为实时大数据量测试、极限状态下的测试和这两种方式结合的测试。实时大数据量测试主要测试用户较多或者某些业务产生较大数据量时,系统能否稳定运行;极限状态下的测试主要是测试系统使用一段时间即系统累计一定量的数据时,能否正常运行业务;将实时大数据量测试和极限状态下的测试相结合的测试是测试系统已经累计较大数据量时,一些实时产生较大数据量的模块能否稳定工作。大数据量测试又可以分为独立大数据量测试和综合大数据量测试。独立大数据量测试指针对某些系统存储、传输、统计、查询等业务进行大数据量测试。综合大数据量测试指系统具备一定数据量时,进行负载压力测试,同时考查业务是否能正常运行的测试。

大数据量的量级应该根据已有的用户情况和市场未来发展计划分析确定,然后准备尽可能真实的数据。例如,模拟大量用户登录时,不能将用户的密码都设置成统一的、简单的密码(如 123),应该根据实际情况,设置不同复杂度的不同组合的密码。

7. 配置测试

配置测试是指通过对被测试系统软硬件环境的调整,了解各种不同环境对系统性能影响的程度,从而找到系统各项资源的最优分配原则。它的测试结果是系统生产环境参数配置的重要依据。配置测试需要在确定的环境、操作步骤和压力条件下进行,每次执行测试时,都需要更换或扩充硬件设备,调整网络环境、应用服务器和数据库服务器的参数设置,比较调整前后的测试结果,确定各个因素对系统性能的影响,找到影响最大的因素,确定他们的最佳状态,使系统达到最强状态。所以,配置测试的主要目的是了解各种不同因素对系统性能影响的程度,从而判断出最值得进行的调优操作。

假如系统需要达到在并发用户数十万,平均响应时间 500ms 的情况下正常运行,其软硬件应该如何配置?因为相同的硬件配置,在不同的业务中,系统实际性能差别也较大。所以,首先需要了解系统的具体业务是什么,网站、邮件系统还是文件系统。如果是网站,那么处理的业务是文字、图片还是音视频信息。其次,根据业务情况选择服务器等硬件,服务器是专业服务器还是通用服务器,如果软件拥有打印功能,则需要配备打印机。接着,基于硬件综合考虑系统软件、应用软件和数据库等。最后,在实际环境或模拟实际环境中,不断测试,找到性能瓶颈,不断调优,找到合适的配置。

8. 失效恢复测试

失效恢复测试是针对有冗余备份或负载均衡的系统设计的,其目标是评估系统的健壮性和可恢复性,这种测试方法主要用来检验当系统局部发生故障时,系统灾备措施是否可以正常启动,用户是否可以继续使用,以及用户受到的影响程度。它通常关注失效恢复所需要的时间以及恢复的程度。例如,自动恢复系统需要验证重新初始化、检查点、数据恢复和重新启动等机制的正确性;人工干预的恢复系统还需要评估平均修复时间,确定其在可接受范围内。

失效恢复测试首先采取各种人工干预方式将应用程序或系统置于极端条件下或模拟极端条件下产生故障,包括硬件及有关设备故障、软件系统故障、数据故障、通信故障,使其不能正常工作;然后调用恢复进程,检测、检查和核实应用程序或系统是否得到正确的恢复。硬件及有关设备故障的失效恢复测试是指测试系统是否具有诊断、报告故障的能力,是否可以指示处理故障的方法,是否具有冗余和自动切换设备的能力,如是否可以自动切换备用数据库。软件系统故障的失效恢复测试是指测试系统的程序和数据是否有可靠的备份措施,在系统被破坏后,能否恢复数据和程序的能力。数据故障的失效恢复测试是指测试数据处理周期没有完成,且系统被破坏后,其可以恢复的程度。通信故障的失效恢复测试是指测试有没有纠正通信传输错误的措施,有没有恢复到与其他系统通信发生故障前的状态的措施。在失效恢复测试中,还需要使用文档记录在测试过程中所出现的问题和测试结果,说明测试所揭露的软件能力、缺陷和不足,以及可能给软件带来的影响。

失效恢复测试可以使系统具有异常情况的抵抗能力,使系统测试质量可控制,是非常重要的。但是一般情况下,很难使系统出错或发生灾难性错误,所以失效恢复测试很容易被忽视。

7.4 性能测试流程

性能测试与功能测试的目标不同,性能测试比功能测试在技术层面具有更大的复杂性,所以性能测试与功能测试的流程也不尽相同,尤其在实现细节上,性能测试拥有单独的一套流程,如图 7-2 所示。其包括分析性能测试需求、制订性能测试计划、设计性能测试用例、编写性能测试脚本、执行性能测试、分析运行结果、提交性能测试报告。

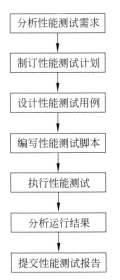

图 7-2　性能测试流程

1. 分析性能测试需求

性能测试需求是整个性能测试工作开展的基础,如果测试需求不明确,整个测试过程也就没有任何意义。与功能测试相同,性能测试需求也是从应用需求衍生而来,性能测试用例也必须覆盖所有的性能测试需求。在这一阶段,性能测试人员需要和需求等相关人员进行沟通,尤其需要了解客户对性能测试的态度,同时收集各种项目资料,如需求文档、预估备忘录和系统日志等,对系统进行分析,建立性能测试数据模型,并将其转化为可衡量的具体的性能指标,确定测试意图。

分析性能测试需求时,首先需要评估被测试系统,明确是否需要执行性能测试。如果需要执行,则进一步确立性能测试点和指标。其次,确定测试对象,如被测试系统中有负载压力需求的功能点包括哪些,测试中需要模拟哪些用户产生负载压力。最后,对系统信息和业务信息进行调研,方便确定性能测试场景和性能测试指标,例如,预计有多少用户并发访问数据库,用户客户端的配置如何,使用什么样的数据库,服务器怎样和客户端通信,网络设备的吞吐能力如何,每个环节承受多少并发用户。

分析性能测试需求时,采用80-20原则估算测试强度,即每个工作日中80%的业务在

20% 的时间内完成。例如,每年业务量集中在 8 个月,每个月 20 个工作日,每个工作日 8 小时即每天 80% 的业务在 1.6 小时完成。去年全年处理的业务量为 100 万笔,其中 15% 的业务处理中每笔业务需对应用服务器提交 7 次请求;其中 70% 的业务处理中每笔业务需对应用服务器提交 5 次请求;其余 15% 的业务处理中每笔业务需对应用服务器提交 3 次请求。根据以往统计结果,每年的业务增量为 15%,考虑到今后 3 年业务发展的需要,测试需按现有业务量的两倍进行。先对该系统进行测试强度估算。

每年请求数为:$100 \times (15\% \times 7 + 70\% \times 5 + 15\% \times 3) \times 2 = 1000$(万次/年)

每天请求数为:$1000 / (20 \times 8) = 6.25$(万次/天)

每秒请求数为:$(62500 \times 80\%) / (8 \times 20\% \times 3600) = 8.68$(次/秒)

所以,服务器处理请求的能力应达到 9 次/秒。

性能测试需求分析的方法有任务分布表、交易混合表、用户概况分析表等,通过这些方法可以充分分析系统中有价值的信息。

- 任务分布表法就是利用二维表的横坐标表示一天的时间,纵坐标表示任务,在表中标注某一个时间段内哪些任务被执行了多少次,如表 7-1 所示。任务分布表法主要用来分析系统中有哪些交易任务,在一天的特定时刻系统有哪些主要操作。

表 7-1 任务分布表

登录					200	300	250					
查询						270	180	220	300	60	40	
数据更新							60	50	30	10		
导出报表											10	12
备份数据	5	10	8									
	1	2	4	6	8	10	12	14	16	18	20	22	24

- 交易混合表法也是利用一张二维表,如表 7-2 所示,查看高峰期有哪些操作;中间件操作有多少;数据库操作有多少;如果任务失败,商业风险有多少。

表 7-2 交易混合表

任务名称	日常业务量	高峰期业务量	Web 服务器负载量	数据库服务器负载量	风险
登录	70/hr	210/hr	高	低	大
查询	10/hr	15/hr	中	中	小
数据更新	130/hr	180/hr	高	高	大
导出报表	20/hr	30/hr	中	中	中
备份数据	40/hr	90/hr	中	高	大

- 用户概况分析表如表 7-3 所示,主要用来分析哪些任务是每个用户都要执行的;针对不同角色的用户,他们的任务是什么;针对每个用户,不同任务的比例如何。

表 7-3　用户概况分析表

任务名称	财务部门	人事部门	领　　导
登录	20	45	5
查询	2	3	5
数据更新	100	30	
导出报表	10	10	
备份数据	30	10	

2. 制订性能测试计划

明确性能测试需求后,需要着手开始为性能测试工作制订性能测试计划,测试计划完成后,需要进行评审,方可生效。性能测试计划最重要的是分析测试场景,确定系统性能目标。

- 分析测试场景。根据对项目背景、业务的了解,确定本次性能测试需要关注的问题点,例如,本次性能测试是检验测试系统是否可以满足实际运行的需要,还是检测目前系统的哪些方面制约了系统的性能。
- 确定测试目标。基于测试需求分析抽取用户需求,寻找用户的性能关注点,最终确定系统需要达成的响应时间和系统资源利用率等目标。例如,该应用能够以 1s 的最大响应时间处理 200 个并发用户对业务 A 的访问;峰值时刻有 400 个用户,允许响应时间延长 3s。通过性能调优测试,本系统的 A 业务和 B 业务在 200 个并发用户的条件下,响应时间提高 3s,此服务器的 CPU 占用率不能超过 75%,内存利用率不超过 70%。
- 确定测试团队成员。在大型性能测试项目中,测试计划需要给出测试团队的具体人员和职责,参见 7.1.3 节中具体角色和职责。
- 安排测试时间。预设性能测试各自的起止时间、工作内容和产出成果(里程碑)及负责人,项目里程碑为后期测试执行与控制提供监控点。其模板如表 7-4 所示。

表 7-4　测试计划里程碑

任　　务	工作内容	成果	开始时间	结束时间	负责人
性能测试需求分析					
性能测试计划					
设计测试用例					
编写测试脚本					
执行测试					
分析测试结果					
提交测试报告					

- 确定性能测试执行标准。为性能测试制定测试启动、终止和结束标准。启动标准主要是指满足什么条件时，或者在什么时间，可以启动性能测试，如功能测试结束并且测试环境就绪；终止标准是指在什么情况下性能测试异常退出，如系统频繁崩溃，需要终止性能测试，防止浪费无意义的测试人力和物力；结束标准是指系统达到什么性能目标后性能测试可以结束，如性能指标全部达标。
- 确定性能测试环境。配置性能测试环境是一个非常重要的阶段，测试环境是否合适，直接影响测试结果的真实性和正确性，所以选择测试环境的基本原则是满足软件运行的最低要求，不一定需要选择将要部署的真实环境，但是需要选用与被测试系统相一致的操作平台和软件平台，最好是比较普及的操作系统和软件平台，营造相对简单的、独立的、无毒的测试环境。如果是完成负载压力性能测试，还需要考虑测试工具的硬件和软件配置需求，比如支持工具的操作系统、工具是否支持当前应用协议等。
- 确定性能测试时的风险。在制订性能测试计划时，需要认真分析项目中的风险以及防范错误，保证测试工作顺利进行，如某核心测试人员离职、被测试系统性能太差、在规定时间内无法完成性能测试等。

真实的测试计划不需要包含上述全部内容，可以根据具体业务情况做适当裁剪，从而使计划更加符合项目要求。

3. 设计性能测试用例

设计性能测试用例是基于测试场景为测试准备数据的过程。测试场景是指根据系统不同的业务需求并发模拟测试，所以，设计测试场景首先需要分析用户现实中的典型场景，然后参照典型场景进行测试，例如，某订花网站的测试场景设计为总用户数 100，20% 的用户在注册，40% 的用户在查询订单，40% 的用户在网上订购鲜花，登录响应时间小于 3s，用户注册时间小于 5s，订单查询响应时间小于 3s，网上订购响应时间小于 4s 等，如表 7-5 所示。测试人员可以根据测试计划中的业务场景表设计出足够的测试用例以达到最大的测试覆盖。

表 7-5　订花网站的测试场景

场景名称	业务及分配比例	测试指标	性能计数器
用户登录	登录业务，比例 100%，总用户数 100	响应时间小于 3s	服务器 CPU 和内存使用
混合业务操作	用户注册：20% 用户 查询订单：40% 用户 网上订购：40% ……	用户注册响应时间小于 5s 查询订单响应时间小于 3s 网上订购响应时间小于 4s	服务器 CPU 和内存使用 应用服务器资源
……	……	……	……

一般来说，对不同的系统进行性能测试有不同的要求，测试用例编写的方法要根据实际要求进行编写，这里给出部分测试用例编写模板，如表 7-6 和表 7-7 所示。

表 7-6　用户并发性能测试用例模板

功能					
目的					
方法					
并发用户数与事务执行情况					
并发用户数	事务平均响应时间	事务最大响应时间	平均每秒处理事务数	事务成功率	每秒单击率	平均流量
并发用户数与数据库主机					
并发用户数	CPU 利用率	MEM 利用率	磁盘 I/O 参数	DB 参数 1	DB 参数 2	其他参数
并发用户数与应用服务器的关系					
并发用户数	CPU 利用率	MEM 利用率	磁盘 I/O 参数		

表 7-7　网络性能测试用例模板

目的			
方法			
运行时间			
用户并发数	事务平均响应时间	服务器端口流量	丢报率

在设计测试用例时,要尽可能地将测试用例设计复杂化,每一个测试用例尽可能多地包含测试信息,这样才能发现软件的性能瓶颈,并且这些测试用例必须是测试工具可以实现的,不同的测试场景将测试不同的功能。

4. 编写性能测试脚本

在进行性能测试时,可以使用测试工具自动完成性能测试,减少手动执行测试的麻烦,降低手动执行测试的错误率,但是测试人员必须编写性能测试脚本。测试脚本就是虚拟用户具体需要执行的操作步骤,它可以由测试工具录制自动生成,也可以由测试人员自行编写。测试人员可以根据自身情况和项目情况选择编写测试脚本的语言,常用的编写测试脚本的语言有很多,如 Java、JavaScript、Python 等。编写测试脚本和编写代码相似,也需要符合编程规范,保证测试脚本质量,以便测试人员后续开展维护工作。如果通过工具自动生成测试脚本,则需要选择正确的协议,脚本协议必须与被测试软件的协议一致,否则脚本无法正确录制和执行。

5. 执行性能测试

性能测试的执行与功能测试的执行有很大差别,执行功能测试的单个测试用例耗时较短,绝大多数测试用例都可以通过测试,但是性能测试的执行时间可能会很长,部分性能测试用例可能都无法通过测试。

性能测试的实施主要包括搭建与维护测试环境、部署测试场景、执行测试场景、监控测试执行场景并记录测试结果。

- 搭建和维护测试环境。在进行性能测试前,需要完成测试环境的搭建,一般包括硬件环境、软件环境和网络环境。硬件环境包括服务器、客户端和交换机等;软件环境包括数据库、中间件、被测试系统、操作系统等;网络环境包括有线或无线宽带、网络协议等。为了与真实生产环境尽可能一致,在搭建硬件环境时首先要了解客户使用的软硬件资源的配置情况,包括交换机型号、网络传输速率、软件版本、系统参数配置和基础数据,然后尽量模拟真实场景下用户的使用情况。一般采用两种策略搭建性能测试环境,一种是通过建模方式实现低端硬件对高端硬件的模拟,另一种是通过集群的方式计算。第一种策略是通过配置测试来计算不同配置下的硬件性能和系统处理能力的关系,从而将在低端配置下的性能指标转化为高端配置下的最终预计性能指标。第二种策略主要是针对较大系统来说的,采用集群方式进行负载均衡,完成海量请求的处理,从而在集群的一个节点上进行性能测试,得到该节点的处理能力,再计算每增加一个节点的性能损失,从而得到在大型负载均衡下的预计性能指标。
- 部署测试场景。包括部署性能测试脚本,设置场景运行时的相关参数,如循环次数、业务比例、运行时间等,设置性能指标和资源监控,如每秒交易数、交易的响应时间、虚拟并发用户数和吞吐量等。这里的交易是指完成一个任务,如登录一个Web 站点、购买一本书等。
- 执行测试场景。在已经部署好的测试环境中,按照业务场景和编号,按顺序执行已经设计并部署好的测试脚本。
- 监控测试执行场景。性能测试工具通常可以自动记录在测试场景中运行系统的运行情况,主要监控并发用户是否可以正常登录系统,登录后是否可以正常使用系统,监控运行时测试工具是否会报错,发现错误要及时分析处理,监控事务响应时间是否在用户可接受范围内,监控应用服务器和数据库服务器是否存在异常,监控操作系统和硬件资源是否存在异常等,尤其要注意测试机的使用情况,因为一旦测试机发生瓶颈,所有的测试结果都将变得没有意义。
- 记录测试结果。测试时采用不同的工具,所得到的测试结果形式也不尽相同,大多数测试工具可以提供图形化的测试结果,对于服务器资源使用情况,可以使用计数器或第三方监控工具进行记录。

6. 分析运行结果

一个测试场景执行完成后,首先,确定在整个测试过程中,测试环境是否正常,如果发生过异常,那么所获得的测试结果就可能不准确,也就不需要进行进一步的分析处理。其次,需要确定测试场景的设置是否正确、合理,例如,当一个客户端设置的虚拟用户数太大时,瓶颈的发生可能是因为客户端处理能力较弱,测试压力无法到达服务器端。最后,将经过计算的测试结果与预定的性能指标进行比较,判断是否达到用户的性能需求,如果没有达到,则需要找到性能瓶颈。如果瓶颈是硬件问题,则可以分析不同测试环境的硬件资源,确定瓶颈是否发生在数据库服务器端、应用服务器端或者其他方面;如果发生在其他方面,则需要具体问题具体分析。分析测试结果时可以借助虚拟用户图、用户事务图、Web 资源图、页面细化图等工具。虚拟用户图主要用于显示虚拟用户的状态,完成脚本的虚拟用户数量以及集合点的统计信息;用户事务图主要用于深入分析用户事务的响应时间是否合理,判断当前系统性能是否符合用户要求,如果发现问题,使用 Web 资源图进行分析;Web 资源图是从服务器角度出发,从服务器入手,对 Web 服务器的性能进行分析,从而得出系统的性能走向,正确定位性能瓶颈;页面细化图主要通过分析网站上下载缓慢的图像、中断的链接等问题因素,评估页面内容是否影响事务响应时间。分析测试结果后,性能测试专家对系统进行优化,并反复验证场景的性能,直到所有场景都通过测试。

7. 提交性能测试报告

在性能测试结束后,需要完成测试报告的编写。性能测试报告包括性能测试的目的、背景、范围、测试环境配置、测试资源安排和工作量、测试的目标、内容和采用的工具、性能测试方法、负载模型和实际执行的性能测试、性能测试结果及其分析等。测试人员基于性能测试结论,为开发人员提出优化建议。性能测试报告需要妥善保管,以便下次性能测试后,对比两次的测试结果。

不难看出,性能测试是一项难度较大的工作,绝对不是一蹴而就的事情,性能分析贯穿于性能测试的始末,所有人员都应该给予高度重视。

7.5 性能测试原则和方法

7.5.1 性能测试原则

软件性能测试是一个非常复杂的过程,但是在软件测试过程中却不得不进行性能测试,因为,通过性能测试可以确认某软件系统在一定环境下、一定条件下,具有什么样的能力,以及如何进行配置,才可以使软件系统的性能满足用户要求;通过性能测试还可以发现一些功能测试很难发现的问题,从而找出系统瓶颈,并优化瓶颈,提高系统的整体性能。为了使系统的性能更好,这里给出几条性能测试的原则供参考。

- 尽早测试,经常测试。在代码提交到代码库之前,就应该开始进行性能测试,因为性能问题也可能导致回归测试失败。提早发现问题可以提高整个项目的质量,减少交付的风险性。
- 确定预期测试结果。与功能测试相似,性能测试也需要有预期输出,也就是性能测试在没有进行测试之前,需要为每一个性能指标制定预期标准,即在执行性能测试之前需要一份明确的性能测试需求。

- 性能测试同样适用于 80-20 原则,即 80% 的错误发生在 20% 的模块中,在测试过程中,一定要细心检查测试结果,找到 20% 的模块,分析性能测试的瓶颈。

- 设置不同的关注点。性能测试不可能覆盖每一个功能模块,通常,需要选择核心的、常用的功能模型进行软件性能测试,或者选择一些对响应时间要求比较高的模块进行性能测试。比如,对于数据查询模块,需要考虑大量的并发数和响应时间;而对于数据更新模块,对响应时间要求相对会低一些,因为数据更新通常会在无人使用或者较少人使用的时间段完成。不仅对于不同模块选择的性能测试点不同,对于不同的系统,在性能测试的不同阶段,也要有不同的关注点,从而选择不同的性能参数、指标和方法,例如,购物网站更多关注的是并发用户数,而编译系统更多关注的是系统的稳定性。

- 使用统计分析的方法处理随机性因素。随着时间的改变,即使每一次使用同样的数据,所获得的性能测试结果也可能不同,所以可以使用统计分析的方法,通过概率来进行判断。

- 性能测试的测试环境一定要尽可能真实,与用户的真实环境尽可能一致,在这样的测试环境中所获得的性能指标数据,才是真实准确的,才有参考价值。

- 在性能测试过程中,如果项目情况许可,可以使用几种不同的测试工具或手段分别独立进行测试,将获得的结果进行比对,以免由于单一测试工具或测试手段自身的缺陷影响整个性能测试结果的准确性,造成人力和物力的浪费。

- 性能测试本身也是带有一定的探索性的,所以在性能测试过程中,应由易到难逐步排查,即服务器硬件瓶颈→网络瓶颈→服务器软件瓶颈→中间件瓶颈→程序流程业务瓶颈→程序模块瓶颈→程序功能瓶颈。

- 性能调优过程中,不要对系统的各种参数进行随意改动,应该以用户配置手册中的相关参数设置为基础,一次只能进行一个性能指标的调优,并且每次只能改动一个设置,避免相关因素互相干扰。调优过程中应该进行详细记录,保留每一步的操作内容和结果,以便比较分析。

- 性能调优必须有一个明确的范围值,或者说有一个明确的调优中止阀值。

- 性能调优本身具有一定成本,目的是对成本调优,所以要衡量各种调优方法的成本。

7.5.2 性能测试方法

在对软件系统进行性能测试时,有很多方法可供选择,有一些方法实施起来比较困难,有一些方法比较易于实施,需要根据项目实际需求,在合适的时间选择合适的方法。常用的性能测试方法有基准测试、容量规划测试、浸泡测试和峰谷测试等。

1. 基准测试

基准测试就是在某个时候建立一个已知的性能水平(称为基准线),当系统的软硬件环境发生变化之后再进行一次测试,以确定这些变化对性能的影响。基准测试的 3 大原则是可测量、可重复和可对比,其中,对于可重复性,基准测试是最好的方法,因为基准测试可以在较短的时间内收集可重复的结果。获得可重复的结果可以减少重新运行测试的次数,同时增加对测试产品和产生数字的信任。但是,在实际基准测试中,性能指标之间是会相互影响的,下面以获取服务器的响应时间和吞吐量这两个性能指标为例进行介绍。

通常,与服务器连接的虚拟用户数越多,服务器的负载就越大;用户对服务器的请求之间的间隔时间越短,服务器的负载就越大。服务器的负载越大,服务器的吞吐量就会不断增加,直到达到某一个平衡点。当吞吐量未达到平衡点时,服务器接收一个请求,可以立即处理这个请求,请求无须等待,等待队列为空。当吞吐量达到某一个平衡点时,服务器上所有的线程都已经投入使用,此时,如果还有用户向服务器发出请求,这些请求则必须放入队列等待处理,此时请求越多,等待队列也就越长。当某些线程处理完正在处理的请求时,就会从等待队列中获得某一个请求进行处理。吞吐量达到这一平衡点后,系统的吞吐量将一直保持不变,也就是达到了该系统吞吐量的上限。但是,随着服务器负载的不断增加,系统的响应时间会逐渐变长,这是因为等待队列中的请求越来越多,需要等待更长的时间。如理发店模型,随着理发人数越来越多,顾客需要等待的时间也越来越长。所以,服务器的响应时间和吞吐量受到服务器上负载的影响。为了获得响应时间和吞吐量真正的可重复结果,可以将影响服务器吞吐量的两大因素设置恒定,例如,将与服务器通信的虚拟用户数保持不变,将虚拟用户的请求间隔设置为0,这样服务器便可以很快超载,基准测试的结果也非常准确,完全可以再现。

为了精确地获取响应时间和吞吐量的平均值,可以一次加载所有用户,在规定时间内持续运行。但是,当所有用户同时执行几乎相同的操作时,吞吐量将不再平滑,每隔一段时间就会出现一个波形,系统中的 CPU 的使用量、等待队列的长短、事务的响应时间都会产生同样的波形,这将产生非常不可靠和不准确的结果。通常,可以采用两种方法从这种类型的结果中获得精确的测量值,一种方法是测试运行相当长的时间(有时是几个小时,取决于用户的操作持续的时间),由于随机事件的本性,服务器的吞吐量会被"拉平"。另一种方法是只选取波形中两个平息点之间的测量值,该方法比较简单,但是捕获数据的时间非常短,不容易获取测量值。

2. 容量规划测试

所谓容量就是系统处于最大负载状态或某项指标达到所能接受的最大阈值下对请求的最大处理能力。容量规划是指一个产品满足用户目标需求而决定生产能力的过程。容量规划测试是系统的某一性能指标达到临界值时,计算服务器的最大容量能力,从而为系统扩容、性能优化等提供参考,节省成本投入,提高资源利用率。

如果以 5s 或更少的响应时间支持 8000 个当前用户,需要多个服务器?

这个问题的实质是要找出系统在特定服务器的响应时间下支持的最大用户数,要想回答这个问题,就需要了解与服务器通信的并发用户有多少,还需要知道用户的请求时间间隔是多少。用户请求间隔时间越长,系统可以支持的并发用户数就越多;用户请求间隔时间越短,系统可以支持的并发用户数就越少。在现实世界中,用户的请求间隔不可能是恒定不变的,是难以确定的。所以,可以在测试中引入随机因子模拟真实用户负载,此时可重复性就不如在基准测试中那么重要。例如,如果普通用户的考虑时间是 5s,误差为 20%,那么在设计负载测试时,请求时间间隔为 $5 \times (1 +/- 20\%)$s。或者在一个虚拟用户完成一整套请求后,该用户暂停一个设定的时间段,或者一个小的随机时间段(如 2×(1＋/－25％)s),再继续执行下一套请求。将这两种随机化方法结合运用到测试中,就可以提供更接近于现实世界的场景。在测试过程中,首先,采用每隔几秒增加几个用户的测试方法确定系统可以支持的用户范围;然后,在该范围内将所有的用户同时加载到服务器,更精确地确定系统的容量。

3. 浸泡测试

浸泡测试是一种比较简单的性能测试方法,就是系统在高负荷下长时间运行,通过观察系统的各个指标记录判断系统是否运行正常。为了确定执行大量事务后可能出现的性能问题,浸泡测试通常一整天执行的事务量是繁忙的一天执行的事务量的几倍。

通常,浸泡测试在测试过程中需要运行两次测试——一次使用较低的用户负载(要在系统容量之下,以便不会出现等待队列),一次使用较高的负载(以便出现等待队列)。考虑到测试条件的限制,浸泡测试应该尽可能长时间运行,可以运行几天的时间,以便真正了解应用程序的长期健康状况。例如,测试登录功能,每小时登录 550 次,每天执行 8 小时,则每天平均登录 4 400 次。测试时,要确保测试的应用程序尽可能接近现实世界的情况,用户场景也要尽量逼真(虚拟用户通过应用程序导航的方式要与现实世界一致),从而测试应用程序的全部特性。在测试过程中,还要确保运行了所有必需的监控工具,以便精确地监测并跟踪问题。

在进行浸泡测试的过程中,除了要重点监测响应时间外,还需要注意 CPU 的使用率以及内存的使用情况,可以在浸泡测试开始和结束时记录内存情况。如果应用程序每天长时间使用,如用户登录并保持登录数小时,在此期间处理了大量的业务,这种浸泡测试称为长会话浸泡测试。此时应该在实际用户并发的情况下运行,重点放在处理事务的数量上。

通过浸泡测试一般可以发现如下问题。

- 严重的内存泄漏最终导致内存危机。
- 在某些情况下,无法关闭多层系统各层之间的连接,这可能会导致系统的某些或所有模块停止运行。
- 在某些情况下无法关闭数据库游标,这将最终导致整个系统暂停。
- 随着内部数据结构在长时间测试中效率降低,某些函数的响应时间也逐渐降低。

此外,内存泄漏等问题可能会引起垃圾收集(GC)或系统的其他缺陷问题,从而导致系统在处理一定数量的事务后停止工作,浸泡测试也提供了识别该类缺陷的机会。

任何一个长时间不间断运行的应用程序都需要进行浸泡测试。一个典型的需要大量浸泡测试的系统实例是空中交通控制系统,此类系统的浸泡试验可能持续数周甚至数月。

4. 峰谷测试

峰谷测试(peak-rest test)兼有容量规划类型测试和浸泡测试的特征。其目标是确定系统从高负载(如系统高峰时间的负载)恢复、转为几乎空闲、然后再攀升到高负载、再降低这种交替情况下系统的性能指标。实现这种测试的最好方法就是进行一系列的快速ramp-up 测试,接着让系统保持一段时间的平稳状态(取决于业务需求),然后急剧降低负载,此时继续让系统保持一段时间低负载状态,然后再进行快速的 ramp-up 测试,如此反复。通过峰谷测试,需要确定如下问题:第二次高峰是否重现第一次峰值,其后的每次高峰是等于还是大于第一次的峰值,在测试过程中,系统是否显示内存或垃圾收集性能降低的有关迹象。

不同的测试方法拥有不同的特点,一般在开发阶段前期,选择使用基准测试法来确定应用程序中是否出现性能倒退现象。因为基准测试可以在一个相对短的时间内收集到可重复的测试结果。使用基准测试时,尽量每次只改变一个属性,例如,查看增加 JVM 内存是否会影响应用程序性能,可以逐渐增加 JVM 内存,从 1024 MB 增加到 1224 MB,然后再增加到 1524 MB,最后增加到 2024 MB,每次增加内存后,就进行一次基准测试,收集测试结果和性能环境数据,并将其记录保存下来,然后改变内存值,再进行下一阶段的测试。在开发阶段后期,应用程序中的 Bug 已经基本被解决完毕,应用程序达到一种稳定状态,可以运行更为复杂的测试,从而更进一步确定系统在不同负载模式下的表现。可以采用容量规划测试、浸泡测试和峰谷测试,这些测试促使应用程序的可靠性、健壮性和可伸缩性更加接近现实世界的场景。

7.6　性能测试工具

性能测试是一个非常复杂的过程,如果采用人工方式测试,则困难重重,例如,模拟多种负载并发的场景,就需要多人协同工作,难免出现误差,所以,无论是成本上还是效果上都不容易让人接受,甚至有些场景仅凭人工是无法完成的,而且性能测试需要反复测试、调优,如果完全依赖人工,后果不敢想象。所以,测试人员通常需要借助性能测试工具完成测试,常用的性能测试工具有以下几种。

1. LoadRunner

LoadRunner 是 HP 公司开发的,预测系统行为和性能的负载测试工具。它通过模拟成千上万的真实用户行为,实施并发负载及实时监测性能,确认和查找问题,分析系统可能存在的瓶颈。该工具支持脚本录制和编程,适合于各种体系架构,还支持广泛的协议和技术,为测试提供特殊的解决方案。

LoadRunner 包含的 3 大组件可以作为独立的工具完成各自的功能,也可以彼此衔接,与其他模块共同完成软件性能的整体测试,这 3 个组件是 virtual user generator、controller 和 analysis。virtual user generator 用来生成虚拟用户、录制脚本和调试脚本;controller 用来设定测试场景,运行多线程执行并发测试;analysis 用来分析性能测试执行后的结果,测试结果可以以图表形式展示。其测试过程是:首先进行测试规划,一个好的测试规划,能够指导整个测试过程,更好地收集性能数据。测试规划包括确定测试需求和测试计划、设计测试用例和场景等;接着使用 virtual user generator 录制、编辑和完善测试脚本,脚本的开发一般分为录制基本脚本、编辑脚本、配置运行环境和运行脚本四个步骤。录制期间,virtual user generator 模拟客户端并追踪所有用户发出的请求以及用户从服务器接收的请求。回放期间,virtual user scripts 通过调用服务器 API 直接与服务器进行交流。因为不需要客户端界面,所以允许大量用户运行或使用更少的机器进行测试,同时可以在客户端未开发的情况下执行测试;然后使用 controller 设置测试场景的基本信息。controller 提供手动和面向目标两种测试场景,手动测试场景可以更加灵活地按照需求来设计场景,设计的场景更加接近用户的真实使用;面向目标测试场景可以用来测试系统性能是否可以达到预期目标,一般用在能力规划和能力验证的过程中;再使用 controller 驱动、管理并监控场景的运行;最后使用 analysis 生成报告和图表并评估性能,其集成了强大的数据统计分析功能,允许测试人员对图表进行比较和合并等多种操作,分析后的图表能够自动生成测试报告文档。

总之,利用 LoadRunner 进行性能测试,测试人员可以很方便地了解系统性能,重复执行与出错修改前相同的测试方案,并且该工具还可以通过基于 HTML 的报告提供比较性能结果所需的基准,以此衡量在一段时间内,性能指标有多大程度的改进。

2．WebLoad

WebLoad 是由 RadView 公司推出、专门为在大量用户访问下测试 Web 应用性能而设计的测试工具。该工具通过模拟真实用户操作,生成压力负载,完成对 Web 应用性能的测试。

与 LoadRunner 相似,WebLoad 由 IDE、console 和 analytics 三部分组成,IDE 类似于 LoadRunner 的 virtual user generator,console 类似于 LoadRunner 的 controller, analytics 类似于 LoadRunner 的 analysis,但是它比 LoadRunner 支持的协议少。

WebLoad 采用 JavaScript 编写测试脚本,用来模拟真实用户的行为。它支持不同的模拟用户调用不同的脚本,模拟不同的行为。还可以录制用户访问 Web 应用的操作过程,自动生成测试脚本。WebLoad 提供巡航控制器功能,允许测试人员采用自增用户数的循环测试方式进行测试。在执行测试之前,测试人员可以为 Web 应用程序制定应该满足的性能指标,并将其设置为可接受的最低性能门限值;在测试过程中,巡航控制器能够自动为 Web 应用程序加载负载,不断地检查系统是否满足这些需求指标;这样,WebLoad 就可以自动检测出系统的最大用户容量。WebLoad 能够在测试执行期间通过 PMM (performance measurements manager)检测服务器端的性能,通过收集服务器端的有效数据,对监测的被测试系统的性能生成实时报告,报告可以以直观、易懂的图形界面显示出来,也可以将其导出 Excel 表格或其他文件,长久保存。

3．ApacheBench

ApacheBench 是 Apache 服务器自带的用来衡量 HTTP 服务器性能的单线程命令行工具,对发起负载的本机要求很低,既不需要占用很高的 CPU,也不需要占用很多内存,只需通过命令创建很多并发访问线程,模拟多个访问者同时对某一个 URL 地址进行访问,从而给目标服务器造成巨大负载。

ApacheBench 工具与标准的 Apache 源码一起发布,它是免费和开源的。可以从 https://www.apachelounge.com/download/下载安装 Apache 服务器,安装后,即可通过命令行获取服务器的性能参数。

4. Locust

Locust 是一款开源的、易于使用的分布式用户负载测试工具,用户界面是基于网络的,具有跨平台且易于扩展的特点。它旨在对网站进行负载测试,确定系统可以同时处理多少个并发用户。Locust 完全是基于事件驱动的,它不受进程和线程的限制,一个Locust 节点可以在一个进程中支持数千并发用户。

Locust 使用 Python 代码定义测试场景,不需要编写笨重的 UI 或者臃肿的 XML 代码,脚本的编写基于协程(gevent),而不是回调,所以编写的脚本简单易读,容易进行脚本扩展。Locust 将所有烦琐的 I/O 和协同程序都委托给 gevent,替代其他工具的局限性。它自带一个基于 Web 的简洁的 HTML+JS 的 UI 用户界面,可以实时显示相关的测试结果。

5. nGrinder

The Grinder 是一个基于 Java 的开源性能测试框架,通过多个 agent 负载机可以很方便地进行分布式测试。但该测试框架一次只允许运行一个测试,而且没有任何测试历史记录和图形化的测试报告。

nGrinder 是一个基于 Grinder 开发的易于管理和使用的 Web 性能测试系统,它由一个控制端 controller 和连接它的多个代理端 agent 组成,其工作原理是:用户按照一定规则编写基于 Python 的测试脚本,controller 将脚本以及所需要的其他资源一起打包分发给 agent;然后使用在 JVM 上运行的 Python 执行,并在脚本执行过程中收集运行情况、响应时间、测试目标服务器的运行情况等;最后将这些测试数据生成测试报告,通过动态图和数据表的形式展示。用户可以设置使用多个进程和线程并发地、重复不断地执行该脚本来模拟多个并发用户,所以 nGrinder 实现了多测试并行。

6. kylinPET

kylinPET(麒麟宠物)是一款国产的功能强大的性能测试工具,其过程控制与LoadRunner 一致,都包含脚本开发→设计→运行过程。kylinPET 自带 TCP/IP 协议栈,支持大量虚拟 IP,支持 IPv4、IPv6 的多种业务测试,支持 Web/WebService 业务(HTTP)、IMS 业务(SIP)、IPTV 业务(RTSP/IGMP/MLD)、Socket 业务、数据库、JMS、FTP/SFTP、IP Video(HTTP Live Streaming/HTTP Smooth Streaming)、WebSocket、Java,也支持多种协议组合,并且协议个数没有限制,也就是一个业务场景可以包含多个脚本的组合。kylinPET 性能比较高,占用的资源比较少,一般可以支持 3 000 个用户同时在线。它采用图形化界面的脚本录制,所以无须手动编程。

7. JMeter

Apache JMeter 是一款基于 Java 的负载功能测试和性能测试开源工具软件。相比LoadRunner 而言,JMeter 小巧轻便且免费,逐渐成为主流的性能测试工具。它既可以用于测试静态资源,又可以测试动态资源,如静态文件、Java 服务程序、CGI 脚本、Java 对象、数据库、FTP 服务器等。JMeter 可以用于对服务器、网络或对象模拟巨大负载,在不同压力类别下测试它们的强度,并分析整体性能。另外,JMeter 还可以对应用程序做功能回归测试,通过创建带有断言的脚本来验证软件程序是否返回期望的结果。JMeter 具有如下特性。

- 能够对 HTTP、FTP 服务器和数据库进行压力和性能测试。
- 是完全多线程框架,允许通过多个线程并发取样或者通过单独的线程组对不同的功能同时取样。
- 允许快速操作和更精确的计时。
- 允许缓存和离线分析,可以回放测试结果。
- 具有高可扩展性。
- 可链接的取样器允许无限制的测试能力。
- 提供各种负载统计表和可链接的计时器可供选择。
- 数据分析和可视化插件提供了很好的可扩展性以及个性化。
- 具有提供动态输入的测试功能。
- 支持脚本编程的取样器。

在软件测试的日常工作中,软件性能测试工具有很多,如何选择合适的测试工具是一件比较重要的事情,通常需要考虑以下几点。

- 根据测试场景选择测试工具,如果在一次性单接口的场景下测试,则可以使用 ApacheBench。如果在复杂事务多接口业务场景下测试,则可以选择 JMeter 这类工具,构造丰富的场景,满足测试需求。
- 根据测试压力选择测试工具,考虑测试时需要提供 1000 QPS 还是万级以上的压力。如果压力很大,则需要考虑压力测试工具是否支持分布式,能否快速扩展 agent,如 JMeter。
- 根据测试成本选择测试工具。性能测试工具分为商业版和开源版。商业版性能测试工具一般功能比较强大,售后服务和技术支持比较到位,但是需要支付费用。开源版性能测试工具是免费的,可以进行二次开发,可以让测试工具更加贴合项目需求,但是功能有限,需要自己维护,遇到问题时需要自己钻研。所以,可以根据项目资金考虑采用哪一种测试工具。
- 根据支持的协议选择测试工具。性能测试和协议也有关系,如 B/S 系统通常采用 HTTP 协议完成客户端和服务器端的交互。所以选择工具时,还需要考虑项目所采用的协议工具是否可以满足,能否达到令人满意的测试结果。
- 根据跨平台需求选择测试工具。有些项目存在跨平台要求,所以性能测试工具选择时,还需要选择支持跨平台的工具。

7.7 基于 JMeter 的软件性能测试案例实践

7.7.1 JMeter 的安装和介绍

1. 安装

JMeter 的安装非常简单,首先在官网 http://jmeter.apache.org/ 下载 JMeter 的安装文件,在本地进行解压,解压后在 bin 目录下找到 jmeter.bat 批处理文件,双击打开

JMeter 的工作环境,如图 7-3 所示。

在安装 JMeter 时,有以下几点需要特别注意。

- 安装 JMeter 之前需要先配置 Java 版本,本章采用 JMeter 5.3 版本,所以 Java 的版本最好选用 JDK 1.8 以后的版本。
- 安装时,尽量避免 JDK 路径与 JMeter 路径中有空格和中文,否则容易引发异常。
- 可以在 https://jmeter-plugins.org/install/Install/ 中下载 JMeter 的插件管理器 plugins-manager.jar,下载后将其放入 JMeter 安装目录下的 lib/ext 目录下,重新启动 JMeter,单击菜单中的"选项"即可看到插件管理功能,可以安装和更新插件。

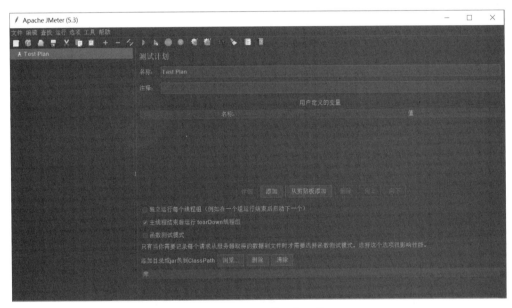

图 7-3　JMeter 的工作环境

2. 介绍

启动 JMeter 后,JMeter 主界面可以分为状态栏、菜单栏、工具栏、树形标签栏和内容栏。

- 状态栏,主要显示计划信息及 JMeter 版本。
- 菜单栏,包含全部功能,如单击"选项"→"选择语言"可以设置 JMeter 的使用语言。
- 工具栏,主要显示菜单栏中常用功能的快捷按钮。
- 计划的树形标签栏,用来显示测试计划(用例)相关标签,通过右击,可以在测试计划下添加测试过程中使用的元件,如线程组、事务控制器、监听器、断言等。
- 内容栏,配合树形标签栏显示,树形标签栏单击哪个标签,内容栏中将显示相应的内容和操作。如果单击测试计划,则可编辑测试计划的相关内容。

测试计划是使用 JMeter 进行测试的起点,用来描述 JMeter 运行时需要执行的一系列步骤。单击测试计划,内容栏中所显示的测试计划设置界面如图 7-4 所示。

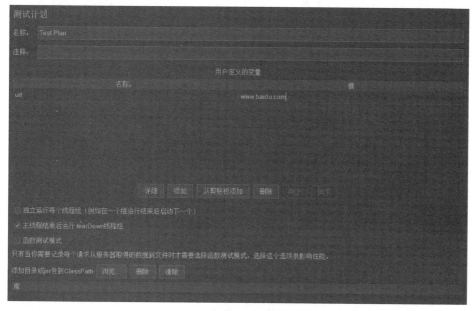

图 7-4　测试计划设置

在测试计划编辑界面,"用户自定义变量"中填写用户定义的变量,使用 $\${变量名}$ 形式引用变量,如变量的名称 = url,值 = http://www.baidu.com,在需要引用 http://www.baidu.com 时,可以直接使用 $\${url}$ 替代。

一个完整的测试计划应该包含多个线程组、配置元件、监听器、定时器、前置处理器、后置处理器、断言、测试片段和非测试元件。通过右击树形标签栏中的测试计划,可以从"添加"列表中为测试计划选择一个需要的元件。添加元件后,也可以通过右击元件直接删除该元件。所以,测试计划是其他 JMeter 测试元件的容器,常用的元件有以下几种。

- 线程组,代表一定数量的并发用户,用来模拟并发用户发送请求。JMeter 提供了3 个线程组选型:"线程组"就是通常添加运行的线程,一个线程组代表一个虚拟用户组。"setUp 线程组"与普通线程组相似,只是"setUp 线程组"是在普通线程组执行前自动触发执行,主要用来为普通线程组的测试做准备,如创建测试用户等。"tearDown 线程组"是在普通线程组结束后执行,主要用来执行测试后的动作,完成测试清理工作,如删除测试用户等。单击创建的线程组,在内容栏中,可以对线程组进行设置,如图 7-5 所示。

- 取样器,用来定义实际向服务器发送的请求内容,通常使用的是 HTTP 请求。通过右击树形标签栏中的"线程组"添加取样器,选择"HTTP 请求",在内容栏打开HTTP 请求的设置界面,如图 7-6 所示。在 HTTP 的设置界面的高级选项卡中,可以设置客户端实现方式、源地址和代理服务器。如果是上传文件,一定要选择客户端实现,否则请求发送成功后,文件也并未上传成功。源地址主要是用于启动 IP 欺骗,它会使用默认本地 IP 地址重写 HTTP 请求。与请求一起发送的消

图 7-5　线程组设置

息参数中,如果不在每一次请求中都使用相同的参数值,可以对每一次请求的参数值进行参数化设置,参数化设置的方法有两种,一种是利用函数助手中的 Random()函数进行参数化设置,另一种是利用配置元件的 CSV Data Set Config 进行参数化设置,这里介绍第一种参数化设置方法。在 JMeter 主界面的菜单中选择"工具"→"函数助手对话框",或者直接在菜单栏中选择"函数助手对话框"图标,打开函数助手对话框,如图 7-7 所示。选择功能 Random,设定最小值为 1,最大值为 100,函数名设为 func1,然后单击"生成",将生成一个引用字符串 ${_Random(1,100,func1)},同时在 The result of the function is 中生成一个满足条件的值,然后复制该引用字符串,添加在需要的请求参数中即可。也就是相当于创建了一个产生从 1~100 的随机整数的方法,func1 为该方法的方法名,也可以同样地生成另一个创建随机数的方法。例如,生成两个字符串,即 ${_Random(1,100,func1)}和 ${_Random(1,100,func2)},在添加学生的请求中,stuNo 的参数值中引用 ${_Random(1,100,func1)},stuName 的参数值中引用 ${_Random(1,100,func2)},这样,测试运行时不同的线程将产生不同的 stuNo 和 stuName,如图 7-8 所示。

- 逻辑控制器,可以分为两类:一类是控制测试计划执行过程中节点的逻辑执行顺序,如循环控制器等;另一类是对测试计划中的脚本进行分组,方便 JMeter 统计执行结果以及进行脚本的运行控制,如事务控制器等。循环控制器可以设置请求的循环次数,也可以设置为一直循环下去,如果设置了线程组的循环次数和循环控制器的循环次数,那么循环控制器的子节点运行的次数为两个数值相乘的结果。事务控制器是可以将多个请求放在一个事务中,用来统计该控制器子节点的所有时间。如果选中 Generate parent sample,则表示聚合报告中只显示事务控制器的数据,而不显示各个请求的数据。

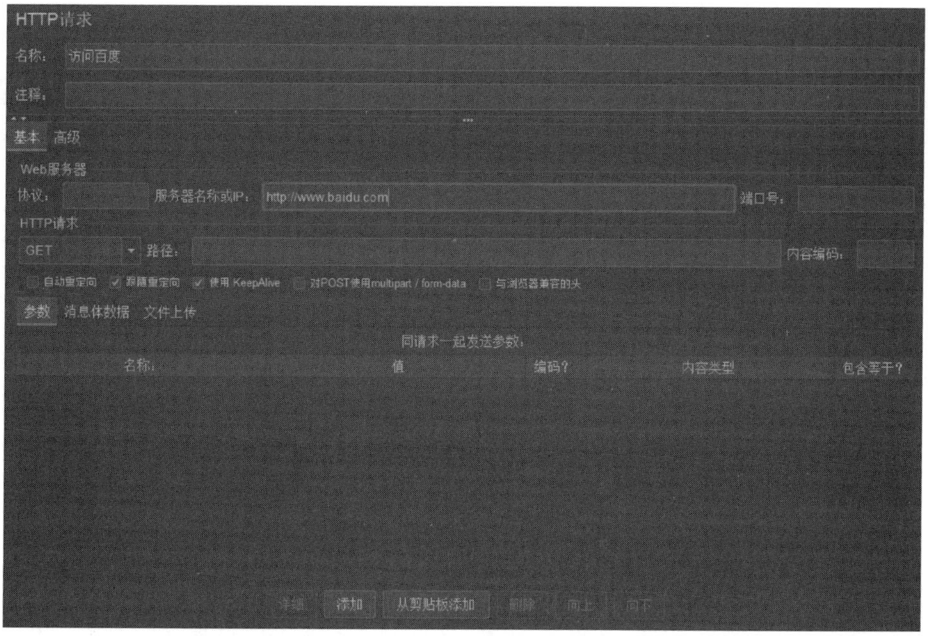

图 7-6　HTTP 请求设置

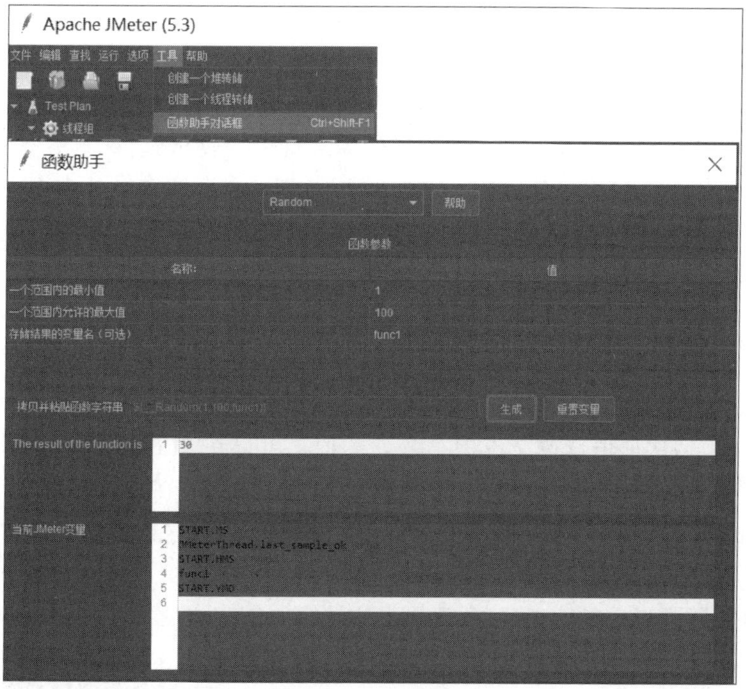

图 7-7　函数助手

- 监听器,负责收集测试结果,监听性能数据,分析性能瓶颈,同时被告知结果的显示方式,常用的监听器有聚合报告、查看结果树、用表格查看结果。

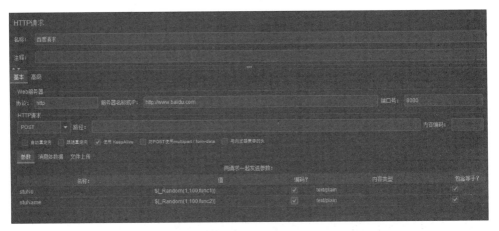

图 7-8　使用函数进行参数化设置

- 断言,用来判断请求响应的结果是否和用户预期一样,它可以确保在正确的前提下执行性能测试。

- 配置元件,提供对静态数据配置的支持,可以为取样器设置默认值和变量。通常主要在参数化中使用 CSV Data Set Config。在线程组上右击选择"添加"→"配置元件"→CSV Data Set Config,打开 CSV Data Set Config 设置界面,如图 7-9 所示。其中,"文件名"中填写参数化引用的本地文件的文件名,如这里的"d:\stu.txt"文件,文件中存放需要将要赋值给变量的值。"变量名称"中填写所创建的变量名称,多个变量可以使用逗号分隔,这些变量将引用参数文件中的值。变量名称为空时,默认把 stu.txt 文件首行作为变量名,当变量名称不为空时,JMeter 把参数文件首行作为变量的值进行读取。"分隔符"中填写文件中多个变量值的分隔符,这里文件中以逗号分隔。还可以设置是否忽略首行,如果为 true,则将参数文件的首行忽略,从第 2 行开始读取变量值。当遇到文件结束符在循环设置为 true,"遇到文件结束符停止线程"为 false 时,如果线程执行的次数超过文件行数,读取参数文件最后一行后再次开始从文件首行进行读取,如果设置了忽略首行,则从文件第 2 行开始读取。例如,num1 将依次取值修改文件中第一列的值,num2 将依次取值修改文件中第二列的值。可以在 HTTP 请求的参数中使用这两个变量,如图 7-10 所示。在添加学生的请求中,在 stuNo 的参数值中引用 ${num1},在 stuName 的参数值中引用 ${num2},这样测试运行时不同的线程将产生不同的 stuNo 和 stuName。

- 前置处理器和后置处理器,负责在生成请求之前和之后的工作。前置处理器一般用于准备工作,比如,参数化获取当前日期、获取随机字母数字名称等;后置处理器一般用来处理收到响应后的一些工作,比如,提取响应报文中的内容,获取 Cookie 等。

- 定时器,负责定义请求之间的延迟间隔,默认情况下,JMeter 发送的每个请求之间是没有延时的,如果线程数足够大,瞬间将服务器压死,就需要使用定时器,而

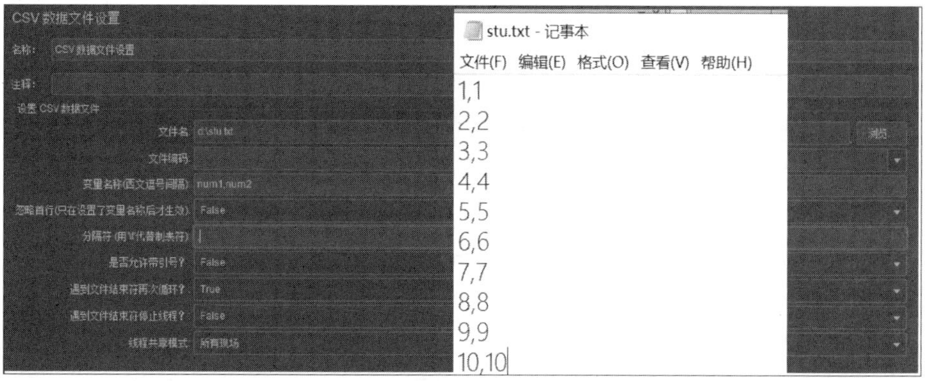

图 7-9　CSV Data Set Config

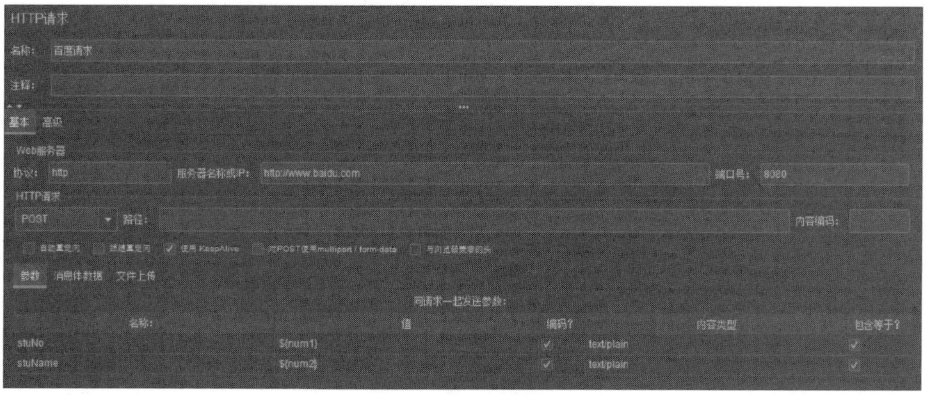

图 7-10　CSV 参数化设置

且在实际业务过程中，请求之间都是有停顿的。通常，定时器在每一个取样器之前执行。

7.7.2　脚本录制

JMeter 可以将其他工具录制的脚本导入，如采用 Badboy 录制 JMeter 脚本。Badboy 是一款免费的 Web 自动化测试工具，具有录制和回放功能，支持对录制出来的脚本进行调试，支持将脚本导出为 JMeter 脚本。

通过 Badboy 的官方网站 http://www.badboy.com.au 下载 Badboy 的最新版本。安装后，双击 Badboy 的图标，打开 Badboy 主界面，如图 7-11 所示。

在地址栏中输入需要录制的 Web 应用的 URL，这里以 http://www.baidu.com 为例，单击"开始录制"按钮，直接在 Badboy 内嵌的浏览器中对被测试应用进行操作，所有操作过程都将被记录在左侧窗口的编辑框中，如图 7-12 所示。

录制完成后，单击工具栏中的"停止录制"按钮，完成脚本录制。然后，选择 File→Export to JMeter 菜单，将脚本保存在文件中，填写文件名 baidu.jmx；启动 JMeter 并打开 baidu.jmx 测试脚本进行测试。

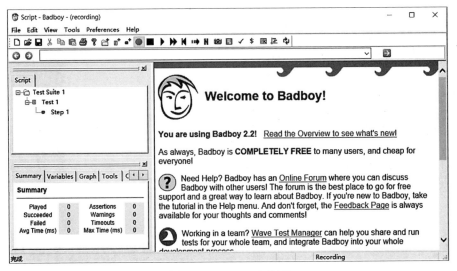

图 7-11　Badboy 主界面

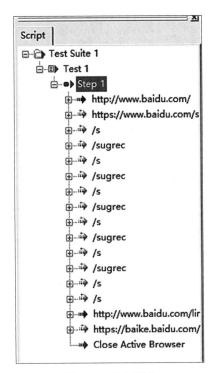

图 7-12　录制脚本

JMeter 也可以使用自带的脚本录制方法录制脚本。首先,右击测试计划,添加一个线程组,然后右击测试计划,添加一个非测试元件——HTTP 代理服务器,在 HTTP 代理服务器设置页面中,设置端口号为 8080,表示将录制 8080 端口的数据,设置"目标控制器"为已经创建好的线程组,设置"分组"为"把每一个分组放入新的控制器中",单击"启动"按钮,JMeter 开始监听 8080 端口数据。除了设置 JMeter,还需要设置浏览器的代理服务器,在浏览器的 Internet 选项中,将代理服务器设置地址为 127.0.0.1,端口号为 8080。打开浏览器访问网站,JMeter 就能将访问过程录制下来。可以利用这种方法测试本地站点,如图 7-13 所示。脚本录制完毕后,运行 JMeter 进行测试。

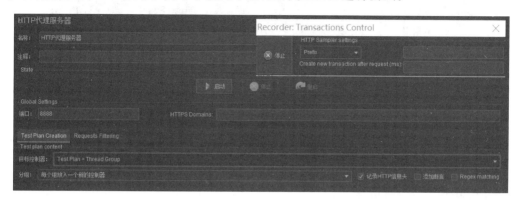

图 7-13　JMeter 录制脚本

7.7.3　执行测试

　　运行 JMeter 脚本可以采用两种方式,一种是图形化窗口方式,另一种是命令行窗口方式。启动 JMeter,加载脚本文件,如 baidu.jmx,采用图形化窗口方式进行测试,如图 7-14 所示。

　　加载后,JMeter 自动为该脚本创建一个 HTTP Cookie 管理器、一个用户自定义变量、一个 HTTP 信息头管理器和一个循环控制器,循环控制器中包含录制过程中产生的所有 HTTP 请求。右击线程组,在线程组上添加"监听器"→"聚合报告"、"监听器"→"查看结果树"和"监听器"→"用表格查看结果",用于分析测试结果。单击"运行"→"启动",开始执行测试,测试完毕后在聚合报告、结果树以及表格中可以看到测试结果。一个简单的测试计划就完成了。

　　打开命令行窗口采用命令行方式运行 JMeter 脚本,如图 7-15 所示。例如,使用命令"JMeter -n -t my_test.jmx -l log.jtl"执行 my_test.jmx 中的测试计划,其中参数-n 表示 JMeter 采用非图形化运行 JMeter 脚本,参数-t 指定运行的脚本文件,这里指 my_test.jmx,参数-l 指定保存执行结果的文件名,这里将测试结果保存在 log.jtl 文件中。执行命令前需

图 7-14　加载录制脚本

要检查执行命令的当前目录是否是 JMeter 的 bin 目录下。如果 JMeter 脚本不在当前目录，则需要指定完整路径；如果把执行结果保存在其他地方，非当前目录，则也需要指定完整路径。

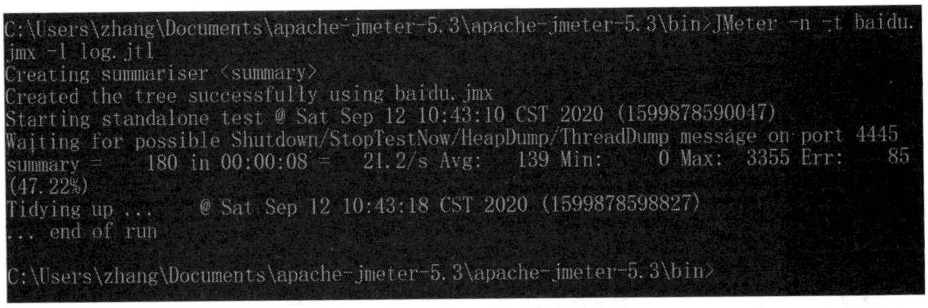

```
C:\Users\zhang\Documents\apache-jmeter-5.3\apache-jmeter-5.3\bin>JMeter -n -t baidu.
jmx -l log.jtl
Creating summariser <summary>
Created the tree successfully using baidu.jmx
Starting standalone test @ Sat Sep 12 10:43:10 CST 2020 (1599878590047)
Waiting for possible Shutdown/StopTestNow/HeapDump/ThreadDump message on port 4445
summary =    180 in 00:00:08 =   21.2/s Avg:   139 Min:    0 Max:  3355 Err:    85
(47.22%)
Tidying up ...    @ Sat Sep 12 10:43:18 CST 2020 (1599878598827)
... end of run

C:\Users\zhang\Documents\apache-jmeter-5.3\apache-jmeter-5.3\bin>
```

图 7-15　命令行窗口执行脚本

7.7.4　测试结果分析

1. 聚合报告

通过执行测试，可以得到如图 7-16 所示的聚合报告，聚合报告中展示了 12 项参数。

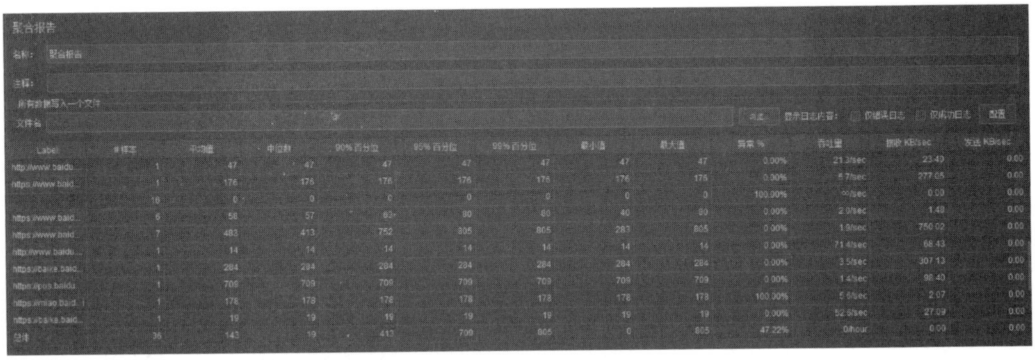

聚合报告
名称：聚合报告
注释：
所有数据写入一个文件
文件名

Label	#样本	平均值	中位数	90%百分位	95%百分位	99%百分位	最小值	最大值	异常%	吞吐量	接收 KB/sec	发送 KB/sec
http://www.baidu...	1	47	47	47	47	47	47	47	0.00%	21.3/sec	23.40	0.00
https://www.baid...	1	176	176	176	176	176	176	176	0.00%	5.7/sec	277.05	0.00
	10	0	0	0	0	0	0	0	100.00%	∞/sec	0.00	0.00
https://www.baid...	6	58	57	63	80	80	40	80	0.00%	2.0/sec	1.48	0.00
https://www.baid...	7	483	413	752	805	805	283	805	0.00%	1.9/sec	750.02	0.00
http://www.baidu...	1	14	14	14	14	14	14	14	0.00%	71.4/sec	68.43	0.00
https://baike.baid...	1	284	284	284	284	284	284	284	0.00%	3.5/sec	307.13	0.00
https://pos.baidu...	1	709	709	709	709	709	709	709	0.00%	1.4/sec	98.40	0.00
https://miao.baid...	1	178	178	178	178	178	178	178	100.00%	5.6/sec	2.07	0.00
https://baike.baid...	1	19	19	19	19	19	19	19	0.00%	52.6/sec	27.09	0.00
总体	36	143	19	413	709	805	0	805	47.22%	0/hour	0.00	0.00

图 7-16　聚合报告

- label，每个 JMeter 的元件都有一个“名称”属性（如 HTTP 请求），这里显示的就是 HTTP 请求的名称属性值。
- #样本，表示这次测试中一共发出多少个请求，如果线程组中的配置是线程数为 200，也就是模拟 200 个用户，循环测试数为 50，也就是每个用户迭代 50 次，则总的数量为 10 000。
- 平均值，为平均响应时间，单位为 ms。默认情况下指单个请求的平均响应时间，当使用了事务控制器时，也可以以事务为单位显示平均响应时间。
- 中位数，是 50%用户的响应时间。
- 90%百分位，是 90%用户的响应时间。
- 95%百分位，是 95%用户的响应时间。
- 99%百分位，是 99%用户的响应时间。

- 最小值,是最小响应时间。
- 最大值,是最大响应时间。
- 异常％,是错误率,本次测试中出现错误的请求的数量与请求总数的比例。
- 吞吐量,默认情况下表示每秒完成的请求数,一般认为是 TPS。
- 接收 KB/sec,是每秒从服务器端接收的数据量。
- 发送 KB/sec,是每秒从服务器发送的数据量。

在评估每一次测试结果时,仅有平均事务响应时间是不够的。如果一次测试中有 100 个请求被响应,其中最小的响应时间是 0.02s,最大的响应时间是 110s,那么平均事务响应时间就是 4.7s,在最小响应时间和最大响应时间差距如此之大的情况下,计算出来的平均响应时间通常是毫无意义的,可能最大值的出现概率只有万分之一。所以,为了更加准确地衡量整体请求的耗时情况,除了平均响应时间之外,还要有 90％百分位、95％百分位和 99％百分位来辅助统计。

2. 查看结果树

通过查看结果树方式分析测试结果,可以看到请求的发送和返回信息,如图 7-17所示。

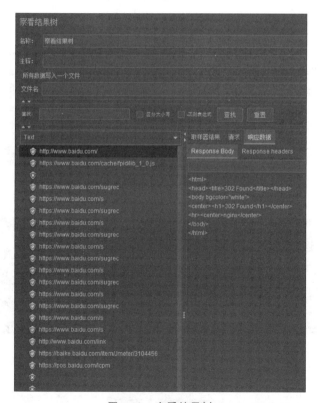

图 7-17　查看结果树

左侧为执行结果列表,执行成功的请求显示绿色,执行失败的请求显示红色。显示绿色的表示其响应码为 200 或 300 系列,显示红色的表示其响应码是 400 或 500 系列。右侧可以显示取样器结果、请求和响应数据。图 7-18 为取样器结果,图 7-19 为请求数据,图 7-20 为响应数据。可以结合取样器结果、请求数据和响应数据分析执行错误的 HTTP 请求,找到错误的原因。

图 7-18　取样器结果

图 7-19　请求数据

图 7-20　响应数据

3. 用表格查看结果

用表格查看测试结果如图 7-21 所示。其中"Sample♯"表示编号,类似于 ID;"Start Time"表示测试的开始时间;"Thread Name"表示线程组名称;"Label"表示请求的名称,这里是 HTTP 请求名称;"Sample Time"表示取样的时间,单位是 ms;"Status"表示测试结果的状态,通过为绿色,未通过为红色;"Bytes"表示接收到的字节数,对应的"Sent Bytes"表示发送的字节数,"Latency"表示等待时间,"Connect Time"表示连接时间。

4.结果文件

如果使用命令行运行 JMeter,并将结果保存在文件中。打开 JMeter GUI 界面,在测试计划下,添加对应的测试报告元件,如聚合报告等,在"所有数据写入一个文件"的"文件名"中浏览选择 log.jtl 文件即可出现展示结果。

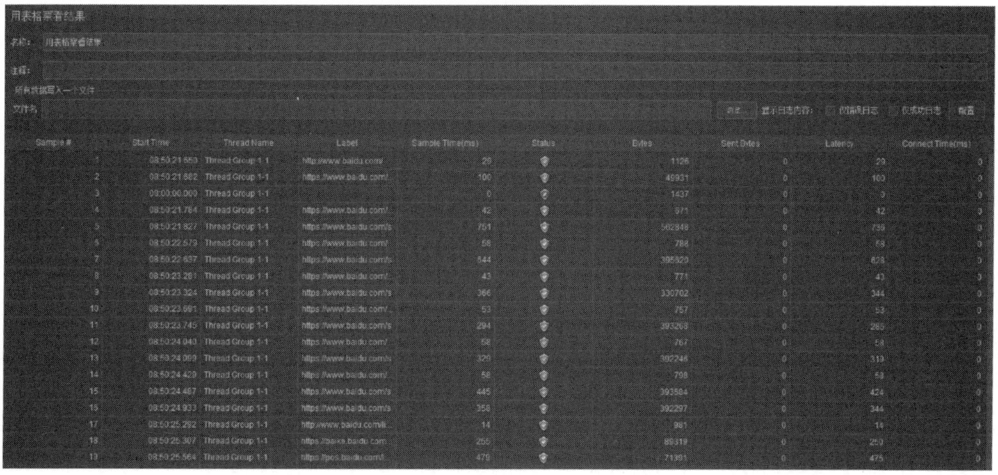

图 7-21 采用表格查看测试结果

7.8 习题

1. 不同的对象群体关注的软件性能有什么不同?
2. 软件性能测试的团队由哪些角色组成,各有什么职责?
3. 软件性能测试指标有哪些?
4. 常见的性能测试类型有哪些?
5. 软件性能测试流程是什么?

第8章

软件测试项目案例

本章学习目标

- 熟练开展软件测试需求分析
- 熟练编写软件测试计划
- 熟练完成测试用例的设计与维护
- 熟练完成软件测试并编制测试报告

综合运用前面几章学习的软件测试相关技术,本章以一个典型的软件测试项目为例,首先,介绍软件测试需求分析方法、测试计划的编制、测试用例的设计及维护。然后,介绍测试环境部署、测试执行及测试报告的编写方面的技术。通过学习本章内容,熟悉完成一个软件测试项目的全部工作。

8.1 测试需求分析与测试计划制订

一个完整的测试过程应该包括分析测试需求、制订测试计划、设计和维护测试用例、部署测试环境、执行测试、提交缺陷报告、追踪缺陷,以及编写测试报告等重要步骤。本章以银行自动柜员机 ATM 模拟系统为例,讲解如何分析测试需求、制订测试计划、设计测试用例、部署测试环境、提交缺陷报告、编写测试报告等。

8.1.1 需求分析

银行自动柜员机 ATM 模拟系统(简称 ATM 模拟系统)是 R. C. Bjork 于 2008 年提供的一个小项目,是一个基于 Java 语言开发的应用程序。该模拟系统实现了储户业务流程的自动化处理过程,包含 6 大部分:读取 ATM 卡的磁条阅读器、用于与客户交互的客户控制台(键盘和显示器)、存放信封的插槽、现金分配器($ 20 的倍数)、打印客户收据的打印机,以及一个键控开关,允许操作员启动或停止机器。该系统的主界面如图 8-1 所示。

该 ATM 模拟系统为用户提供了登录、存款、取款、查询以及账户和基金之间的转账等功能服务。

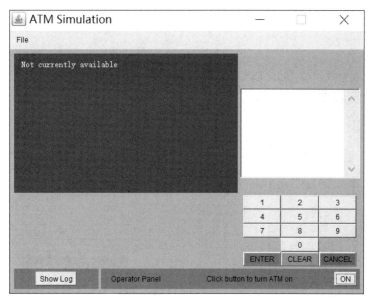

图 8-1　银行 ATM 模拟系统主界面

（1）开机模块。单击主界面右下方 ON 按钮开启 ATM 模拟系统。系统启动后，输入 ATM 中存放钞票的数量，要求必须是 $20 的整数倍。

（2）登录模块。该 ATM 模拟系统一次只能为一个客户服务，客户需要插入一张银行卡，通过磁条阅读器读取 ATM 卡。具体操作为：单击 Click to insert card 按钮，输入银行卡卡号和对应的 PIN 码，卡号和 PIN 码都将被保存，并且作为每笔交易的一部分发送给银行系统进行验证。如果输入的卡号不属于该银行，则 ATM 模拟系统提示"无效银行卡"；如果 ATM 模拟系统确定客户 PIN 码无效，则要求客户重新输入 PIN 码，输入正确后进行交易。如果客户尝试输入 3 次后仍无法正确输入 PIN 码，则该银行卡将被机器永久保留，客户必须联系银行方可取回。成功登录进入 ATM 模拟系统后，系统的主界面如图 8-2 所示。

（3）查询模块。通过 ATM 模拟系统，客户可以查询与该卡关联的任意一个账户的账户情况。在 ATM 模拟系统操作界面，客户通过控制台软键盘按数字"4"键，ATM 模拟系统询问客户查询账户类型（支票账户、储蓄金账户和货币市场账户），选择一个账户，系统显示该账户信息，如图 8-3 所示。可以继续查看其他账户信息或者进行其他交易，还可以单击 Take receipt 按钮，打印客户凭条。账户信息中显示账户名称、账户总金额、可用金额、查询时间和地点等信息。

（4）取款模块。通过 ATM 模拟系统，客户可以从与该银行卡关联的任何一个账户中进行取款。在 ATM 模拟系统操作界面，客户通过控制台软键盘，按数字"1"键，选择取款账户类型和取款金额，取款金额可以是 $20、$40、$60、$100、$200 中的一种，ATM 模拟系统判断账户余额和 ATM 的现金余额是否大于取款金额，如果是，则 ATM 现金额度减少相应现金，账户余额减少相应数值，并且在用户控制台显示器显示当前账户总余额、取款数目以及剩余可用余额等信息，如图 8-4 所示。如果账户余额不足或 ATM 现金

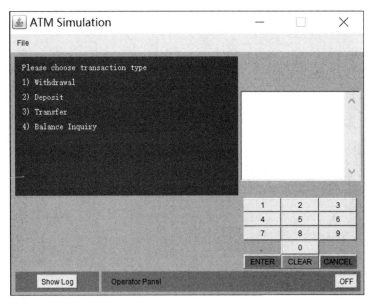

图 8-2　ATM 模拟系统操作界面

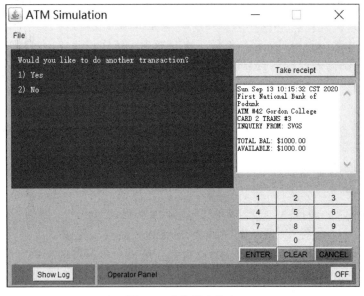

图 8-3　查询账户信息

不足,则给出相关提示,每日每张银行卡的限定取款金额 $ 300,注意这是同一张银行卡的所有账户总取款额度。

（5）存款模块。通过 ATM 模拟系统,客户可以在银行卡的任何一个账户中进行存款。在 ATM 模拟系统操作界面,客户通过控制台软键盘,按数字"2"键,选择存款账户,输入存款金额,单击 Click to insert envelope 按钮,放入现金信封或者支票信封,操作员从机器上取出信封进行人工验证,验证通过后,银行审批。交易成功后,ATM 修改相应账

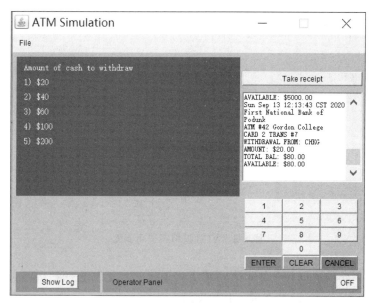

图 8-4　取款界面

户金额,用户控制台的显示界面显示账户变化情况,如存款总额、账户总额、可用额度等。

（6）转账模块。通过 ATM 模拟系统,客户可以在银行卡的任意两个账户之间进行转账。在 ATM 模拟系统操作界面,客户通过控制台软键盘,按数字"3"键,选择转出账户类型、转入账户类型和转账金额,转账金额必须小于转出账户的可用金额。如果大于可用金额,则转账失败。如果转账成功,客户控制台的显示界面则显示转入账户的相关信息。

（7）关机模块。ATM 模拟系统有一个键控开关,允许操作员启动和停止服务。当开关移到"关闭"位置时,机器关闭,操作员可以取走存款信封、重新为机器加载现金和银行收据等。

客户在交易过程中,随时可以按客户控制台软键盘中的 CANCEL 键取消交易,退出银行卡。如果一笔交易不是因为 PIN 码无效而失败,那么 ATM 将显示失败原因,询问顾客是否进行其他交易。自动取款机系统还可以为客户提供每次成功交易的凭证,凭证中显示账户日期、时间、机器位置、交易类型、账户、金额和可用余额（转账账户）。

ATM 模拟系统还将维护一个内部事务日志,帮助解决交易过程中因硬件故障引起的歧义。当 ATM 模拟系统启动和关闭时,相关的启动和关闭信息、交易信息（存款、取款）都将被保存在日志文件中,对于每一个发送给银行的请求,如果有需要,银行会发送一个响应给 ATM 模拟系统。日志条目可能包含卡号和金额,但为了安全起见,永远不会包含 PIN 码。ATM 模拟系统的用例图如图 8-5 所示。

该系统对数据精确度的要求是取款数目只支持交易金额为 $20 的倍数,只能取 $20、$40、$60、$100、$200 中的一种;存款数目支持用户输入保留两位有效数字的数据;转账数目也只能转 $20、$40、$60、$100、$200 中的一种,在转账过程中,转出账号必须是该账户中存在的账号。

该系统对时间的要求是交易结束时,系统立即更新账户数据,保持账户余额的一致

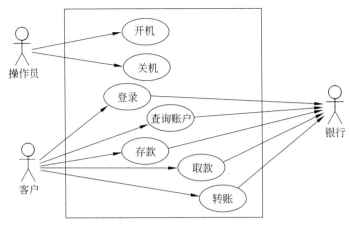

图 8-5 ATM 模拟系统用例图

性。如果交易中响应时间超过 1min，系统直接退出。当交易金额超出当前账户余额时，系统提示余额不足，并提示是否进行其他交易。

8.1.2 测试计划

1. 任务概述

本次测试的主要任务是测试启动 ATM 模拟系统、用户登录、查询账户、取款、存款、转账和关闭 ATM 模拟系统等主要功能，保证 ATM 模拟系统正确模拟真实银行 ATM 柜员机的日常功能，用户能够在该系统上完成各种 ATM 柜员机的模拟操作，界面操作逼真，使用方便，测试过程尽量达到测试成本最小化、测试流程和测试内容完备化、测试手段可行化和测试结果真实化的理想目标。

2. 测试环境

为了确保项目测试环境符合测试要求，减少严重影响测试结果真实性和正确性的风险，现对测试环境做如下要求。

（1）硬件环境。

普通 PC，CPU 采用 1GHz 以上，内存容量为 1GB 以上，硬盘容量为 20GB 以上。

（2）软件环境。

操作系统采用 Microsoft Windows XP 或更高版本，开发环境需要使用 JDK、Eclipse。

（3）测试工具。

追踪缺陷使用 Bugzilla。

3. 测试人员准备

（1）测试负责人（2 人）。

为测试项目提供总体方向，制订测试计划、征集并监督测试人员、申请系统资源，控制和跟踪测试进度。

（2）测试人员（5 人）。

详细了解被测试软件、分解测试需求、编写测试用例，负责测试执行和记录结果，跟踪 Bug 解决情况，汇报工作进程及测试结果。

4. 测试任务和进度（见表 8-1）

表 8-1　测试任务和进度

测试阶段	任　　务	工作量估计	人员分配	时　　间
测试环境搭建	搭建测试环境，包括硬件环境、Bug 管理工具、项目安装	2 人天	测试人员 1、4	9 月 1 日
编写测试用例并评审通过	根据需求说明书、概要设计说明书，编写测试用例	6 人天	测试人员 2、3	9 月 1 日～9 月 3 日
功能测试	测试功能和业务流程是否达到设计要求	5×3 人天	测试人员 1、2、3	9 月 4 日～9 月 9 日
提交测试报告	根据项目进度计划，编写阶段性的测试报告	8×5 人天	测试人员 1、2、3、4、5	9 月 4 日～9 月 12 日

5. 测试策略和方法

从软件具体实现的角度考虑，本次测试采用黑盒测试方法中的边界值分析法和等价类划分法获取测试用例；从软件开发过程的角度考虑，本次测试采取系统测试。测试用例的设计包括合理和不合理的输入条件设计。

本次系统测试主要验证 ATM 模拟系统中已通过各阶段测试的功能模块是否已具有需求规格说明书所规定的功能特性。其工作内容包括测试开始前，测试人员依据测试计划搭建符合条件的测试环境；版本管理员负责保证待测试版本的正确性，生成可执行代码；测试过程中，测试人员负责记录当天发现的缺陷，在下班前将缺陷提交到缺陷跟踪管理系统中，并通知项目经理；测试结束后，测试负责人将所有缺陷整合为一个完整的测试报告，分析测试中出现的缺陷，给出合理建议，提交评审；项目经理和测试负责人需要定期对系统测试质量及效果、进度情况进行评估，确定测试覆盖的完整性，检验测试结果是否达到测试停止标准。

在开始测试前，必须满足下列条件。

- 测试人员配置好软硬件环境，且可以被正确访问。
- 提交被测试软件版本已通过单元测试、集成测试，具备可测试性。
- 测试计划和测试方案已制订，并通过了严格评审。
- 测试所需资源都已到位。
- 测试人员配置合理，任务明确，工作技能符合要求。

在测试过程中，如果发现的错误太多，或者出现了严重致命错误，造成测试无法继续进行，则停止测试。如果测试环境遭到破坏，如测试环境被病毒感染等，无法继续进行测试，则停止测试。如果在测试过程中已经无法发现系统中新的缺陷，则结束测试。

由于 ATM 模拟系统是一个单机版的桌面应用程序，一台计算机上只能支持一个实例，所以本次测试不进行多实例、多线程、多并发测试，主要进行功能测试。测试人员执行测试时,需要严格按照测试用例中的内容执行测试工作。

6.测试范围

本次测试根据各个模块的功能确定测试范围,在各测试范围内仅对某一特定功能模块进行测试。需要测试的功能模块有开机模块、关机模块、登录模块、存款模块、取款模块、查询模块和转账模块。

7.问题响应要求

问题响应要求如表 8-2 所示。

表 8-2　问题响应要求

问 题 分 类	问题严重程度	响 应 时 间
立即解决 Blocker	程序错误,影响继续测试	1 hour
高度关注 Major	问题严重	6 hours
普通排队 Minor	一般问题	1 day
低优先级 Trivial	建议性问题	2 days

8.测试风险

测试系统没有完备的需求和开发文档,测试人员做测试设计时只能够参考初步使用该系统后对系统的了解,可能导致测试人员在初期无法全面地对系统进行深入的测试。

9.测试项目

测试 1

名称:开机

目的:测试 ATM 模拟系统是否可以正常开机

内容:正常开机、在 ATM 模拟系统中输入存放的现金额度

速度:半天

测试 2

名称:登录

目的:测试登录功能

内容:插入银行卡、输入 PIN 码,对银行卡和 PIN 码进行合法性检查

速度:半天

测试 3

名称:查询

目的:测试查询功能

内容:正确登录 ATM 模拟系统后,查询不同类型账户的账户详情,通过输入查询账户,系统可以展示查询结果

速度:半天

测试 4

名称:取款

目的：测试取款功能

内容：正确登录 ATM 模拟系统，在不同账户中取款，对取款金额进行合理性检查，系统操作界面显示正常，账户记录及时更新

速度：一天

测试 5

名称：存款

目的：测试存款功能

内容：正确登录 ATM 模拟系统后，可以在不同类型的账户中存款，系统操作界面显示正常，账户记录及时更新，存入纸币或支票正常

速度：一天

测试 6

名称：转账

目的：可以在不同账户之间进行转账

内容：正确登录 ATM 模拟系统后，选择不同类型的账户和金额进行转账，对转账金额进行合理性检查，系统操作界面显示正常，账户记录及时更新

速度：一天

测试 7

名称：取消交易

目的：可以在交易过程中取消交易

内容：在查询、取款、转账和存款过程中，取消交易，账户信息记录正确

速度：半天

测试 8

名称：交易超时

目的：长时间不操作系统，系统自动取消交易，退出银行卡，保证交易的安全性

内容：在交易的界面中停留 1min 以上不操作，系统取消交易，退出银行卡

速度：半天

测试 9

名称：关机

目的：测试 ATM 模拟系统是否可以正常关闭

内容：关闭 ATM 模拟系统

速度：半天

8.2　测试用例设计与维护

设计测试用例时需要从执行者角度出发，一个测试用例对应一个功能点，测试用例描述需要通俗易懂，不要出现太多专业术语，最好指明前置条件和详细的测试步骤，还需要指定测试用例的输入和预期输出。在整个测试过程中，可根据项目实际情况对测试用例进行适当变更，本次测试设计的所有测试用例均以规范文档方式保存。

为了方便测试，这里提供两张有效的银行卡，一张卡的卡号是 1，PIN 码是 42，与该卡

关联的账户有支票账户和储蓄账户。另一张卡的卡号是 2,PIN 码是 1234,与该卡关联的账户有支票账户和货币市场账户,两张卡的支票账户是同一账户。支票账户的初始额度为 \$100,储蓄账户的初始额度为 \$1000,货币市场账户的初始额度为 \$5000。

1. 开机模块

开机模块中需要在 ATM 模拟系统中输入初始的现金数目,这里能够输入的数值是 0~999 999 999 的任意整数,根据等价类划分法获取测试数据。可以将其划分为 1 个有效等价类和 3 个无效等价类:有效等价类是 0~999 999 999 的任意一个整数,如取 100 进行测试;第 1 个无效等价类是小于 0 的整数,如取 −1 进行测试;第 2 个无效等价类是大于 999 999 999 的整数,如取 1 000 000 000 进行测试;第 3 个无效等价类是非整数,如取字母 a 或者 200.5 进行测试。根据边界值分析法,可以取 0 和 999 999 999 进行测试,补充等价类划分法的测试数据。其测试用例如表 8-3 所示。

表 8-3　开机模块测试用例

测试用例编号	测试用例	测试功能	初始系统状态	输入数据	预期输出
1-1	开机	启动	系统未开启	1. 打开系统主页面; 2. 单击 ON 按钮	显示输入初始现金数目界面
1-2	开机	初始现金数目	显示需要输入初始现金数目界面	1. 输入 0~999 999 999 范围内的整数,如 100,按 Enter 键	显示插入银行卡界面
1-3	开机	初始现金数目	显示需要输入初始现金数目界面	1. 输入负数,如 −1,按 Enter 键	提示输入大于或等于 0 的整数
1-4	开机	初始现金数目	显示需要输入初始现金数目界面	1. 输入大于 999 999 999 的整数,如 1 000 000 000,按 Enter 键	提示输入小于 999 999 999 的整数
1-5	开机	初始现金数目	显示需要输入初始现金数目界面	1. 输入字符,如 a,按 Enter 键	提示输入大于或等于 0 的整数
1-6	开机	初始现金数目	显示需要输入初始现金数目界面	1. 输入小数,如 200.5,按 Enter 键	提示输入大于或等于 0 的整数
1-7	开机	初始现金数目	显示需要输入初始现金数目界面	1. 输入整数 0,按 Enter 键	显示插入银行卡界面
1-8	开机	初始现金数目	显示需要输入初始现金数目界面	1. 输入整数 999 999 999,按 Enter 键	显示插入银行卡界面
1-9	开机	连接银行数据库	系统已开启	1. 在插入银行卡界面,单击 Click to insert card 按钮; 2. 在输入银行卡卡号界面,使用计算机键盘输入"1",按 Enter 键; 3. 在输入 PIN 码界面,通过系统软键盘输入"42",按 Enter 键; 4. 在选择交易类型界面,通过系统软键盘输入"4",选择查询功能; 5. 在选择账户类型界面,通过系统软键盘输入"1",选择支票账户	模拟系统连接银行数据库,在用户控制台上显示支票账户总额 \$100.00,可用额度 \$100.00

2. 关机模块

关机模块的测试用例如表 8-4 所示。

表 8-4　关机模块的测试用例

测试用例编号	测试用例	测试功能	初始系统状态	输　入　数　据	预　期　输　出
2-1	关机	关闭系统	显示插入银行卡界面	1. 单击 OFF 按钮	显示待机界面
2-2	关机	关闭系统	显示插入银行卡界面	1. 单击 Click to insert card 按钮； 2. 使用计算机键盘输入"1"，按 Enter 键； 3. 在输入 PIN 码界面，单击 OFF 按钮	系统无响应，继续完成当前任务
2-3	关机	关闭系统	显示选择交易类型界面	1. 单击 OFF 按钮	系统无响应，继续完成当前任务
2-4	关机	关闭系统	显示选择交易类型界面	1. 通过系统软键盘输入"1"，选择取款功能； 2. 在选择账户类型界面，单击 OFF 按钮	系统无响应，继续完成当前任务
2-5	关机	关闭系统	显示选择交易类型界面	1. 通过系统软键盘输入"1"，选择取款功能； 2. 在选择账户类型界面，通过系统软键盘输入"1"，选择支票账户； 3. 在输入取款金额界面，单击 OFF 按钮	系统无响应，继续完成当前任务
2-6	关机	关闭系统	显示选择交易类型界面	1. 通过系统软键盘输入"1"，选择取款功能； 2. 在选择账户类型界面，通过系统软键盘输入"1"，选择支票账户； 3. 在输入取款金额界面，通过系统软键盘输入"1"，选择 $20； 4. 在选择是否进行其他交易界面，单击 OFF 按钮	系统无响应，继续完成当前任务
2-7	关机	关闭系统	显示选择交易类型界面	1. 通过系统软键盘输入"2"，选择存款功能； 2. 在选择账户类型界面，通过系统软键盘输入"1"按钮，选择支票账户； 3. 在输入存款金额界面，单击 OFF 按钮	系统无响应，继续完成当前任务

续表

测试用例编号	测试用例	测试功能	初始系统状态	输入数据	预期输出
2-8	关机	关闭系统	显示选择交易类型界面	1. 通过系统软键盘输入"4",选择查询功能; 2. 在选择账户类型界面,通过系统软键盘输入"1",选择支票账户; 3. 在显示账户详细信息界面,单击 OFF 按钮	系统无响应,继续完成当前任务

3．登录模块

登录模块的测试用例如表 8-5 所示。

表 8-5　登录模块测试用例

测试用例编号	测试用例	测试功能	初始系统状态	输入数据	预期输出
3-1	登录	读取银行卡	显示插入银行卡界面	1. 单击 Click to insert card 按钮; 2. 在输入账号界面,使用计算机键盘输入"1",按 Enter 键	显示输入 PIN 码界面
3-2	登录	读取银行卡	显示插入银行卡界面	1. 单击 Click to insert card 按钮; 2. 在输入账号界面,使用计算机键盘输入"3",按 Enter 键	银行卡被退出,提示银行卡不可读,返回插入银行卡界面
3-3	登录	读取银行卡	显示插入银行卡界面	1. 单击 Click to insert card 按钮; 2. 在输入账号界面,使用计算机键盘输入"999 999 999",按 Enter 键	显示输入 PIN 码界面
3-4	登录	读取银行卡	显示插入银行卡界面	1. 单击 Click to insert card 按钮; 2. 在输入账号界面,使用计算机键盘,输入"1 000 000 000"按 Enter 键	银行卡被退出,提示银行卡不可读,返回插入银行卡界面
3-5	登录	读取银行卡	显示插入银行卡界面	1. 单击 Click to insert card 按钮; 2. 在输入账号界面,使用计算机键盘输入非整数字符,如"a",按 Enter 键	银行卡被退出,提示银行卡不可读,返回插入银行卡界面
3-6	登录	验证 PIN 码	显示插入银行卡界面	1. 单击 Click to insert card 按钮; 2. 在输入账号界面,使用计算机键盘输入"1",按 Enter 键; 3. 在输入 PIN 码界面,使用系统软键盘输入"42",按 Enter 键	登录成功,显示选择交易类型界面

续表

测试用例编号	测试用例	测试功能	初始系统状态	输 入 数 据	预 期 输 出
3-7	登录	验证 PIN 码	显示插入银行卡界面	1. 单击 Click to insert card 按钮； 2. 在输入账号界面,使用计算机键盘输入"1",按 Enter 键； 3. 在输入 PIN 码界面,使用系统软键盘输入"2",按 Clear 键	输入的 PIN 码被清除
3-8	登录	验证 PIN 码	显示插入银行卡界面	1. 单击 Click to insert card 按钮； 2. 在输入账号界面,使用计算机键盘输入"1",按 Enter 键； 3. 在输入 PIN 码界面,按系统软键盘中的 Enter 键	系统无响应,继续完成当前任务
3-9	登录	验证 PIN 码	显示插入银行卡界面	1. 单击 Click to insert card 按钮； 2. 在输入账号界面,使用计算机键盘输入"1",按 Enter 键； 3. 在输入 PIN 码界面,使用系统软键盘输入 PIN 码"123",按 Enter 键	登录失败,提示 PIN 码不正确,请重新输入 PIN 码
3-10	登录	取消登录	显示插入银行卡界面	1. 单击 Click to insert card 按钮； 2. 在输入账号界面,使用计算机键盘输入"1",按 Enter 键； 3. 在输入 PIN 码界面,单击系统软键盘中的 CANCEL 键	退卡,返回插入银行卡界面
3-11	登录	验证 PIN 码	显示插入银行卡界面	1. 单击 Click to insert card 按钮； 2. 在输入账号界面,使用计算机键盘输入"1",按 Enter 键； 3. 在输入 PIN 码界面,使用系统软键盘输入 PIN 码"1111111111",按 Enter 键	登录失败,提示 PIN 码不正确,请重新输入 PIN 码
3-12	登录	验证 PIN 码	显示插入银行卡界面	1. 单击 Click to insert card 按钮； 2. 在输入账号界面,使用计算机键盘输入"1",按 Enter 键； 3. 在输入 PIN 码界面,使用系统软键盘,输入 PIN 码"11111111111",按 Enter 键	登录失败,提示 PIN 码太大,请重新输入 PIN 码
3-13	登录	超时	显示插入银行卡界面	1. 单击 Click to insert card 按钮； 2. 在输入账号界面,使用计算机键盘输入"1",按 Enter 键； 3. 在输入 PIN 码界面等待 1min(无任何操作)	自动退卡,返回插入银行卡界面

续表

测试用例编号	测试用例	测试功能	初始系统状态	输入数据	预期输出
3-14	登录	多次输入PIN码	显示插入银行卡界面	1. 单击 Click to insert card 按钮； 2. 在输入账号界面，使用计算机键盘输入"1"，按 Enter 键； 3. 在输入 PIN 码界面，使用系统软键盘输入"1"，按 Enter 键； 4. 在重新输入 PIN 码界面，使用系统软键盘输入"42"，按 Enter 键； 5. 在再次输入 PIN 码界面，使用系统软键盘输入"42"，按 Enter 键；	登录成功，显示选择交易类型界面
3-15	登录	多次输入PIN码	显示插入银行卡界面	1. 单击 Click to insert card 按钮； 2. 在输入账号界面，使用计算机键盘输入"1"，按 Enter 键； 3. 在输入 PIN 码界面，使用系统软键盘输入"1"，按 Enter 键； 4. 在重新输入 PIN 码界面，使用系统软键盘输入"2"，按 Enter 键	登录失败，提示 PIN 码不正确，请重新输入 PIN 码
3-16	登录	多次输入PIN码	已经两次输入错误的 PIN 码，系统显示要求客户再次输入 PIN 码界面	使用系统软键盘输入不正确的 PIN 码，如"123"，按 Enter 键	提示请联系银行取回银行卡，并返回插入银行卡界面
3-17	登录	超时	显示选择交易类型界面	不做任何操作，等待 1min	自动退卡，显示插入银行卡界面

4. 取款模块

取款模块(以支票账户为例，默认使用卡 1 登录，系统中有现金＄1000，支票账户中有金额＄100)的测试用例如表 8-6 所示。

表 8-6　取款模块测试用例

测试用例编号	测试用例	测试功能	初始系统状态	输入数据	预期输出
4-1	取款	支票账户取款	显示选择交易类型界面	1. 通过系统软键盘输入"1"，选择取款功能； 2. 在选择账户类型界面，通过系统软键盘输入"1"，选择支票账户； 3. 在输入取款金额界面，通过系统软键盘输入"1"，选择＄20	现金分配器显示现金＄20，客户控制台显示取款的时间、地点、取款数额＄20、支票账户总余额＄80、可用金额＄80 等信息，同时询问是否继续其他交易

续表

测试用例编号	测试用例	测试功能	初始系统状态	输 入 数 据	预 期 输 出
4-2	取款	支票账户取款	卡 1 中支票账户已取款 $20，卡 2 登录，显示选择交易类型界面	1. 通过系统软键盘输入"4"，选择查询功能； 2. 在选择账户类型界面，通过系统软键盘输入"1"，选择支票账户	客户控制台显示支票账户总金额 $80、可用金额 $80 等信息
4-3	取款	支票账户取款	显示选择交易类型界面	1. 通过系统软键盘输入"1"，选择取款功能； 2. 在选择账户类型界面，通过系统软键盘输入"1"，选择支票账户； 3. 在输入取款金额界面，通过系统软键盘输入"2"，选择 $40	现金分配器显示现金 $40，客户控制台显示取款的时间、地点、取款数额 $40、支票账户总金额 $60、可用金额 $60 等信息，同时询问是否继续其他交易
4-4	取款	支票账户取款	显示选择交易类型界面	1. 通过系统软键盘输入"1"，选择取款功能； 2. 在选择账户类型界面，通过系统软键盘输入"1"，选择支票账户； 3. 在输入取款金额界面，通过系统软键盘输入"3"，选择 $60	现金分配器显示现金 $60，客户控制台显示取款的时间、地点、取款数额 $60、支票账户总金额 $40、可用金额 $40 等信息，同时询问是否继续其他交易
4-5	取款	支票账户取款	显示选择交易类型界面	1. 通过系统软键盘输入"1"，选择取款功能； 2. 在选择账户类型界面，通过系统软键盘输入"1"，选择支票账户； 3. 在输入取款金额界面，通过系统软键盘输入"4"，选择 $100	现金分配器显示现金 $100，客户控制台显示取款的时间、地点、取款数额 $100、支票账户总金额 $0、可用金额 $0 等信息，同时询问是否继续其他交易
4-6	取款	支票账户取款	显示选择交易类型界面	1. 通过系统软键盘输入"1"，选择取款功能； 2. 在选择账户类型界面，通过系统软键盘输入"1"，选择支票账户； 3. 在输入取款金额界面，通过系统软键盘输入"5"，选择 $200	提示可用金额不足，是否继续其他交易
4-7	取款	支票账户取款	显示选择交易类型界面，系统可用现金为 $20	1. 通过系统软键盘输入"1"，选择取款功能； 2. 在选择账户类型界面，通过系统软键盘输入"1"，选择支票账户； 3. 在输入取款金额界面，通过系统软键盘输入"3"，选择 $60	提示系统可用现金不足，是否继续其他交易

测试用例编号	测试用例	测试功能	初始系统状态	输入数据	预期输出
4-8	取款	支票账户取款	今日已经从卡1储蓄账户中取现$300,系统显示选择交易类型界面	1. 通过系统软键盘输入"1",选择取款功能; 2. 在选择账户类型界面,通过系统软键盘输入"1",选择支票账户; 3. 在输入取款金额界面,通过系统软键盘输入"1",选择$20	提示今日取款金额超出上限,是否继续其他交易
4-9	取款	支票账户取款	今日已经从卡2货币市场账户中取现$300,系统显示选择交易类型界面	1. 通过系统软键盘输入"1",选择取款功能; 2. 在选择账户类型界面,通过系统软键盘输入"1",选择支票账户; 3. 在输入取款金额界面,通过系统软键盘输入"1",选择$20	现金分配器显示现金$20,客户控制台显示取款的时间、地点、取款数额$20,支票账户总余额$80、可用金额$80等信息,同时询问是否继续其他交易
4-10	取款	取消交易	显示选择交易类型界面	1. 通过系统软键盘输入"1",选择取款功能; 2. 在选择账户类型界面,通过系统软键盘按CANCEL键	提示当前交易取消,是否继续其他交易
4-11	取款	取消交易	显示选择交易类型界面	1. 通过系统软键盘输入"1",选择取款功能; 2. 在选择账户类型界面,通过系统软键盘输入"1",选择支票账户; 3. 在输入取款金额界面,通过系统软键盘按CANCEL键	提示当前交易取消,是否继续其他交易
4-12	取款	取消交易	显示选择交易类型界面	1. 通过系统软键盘输入"1",选择取款功能; 2. 在选择账户类型界面,通过系统软键盘输入"1",选择支票账户; 3. 在输入取款金额界面,通过系统软键盘按CANCEL键; 4. 在提示是否继续交易界面,通过系统软键盘按CANCEL键	银行卡被退出,显示插入银行卡界面
4-13	取款	取消交易	显示选择交易类型界面	1. 通过系统软键盘输入"1",选择取款功能; 2. 在选择账户类型界面,通过系统软键盘输入"1",选择支票账户; 3. 在输入取款金额界面,通过系统软键盘输入"1"; 4. 在现金分配器显示取款金额以及用户控制端打印账户信息时,通过系统软键盘按CANCEL键	系统无响应,继续完成当前任务

续表

测试用例编号	测试用例	测试功能	初始系统状态	输入数据	预期输出
4-14	取款	账户类型选择	显示选择交易类型界面	1. 通过系统软键盘输入"1"，选择取款功能； 2. 在选择账户类型界面，通过系统软键盘输入"3"，选择货币市场账户； 3. 在输入取款金额界面，通过系统软键盘输入"1"，选择 $20	提示账户类型错误，是否继续其他交易
4-15	取款	账户类型选择	使用卡 2 登录，显示选择交易类型界面	1. 通过系统软键盘输入"1"，选择取款功能； 2. 在选择账户类型界面，通过系统软键盘输入"2"，选择储蓄账户； 3. 在输入取款金额界面，通过系统软键盘输入"1"，选择 $20	提示账户类型错误，是否继续其他交易
4-16	取款	超时	显示选择交易类型界面	1. 通过系统软键盘输入"1"，选择取款功能； 2. 在账户类型选择界面，不做任何操作，等待 1min	自动退卡，显示插入银行卡界面
4-17	取款	超时	显示选择交易类型界面	1. 通过系统软键盘输入"1"，选择取款功能； 2. 在选择账户类型界面，通过系统软键盘输入"1"，选择支票账户； 3. 在输入取款金额界面，不做任何操作，等待 1min	自动退卡，显示插入银行卡界面
4-18	取款	超时	显示选择交易类型界面	1. 通过系统软键盘输入"1"，选择取款功能； 2. 在选择账户类型界面，通过系统软键盘输入"1"，选择支票账户； 3. 在输入取款金额界面，通过系统软键盘输入"1"，选择 $20； 4. 在取款成功界面，不做任何操作，等待 1min	自动退卡，显示插入银行卡界面

5. 存款模块

存款模块(以支票账户为例，默认使用卡 1 登录，支票账户中有金额 $100)的测试用例如表 8-7 所示。

表 8-7　存款模块测试用例

测试用例编号	测试用例	测试功能	初始系统状态	输　入　数　据	预　期　输　出
5-1	存款	支票账户存款	显示选择交易类型界面	1. 通过系统软键盘输入"2"，选择存款功能； 2. 在选择账户类型界面，通过系统软键盘输入"1"，选择支票账户； 3. 在输入存款金额界面，通过系统软键盘输入"400"，按 Enter 键	显示放入现金或支票信封界面
5-2	存款	支票账户存款	显示选择交易类型界面	1. 通过系统软键盘输入"2"，选择存款功能； 2. 在选择账户类型界面，通过系统软键盘输入"1"，选择支票账户； 3. 在输入存款金额界面，通过系统软键盘输入"400"，按 Enter 键； 4. 在放入现金或支票信封界面，等候 1min，不做任何操作	提示上次交易已经取消，是否继续交易
5-3	存款	支票账户存款	显示选择交易类型界面	1. 通过系统软键盘输入"2"，选择存款功能； 2. 在选择账户类型界面，通过系统软键盘输入"1"，选择支票账户； 3. 在输入存款金额界面，通过系统软键盘输入"400"，按 CLEAR 键	输入的存款金额清零，可以重新输入
5-4	存款	取消交易	显示选择交易类型界面	1. 通过系统软键盘输入"2"，选择存款功能； 2. 在选择账户类型界面，通过系统软键盘输入"1"，选择支票账户； 3. 在输入存款金额界面，通过系统软键盘输入"400"，按 CANCEL 键	提示当前交易取消，是否继续其他交易
5-5	存款	取消交易	显示选择交易类型界面	1. 通过系统软键盘输入"2"，选择存款功能； 2. 在选择账户类型界面，通过系统软键盘输入"1"，选择支票账户； 3. 在输入存款金额界面，通过系统软键盘输入"400"，按 Enter 键； 4. 在放入现金或支票信封界面，通过系统软键盘按 CANCEL 键	提示当前交易取消，是否继续其他交易

测试用例编号	测试用例	测试功能	初始系统状态	输 入 数 据	预 期 输 出
5-6	存款	支票账户存款	显示选择交易类型界面	1. 通过系统软键盘输入"2",选择存款功能; 2. 在选择账户类型界面,通过系统软键盘输入"1",选择支票账户; 3. 在输入存款金额界面,通过系统软键盘按 Enter 键	系统无响应,或者给出提示信息
5-7	存款	支票账户存款	显示选择交易类型界面	1. 通过系统软键盘输入"2",选择存款功能; 2. 在选择账户类型界面,通过系统软键盘输入"1",选择支票账户; 3. 在输入存款金额界面,通过系统软键盘输入"0",通过系统软键盘按 Enter 键	提示输入存款金额
5-8	存款	支票账户存款	显示选择交易类型界面	1. 通过系统软键盘输入"2",选择存款功能; 2. 在选择账户类型界面,通过系统软键盘输入"1",选择支票账户; 3. 在输入存款金额界面,通过系统软键盘输入"20 000 000.00",按 Enter 键	显示放入现金或支票信封的界面
5-9	存款	支票账户存款	显示选择交易类型界面	1. 通过系统软键盘输入"2",选择存款功能; 2. 在选择账户类型界面,通过系统软键盘输入"1",选择支票账户; 3. 在输入存款金额界面,通过系统软键盘输入"20000000.01",按 Enter 键	提示存款金额超出上限,是否继续其他交易
5-10	存款	支票账户存款	显示选择交易类型界面	1. 通过系统软键盘输入"2",选择存款功能; 2. 在选择账户类型界面,通过系统软键盘输入"1",选择支票账户; 3. 在输入存款金额界面,通过系统软键盘输入"1000",按 Enter 键; 4. 在放入现金和信封界面,按 Click to insert envelope 键	显示存款的时间、地点、账户类型、存款金额 \$1000,账户总金额 \$1100 和可用金额 \$100 等信息,并提示是否继续其他交易

测试用例编号	测试用例	测试功能	初始系统状态	输入数据	预期输出
5-11	存款	支票账户存款	卡1在支票账户中存入$1000，使用卡2登录，系统显示选择交易类型界面	1. 通过系统软键盘输入"4"，选择查询功能； 2. 在选择账户类型界面，通过系统软键盘输入"1"，选择支票账户	显示的支票账户总金额为$1100，可用金额$100
5-12	存款	账户类型选择	显示选择交易类型界面	1. 通过系统软键盘输入"2"，选择存款功能； 2. 在选择账户类型界面，通过系统软键盘输入"3"，选择货币市场账户； 3. 在输入存款金额界面，通过系统软键盘输入"1000"，按Enter键	提示账户类型错误，是否继续其他交易
5-13	存款	账户类型选择	使用卡2登录，显示选择交易类型界面	1. 通过系统软键盘输入"2"，选择存款功能； 2. 在选择账户类型界面，通过系统软键盘输入"2"，选择储蓄账户； 3. 在输入存款金额界面，通过系统软键盘输入"1000"，按Enter键	提示账户类型错误，是否继续其他交易

6. 转账模块

转账模块(以支票账户转入储蓄账户为例,默认使用卡1登录,支票账户中有金额$100,储蓄账户金额为$1000)的测试用例如表8-8所示。

表8-8　转账模块测试用例

测试用例编号	测试用例	测试功能	初始系统状态	输入数据	预期输出
6-1	转账	支票账户向储蓄账户转账	显示选择交易类型界面	1. 通过系统软键盘输入"3"，选择转账功能； 2. 在选择转出账户类型界面，通过系统软键盘输入"1"，选择支票账户； 3. 在选择转入账户类型界面，通过系统软键盘输入"2"，选择储蓄账户； 4. 在输入转账金额界面，通过系统软键盘输入"400"，按Enter键	提示可用金额不足，是否继续其他交易

续表

测试用例编号	测试用例	测试功能	初始系统状态	输 入 数 据	预 期 输 出
6-2	转账	支票账户向储蓄账户转账	使用卡 2 登录，系统显示选择交易类型界面	1. 通过系统软键盘输入"3"，选择转账功能； 2. 在选择转出账户类型界面，通过系统软键盘输入"1"，选择支票账户； 3. 在选择转入账户类型界面，通过系统软键盘输入"2"，选择储蓄账户； 4. 在输入转账金额界面，通过系统软键盘输入"400"，按 Enter 键	提示账户类型错误，是否继续其他交易
6-3	转账	支票账户向储蓄账户转账	显示选择交易类型界面	1. 通过系统软键盘输入"3"，选择转账功能； 2. 在选择转出账户类型界面，通过系统软键盘输入"1"，选择支票账户； 3. 在选择转入账户类型界面，通过系统软键盘输入"2"，选择储蓄账户； 4. 在输入转账金额界面，通过系统软键盘输入"100"，按 Enter 键	显示从支票账户转入储蓄账户，转账金额为 $100，现在储蓄账户中总金额为 $1100，可用金额为 $1100。查询支票账户余额为 0
6-4	转账	支票账户向储蓄账户转账	显示选择交易类型界面	1. 通过系统软键盘输入"3"，选择转账功能； 2. 在选择转出账户类型界面，通过系统软键盘输入"1"，选择支票账户； 3. 在选择转入账户类型界面，通过系统软键盘输入"2"，选择储蓄账户； 4. 在输入转账金额界面，通过系统软键盘输入"0"，按 Enter 键	显示从支票账户转入储蓄账户，转账金额为 $0，现在储蓄账户中总金额为 $1000，可用金额为 $1000。查询支票账户余额正确
6-5	转账	支票账户向储蓄账户转账	显示选择交易类型界面	1. 通过系统软键盘输入"3"，选择转账功能； 2. 在选择转出账户类型界面，通过系统软键盘输入"1"，选择支票账户； 3. 在选择转入账户类型界面，通过系统软键盘输入"2"，选择储蓄账户； 4. 在输入转账金额界面，通过系统软键盘输入"100 000 000"，按 Enter 键	提示转账金额超出上限，是否继续其他交易

测试用例编号	测试用例	测试功能	初始系统状态	输 入 数 据	预 期 输 出
6-6	转账	支票账户向支票账户转账	显示选择交易类型界面	1. 通过系统软键盘输入"3",选择转账功能; 2. 在选择转出账户类型界面,通过系统软键盘输入"1",选择支票账户; 3. 在选择转入账户类型界面,通过系统软键盘输入"1",选择支票账户; 4. 在输入转账金额界面,通过系统软键盘输入"4",按 Enter 键	提示不能自己给自己转账
6-7	转账	超时	显示选择交易类型界面	1. 通过系统软键盘输入"3",选择转账功能; 2. 在选择转出账户类型界面,不做任何操作,等待 1min	自动退卡,返回插入银行卡界面
6-8	转账	超时	显示选择交易类型界面	1. 通过系统软键盘输入"3",选择转账功能; 2. 在选择转出账户类型界面,通过系统软键盘输入"2",选择储蓄账户; 3. 在选择转入账户类型界面,不做任何操作,等待 1min	自动退卡,返回插入银行卡界面
6-9	转账	超时	显示选择交易类型界面	1. 通过系统软键盘输入"3",选择转账功能; 2. 在选择转出账户类型界面,通过系统软键盘输入"2",选择储蓄账户; 3. 在选择转入账户类型界面,通过系统软键盘输入"1",选择支票账户; 4. 在输入转账金额界面,不做任何操作,等待 1min	自动退卡,返回插入银行卡界面
6-10	转账	取消交易	显示选择交易类型界面	1. 通过系统软键盘输入"3",选择转账功能; 2. 在选择转出账户类型界面,通过系统软键盘按 CANCEL 键	提示当前交易取消,是否继续其他交易
6-11	转账	取消交易	显示选择交易类型界面	1. 通过系统软键盘输入"3",选择转账功能; 2. 在输入转出账户类型界面,通过系统软键盘输入"2",选择储蓄账户; 3. 在选择转入账户类型界面,通过系统软键盘按 CANCEL 键	提示当前交易取消,是否继续其他交易

续表

测试用例编号	测试用例	测试功能	初始系统状态	输 入 数 据	预 期 输 出
6-12	转账	取消交易	显示选择交易类型界面	1. 通过系统软键盘输入"3",选择转账功能; 2. 在选择转出账户类型界面,通过系统软键盘输入"2",选择储蓄账户; 3. 在选择转入账户类型界面,通过系统软键盘输入"1",选择支票账户; 4. 在输入转账金额界面,通过系统软键盘按 CANCEL 键	提示当前交易取消,是否继续其他交易

7. 查询模块

查询模块(以支票账户为例,默认使用卡 1 登录)的测试用例如表 8-9 所示。

表 8-9 查询模块测试用例

测试用例编号	测试用例	测试功能	初始系统状态	输 入 数 据	预 期 输 出
7-1	查询	查询支票账户	显示选择交易类型界面	1. 通过系统软键盘输入"4",选择查询功能; 2. 在选择账户类型界面,通过系统软键盘输入"1",选择支票账户	显示支票账户的总金额和可用金额等相关信息
7-2	查询	查询货币市场账户	显示选择交易类型界面	1. 通过系统软键盘输入"4",选择查询功能; 2. 在选择账户类型界面,通过系统软键盘单击"3"按钮,选择货币市场账户	提示账户类型错误,是否继续其他交易
7-3	查询	超时	显示选择交易类型界面	1. 在选择交易类型界面,通过系统软键盘输入"4",选择查询功能; 2. 在选择账户类型界面,不做任何操作,等待 1min	自动退卡,返回插入银行卡界面
7-4	查询	超时	显示选择交易类型界面	1. 通过系统软键盘输入"4",选择查询功能; 2. 在选择账户类型界面,通过系统软键盘输入"1",选择支票账户; 3. 在显示账户详情界面,不做任何操作,等待 1min	自动退卡,返回插入银行卡界面

续表

测试用例编号	测试用例	测试功能	初始系统状态	输 入 数 据	预 期 输 出
7-5	查询	取消交易	显示选择交易类型界面	1. 通过系统软键盘输入"4",选择查询功能; 2. 在选择账户类型界面,通过系统软键盘输入"1"按钮,选择支票账户; 3. 在显示账户详情界面,通过系统软键盘按 CANCEL 键	提示当前交易取消,是否继续其他交易

8. 界面测试

界面模块的测试用例如表 8-10 所示。

表 8-10　界面模块测试用例

测试用例编号	测试用例	测试功能	初始系统状态	输 入 数 据	预 期 输 出
8-1	界面	开机界面	打开系统软件	无	界面显示正常
8-2	界面	插入银行卡界面	系统开机成功	无	界面显示正常
8-3	界面	输入 PIN 码界面	系统已经开机,并且插入了银行卡	输入 PIN 码	界面显示正常,输入的 PIN 码以"＊"代替
8-4	界面	显示选择交易操作界面	客户登录成功	无	界面显示正常
8-5	界面	取款界面	显示选择交易类型界面	1. 通过系统软键盘输入"1",选择取款功能; 2. 在选择账户类型界面,通过系统软键盘输入"1",选择支票账户; 3. 在输入取款金额界面,通过系统软键盘输入"1",选择 $ 20	界面显示正常
8-6	界面	取款界面	显示选择交易类型界面	1. 通过系统软键盘输入"1",选择取款功能; 2. 在选择账户类型界面,通过系统软键盘输入"1",选择支票账户	界面显示正常
8-7	界面	取款界面	显示选择交易类型界面	1. 通过系统软键盘输入"1",选择取款功能	界面显示正常

续表

测试用例编号	测试用例	测试功能	初始系统状态	输 入 数 据	预 期 输 出
8-8	界面	存款界面	显示选择交易类型界面	1. 通过系统软键盘输入"2",选择存款功能； 2. 在选择账户类型界面,通过系统软键盘输入"1",选择支票账户； 3. 在输入存款金额界面,通过系统软键盘输入"1000",按Enter键； 4. 在放入现金和信封界面,单击Click to insert envelope按钮	界面显示正常
8-9	界面	存款界面	显示选择交易类型界面	1. 通过系统软键盘输入"2",选择存款功能； 2. 在选择账户类型界面,通过系统软键盘输入"1",选择支票账户； 3. 在输入存款金额界面,通过系统软键盘输入"1000",按Enter键	界面显示正常
8-10	界面	存款界面	显示选择交易类型界面	1. 通过系统软键盘输入"2",选择存款功能； 2. 在选择账户类型界面,通过系统软键盘输入"1",选择支票账户	界面显示正常
8-11	界面	存款界面	显示选择交易类型界面	1. 通过系统软键盘输入"2",选择存款功能	界面显示正常
8-12	界面	转账界面	显示选择交易类型界面	1. 通过系统软键盘输入"3",选择转账功能； 2. 在选择转出账户类型界面,通过系统软键盘输入"2",选择储蓄账户； 3. 在选择转入账户类型界面,通过系统软键盘输入"1",选择支票账户； 4. 在输入转账金额界面,通过系统软键盘输入"0",按Enter键	界面显示正常
8-13	界面	转账界面	显示选择交易类型界面	1. 通过系统软键盘输入"3",选择转账功能； 2. 在选择转出账户类型界面,通过系统软键盘输入"2",选择储蓄账户； 3. 在选择转入账户类型界面,通过系统软键盘输入"1",选择支票账户	界面显示正常

续表

测试用例编号	测试用例	测试功能	初始系统状态	输入数据	预期输出
8-14	界面	转账界面	显示选择交易类型界面	1. 通过系统软键盘输入"3",选择转账功能; 2. 在选择转出账户类型界面,通过系统软键盘输入"2",选择储蓄账户	界面显示正常
8-15	界面	转账界面	显示选择交易类型界面	1. 通过系统软键盘输入"3",选择转账功能	界面显示正常
8-16	界面	查询界面	显示选择交易类型界面	1. 通过系统软键盘输入"4",选择查询功能; 2. 在选择转出账户类型界面,通过系统软键盘输入"1",选择支票账户	界面显示正常
8-17	界面	查询界面	显示选择交易类型界面	1. 通过系统软键盘输入"4",选择查询功能	界面显示正常

8.3 测试环境部署

测试工作需要依赖一定的测试环境,但是测试环境本身也存在一定的风险,比如计算机蓝屏、计算机重启等故障,所以正式测试之前需要提前部署测试环境,对测试环境进行简单的测试,以确保测试工作顺利进行以及测试结果的准确性。

功能测试工作和性能测试工作通常由不同的测试人员完成,所以部署测试环境也最好分开设置,而且性能测试工作通常需要持续一段时间,有的测试用例一次可能需要运行几个小时,甚至几天,分开部署有利于工作的并行化处理,提高测试工作的效率。该ATM模拟系统的测试工作不涉及性能问题,所以只部署功能测试环境。

1. 安装办公软件

大部分计算机上均已安装 Microsoft Office 软件,这里同样选择该办公软件,如图 8-6 所示,用以查看测试计划文档、测试用例文档、测试报告文档等。当然,也可以使用其他办公软件,如 WPS,建议所有测试组的测试人员使用统一版本软件,以免出现格式混乱问题。

2. 安装版本控制系统

在测试过程中,需要对不同的被测试软件版本进行多轮、多种测试,产生很多测试文档。为了高效

图 8-6 Microsoft Office 办公软件

地管理测试过程中产生的文档以及被测试软件,可以选择 SVN 版本控制工具对其进行管理,也可以使用 Git、ClearCase 等工具,便于多人同时测试同一个项目,实现资源共享和最终集中式管理的目的。

3. 安装缺陷跟踪系统

在测试过程中,测试人员需要及时上报软件缺陷,开发人员需要及时处理软件缺陷。为了更好地管理测试过程中产生的软件缺陷,实时跟踪软件缺陷状态,本轮测试选择安装缺陷跟踪管理系统 Bugzilla。通过 Bugzilla 更好地提交缺陷、修复缺陷、关闭缺陷等,有效地管理缺陷、统计缺陷。

4. 安装被测试软件运行环境

ATM 模拟系统是采用 Java 语言开发的软件,需要 JVM 运行环境,所以需要安装 JDK。可以从官网 https://www.oracle.com/java 中下载 Java 运行环境,下载后双击安装文件,安装完成后设定环境变量。

5. 获取被测试软件

根据配置管理员提供的下载路径,下载被测试软件。先进行基本功能的试运行,确保被测试软件可以在被测试环境中运行。

6. 获取测试计划和测试用例等相关测试文件

从 SVN 中获取本次测试的测试计划、测试用例等测试文件,为测试工作做好准备。

在部署软件测试环境时,可能会遇到各种问题,可以将遇到的问题和相应的解决方法及时记录并上传到 SVN 中,形成有效、可靠的经验,供他人参考。

8.4 测试执行、缺陷报告与跟踪

8.4.1 测试执行

本轮测试需要测试两个被测试软件版本,0.9 版本和 1.0 版本。测试之前首先召开动员会,明确测试目的和里程碑,严格审查测试环境。分配人员对 0.9 版本进行系统测试,然后在 1.0 版本上对 0.9 版本的软件缺陷进行回归测试,同时对 1.0 版本再次进行系统测试。一轮系统测试结束后,互换测试人员所测试模块再进行测试,发挥测试人员的互补作用,找到更多的软件缺陷。测试过程中,测试人员需要一边测试一边在 Bugzilla 系统中提交发现的软件缺陷。每周进行测试例会,测试人员汇报测试情况,发现的问题情况,测试责任人及时调整测试计划和测试范围。

8.4.2 缺陷报告与跟踪

1. 0.9 版本发现的软件缺陷

基于 0.9 版本进行系统测试,针对上述测试用例发现的问题如表 8-11 所示。

表 8-11　0.9 版本中的软件缺陷

测试用例编号	测试用例	测试功能	初始系统状态	输入数据	预期输出	测试结果	实际输出
1-4	开机	初始现金数目	显示需要输入初始现金数目界面	1. 输入大于 999 999 999 的整数,如 1 000 000 000,按 Enter 键	提示输入小于 999 999 999 的整数	fail	显示插入银行卡界面
3-2	登录	读取银行卡	显示插入银行卡界面	1. 单击 Click to insert card 按钮; 2. 在输入账号界面,使用计算机键盘输入数字"3",按 Enter 键	银行卡被退出,提示银行卡不可读,返回插入银行卡界面	fail	显示输入 PIN 码界面
3-9	登录	验证 PIN 码	显示插入银行卡界面	1. 单击 Click to insert card 按钮; 2. 在输入账号界面,使用计算机键盘输入数字"1",按 Enter 键; 3. 在输入 PIN 码界面,使用系统软键盘输入 PIN 码"123",按 Enter 键	登录失败,提示 PIN 码不正确,请重新输入 PIN 码	fail	显示选择交易类型界面
3-11	登录	验证 PIN 码	显示插入银行卡界面	1. 单击 Click to insert card 按钮; 2. 在输入账号界面,使用计算机键盘输入数字"1",按 Enter 键; 3. 在输入 PIN 码界面,使用系统软键盘输入 PIN 码"1111111111",按 Enter 键	登录失败,提示 PIN 码不正确,请重新输入 PIN 码	fail	显示选择交易类型界面
3-12	登录	验证 PIN 码	显示插入银行卡界面	1. 单击 Click to insert card 按钮; 2. 在输入账号界面,使用电脑键盘输入数字"1",按 Enter 键; 3. 在输入 PIN 码界面,使用系统软键盘,输入 PIN 码"11111111111",按 Enter 键	登录失败,提示 PIN 码太大,请重新输入 PIN 码	fail	系统死机
3-13	登录	超时	显示插入银行卡界面	1. 单击 Click to insert card 按钮; 2. 在输入账号界面,使用电脑键盘输入数字"1",按 Enter 键; 3. 在输入 PIN 码界面等待 1min(无任何操作)	自动退卡,返回插入银行卡界面	fail	等待输入 PIN 码

测试用例编号	测试用例	测试功能	初始系统状态	输入数据	预期输出	测试结果	实际输出
3-14	登录	多次输入PIN码	显示插入银行卡界面	1. 单击 Click to insert card 按钮； 2. 在输入账号界面，使用电脑键盘输入数字"1"，按 Enter 键； 3. 在输入 PIN 码界面，使用系统软键盘输入数字"1"，按 Enter 键 4. 在重新输入 PIN 码界面，使用系统软键盘输入数字"42"，按 Enter 键 5. 在再次输入 PIN 码界面，使用系统软键盘输入数字"42"，按 Enter 键	登录成功，显示选择交易类型界面	NA	输入错误 PIN 码，也可以进入选择交易类型界面
3-15	登录	多次输入PIN码	显示插入银行卡界面	1. 单击 Click to insert card 按钮； 2. 在输入账号界面，使用电脑键盘输入数字"1"，按 Enter 键； 3. 在输入 PIN 码界面，使用系统软键盘输入数字"1"，按 Enter 键； 4. 在重新输入 PIN 码界面，使用系统软键盘输入数字"2"，按 Enter 键	登录失败，提示 PIN 码不正确，请重新输入 PIN 码	NA	输入错误 PIN 码，也可以进入选择交易类型界面
3-16	登录	多次输入PIN码	已经两次输入错误的 PIN 码，系统显示要求客户再次输入 PIN 码界面	1. 使用系统软键盘输入不正确的 PIN 码，如"123"，按 Enter 键	提示请联系银行取回银行卡，并返回插入银行卡界面	NA	输入错误 PIN 码，也可以进入选择交易类型界面
3-17	登录	超时	选择交易类型界面	不做任何操作，等待 1min	自动退卡，显示插入银行卡界面	fail	仍处于等待状态
4-16	取款	超时	显示选择交易类型界面	1. 通过系统软键盘输入"1"，选择取款功能 2. 在账户类型选择界面，不做任何操作，等待 1min	自动退卡，显示插入银行卡界面	fail	仍处于等待状态

测试用例编号	测试用例	测试功能	初始系统状态	输入数据	预期输出	测试结果	实际输出
4-17	取款	超时	显示选择交易类型界面	1. 通过系统软键盘输入"1"，选择取款功能； 2. 在选择账户类型界面，通过系统软键盘输入"1"，选择支票账户； 3. 在输入取款金额界面，不做任何操作，等待1min	自动退卡，显示插入银行卡界面	fail	仍处于等待状态
4-18	取款	超时	显示选择交易类型界面	1. 通过系统软键盘输入"1"，选择取款功能； 2. 在选择账户类型界面，通过系统软键盘输入"1"，选择支票账户； 3. 在输入取款金额界面，通过系统软键盘输入"1"，选择$20； 4. 在取款成功界面，不做任何操作，等待1min	自动退卡，显示插入银行卡界面	fail	仍处于等待状态
5-7	存款	支票账户存款	显示选择交易类型界面	1. 通过系统软键盘输入"2"，选择存款功能； 2. 在选择账户类型界面，通过系统软键盘输入"1"，选择支票账户； 3. 在输入存款金额界面，通过系统软键盘输入"0"，通过系统软键盘按Enter键	提示输入存款金额	fail	显示放入现金或支票信封的界面
5-9	存款	支票账户存款	显示选择交易类型界面	1. 通过系统软键盘输入"2"，选择存款功能； 2. 在选择账户类型界面，通过系统软键盘输入"1"，选择支票账户； 3. 在输入存款金额界面，通过系统软键盘输入"20 000 000.01"，按Enter键	提示存款金额超出上限，是否继续其他交易	fail	显示放入现金或支票信封的界面
6-5	转账	支票账户向储蓄账户转账	显示选择交易类型界面	1. 通过系统软键盘输入"3"，选择转账功能； 2. 在选择转出账户类型界面，通过系统软键盘输入"1"，选择支票账户； 3. 在选择转入账户类型界面，通过系统软键盘输入"2"，选择储蓄账户； 4. 在输入转账金额界面，通过系统软键盘输入"100 000 000"，按Enter键	提示转账金额超出上限，是否继续其他交易	fail	系统死机

续表

测试用例编号	测试用例	测试功能	初始系统状态	输入数据	预期输出	测试结果	实际输出
6-7	转账	超时	显示选择交易类型界面	1. 通过系统软键盘输入"3"，选择转账功能； 2. 在选择转出账户类型界面，不做任何操作，等待 1min	自动退卡，返回插入银行卡界面	fail	系统仍处于等待状态
6-8	转账	超时	显示选择交易类型界面	1. 通过系统软键盘输入"3"，选择转账功能； 2. 在选择转出账户类型界面，通过系统软键盘输入"2"，选择储蓄账户； 3. 在选择转入账户类型界面，不做任何操作，等待 1min	自动退卡，返回插入银行卡界面	fail	系统仍处于等待状态
6-9	转账	系统超时	显示选择交易类型界面	1. 通过系统软键盘输入"3"，选择转账功能； 2. 在选择转出账户类型界面，通过系统软键盘输入"2"，选择储蓄账户； 3. 在选择转入账户类型界面，通过系统软键盘输入"1"，选择支票账户； 4. 在输入转账金额界面，不做任何操作，等待 1min	自动退卡，返回插入银行卡界面	fail	系统仍处于等待状态
7-3	查询	超时	显示选择交易类型界面	1. 通过系统软键盘输入"4"，选择查询功能； 2. 在选择账户类型界面，不做任何操作，等待 1min	自动退卡，返回插入银行卡界面	fail	系统仍处于等待状态
7-4	查询	超时	显示选择交易类型界面	1. 通过系统软键盘输入"4"，选择查询功能； 2. 在选择账户类型界面，通过系统软键盘输入"1"，选择支票账户； 3. 在显示账户详情界面，不做任何操作，等待 1min	自动退卡，返回插入银行卡界面	fail	系统仍处于等待状态

在 0.9 版本中发现的问题，在 1.0 版本中进行回归测试，发现部分问题已经解决，但是超时和输入数据过大的问题都没有解决，如测试用例 3-2、3-12、3-13、3-17、4-16、4-17、4-18、5-7、5-9、6-5、6-7、6-8、6-9、7-3、7-4 都未解决。

2. 1.0 版本发现的软件缺陷

基于 1.0 版本进行系统测试，除了 0.9 版本中未解决的问题外，还发现了一些新问题（针对上述测试用例），如表 8-12 所示。

表 8-12　1.0 版本中的软件缺陷

测试用例编号	测试用例	测试功能	初始系统状态	输入数据	预期输出	测试结果	实际输出
3-4	登录	读取银行卡	显示插入银行卡界面	1. 单击 Click to insert card 按钮； 2. 在输入账号界面，使用电脑键盘输入"1000000000"按 Enter 键	银行卡被退出，提示银行卡不可读，显示插入银行卡界面	fail	显示输入 PIN 码界面
4-1	取款	支票账户取款	显示选择交易类型界面	1. 通过系统软键盘输入"1"，选择取款功能； 2. 在选择账户类型界面，通过系统软键盘输入"1"，选择支票账户； 3. 在输入取款金额界面，通过系统软键盘输入"1"，选择 $20	现金分配器显示现金 $20，客户控制台显示取款的时间、地点、取款数额 $20、支票账户总余额 $80、可用金额 $80 等信息，同时询问是否继续其他交易	fail	现金分配器中显示的是 40 美元，账户中扣除的也是 40 美元
4-3	取款	支票账户取款	显示选择交易类型界面	1. 通过系统软键盘输入"1"，选择取款功能； 2. 在选择账户类型界面，通过系统软键盘输入"1"，选择支票账户； 3. 在输入取款金额界面，通过系统软键盘输入"2"，选择 $40	现金分配器显示现金 $40，客户控制台显示取款的时间、地点、取款数额 $40、支票账户总金额 $60、可用金额 $60 等信息，同时询问是否继续其他交易	fail	现金分配器中显示的是 $60，账户中扣除的也是 $60
4-4	取款	支票账户取款	显示选择交易类型界面	1. 通过系统软键盘输入"1"，选择取款功能； 2. 在选择账户类型界面，通过系统软键盘输入"1"，选择支票账户； 3. 在输入取款金额界面，通过系统软键盘输入"3"，选择 $60	现金分配器显示现金 $60，客户控制台显示取款的时间、地点、取款数额 $60、支票账户总金额 $40、可用金额 $40 等信息，同时询问是否继续其他交易	fail	现金分配器中显示的是 $100，账户中扣除的也是 $100

续表

测试用例编号	测试用例	测试功能	初始系统状态	输 入 数 据	预 期 输 出	测试结果	实际输出
4-5	取款	支票账户取款	显示选择交易类型界面	1. 通过系统软键盘输入"1"，选择取款功能； 2. 在选择账户类型界面，通过系统软键盘输入"1"，选择支票账户； 3. 在输入取款金额界面，通过系统软键盘输入"4"，选择 $100	现金分配器显示现金 $100，客户控制台显示取款的时间、地点、取款数额 $100、支票账户总金额 $0、可用金额 $0 等信息，同时询问是否继续其他交易	fail	系统提示可用金额不足，是否继续其他交易
4-6	取款	支票账户取款	显示选择交易类型界面	1. 通过系统软键盘输入"1"，选择取款功能； 2. 在选择账户类型界面，通过系统软键盘输入"1"，选择支票账户； 3. 在输入取款金额界面，通过系统软键盘输入"5"，选择 $200	提示可用金额不足，是否继续其他交易	fail	现金分配器显示现金 $20，客户控制台显示取款的时间、地点、取款数额 $20、支票账户总余额 $80、可用金额 $80 等信息，同时询问是否继续其他交易
4-14	取款	账户类型选择	显示选择交易类型界面	1. 通过系统软键盘输入"1"，选择取款功能； 2. 在选择账户类型界面，通过系统软键盘输入"3"，选择货币市场账户； 3. 在输入取款金额界面，通过系统软键盘输入"1"，选择 $20	提示账户类型错误，是否继续其他交易	fail	提示账户类型错误，显示选择取款金额界面
5-10	存款	支票账户存款	显示选择交易类型界面	1. 通过系统软键盘输入"2"，选择存款功能； 2. 在选择账户类型界面，通过系统软键盘输入"1"，选择支票账户； 3. 在输入存款金额界面，通过系统软键盘输入"1000"，按 Enter 键； 4. 在放入现金和信封界面，单击 Click to insert envelope 按钮	显示存款的时间、地点、账户类型、存款金额 $1000，账户总金额 $1100 和可用金额 $100 等信息，并提示是否继续其他交易	fail	显示存款的时间、地点、账户类型、存款金额 $1000，账户总金额 $1090 和可用金额 $100 等信息，并提示是否需要继续进行交易

续表

测试用例编号	测试用例	测试功能	初始系统状态	输 入 数 据	预 期 输 出	测试结果	实际输出
6-3	转账	支票账户向储蓄账户转账	显示选择交易类型界面	1. 通过系统软键盘输入"3"，选择转账功能； 2. 在选择转出账户类型界面，通过系统软键盘输入"1"，选择支票账户； 3. 在选择转入账户类型界面，通过系统软键盘输入"2"，选择储蓄账户； 4. 在输入转账金额界面，通过系统软键盘输入"100"，按Enter键	显示从支票账户转入储蓄账户，转账金额为$100，现在储蓄账户中总金额为$1100，可用金额为$1100。查询支票账户余额为0	fail	显示从储蓄账户转入支票账户，转账金额为$99.5，现在储蓄账户中总金额为$1099.5，可用金额为$1099.5。查询支票账户余额为$0.5
6-4	转账	支票账户向储蓄账户转账	显示选择交易类型界面	1. 通过系统软键盘输入"3"，选择转账功能； 2. 在选择转出账户类型界面，通过系统软键盘输入"1"，选择支票账户； 3. 在选择转入账户类型界面，通过系统软键盘输入"2"，选择储蓄账户； 4. 在输入转账金额界面，通过系统软键盘输入"0"，按Enter键	显示从支票账户转入储蓄账户，转账金额为$0，现在储蓄账户中总金额为$1000，可用金额为$1000。查询支票账户余额正确	fail	显示从储蓄账户转入支票账户，转账金额为$0.0-50，现在储蓄账户中总金额为$999.50，可用金额为$999.50。查询支票账户余额$100.5

将以上问题全部及时录入 Bugzilla 等缺陷跟踪系统中，实时查看缺陷状态。针对 ATM 模拟系统，进行 2 次系统测试和 1 次回归测试。

8.5　测试报告编写

1. 导言

1）编写目的

本报告是关于 ATM 模拟系统的功能测试报告，预期读者包括：软件评估人员、软件开发人员、软件项目管理人员和软件测试人员。

2）背景说明

该系统主要用于内部教学使用，本次测试是对 ATM 模拟系统 0.9 版本和 1.0 版本进行系统功能测试，以及在 1.0 版本上进行回归测试，主要验证该系统是否符合真实的银行自动柜员机。

2. 测试环境

测试环境配置详见 8.3 节。

3. 测试范围

本次测试范围如表 8-13 所示。

表 8-13　测试范围

序　　号	产品描述	测 试 要 点
1	开机	单击 ON 按钮，系统被启动测试
2		系统接收初始现金数目测试
3		系统连接银行数据库测试
4	关机	单击 OFF 按钮关闭系统测试
5	登录	系统读取银行卡测试
6		系统验证 PIN 码测试
7		PIN 码输入窗口的清除功能测试
8		系统验证 PIN 码测试
9		取消登录测试
10		系统超时测试
11	取款	支票账户取款测试
12		储蓄账户取款测试
13		货币市场账户取款测试
14		取消交易测试
15		账户类型选择测试
16		系统超时测试
17	存款	支票账户存款测试
18		储蓄账户存款测试
19		货币市场账户存款测试
20		取消交易测试
21		账户类型选择测试
22		系统超时测试
23	转账	支票账户向储蓄账户转账测试
24		支票账户向货币市场账户转账测试
25		支票账户向支票账户转账测试
26		储蓄账户向支票账户转账测试

序　号	产品描述	测　试　要　点
27	转账	储蓄账户向货币市场账户转账测试
28		储蓄账户向储蓄账户转账测试
29		货币市场账户向支票账户转账测试
30		货币市场账户向储蓄账户转账测试
31		货币市场账户向货币市场账户转账测试
32		系统超时测试
33		取消交易测试
34	查询	查询支票账户测试
35		查询储蓄账户测试
36		查询货币市场账户测试
37		取消交易测试
38		系统超时测试
39	界面	开机界面测试
40		插入银行卡界面测试
41		输入 PIN 码界面测试
42		显示选择交易操作界面测试
43		取款界面测试
44		存款界面测试
45		转账界面测试
46		查询界面测试

4．测试过程分析

本报告中功能测试主要采用的是黑盒测试，测试过程概要分析如表 8-14 所示。

表 8-14　测试过程概要分析

测试版本	功能模块	执行用例数	用例通过数	用例未通过数	用例通过率
0.9	开机	9	8	1	88.89%
	关机	8	8	0	100.00%
	登录	17	8	9	47.06%
	取款	34	30	4	88.24%
	存款	33	27	6	81.82%
	转账	30	23	7	76.67%

续表

测试版本	功能模块	执行用例数	用例通过数	用例未通过数	用例通过率
0.9	查询	8	6	2	75.00%
	界面	17	17	0	100.00%
1.0	开机	9	9	0	100.00%
	关机	8	8	0	100.00%
	登录	17	12	5	70.59%
	取款	34	13	21	38.24%
	存款	33	23	10	69.70%
	转账	30	15	15	50.00%
	查询	8	3	5	37.50%
	界面	17	17	0	100.00%

5. 测试结果分析

本次功能测试中测试用例数为 156 个,1.0 版本中未通过测试的用例数为 56 个,测试用例通过率为 64.1%,因此,1.0 版本功能实现不合格。

1) 功能 Bug 统计

在 1.0 版本的功能测试中共发现 56 个 Bug,将测试失败的问题分类,统计结果如图 8-7 所示,出现的 Bug 按照严重程度统计情况如图 8-8 所示。

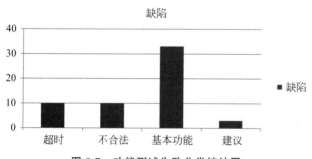

图 8-7 功能测试失败分类统计图

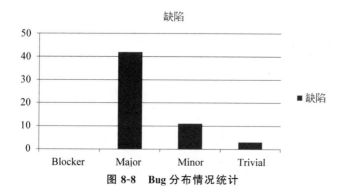

图 8-8 Bug 分布情况统计

2）缺陷分析

1.0 版本明显比 0.9 版本增加了大量的 Bug，大部分 Bug 发生在取款、存款、转账模块中，这些模块的 Bug 大多数是账户余额计算错误问题，都是基础功能问题；部分 Bug 是由于系统在客户长时间无操作时，系统没有及时退卡，因此存在安全隐患；也有部分 Bug 是由于输入数据过大，系统没有做出容错处理，导致系统崩溃。

附 录 A

缺陷跟踪实验

A.1 引言

A.1.1 实验目标

通过该实验,学生应了解测试的基本原理,区分随机测试、手动测试和回归测试的区别,积累测试软件系统的实践经验和在缺陷生命周期的多个阶段中跟踪缺陷的实践经验。

A.1.2 实验工具

该实验所需的唯一测试工具是缺陷跟踪系统(Bugzilla),其具体安装和使用方法,请参见第 4 章 4.3 节。

A.1.3 被测试系统

本实验被测试系统是第 8 章中介绍的 ATM 模拟系统。该系统允许用户对其银行账户进行存款、取款、查询和转账,其具体功能需求可参见第 8 章。

该 ATM 模拟系统有两个有效的卡号和 PIN 码。

卡号 1:PIN 码为 42,可用账户是支票和储蓄账户。

卡号 2:PIN 码为 1234,可用账户是支票和货币市场账户。

注意:这两张卡都可以访问同一个支票账户。每个账户的初始余额是:支票账户 $100,储蓄账户 $1000,货币市场账户 $5000。

A.2 实验内容

A.2.1 熟悉测试系统

请下载 ATM 模拟系统 1.0 版本,运行 1.0 版本的 JAR 文件,显示其 GUI。

A.2.2　熟悉实验工具

请在 Web 浏览器中输入 http://bugtrack.imau.edu.cn,下载安装 Bugzilla 客户端。

A.2.3　随机测试

在开始测试之前,首先制订一个高层次的测试计划,用来说明如何测试系统。该计划可能包括但不仅限于以下信息:目标功能、采用的方法以及计划如何生成测试用例。注意,这不一定是最好的计划,但只要它是合理的即可。

大约花费半小时的时间执行设计的测试计划。每个学生都需要单独执行随机测试,并使用自己的账户记录缺陷。在执行测试时,需要为每个测试用例记录以下信息。

- 正在测试的功能(例如,登录)。
- 系统的初始状态(例如,系统处于已开启且空闲的状态,即尚未服务某客户)。
- 采取的操作(例如,插卡、输入正确的卡号和密码)。
- 预期的结果(例如,客户登录成功,系统正确显示菜单)。

在执行测试时,如果实际结果与预期结果不同,则以一种简洁的方式在 Bugzilla 中报告缺陷,确保阅读缺陷报告的开发人员知道该缺陷是什么,并且尽可能修复。报告缺陷的产品名称是 ATM 模拟系统。在报告缺陷时,请遵循 Bugzilla 提供的“示例缺陷报告”文章(http://www.softwaretestinghelp.com/sample-bug-report)中的指导原则。

完成随机测试后,学生分组在 Bugzilla 的高级搜索选项中的第一个 E-mail 地址搜索框中输入本组学生的用户名(E-mail 地址),选中 the reporter 复选框,执行搜索,找到该组成员的所有缺陷,并对其进行评审。注意,需要在实验报告中记录同行评审的细节。如果发现小组成员提交的缺陷存在重复的缺陷,则任选两个重复的缺陷报告之一进行编辑,更改其状态,将此报告标记为副本。单击缺陷报告中更改状态下的链接,将显示一组新字段,输入其他(等效)缺陷报告的缺陷编号,然后单击另一个缺陷报告,滚动到页面底部,单击“提交”按钮。这样可以确保每个缺陷仅有一个与之关联的缺陷报告。

A.2.4　手动功能测试

本节内容由小组合作完成。一个同学完成操作测试(操作计算机,执行被测试系统),另一个同学跟踪并报告发现的缺陷,确定执行测试的顺序。

请根据第 8 章测试用例的案例,完善测试用例套件并完成手动功能测试,每个测试用例至少执行一次,验证每个用例的实际结果与预期结果是否相匹配。如果不匹配,则报告发现的缺陷。为了区别在此阶段和上个阶段发现的缺陷,在摘要字段中输入“MFT:”(手动功能测试)。

测试完成后,查看所有创建的缺陷报告。为此,请在 Bugzilla 摘要字段中查找包含“MFT:”的缺陷。

A.2.5　缺陷校正验证和回归测试

获取 ATM 模拟系统的更新版本(1.1 版),该系统版本已由虚构的开发人员根据先前报告的缺陷进行了部分修复。将前两个测试阶段中发现的缺陷分配给组内成员在 1.1 版本上进行回归测试,也可以单独重新测试。

(1) 打开 Bugzilla 系统中的产品编辑页面,为 ATM 系统产品添加一个新版本(1.1版)。

(2) 在 Bugzilla 系统中搜索小组报告的有关 ATM 1.0 版的所有缺陷。

(3) 在 1.1 版本中重新测试上述发现的每一个缺陷,以确定哪些缺陷已经修复,哪些未修复。如果缺陷已在 1.1 版本中修复,则更改缺陷状态为"Verified"。如果缺陷尚未在 ATM 系统 1.1 版本中得到修复,则将状态更改为"Reopend",并添加注释"1.1 版中仍存在缺陷"。

(4) 在 1.1 版本上重新完成功能测试,如果发现以前报告过的缺陷,请不要再次报告。如果发现新的缺陷,报告这些缺陷时,请确保选择了 1.1 版本。

A.3　交付成果和评分

A.3.1　Bugzilla 缺陷报告(30%)

按照 Bugzilla 系统中保存的缺陷报告对学生进行评分。缺陷报告的评分标准如下。

表 A-1　缺陷报告评分标准

Bugzilla 缺陷报告(30%)	分　值
正确性 缺陷报告中是否包含详细的缺陷信息 所有缺陷的描述是否都在相同的详细级别上 每一个缺陷是否包含输入、期望输出和错误输出	10%
明确并遵守缺陷报告准则 缺陷描述是否清晰、准确 是否清晰地描述了缺陷的输入数据 是否清晰地描述了缺陷需要哪些文件	10%
发现的缺陷数量	10%

A.3.2　实验报告(70%)

学生需要提交一份实验报告。实验报告评分标准如表 A-2 所示。

表 A-2　实验报告评分标准

实验报告(70%)	分　值
提交报告	2%
随机测试计划的高级描述	8%
在随机测试期间执行的测试用例	10%
从几个角度(如收益、权衡、有效性、效率等)比较随机测试和手动功能测试	20%
注意事项和缺陷报告的同行评审笔记和讨论	10%
对团队工作/努力是如何分配和管理的讨论。从这个实验的团队合作中学到了什么	10%
遇到的任何困难,克服的挑战以及从中汲取的教训	10%

黑盒单元测试实验

B.1 引言

B.1.1 实验目标

学习单元测试的基础知识,根据每个单元的要求进行单元测试。Java 中使用最广泛的单元测试工具是 JUnit 框架。学生应该了解如何使用 JUnit 完成实验。

B.1.2 实验工具

该实验的主要测试工具是 JUnit。JUnit 是流行的、免费的 Java 单元测试工具框架。有关 JUnit 的更多信息,请参看第 5 章 5.8 节,或参见 http://www.junit.org。

该实验使用的另一个工具是 Javadoc。尽管 Javadoc 并不是一个明确的测试工具,但在本实验的研究范围内,它将用于存储需求规范,以便设计测试用例套件。Javadoc 允许开发人员在源代码以及代码本身中创建应用程序接口(API)文档。在同一位置创建文档和代码不仅可以改善开发人员、维护人员和测试人员之间的通信,而且可以简化文档的更新,并防止潜在的冗余和(或)错误。有关 Javadoc 的更多信息,请参见 http://java.sun.com/j2se/javadoc。

B.1.3 被测试系统

本实验测试的系统是 JFreeChart。JFreeChart 是一个用于计算、创建和显示图表的开源 Java 框架。该框架支持许多不同的图形(图表)类型,包括饼图、条形图、折线图、直方图和其他几种图表类型。请下载"JFreeChart v1.0-correct version.zip"文件,并将整个压缩文件解压到已知位置,以便完成测试,具体介绍请参看第 5 章 5.8 节。

虽然 JFreeChart 系统在技术上不是一个独立的应用程序,但 JFreeChart 的开发人员已经创建了几个样例类,可以通过执行这些样例类来展示系统的一些功能,这些样例类在类名后附加了 Demo 字样。该框架分为两个主要包,即 org.jfree.chart 和 org.jfree.data。这两个包中的每个软件包也分为几个其他较小的包。为了在本实验中进行测试,我们将重点关注 org.jfree.data 包。

B.2 实验内容

B.2.1 熟悉实验工具和被测试系统

每组的两名学生应在同一台计算机上一起完成这部分实验。在进行正式实验之前，需要确保每个人都掌握了第 5 章 5.8 节的概念，并能使用 Eclipse 构建简单的单元测试。

本实验的测试生成部分要求根据 Javadocs 中包含的这些类的规范为这些类生成单元测试用例。请从 http://softqual1.enel.ucalgary.ca/JFreeChart/ModifiedJavadoc/ 打开 JFreeChart 的 Javadoc。

在包列表(左上角)中，向下滚动找到 org.jfree.chart.axis 包，然后单击，则会显示该类列表(左下角)中的几个类。在类列表中，单击颜色栏，主内容窗口中显示该颜色条的 API 规范。最上面是类本身的描述(包括继承信息)，其次是嵌套类、属性、方法(从任何构造函数开始)、继承的方法，最后是每个方法的详细说明。请注意窗口中显示的方法摘要和方法的详细信息，这将是测试的主要内容。

B.2.2 测试套件生成

在本节中，将为几个类创建单元测试，并根据它们的规范对其进行测试。要测试的 3 个类具体如下。

- org.jfree.data.DataUtilities(在 org.jfree.data 包中)：有 5 个方法。
- org.jfree.data.Range(在 org.jfree.data 包中)：有 15 个方法。
- org.jfree.data.io.CSV(在 org.jfree.data.io 包中)：有 1 个方法。

浏览 Javadoc 中每个类的 API 规范。注意，这些方法中有一些类实现了特定的接口。为了测试这些类，需要实例化一个具体类来实现这些接口。例如 org.jfree.data.DataUtilities.calculateRowTotal()方法将一个实现 Values2D 接口的对象作为参数。为了测试这一方法，可以创建一个以一种简单的方式实现这个接口的类，或者实例化一个 DefaultKeyedValues2D 类型的对象。

与其他测试一样，首先，必须创建一个测试计划，该计划应该包括以下信息：谁会创建哪些测试用例，如何确保需求得到充分测试(是否要进行详尽的测试，基于边界值分析法、等价类法等测试)。然后执行测试计划。本实验要求为 org.jfree.data.DataUtilities 的 5 种方法和 org.jfree.data.io.CSV 的 1 种方法创建测试用例。对于 org.jfree.data.Range，可以从 15 个方法中选择 5 个方法为它们创建测试用例。将每个测试用例保存在一个单独的方法中。如 testPositiveValuesForMethodX() 和 testNegativeValuesForMethodX()，而不是单个的 testMethodX()，有助于保持测试用例的一致性，并使分析测试用例的影响简单化。最后，执行在 JFreeChart v1.0.zip 上创建的测试套件，并在 Bugzilla 中报告所有发现的缺陷。在编写测试用例方法时，需要遵循规范，而不是实际结果。如果缺陷是单独报告的，小组成员应该互相检查对方的缺陷报告。如果需要,可以进行同行评审指导。

B.3 交付成果和评分

B.3.1 JUnit 测试套件(40%)

测试套件要求与实验报告一起提交。学生会在单元测试中得到评分。JUnit 测试套件评分标准如下。

表 B-1 JUnit 测试套件评分标准

评 分 方 案	分 值
清晰度(测试用例是否容易理解?)	10%
遵循需求(测试用例是否只测试了需求,不多不少?)	10%
完整性(是否有任何明显的需求没有被测试?)	10%
正确性(是否测试了它们要测试的内容?)	10%

B.3.2 实验报告(50%)

要求学生以小组的形式提交一份 5~10 页的实验报告。实验报告应包括以下内容。

(1) 单元测试的测试策略。

(2) 每个测试用例的描述(使用一个简短的句子,描述每一个测试用例在测试什么)。

(3) 讨论如何分配和管理团队工作。你在实验的团队合作中有什么收获?

(4) 遇到的任何困难、克服的挑战,以及从执行实验中获得的经验教训。

(5) 对实验本身的评价反馈。(容易听懂吗? 时间太多/太少? 等等)请尽量提建设性的意见和反馈。

实验报告的部分评分标准如表 B-2 所示。

表 B-2 实验报告评分标准

评 分 方 案	分 值
提交了测试套件的源代码和报告的 Word 文件	2%
详细描述单元测试的测试策略	8%
使用一个简短的句子,描述每一个测试用例在测试什么	20%
讨论如何分配和管理团队工作。你在实验的团队合作中有什么收获	10%
遇到的任何困难、克服的挑战,以及从执行实验中获得的经验教训	10%

B.3.3 结果展示(10%)

在预定的实验时间内,每个小组准备好展示他们的工作,需要对 JFreeChart 框架上执行的测试套件进行简短的演示。

附 录 C

白盒测试实验

C.1 引言

C.1.1 实验目标

本实验介绍基于白盒测试套件的代码覆盖率概念,同时,向学生展示测量测试用例之间相关性的方法。在白盒测试中,根据执行的代码部分所定义的完整性来衡量测试套件的充分性是很重要的。该定义可以采用控制流覆盖标准和数据流覆盖标准,控制流覆盖标准包括语句覆盖、分支覆盖、条件覆盖和路径覆盖。

C.1.2 测试工具

除了 JUnit 之外,本实验还将使用两个主要的测试工具,分别是用于基于代码覆盖率评估测试套件的测试工具 CodeCover 和 Coverlipse。

1. CodeCover

CodeCover 是使用 Eclipse 插件的开源代码覆盖率测量工具。该工具相对成熟且健壮,提供了添加新覆盖率指标的可扩展性。该工具专注于控制流测量,并支持多种覆盖标准,包括语句覆盖、分支覆盖、循环覆盖和条件覆盖。有关 CodeCover 的更多信息,请参见 http://www.codecover.org。

2. Coverlipse

Coverlipse 也是一个 Eclipse 插件的开源代码覆盖率测量工具。但是,此工具比 CodeCover 的成熟度和健壮性差一些。在本实验中使用此工具的原因是为了能够测量一个示例数据流覆盖标准。Coverlipse 具有一项功能,可以测量所涵盖的"用途"。有关 Coverlipse 的更多信息,请参见 http://coverlipse.sourceforge.net。

C.1.3 被测试系统

本实验要测试的系统是 JFreeChart。JFreeChart 是一个用于图表计算、创建和显示的开源 Java 框架。该框架支持许多不同的图形(图表)类型,包括饼图、条形图、折线图、柱状图和其他几种图表类型。请下载"JFreeChart v2.0.zip"文件,然后将整个文件解压到一个已知位置。

C.2 实验内容

C.2.1 熟悉实验工具和被测试系统

1. 创建 Eclipse 工程

(1) 打开 Eclipse。

(2) 通过选择 File→New→Project…,打开 NewProject 对话框。

(3) 确保已选择 Java 项目,然后单击 Next 按钮。

(4) 在对话框 ProjectName 字段中输入 JFreeChart_Lab3。

(5) 选中 Create project from existing source 单选按钮,然后,单击 Browse…,如图 C-1 所示,单击 Finish 按钮。

图 C-1 New Java Project 对话框

现在已经建立项目(SUT)并准备进行测试。查看是否所有源代码和参考库均显示在图 C-2 中。

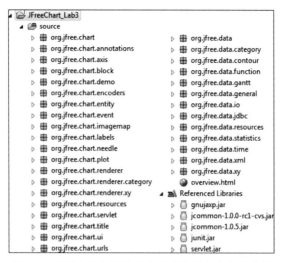

图 C-2　新创建的项目中应包含的软件包和归档文件

2. 导入测试套件

为了演示 CodeCover 和 Coverlipse 的功能,我们将使用附录 B 中开发的部分测试套件。

(1) 右击 Package Explorer 中的 org.jfree.data 包。选择"导入…"。

(2) 在 import 对话框中,选择"文件系统"选项,单击"下一步"。

(3) 在 import 对话框的新面板中,单击 Browse…按钮,导航到附录 B 实验的工作区中创建的 JFree Chart 目录,单击 OK 按钮。

(4) 展开左边面板中的文件夹,找到包含 DataUtilities 和 Range 测试类的 Java 文件,如图 C-3 所示,单击 Finish 按钮。

现在,所选项目的测试类包含在新项目的 org.jfree.data 包中。

3. 使用 CodeCover 测量控制流覆盖率

1) 为项目启用 CodeCover

右击 Package Explorer 面板中的 JFreeChart_Lab3 项目,选择"属性"选项。在对话框的左面板中,选择 CodeCover 选项,选中所有复选框,如图 C-4 所示,单击 OK 按钮。

2) 选择检测类

在 Package Explorer 面板中,展开 org.jfree.data 包,展开包中包含的 Java 文件。同时选中 Range.java 和 DataUtilities.java 两个文件,右击所选文件之一,选择 User for Coverage Measurement。这两个文件的图标已经发生了变化,如图 C-5 所示。

3) 使用 CodeCover 运行 JUnit 测试套件

在 Package Explorer 中,右击 org.jfree.data 软件包。选择 Run As→CodeCover Measurement for JUnit。为了显示覆盖范围数据,请单击 Window→Show View→Other…。在ShowView 对话框中,展开 CodeCover 组,选择 Coverage,如图 C-6 所示,单击 OK 按钮。

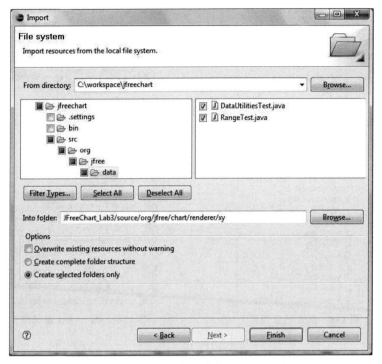

图 C-3　选择实验 B 测试类的导入对话框

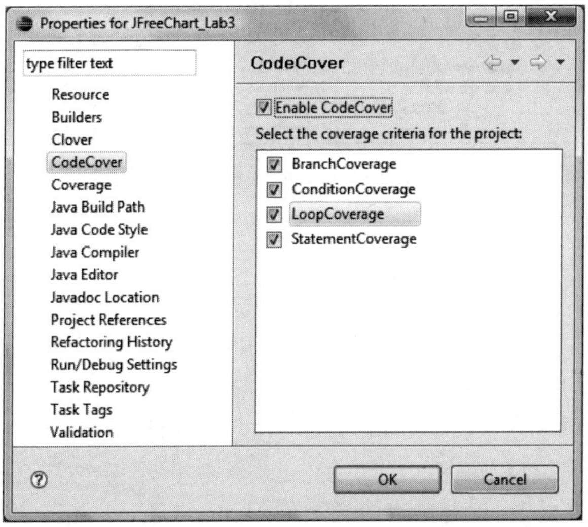

图 C-4　项目的 CodeCover 属性

Eclipse 的底部面板显示 Test Sessions 视图。测试会话在每个执行的测试方法以及测试会话本身旁边显示一个复选框，选中该复选框。Eclipse 的底部面板显示 Coverage 视图。在视图中展开 JFreeChart_Lab3 项目，显示有关类和方法覆盖率的详细信息。打开其中一个已实现的文件，文件还会根据所选的测试会话是否已执行来突出显示代码行。

可能会看到类似于图 C-7 的内容。

图 C-5　选定的实现类

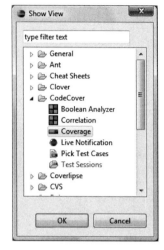

图 C-6　ShowView 对话框

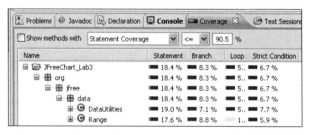

图 C-7　CodeCover 的 Coverage 视图中的示例覆盖率信息

4）使用 Coverlipse 测量数据流覆盖率

Coverlipse 插件有一个较小的缺陷，在没有任何命令行参数的情况下运行 Eclipse 时，它是不稳定的。所以，要启用和使用 Coverlipse 插件及其功能时，请确保使用-clean 命令行参数运行 Eclipse。

（1）在 Package Explorer 中，右击 org.jfree.data 软件包。

（2）选择 Run As→Open Run Dialog…。

（3）在 Run 对话框中，双击左边面板上的 JUnit w/Coverlipse 选项以创建一个新配置，如图 C-8 所示。保留默认选项不变，切换到 Package Filter 选项卡，添加一个仅包含 org.jfree.data 软件包的过滤器。如果未使用任何过滤器，则整个源码都将被检测，单击 Run 按钮。

一旦测试套件被运行并且使用 Coverlipse 分析了数据（可能需要几分钟），Eclipse 的底部面板将显示 Coverlipse 类视图。该视图的默认显示为块覆盖率（更准确地说，语句覆盖率）。单击图 C-9 中用圆圈圈出的按钮，显示所有用途的覆盖范围信息。

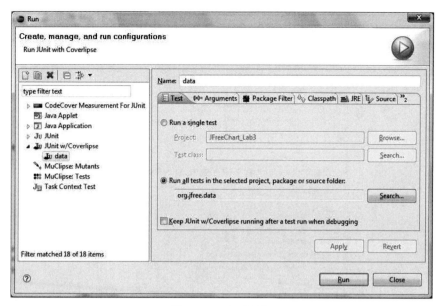

图 C-8　运行对话框

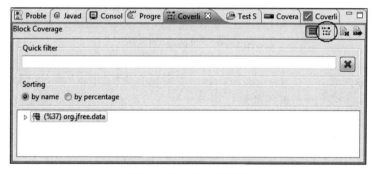

图 C-9　Coverlipse 类视图

为了显示哪些被覆盖和哪些没有被覆盖的详细信息,请切换到 Coverlipse 标记视图,单击 filters 按钮(在右上角,带有 3 个向右箭头),配置 Filters 对话框,如图 C-10 所示。单击 OK 按钮。

在 Coverlipse 类视图中,双击任意一个类将显示哪些代码被覆盖,哪些代码没有被覆盖。注意,Coverlipse 类视图只显示单个类的覆盖率。计算单个方法的覆盖率,需要手工完成。

4．使用 CodeCover 测量测试用例的相关性

要显示测试用例相关数据,单击菜单 Window→Show View→Other⋯。在 Show View 对话框中,展开 CodeCover 组并选择 Correlation,单击 OK 按钮。

Eclipse 的底部面板显示 Correlation 视图。关联视图的配色方案目前有点反直觉。若要更改配色方案,请单击菜单栏 Window→Preferences⋯。在左侧面板中,展开

图 C-10　"过滤器"对话框

CodeCover 选项并选择 Correlation Matrix。配置更直观的配色方案,如图 C-11 所示。这种颜色方案更有意义,因为理想的测试用例应该是尽可能不同(这里的绿色表示测试用例是不同的)。

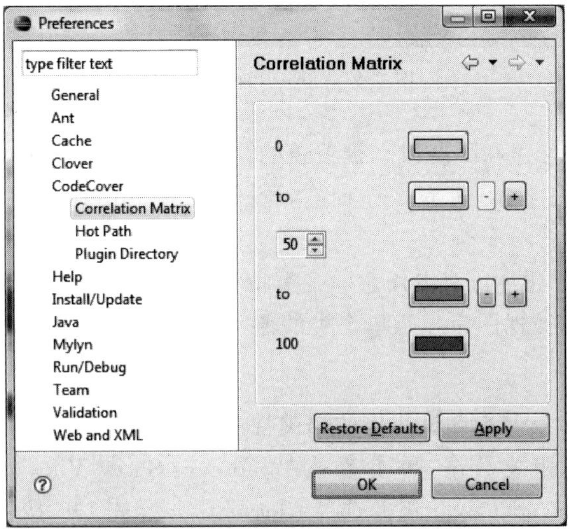

图 C-11　相关矩阵颜色方案偏好

Correlation 视图显示了 Test Sessions 视图中任何检查过的测试用例之间的相关性。相关性是一个度量指标,它显示了一个测试被另一个测试执行的百分比。因为并不是所有的测试都是一样的大小,所以测试 A 与测试 B 的相关性可能不同于测试 B 与测试 A 的相关性。为了得到最好的结果,一次检查一个方法的测试用例,因为测试不同方法的测试用例不可能有很高的相关性。注意,相关性矩阵中的对角线元素总是 100% 显示,因为它将测试用例与其自身进行比较。还要注意的是,一个空的测试用例也会 100% 显示,它与其他所有的测试用例都相关,因为没有与之相关的循环、分支等。

在 Range.intersects 的测试用例上执行一次相关性度量。查看该方法的源代码,并在您的报告中讨论为什么这些测试用例如此相似,以及这些对测试用例的效率有什么影响。

C.2.2　测试套件的开发

在本节中,需要为几个类创建单元测试,并创建测试用例以增加代码覆盖率。要测试的类是 org. jfree. data. DataUtilities、org. jfree. data. Range、org. jfree. data. DefaultKeyedValues 和 org.jfree.data.io.CSV。注意,尽管此次实验的测试焦点在源代码上,但是为了设计测试用例,测试预言仍然应该从需求中派生出来。

与其他测试一样,首先,必须创建一个测试计划并存档。该计划应该包括谁将执行哪些测试,以及如何充分地进行测试。对于这个实验,应该开发一个测试套件,它至少对每个类有以下覆盖：90% 的语句覆盖、70% 的分支覆盖、50% 的循环覆盖、60% 的条件覆盖,以及 50% 的使用覆盖。其次,执行测试计划。作为一个优秀的测试设计者,必须将每个测试用例保存在一个单独的测试方法中,例如 testPositiveValuesForMethodX( ) 和 testNegativeValuesForMethodX( ),而不是一个单独的 testMethodX( )。这将有助于保持测试用例的一致性,并使以后采用的度量更有意义。请注意,这些类中带有随机缺陷,一些测试可能会失败。因此,需要遵循需求规格说明书设计用例,而不是代码的实际结果。最后,完成测试后,小组成员检查彼此的测试,寻找测试本身的任何不一致或缺陷。在实验报告中也需要包含同行评审过程中的所有更新。

执行测试过程中,需要在 Bugzilla 中报告发现的缺陷。如果缺陷是个人提交的,则应由小组成员相互检查对方的缺陷报告。测量整个测试套件的代码覆盖率(控制流和数据流),并记录每个类和方法的详细覆盖率信息。在实验报告中需要包括这些信息(最好是表格形式)。

C.2.3　测试用例关联

在每个方法上使用 CodeCover 测试用例来度量测试用例的相关性。例如,intersects 方法有 3 个测试用例,需要检查这些测试用例,并将结果记录在一个表格中,并分析相关测量结果。具体地说,就是确定哪个方法拥有测试用例之间的最高相关性的测试套件,还要确定哪个方法拥有测试用例之间的最低相关性的测试套件。在报告中,根据这些方法的代码讨论为什么这些方法具有这样的相关性。

C.3 交付成果和评分

C.3.1 JUnit 测试套件(30%)

测试套件将与实验报告一起提交。根据单元测试评分,JUnit 测试套件评分标准如表 C-3 所示。

表 C-3 JUnit 测试套件评分标准

评 分 方 案	分 值
代码覆盖率: 低于实验中的覆盖率,将按比例递减	10%
清晰性(他们是否容易理解?)	5%
遵守需求(他们是否根据需求测试代码?)	5%
正确性(实际测试的是他们要测试的内容吗?)	10%

C.3.2 实验报告(60%)

学生将以小组形式提交一份工作报告。实验报告内容评分标准如表 C-4 所示。

表 C-4 实验报告评分标准

评 分 方 案	分 值
提交测试套件的源代码和报告的 Word 文件	2%
计算数据覆盖率	5%
Range.intersects 测试用例的相关性讨论	5%
单元测试的测试策略的详细描述	5%
对开发的测试用例的描述	10%
每个类和方法覆盖率的详细报告(绿色和红色的代码覆盖结果的屏幕截图就足够了)	5%
比较基于需求测试的测试生成和基于覆盖率的测试生成的优缺点	5%
相关测试结果和方法的分析	5%
每个测试方法的测试用例相关数据的详细报告	8%
关于哪些测试用例可以被修改或删除的讨论	5%
关于团队工作/努力如何划分和管理的讨论	3%
遇到的任何困难、克服的挑战,以及从执行实验中获得的经验教训	2%

C.3.3 结果论证(10%)

在实验环节结束时,演示如何运行测试套件,并收集控制流覆盖率和数据流覆盖数据。

参 考 文 献

［1］ MYERS J G，BADGETT T，SANDLER C. 软件测试的艺术［M］. 张晓明，黄琳，译. 北京：机械
工业出版社，2012.

［2］ 秦航，杨强. 软件质量保证与测试［M］. 北京：清华大学出版社，2012.

［3］ 袁玉宇. 软件测试与质量保证［M］. 北京：北京邮电大学出版社，2008.

［4］ 段念. 软件性能测试过程详解与案例剖析［M］. 北京：清华大学出版社，2012.

［5］ 陈绍英，周志龙，金成姬. 大型 IT 系统性能测试入门经典［M］. 北京：电子工业出版社，2016.

［6］ 黑马程序员. 软件测试［M］. 北京：人民邮电出版社，2019.

［7］ 中国计算机学会. 英汉计算机辞典（续编）［M］. 北京：人民邮电出版社，1993.

［8］ BJORK C R. Example ATM Simulation System［EB/OL］. ［2021-02-10］. http://www.mathcs.
gordon.edu/ local/courses/cs211/ATMExample. 2008.

［9］ DENNINGPETER J . Editorial：what is software quality?. Communications of the ACM，1992.

［10］ 尹逊伟，齐爱琴. 软件测试技术［M］. 北京：化学工业出版社，2021.

［11］ 王海鹏. 持续集成：软件质量改进和风险降低之道［M］. 北京：电子工业出版社，2012.

［12］ 韩利凯. 软件测试［M］. 北京：清华大学出版社，2013.

［13］ 段念. 软件性能测试过程详解与案例剖析［M］. 2 版. 北京：清华大学出版社，2012.

［14］ 于艳华. 软件测试项目实战［M］. 北京：电子工业出版社，2017.

［15］ 斛嘉乙，符永蔚，樊映川. 软件测试技术指南［M］. 北京：机械工业出版社，2019.

［16］ 罗恩·佩腾. 软件测试［M］. 北京：机械工业出版社，2019.

［17］ 江楚. 零基础快速入行入职软件测试工程师［M］. 北京：人民邮电出版社，2020

［18］ 惠特克. Google 软件测试之道［M］. 北京：人民邮电出版社，2013.

［19］ 乔冰琴，郝志卿，孔德瑾. 软件测试技术及项目案例实战［M］. 北京：清华大学出版社，2020.

［20］ 51Testing 软件测试网. 软件测试专项技术：基于 Web、移动应用和微信［M］. 北京：人民邮电出
版社，2020.

［21］ 顾翔. 全栈软件测试工程师宝典［M］. 北京：清华大学出版社，2020.

［22］ 李丽. 软件测试基础与实践教程［M］. 北京：科学出版社，2021.

［23］ 51Testing 教研团队. 软件测试核心技术：从理论到实践［M］. 北京：人民邮电出版社，2020.

［24］ 乔根森 C. 保罗. 软件测试：一个软件工艺师的方法［M］. 北京：机械工业出版社，2017.

图 书 资 源 支 持

感谢您一直以来对清华版图书的支持和爱护。为了配合本书的使用,本书提供配套的资源,有需求的读者请扫描下方的"书圈"微信公众号二维码,在图书专区下载,也可以拨打电话或发送电子邮件咨询。

如果您在使用本书的过程中遇到了什么问题,或者有相关图书出版计划,也请您发邮件告诉我们,以便我们更好地为您服务。

我们的联系方式:

地　　址:北京市海淀区双清路学研大厦 A 座 714

邮　　编:100084

电　　话:010-83470236　010-83470237

客服邮箱:2301891038@qq.com

QQ:2301891038(请写明您的单位和姓名)

资源下载:关注公众号"书圈"下载配套资源。

资源下载、样书申请

书 圈

获取最新书目

观看课程直播